国家中等职业教育改革发展示范学校建设成果

连续铸钢工学习指导

张 岩　刘建斌　王国瑞　王玉龙　主编

北 京

冶金工业出版社

2015

内 容 提 要

本书按照连续铸钢工国家技术等级标准分解为不同模块，每一个模块包括：教学目的与要求、学习重点与难点、思考与分析，并按知识点配有近千道练习题。内容以连续铸钢操作为中心，将连续铸钢工艺、原理、设备有机结合，以适应连铸技术工人提高技术素质、满足各级连铸技术工人、技师、高级技师的培训需要，同时，本书也非常适合岗位一线员工自学。

本书为连续铸钢专业工程技术人员岗位培训与资格考试用书，也可作为大专院校和职业学校钢铁冶炼和材料加工专业学生的实习指导书和学习参考书，同时也可作为连续铸钢工技能竞赛的辅导教材。

图书在版编目(CIP)数据

连续铸钢工学习指导/张岩等主编. —北京：冶金工业出版社，2015.4

国家中等职业教育改革发展示范学校建设成果

ISBN 978-7-5024-6882-8

Ⅰ.①连…　Ⅱ.①张…　Ⅲ.①连续铸钢—职业教育—教材　Ⅳ.①TF 777

中国版本图书馆 CIP 数据核字(2015)第 055608 号

出 版 人　谭学余
地　　址　北京市东城区嵩祝院北巷 39 号　邮编　100009　电话　(010)64027926
网　　址　www.cnmip.com.cn　电子信箱　yjcbs@cnmip.com.cn
责任编辑　曾　媛　美术编辑　吕欣童　版式设计　孙跃红
责任校对　李　娜　责任印制　李玉山
ISBN 978-7-5024-6882-8
冶金工业出版社出版发行；各地新华书店经销；固安华明印业有限公司印刷
2015 年 4 月第 1 版，2015 年 4 月第 1 次印刷
787mm×1092mm　1/16；20.75 印张；504 千字；318 页
50.00 元

冶金工业出版社　投稿电话　(010)64027932　投稿信箱　tougao@cnmip.com.cn
冶金工业出版社营销中心　电话　(010)64044283　传真　(010)64027893
冶金书店　地址　北京市东四西大街 46 号(100010)　电话　(010)65289081(兼传真)
冶金工业出版社天猫旗舰店　yjgycbs.tmall.com
(本书如有印装质量问题，本社营销中心负责退换)

编写委员会

主　任：段宏韬

副主任：张　毅　张百岐

委　员：

首钢高级技工学校	段宏韬	张　毅	张百岐	陈永钦
	刘　卫	李云涛	张　岩	杨彦娟
	杨伶俐	赵　霞	张红文	
首钢总工程师室	南晓东			
首钢迁安钢铁公司	李树森	崔爱民	成天兵	刘建斌
	韩　岐	芦俊亭	朱建强	
首钢京唐钢铁公司	闫占辉	王国瑞	王建斌	
首秦金属材料有限公司	秦登平	王玉龙		
首钢国际工程公司	侯　成			
冶金工业出版社	刘小峰	曾　媛		

前　言

受首钢迁钢股份有限公司和首钢高级技工学校（现首钢技师学院）委托，本人主持开发用于连续铸钢工初、中、高级工远程信息化培训课程课件，并自2006年开始应用。目前首钢职工在线学习网（http：//www.sgpx.com.cn）上，信息化培训课件已发展至包括烧结、焦化、炼铁、炼钢、轧钢、机械、电气、环检等50多个工种。

为了适应首钢各基地以及国内钢铁行业职工岗位技能提高的需求，首钢技师学院于2013年将用于冶金类岗位技术培训的数字化学习资源，作为首钢高级技工学校示范校建设项目的一个组成部分。为满足技能培训中学员自学需求，作者将配套教材改编为适合职工培训和自学的学习指导书。改写时按照新版国家技术等级标准对原教材进行删改，增加现场新技术、新设备、新工艺、新钢种内容，并根据知识点进行分解、组合，辅以收集的有关技能鉴定练习题，整合成学习模块。书中部分练习题与炼钢工艺、设备密切相关，请读者在学习时结合生产实际，灵活运用。

考虑到转炉炼钢工、炉外精炼工、连续铸钢工同处在转炉炼钢厂，有很多内容要求相同或相近，因此将这一部分内容集中编写入《炼钢生产知识》一书，与《转炉炼钢工学习指导》、《炉外精炼工学习指导》、《连续铸钢工学习指导》配套使用。本套书与首钢职工在线学习网（http：//www.sgpx.com.cn）上相应工种、等级的课件配套使用，效果更好。

《连续铸钢工学习指导》为连续铸钢工的各级技术工人岗位培训与技术等级考试教材，也可作为大专院校和中等职业技术学校钢铁冶炼和材料加工专业学生的学习参考书，以及连续铸钢工技能竞赛的辅导教材。

本书共有14章，编写负责人如下：凝固理论、连铸设备准备由王玉龙提供原稿，绪论、连铸车间工艺布置、中间包冶金由张岩提供原稿，连铸钢水要求、连铸操作过程、连铸工艺制度、操作事故、保护浇注由刘建斌、韩岐提供原稿，铸坯质量控制、特殊钢连铸、连铸新技术、连续铸钢的技术经济指标由王国瑞提供原稿。全书由张岩负责统稿。

在编写过程中，编者得到首钢各钢厂有关领导、工程技术人员和广大工人的大力支持和热情帮助，特别是迁钢公司的刘建斌高级技师、韩岐技师，首钢京唐公司的王国瑞工程师，首秦公司的王玉龙工程师直接参与教材的编写，没有他们的支持与工作，这套书是不可能按时完成的。由于编写时间仓促，冶金工业出版社刘小峰和曾媛编辑对这套不成熟的原稿提出了很多建设性的修改意见，更正稿中不妥之处。在此，向以上单位和个人表示衷心的感谢。

编写过程中，还参阅了有关转炉炼钢、炉外精炼、连续铸钢等方面的资料、专著和杂志及相关人员提供的经验，在此也向有关作者和出版社致谢。

由于编者水平所限，书中不当之处，敬请广大读者批评指正。

张 岩

目　　录

1 绪 论

教学目的与要求

说出连铸优点，台数、机数、流数定义，选择连铸机型。

1.1 连续铸钢技术发展的概况

连续铸钢也称做连铸。早在 19 世纪中期，一些学者如美国的塞勒斯于 1840 年、赖尼于 1843 年，英国的贝塞麦于 1846 年，都先后提出了连续浇注液体金属的初步设想，并应用于低熔点有色金属的连续浇注。类似现代连铸设备的建议是在 1886 年由美国人亚瑟、1887 年德国人戴伦提出来的。在他们的建议中包括水冷的、上下敞口的结晶器，二次冷却段、引锭杆、夹辊和铸坯切割装置等设备；当时是用于铜和铝等有色金属的浇注。此后又经过许多先驱者不懈地研究试验，于 1933 年德国人容汉斯建成 1 台结晶器可以上下振动的立式连铸机，并浇注黄铜获得成功，后又用于铝合金的工业生产。

结晶器振动的出现，不仅可以提高浇注速度，而且使钢液的连铸生产成为可能，因此容汉斯成为现代连铸技术的奠基人。然而，在工业规模上实现钢的连续浇注困难很多。与有色金属相比，钢具有熔点高、导热系数小、热容大、凝固速度慢等特点。要解决这些难题，关键是结晶器技术的研究。容汉斯的结晶器振动方式是结晶器下振时与拉坯速度同步，铸坯与结晶器壁间没有相对运动；而英国人哈里德则提出了"负滑脱"概念，即结晶器下振速度高于拉坯速度，铸坯与结晶器壁间产生了相对运动，真正有效地解决了铸坯与结晶器壁的黏结问题，钢的连续浇注关键性技术得到突破，从而使连续铸钢在 20 世纪 50 年代步入了工业生产阶段。

世界上第 1 台工业生产连铸机于 1951 年在前苏联"红十月"冶金厂建成。这是 1 台立式双流板坯半连续铸钢设备，用于浇注不锈钢，其断面为 180mm×800mm。1952 年第 1 台立弯式连铸机在英国巴路厂投产，主要用于浇注 50mm×50mm～100mm×100mm 的碳素钢和低合金钢小方坯。同年在奥地利卡芬堡钢厂建成 1 台双流连铸机，它是多钢种、多断面、特殊钢连铸机的典型代表。1954 年在加拿大阿特拉斯钢厂投产第 1 台方坯/板坯兼用型连铸机，可以双流浇注 150mm×150mm 的方坯，也可以单流浇注 168mm×620mm 的板坯，主要生产不锈钢。进入 20 世纪 60 年代，弧形连铸机的问世，使连续铸钢技术出现了一次飞跃。世界第一台弧形连铸机于 1964 年 4 月在奥地利百录厂诞生。同年 6 月由中国自行设计制造的第 1 台方坯/板坯兼用弧形连铸机在重钢三厂投入生产。此后不久，在前联邦德国又上马了 1 台宽板弧形连铸机，并开发应用了浸入式水口＋保护渣技术。同年英国谢尔顿厂率先实现全连铸生产，共有 4 台连铸机 11 流，主要生产低合金钢和低碳钢，浇注断面为 140mm×140mm 和 432mm×632mm 的铸坯，也开发应用了浸入式水口＋保护渣技术。1967 年由美国钢联工程咨询公司设计并在格里厂投产 1 台采用直结晶器、带液芯弯曲的弧形连铸机。同一年在胡金根厂相继投产了 2 台超低头板坯连铸机，浇注断面为 (150～250)mm×(1800～2500)mm 的铸坯。

氧气顶吹转炉炼钢法的普及，更利于与连续铸钢相匹配，以适应快节奏生产；因而又一批弧形连铸机建成投入生产。到 20 世纪 60 年代末，世界连铸机总数已 200 多台，设备能力近 5000 万吨。20 世纪 70 年代，世界范围的两次能源危机促进了连续铸钢技术的大发展，提高了连铸机的生产能力，从而改善了铸坯的质量，扩大了品种。到 1980 年，连铸坯的产量已逾 2 亿吨，相当于 1970 年的 8 倍。2010 年已达 10.215 亿吨，连铸比达到 90.7%。

目前连铸技术日趋成熟，如开发了钢包精炼、钢液钙处理、电磁搅拌、小方坯多级结晶器、结晶器液面控制、漏钢预报、粒状保护渣的使用和自动加入、中间包冶金、结晶器冶金、结晶器在线调宽等一系列技术；连铸坯的热送、直接轧制及其相伴随无缺陷铸坯生产技术；近终形薄板、薄带连铸机的研发应用；异型坯连铸机建成投产等，都说明连铸技术的飞速发展和深入普及。自 20 世纪 50 年代连续铸钢开始步入工业生产到 60 年代末，世界钢产量的连铸比仅为 5.6%；70 年代末上升为 25.8%，10 年中连铸比每年平均增长 2 个百分点；80 年代连铸比每年平均增长 3.66 个百分点；到 1997 年连铸比为 80.5%；2000 年连铸比为 87.2%；2001 年连铸比为 87.6%；2004 年连铸比是 90.4%；世界钢产量与连铸比增长情况如图 1-1 所示。目前连续铸钢技术的开发与应用已成为衡量一个国家钢铁工业发展水平的标志。

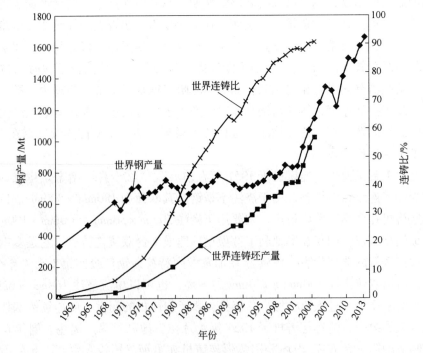

图 1-1 世界钢产量、连铸坯产量及连铸比的增长

1.2　我国连铸技术发展概况

我国是连续铸钢技术发展较早的国家之一，早在 20 世纪 50 年代就已开始进行研究和工业试验工作。1957 年原上海钢铁公司中心试验室的吴大柯先生主持设计并建成第 1 台立式工业试验连铸机，浇注 75mm×180mm 的小断面铸坯。由徐宝陞教授主持设计的第 1 台双流立式连铸机于 1958 年在重钢三厂建成投产。接着由黑色冶金设计院设计的 1 台单流立式小方坯连铸机于 1960 年在唐山钢厂建成投产。再后仍然是由徐宝陞教授主持设计的第 1 台方坯/板坯兼用弧形连铸机于 1964 年 6 月 24 日在重钢三厂投产，其圆弧半径为 6m，浇注板坯的最大宽度为 1700mm，这是世界上最早的用于生产的弧形连铸机之一；鉴于这些成就，1994 年徐宝陞教授在《世界连铸发展史》一书中被列为对世界连铸技术发展做出突出贡献的 13 位先驱者之一。此后，由上海钢研所吴大柯先生主持设计的 1 台 4 流弧形连铸机于 1965 年在上钢三厂问世投产；该连铸机的圆弧半径为 4.56m，浇注断面为 270mm×145mm。这也是世界最早一批弧形连铸机之一，之后一批连铸机相继问世投产。70 年代我国成功地应用了浸入式水口 + 保护渣浇注技术。到 1978 年我国自行设计制造的连铸机近 20 台，实际生产量约 112 万吨，连铸比仅 3.4%。当时世界连铸机总数为 400 台左右，连铸比在 20.8%。

改革开放以来，为了发展国民经济、增强国力，学习国外先进的技术和经验，加速我国连铸技术的发展，从 20 世纪 70 年代末一些企业开始引进了一批连铸技术和设备。例如 1978 年和 1979 年武钢二炼钢厂从联邦德国引进单流板坯弧形连铸机 3 台；在消化国外技术基础上，围绕设备、操作、品种、管理等方面进行了大量的开发与完善工作，于 1985 年实现了全连铸生产，产量突破了设计能力。首钢二炼钢厂在 1987 年和 1988 年相继从瑞士康卡斯特引进投产了 2 台 8 流小方坯弧形连铸机，1993 年产量已超过设计能力；并在消化引进技术的基础上，自行设计制造又投产了 7 台 8 流弧形小方坯连铸机，成为当时国内拥有连铸机台数和流数最多企业。1988 年和 1989 年上钢三厂和太钢分别从奥地利引进浇注不锈钢的板坯连铸机。1989 年和 1990 年宝钢和鞍钢分别从日本引进了双流大型板坯连铸机。1996 年 10 月武钢三炼钢厂投产 1 台从西班牙引进的高度现代化双流板坯连铸机。这些连铸技术、设备的引进都促进了我国连铸技术的完善与发展。

目前我国最大方坯连铸机是湖北新冶钢特种钢管有限公司生产合金钢的 425mm×530mm 大方坯连铸机（$R16.5m$ 4 机 4 流），2014 年，我国连续投产了南阳汉冶特钢有限公司 420mm×2700mm 板坯连铸机（$R12m$）和江阴兴澄特板厂 450mm×2600mm 宽厚板连铸机，是目前世界最大断面直弧形特大型宽厚板坯连铸机。

2000 年我国钢产量达 12849 万吨，连铸比为 84.81%；进入 21 世纪又有很大发展。2013 年上半年，重点钢铁企业连铸比为 99.64%，同比下降 0.18%；铸坯合格率为 99.84%，同比升高 0.01%；台时产量为 152.18t/h，同比提高 5.52%。这些均有利于转炉工序综合能耗的降低。

今后我国冶金企业将继续坚持不懈地以推进全连铸为方向，以连铸为中心的炼钢生产组合优化，淘汰落后的工艺设备，以质量求生存，以品种求发展，加大节能降耗的力度和环保技术的改造，全面地进入世界钢铁强国的行列，图 1-2 为我国自 1960 年以来连铸比增长情况。

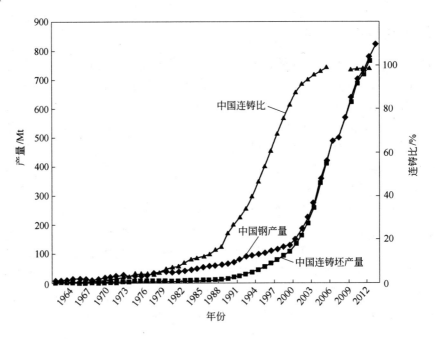

图 1-2 1960 年以来我国连铸坯产量和连铸比的增长

1.3 连铸工艺的特点

1.3.1 连续铸钢生产过程

由图 1-3 可见，钢液由钢包经中间包连续不断地注入一个或一组水冷铜制结晶器。结晶器底部由引锭头承托，引锭头与结晶器内壁四周严格密封。注入结晶器的钢液受到强烈冷却后，迅速形成一定形状和坯壳厚度的铸坯。当结晶器内钢水浇注到规定高度时，启动拉矫机，结晶器同时振动，拉辊夹住引锭杆以一定速度将带液芯成型的铸坯拉出结晶器，进入二冷区。继续喷水冷却，直至完全凝固。铸坯经矫直后，脱去引锭装置，再切割成定尺长度，由输送辊道运走。这一生产过程是连续进行的。

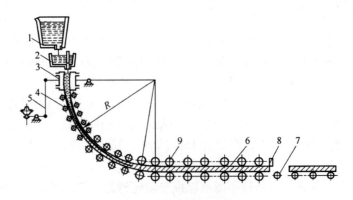

图 1-3 弧形连铸机流程
1—钢包；2—中间包；3—结晶器；4—二冷区；5—振动装置；
6—铸坯；7—运送辊道；8—切割设备；9—拉坯矫直机

1.3.2　连续铸钢的优点

模铸、连铸的工艺流程如图1-4所示。

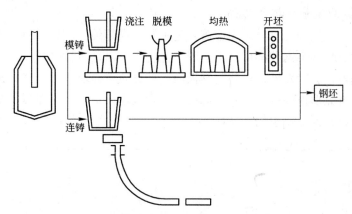

图1-4　钢锭模浇注、连续铸钢的工艺流程示意图

与传统的模铸相比，连铸工艺有以下几方面的优越性。

1.3.2.1　简化了钢坯的生产工序，缩短了流程

从图1-4可以看出，铸坯的生产省去了脱模、整模、钢锭均热、初轧开坯等工序。由此可节省基建投资费用约40%，减少占地面积约30%，节省劳动力约70%。尤其是薄板连铸机出现以后，又进一步地简化了钢材生产工序。例如传统板坯连铸，坯厚在150~300mm，而薄板连铸坯的厚度为40~70mm，这又省去了粗轧机组，从而减少厂房面积约40%，连铸机设备重量减轻约50%。大大地缩短了从钢水到薄板的生产周期，节约了能源，降低了成本。

1.3.2.2　提高了金属收得率

模铸工艺从钢水到钢坯，金属收得率为84%~88%，而连铸工艺则为95%~96%，金属收得率提高10%~14%。其中板坯约在10.5%，大方坯13%左右，小方坯约为14%。若以节省金属10%计算，对于年产100万吨钢的炼钢厂来说，采用连铸工艺就等于增加约10万吨钢的产量，其经济效益是相当可观的。对于成本昂贵的合金钢来说，应用连铸工艺的意义就更为重要了。

1.3.2.3　降低了能源消耗

在现代化的工业国家里，钢铁工业是能源消耗的大户，约占能源消耗总量的10%。因此千方百计地降低能耗已是钢铁工业生存的关键。据有关资料介绍，连铸工艺比传统模铸工艺可节能1/4~1/2。每生产1t连铸坯，比用钢锭—开坯工艺可减少能耗400~1200MJ，相当节省10~30kg重油燃料。连铸坯若热送热装或直接轧制工艺是开辟进一步节能的途径。铸坯热送热装和直接轧制不仅节能，而且缩短了生产周期。

1.3.2.4　生产过程机械化、自动化程度高

模铸是炼钢生产中条件最落后，劳动条件最恶劣的工序。尤其对顶吹转炉炼钢来说，模铸成了提高生产率的限制性环节。由于连铸工艺设备和操作水平的提高，应用全过程的计算机管理，不仅从根本上改善了劳动环境，还大大提高了劳动生产率。例如，有些厂1

台连铸机只有 7 名操作人员，除了浇钢操作外，其余工作均由计算机承担；据资料介绍，法国有的连铸机已实现连铸平台无操作人员，通过电视屏幕监视和遥控生产，连铸的自动化和智能化生产已成为现实。

1.3.2.5　提高质量，扩大品种

目前几乎所有的钢种均可以采用连铸工艺生产，像超纯净度钢、管线钢、硅钢、合金钢、工具钢等约 500 多个钢种都可以用连铸工艺生产，而且质量很好。

由于目前随着社会的发展，对轧制钢板内、外部质量要求非常严格，铸机类型也随之迅速的发展，有直弧形连铸机、立式连铸机、立弯式连铸机等，主要目的是最高限度地去除钢水中的夹杂物，保证钢水的洁净性。

✎ 练 习 题 ❶

1. 弧形连铸机由（　　　）几部分组成。B
   A. 1　　　　　　　B. 2　　　　　　　C. 3　　　　　　　D. 4
2. 铸机成型设备主要是（　　　）。A
   A. 结晶器　　　　B. 二冷水　　　　C. 拉矫机

1.3.3　弧形连铸机规格的表示方法

弧形连铸机规格表示方法为：

$$aRb—C$$

式中　a——组成 1 台连铸机的机数，若机数为 1 时可省略；

　　　R——机型为弧形或椭圆形连铸机；

　　　b——连铸机的圆弧半径，m，若椭圆形铸机为多个半径之乘积，也标志可浇注坯的最大厚度，坯厚 $=\dfrac{b}{30 \sim 36}$ mm；

　　　C——铸机拉坯辊辊身长度，mm，标志可容纳铸坯的最大宽度，坯宽 $= C -$（150 ~ 200）mm。

例如：

（1）3R5.25—240 表示此连铸机为 3 机，弧形连铸机，其圆弧半径为 5.25m，拉坯辊身长度为 240mm。

（2）R10—2300 表示此连铸机为 1 机，弧形连铸机，其圆弧半径为 10m，拉坯辊辊身长度为 2300mm，浇注板坯的最大宽度为 2300 -（150~200）= 2150~2100mm。

（3）R3 × 4 × 6 × 12—350（也有写作 R3/4/6/12—350）表示此连铸机为 1 机椭圆形连铸机，四段弧半径分别为 3m、4m、6m 和 12m，拉坯辊辊身长度为 350mm。

---

❶ 练习题中没有选项的为判断题；有选项没注明的为单选题；多选题在题目前有括号注明。

📝 练习题

1. 弧形连铸机规格表示方法 $aRb—C$ 中的 C 代表（　　）。C

    A. 机型为弧形或椭圆形连铸机　　　　　　B. 连铸机的圆弧半径

    C. 铸机拉坯辊辊身长度

2. （多选）连铸机规格为 6R8.0—240，下列表述不正确的有（　　）。BD

    A. 6 机　　　　　　B. 8 机　　　　　　C. 半径为 8 米　　　　　　D. 半径为 6 米

1.4　弧形连铸机的几个重要参数

铸机参数包括铸坯断面、弧形半径、拉坯速度、液相深度、流数等。

1.4.1　铸坯断面尺寸规格

铸坯断面尺寸是确定连铸机的依据。由于成材需要，铸坯断面形状和尺寸也不同。对于方坯来说，大、小方坯铸坯断面规格尺寸的界限是 150mm×150mm；矩形坯与板坯的区别是板坯宽厚比在 3 以上；对于板坯来说，板坯厚度在 40~70mm 时，为薄板坯连铸机；在 90~150mm 时，为中等厚度板坯连铸机；大于 150mm 时，为常规板坯连铸机；当厚度为 25mm 以下时，称为带坯连铸机；在 10mm 左右时，称为薄带连铸机，在 3mm 以下称为极薄带连铸机。

目前已生产的连铸坯形状和尺寸范围如下：

小方坯：70mm×70mm~150mm×150mm；

大方坯：150mm×150mm~450mm×450mm；

矩形坯：150mm×100mm~425mm×630mm；

常规板坯：150mm×600mm~650mm×3250mm；

圆坯：ϕ80~800mm。

确定铸坯断面和尺寸的依据如下：

（1）根据轧材需要的压缩比确定。一般钢材需要的最小压缩比为 3；为了使钢材内部的组织致密，并具有良好的物理性能，有些钢材的压缩比就要大些；如碳素钢和低合金钢一般压缩比为 6，不锈钢和耐热钢等钢种的最小压缩比为 8，高速钢和工具钢等钢种的最小压缩比则为 10。

（2）根据炼钢炉容量、铸机生产能力及轧机规格来考虑。一般大型炼钢炉与大型连铸机相匹配，这样可充分发挥设备生产能力，简化生产管理。供给高速线材轧机，小方坯断面为 100mm×100mm~140mm×140mm；供给 1700 热连轧机的板坯断面为（200~250）mm×（700~1600）mm；供给 2050 热连轧机的板坯尺寸为（210~250）mm×（900~1930）mm。

（3）要适合连铸工艺的要求。若采用浸入式水口浇注时，铸坯的最小断面尺寸为：方坯在 150mm×150mm 以上，板坯厚度也应在 120mm 以上；如浇注时间不长，可用薄壁浸入式水口，浇注的最小断面可以为 120mm×120mm。

1.4.2 拉坯速度（浇注速度）

1.4.2.1 拉坯速度和浇注速度

拉坯速度 v_c 是指每分钟拉出铸坯的长度，单位是 m/min，简称拉速；浇注速度 G 是指每分钟每流浇注的钢水量，单位是 t/(min·流)，简称注速，两者之间按式（1-1）转换：

$$G = \rho B D v_c \qquad (1-1)$$

式中 ρ——铸坯密度，一般非合金钢取 $\rho = 7.6\text{t/m}^3$；

  B——铸坯宽度，m；

  D——铸坯厚度，m。

1.4.2.2 拉坯速度的确定

拉坯速度可用经验公式来选取。

A 用铸坯断面选取拉速

$$v_c = K \frac{l}{F} \qquad (1-2)$$

式中 l——铸坯断面周长，mm；

  F——铸坯断面面积，mm^2；

  K——断面形状速度系数，m·mm/min。

这个经验公式只适用于大、小方坯，矩形坯和圆坯。

K 的经验值是：

小方坯：$K = 65 \sim 85$；

大方坯（矩形坯）：$K = 55 \sim 75$；

圆坯：$K = 45 \sim 55$。

B 用铸坯的宽厚比选取拉坯速度

铸坯的厚度对拉坯速度影响最大，由于板坯的宽厚比较大，所以可采用以下的经验公式确定拉速：

$$v_c = \frac{f}{D} \qquad (1-3)$$

式中 D——铸坯厚度，mm；

  f——系数，m·mm/min。

系数 f 的经验值见表 1-1。

表 1-1 铸坯断面形状、速度系数经验值

铸坯断面形状	方坯宽厚比小于 2 矩形坯	八角坯	圆坯	板坯
拉坯速度系数 f/m·mm·min^{-1}	300	280	260	150

C 最大拉坯速度

限制拉坯速度的因素主要是铸坯出结晶器下口坯壳的安全厚度。对于小断面铸坯坯壳安全厚度为 8~10mm；大断面板坯坯壳厚度应不小于 15mm。坯壳增厚服从凝固平方根定律：

$$\delta = K_{凝}\sqrt{t} \tag{1-4}$$

假设拉速在较短时间内无大变化，则：

$$t = \frac{L_m}{v_c} \tag{1-4a}$$

式中　δ——坯壳厚度，mm；

$K_{凝}$——凝固系数 mm/min$^{1/2}$，结晶器凝固系数可用经验公式 $K_{凝} = 37.5/D^{0.11}$ 估算；

t——凝固时间，min；

L_m——结晶器有效长度，m；

v_c——拉速，m/min。

将式（1-4a）代入式（1-4）得出：

$$\delta = K_{凝}\sqrt{\frac{L_m}{v_c}} \tag{1-4b}$$

式（1-4）、式（1-4b）均称为凝固平方根定律。由公式可见，影响坯壳厚度的因素有 $K_{凝}$ 值、结晶器长度 L_m 及拉速 v_c。

结晶器 $K_{凝}$ 值取值 20～26，铸坯综合 $K_{凝}$ 值取值 28～32。为保险起见，板坯 $K_{凝}$ 值取值较小，碳素钢取 28mm/min$^{1/2}$，弱冷却钢种取 24～25mm/min$^{1/2}$。

可以推出，最大拉坯速度：

$$v_{max} = \frac{K_m^2}{\delta^2}L_{有效} \tag{1-5}$$

式中　v_{max}——最大拉坯速度，m/min；

$L_{有效}$——结晶器有效长度 = 结晶器长度 -（50～100）mm；

K_m——结晶器内钢液凝固系数，mm/min$^{1/2}$；

δ——坯壳厚度，mm。

计算得出的拉速为理论最大拉速，而实际生产的最大拉速是理论拉速的 90%～95%，即：

$$v_c = (0.9～0.95)v_{max} \tag{1-6}$$

对于单点矫直铸坯的最大拉速可用式（1-5）确定，而多点矫直铸机的拉速可以看作是最大操作拉速。

1.4.3　圆弧半径

铸机的圆弧半径 R 是指铸坯外弧曲率半径，单位是 m。它是确定弧形连铸机总高度的重要参数，也标志着所能浇注铸坯厚度范围的参数。

由图 1-3 可以看出铸坯大约经过 1/4 个圆周弧长进入矫直机。如果圆弧半径选得过小，矫直时铸坯内弧面变形太大容易开裂。生产实践表明，对碳素结构钢和低合金钢，铸坯表面允许伸长率在 1.5%～2%；铸坯凝固壳内层表面所允许的伸长率在 0.1%～0.5% 范围内。连铸对一点矫直铸坯伸长率取 0.2% 以下，多点矫直铸坯伸长率取 0.1%～0.15%。适当增大圆弧半径，有利于铸坯完全凝固后进行矫直，以降低铸坯矫直应力，也有利于夹杂物上浮。但过大的圆弧半径会增加铸机的投资费用。

考虑上述因素，可用经验公式确定基本圆弧半径，也是连铸机最小圆弧半径：

$$R \geqslant cD \tag{1-7}$$

式中　R——连铸机圆弧半径；

　　　D——铸坯厚度；

　　　c——系数，一般中小型铸坯取 30~40，对大型板坯及合金钢，取 40 以上，国外，普通钢取 33~35，优质钢取 42~45。

1.4.4　液相深度

1.4.4.1　液相深度

液相深度 $L_液$ 是指铸坯从结晶器液面开始到铸坯中心液相凝固终了的长度，也称为液芯长度（见图 1-5）。

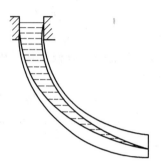

图 1-5　连铸坯液相深度示意图

液相深度是确定连铸机二冷区长度的重要参数，对于弧形连铸机来说，液相深度也是确定圆弧半径的主要参数。它直接影响铸机的总长度和总高度：

$$L_液 = v_c t_全 \tag{1-8}$$

式中　$L_液$——连铸坯液相深度，m；

　　　v_c——拉坯速度，m/min；

　　　$t_全$——铸坯完全凝固所需要的时间，min。

铸坯厚度 D 与完全凝固时间 $t_全$ 之间的关系由下式表示：

$$D = 2K_凝 \sqrt{t_全} \tag{1-9}$$

$$t_全 = \frac{D^2}{4K_凝^2} \tag{1-10}$$

这样，得出液相深度与拉坯速度的关系式：

$$L_液 = \frac{D^2}{4K_凝^2} v_c \tag{1-11}$$

液相深度与铸坯厚度、拉坯速度和冷却强度有关。铸坯越厚，拉速越快，液相深度就越长，连铸机也越长。在一定范围内，增加冷却强度，有助于缩短液相深度。但对一些合金钢来说，过分增加冷却强度是不允许的。

1.4.4.2　冶金长度

根据最大拉速确定的液相深度为冶金长度 $L_冶$。冶金长度是连铸机的重要结构参数，决定着连铸机的生产能力，也决定了铸机半径或高度，从而对二冷区及矫直区结构乃至铸坯的质量都会产生重要影响，即：

$$L_{\text{冶}} = \frac{D^2}{4K_{\text{凝}}^2}v_{\max} \qquad (1-12)$$

1.4.4.3 铸机长度

铸机长度 $L_{\text{机}}$ 是从结晶器液面到最后一对拉矫辊之间的实际长度。这个长度应该是冶金长度的 1.1~1.2 倍:

$$L_{\text{机}} = (1.1 \sim 1.2) L_{\text{冶}} \qquad (1-13)$$

1.4.5 连铸机流数

在生产中,有 1 机 1 流、1 机多流和多机多流三种形式的连铸机。近年来,生产小方坯最多浇注 8 流,大型方坯最多浇注 4~6 流,实际生产中多数采用 1~4 流。生产大型板坯多数采用 1~2 流。

适当增加流数,是提高连铸机生产能力的主要措施之一。1 机多流连铸机已被淘汰。

确定连铸机的流数很重要,对多流小方坯连铸机更重要。

连铸机的流数可按下式确定:

$$n = \frac{G_{\text{钢}}}{\rho BD v_c t_{\text{允}}} \qquad (1-14)$$

式中　n——1 台连铸机浇注的流数;

　　$G_{\text{钢}}$——钢包容量,t;

　　$t_{\text{允}}$——允许浇注时间,min。

钢包允许最长浇注时间可用下式计算:

$$t_{\max} = \frac{\lg G_{\text{钢}} - 0.2}{0.3}f \qquad (1-15)$$

式中　$t_{\max}$——允许最长浇注时间,min;

　　f——质量系数,取决于钢包所允许的温度损失,一般钢种取 10,要求低的钢种取 16。

练习题

1. 连铸机基弧半径指的是(　　)。A

　A. 铸坯外弧曲率半径　　　　　　　　　B. 铸坯内弧曲率半径

　C. 铸坯中心线弧曲率半径

　D. 铸坯外弧曲率半径与铸坯内弧曲率半径的均值

2. 连铸机液芯长度与拉速(　　)。A

　A. 成正比　　　　B. 成反比　　　　C. 平方成正比　　　　D. 平方根成正比

3. 冶金长度是指(　　)。A

　A. 根据最大拉速确定的液相穴深度

　B. 根据最小拉速确定的液相穴深度

　C. 根据结晶器内钢水液位确定的液相穴深度

D. 根据最大二冷水量确定的液相穴深度

4. 液相深度是指（　　）。B

A. 从结晶器上口开始到铸坯中心液相凝固终了的长度

B. 从结晶器液面开始到铸坯中心液相凝固终了的长度

C. 从结晶器上口开始到拉矫机前辊的长度

D. 从结晶器液面开始到拉矫机前辊的长度

5. 一般情况下，板坯连铸机基弧半径与方坯连铸机基弧半径相比（　　）。A

A. 板坯大于方坯　　B. 板坯小于方坯　　　C. 相同　　　　　　　　D. 无法比较

6. 大、小方坯铸坯断面规格尺寸的界限是（　　）。C

A. 120mm×120mm　　　　　　　　　　B. 130mm×130mm

C. 150mm×150mm　　　　　　　　　　D. 180mm×180 mm

7. 一般钢材需要的最小压缩比为（　　）。A

A. 3　　　　　　　　B. 4　　　　　　　　C. 5　　　　　　　　D. 6

8. 矩形坯与板坯的区别是板坯宽厚比在（　　）以上。A

A. 3　　　　　　　　B. 4　　　　　　　　C. 5　　　　　　　　D. 6

9. 若采用浸入式水口浇注时，板坯铸机的最小断面尺寸为（　　）mm。C

A. 170　　　　　　　B. 200　　　　　　　C. 120　　　　　　　D. 300

10. 对碳素结构钢和低合金钢，铸坯表面允许伸长率在（　　）。A

A. 1.5%~2.0 %　　　　　　　　　　　B. 2.0%~2.5%

C. 1.0%~1.5%　　　　　　　　　　　D. 3.0%~3.5%

11. 铸机长度 $L_{机}$ 是从结晶器液面到最后一对拉矫辊之间的实际长度。这个长度应该是冶金长度的（　　）倍。B

A. 1.5　　　　　　　B. 1.1~1.2　　　　　C. 1.0~0.9　　　　　D. 1.2~1.3

12. （多选）确定连铸机基弧半径的条件有（　　）。ABCD

A. 铸坯断面、钢种　　　　　　　　　　B. 二冷区的长度

C. 矫直前铸坯表面温度　　　　　　　　D. 表面变形量、钢水静压力

13. （多选）下列不属于确定连铸机基弧半径的条件是（　　）。CD

A. 铸坯断面、钢种　　　　　　　　　　B. 二冷区的长度

C. 拉坯速度　　　　　　　　　　　　　D. 结晶器长度

14. （多选）铸机生产流程包括（　　）几项。ABCD

A. 结晶器　　　　　　B. 扇形段　　　　　　C. 切割车　　　　　　D 出坯辊道

15. （多选）铸机参数包括（　　）几项。ABCD

A. 铸坯断面　　　　　B. 弧形半径　　　　　C. 拉坯速度　　　　　D 液相深度

16. （多选）$R \geq cD$ 中各物理量代表的含义正确的有（　　）。ABC

A. R——连铸机圆弧半径　　　　　　　B. D——铸坯厚度

C. c——系数，一般中小型铸坯取 30~40

17. 铸机冶金长度一般以（　　）为单位。A

A. m　　　　　　　　B. mm　　　　　　　C. kg　　　　　　　　D. t

学习重点与难点

学习重点：各等级学习重点是掌握连铸优点，台数、机数、流数，连铸机型。

学习难点：无。

思考与分析

1. 与模铸相比连铸工艺有哪些特点？

2. 连铸机包括哪些设备，有哪几种机型？

3. 立式连铸机有哪些特点？

4. 立弯式连铸机有哪些特点？

5. 弧形连铸机有哪些特点？

6. 椭圆形连铸机有哪些特点？什么是超低头连铸机？

7. 连铸机浇注的钢种有多少种？连铸坯断面尺寸规格怎样表示？

8. 确定连铸坯断面尺寸的依据有哪些？

9. 什么是连铸机的曲率半径，如何表示？

10. 什么是液相深度？

11. 什么是拉坯速度，什么是浇注速度，两者关系是怎样的？

12. 什么是连铸机的台数、机组数和流数？

13. 弧形连铸机的规格怎样表示？

2 凝固理论

教学目的与要求

1. 知道钢与纯铁的晶体结构。
2. 说出钢液凝固条件和过程。
3. 分辨铸坯凝固组织结构。
4. 运用偏析概念及分类分析偏析缺陷。
5. 用结晶器二冷区冷却凝固原理分析铸坯质量和事故。

2.1 冷却相变

无论连铸工艺还是模铸工艺,其实质都是完成钢从液态向固态的转变,这个转变过程就是钢的结晶过程,也称凝固过程。从微观来看是原子近程有序排列转化为远程有序排列;从宏观来看,是液态金属将储存的显热和结晶潜热释放传输到外界转变为固态的过程。这种转变不能任其发展,而是要按工艺、质量的要求加以适当控制,以达到规定的尺寸、形状、组织、质量和结构的要求。

钢在固态时的晶体结构有体心立方的 α – Fe 和面心立方的 γ – Fe 两种晶体结构,在凝固过程中的晶体转变可参见《炼钢生产知识》中金属学内容。

练习题

1. 从本质上说,连铸坯的凝固过程是一个热量传输过程。(　　) √
2. 连铸坯的凝固过程是一个放热反应过程。(　　) ×
3. 连铸坯凝固实质上是沿液固液界面的潜热释放和传递的过程。(　　) √
4. 铸坯在二冷区的散热方式主要是以(　　)为主。D
   A. 辐射　　　　B. 传导　　　　C. 冷却水的蒸发　　　　D. 水的加热和汽化

2.2 钢液凝固结晶热力学和动力学条件

钢水凝固过程包括形核和核长大两个阶段。无论合金还是纯金属的结晶都需要两个条件:

(1) 一定的过冷度,此为热力学条件;

（2）必要的晶核，此为动力学条件。

2.2.1　结晶的热力学条件

由于液体凝固过程放出凝固潜热，会造成液体实际凝固温度低于理论凝固温度的现象。液体实际结晶温度与理论结晶温度的差值就是过冷度，过冷度是结晶的热力学条件。这个条件是液体凝固不可缺少的必要条件。

图 2-1 是液态金属结晶的冷却曲线。图 2-1（a）为液态金属冷却速度比较缓慢，当冷却到理论结晶温度 T_0 以下 T_n 便开始结晶，并在 T_n 下保持一段时间，直到完成结晶过程。结晶过程释放潜热的速度与向周围环境散热的速度正好相等，因而在温度与时间的曲线上出现了水平线段。结晶完了由于固态金属的冷却，温度继续降低。

图 2-1（b）为液态金属冷却速度较快，当温度降低到理论结晶温度 T_0 以下的 T_n 开始结晶，由于结晶开始释放的潜热大于向周围环境的散热，故结晶开始发生一段温度的回升。

图 2-1（c）为冷却速度最快，结晶过程释放的潜热小于向周围环境的散热，因而结晶过程温度继续降低。

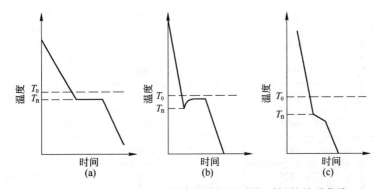

图 2-1　液态金属在不同冷却速度下温度与时间的关系曲线

以上 3 个曲线可见，液态金属是在理论结晶温度 T_0 以下 T_n 才开始结晶的，T_n 为实际结晶温度，T_0 也称平衡结晶温度。金属在 T_0 以下仍保持液态的现象为过冷现象。T_0 与 T_n 之差为过冷度，即：

$$\Delta T = T_0 - T_n \tag{2-1}$$

具有一定过冷度是金属结晶的必要条件，也是结晶的热力学条件。

2.2.2　结晶的动力学条件

金属结晶的动力学条件是形成晶核和晶核长大。

━·

✏ 练习题

1.（多选）钢水由液体转变为固体的条件是（　　）。BC

　　A. 低温度　　　　B. 过冷度　　　　C. 结晶核心　　　　D. 过热度

━·

2.2.2.1 形成晶核

海拔每升高 100 米，气温大致下降 0.6℃。因此天空的云（水蒸气）总处于零度以下，但是并不一定结晶变为雨雪降落到地面，这就是缺少凝固核心造成的结果。

液体的结晶必须有核心。晶核的形成有均质形核和异质形核之分。

A 均质形核

均质形核又称自发形核。液态金属中存在很多与固态金属结构相似、体积很小、近程有序排列的"原子集团"；在足够大过冷度的条件下，这些原子集团转变成规则排列，并稳定存在下来而成为晶核，这一过程即为均质形核。

均质形核需要很大的过冷度。从表 2-1 可以得出，$\Delta T = (0.140 \sim 0.208) T_L$。在此过冷度条件下，晶核临界半径 r_K 约为 10^{-7} cm，晶核大致有 $200 \sim 300$ 个原子。实验室测定纯铁过冷度 $\Delta T = 0.16 T_L = 295℃$。

表 2-1 液态纯金属结晶过冷度

金 属	熔点 T_L/K	过冷度 ΔT/K	$\Delta T/T_L$
Sn	505.7	105	0.208
Pb	606.7	80	0.133
Al	931.7	130	0.140
Cu	1356	236	0.174
Mn	1493	308	0.206
Fe	1803	295	0.164
Ni	1725	319	0.185
Co	1736	330	0.187

B 异质形核

异质形核也称非自发形核或非均质形核。在合金液相中已存在的固相质点，还有表面不光滑的器壁，这些均可成为形成核心的"依托"而发展成初始晶核，这就是异质形核。

钢液是合金，其内部悬浮着许多高熔点的固态质点，可以成为自然的核心，即异质形核。不需要太大的过冷度，有 20℃ 就能成为稳定的晶核。只要存在着异质形核的条件，很难发生均质形核。纯金属的结晶只能靠均质形核。

2.2.2.2 晶核长大过程

晶核一旦形成就迅速长大，长大方式与固、液相界面的形状有关。假若原子排列具有光滑交界面，那么界面就会准确地按照结晶方向生长；原子排列不规则，界面粗糙，结晶可以在任一位置生长。界面温度的分布不同，晶体长大方式也不同。

铁为立方体晶格，呈六面体结构，首先是在溶质偏析最小、结晶潜热散出最快的部位优先生长。晶核在长大过程中棱角散热条件优于其他方向，且棱角离未被溶质富集的母液最近，在正方体的八个棱角锥体的尖端，晶体的长大速度也快于其他方向，所以形成了树枝晶的主轴；在主轴侧面长出的分叉为二次轴，在二次轴侧面长出的分叉为三次轴等，依此发展下去晶枝彼此交错，直到液体完全凝固为止，其过程如图 2 - 2 所示。

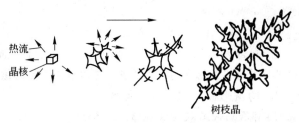

图 2 - 2　树枝状晶体形成过程示意图

实践证明，冷却条件的不同，钢液的晶体长大机构有两种形式：

（1）定向生长。在结晶器内垂直于器壁的方向散热条件优于其他方向，此时钢液可以看作是单向传热，从结晶器壁散热速度最快，因而垂直于器壁的主轴晶体伸向液体内生长速度也最快，抑制了晶体在其他方向的长大，即形成单向的柱状晶体。

（2）等轴晶生长。钢液中悬浮的许多异质质点和钢液流动打碎的晶叉，这些都是天然的晶核；当温度降低，过冷度达到一定时，晶核数量多，向各个方向的散热条件又都相差不多，因而形成等轴晶体。

过冷度对晶粒形态有决定性的影响。当过冷度很小时，晶粒规则生长，其表现为凝固前沿平滑地向液相推进；当过冷度较大时，凝固前沿则跳跃式向液相推进，形成树枝晶。

我们希望钢液在结晶过程中形成细晶粒组织，钢的结晶速度以及由此形成的晶粒度取决于晶核数量和晶核长大速度。这就需要在形成晶核的数量 N 和晶核长大速度 v 上加以控制。N 和 v 与过冷度 ΔT 的关系如图 2 - 3 所示。当 ΔT 增大时，形核数量的增加很快，而晶核长大的速度却增加较缓。由此可知过冷度 ΔT 较大时，可形成细晶粒组织；反之，当 ΔT 较小时，只能得到较粗大的晶粒组织。可见过冷度的大小是影响晶粒度的因素之一。此外，通过人为地加入异质晶核，也可以得到细晶粒组织。

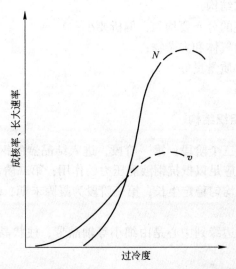

图 2 - 3　形核数量 N 和晶核长大速率 v 与过冷度 ΔT 的关系

练 习 题

1. 均质形核需要很大的（　　）。B

　　A. 过热度　　　　　　B. 过冷度　　　　　　C. 拉速　　　　　　D. 钢水温度

2. 钢液是合金，其内部悬浮着许多高熔点的固态质点，可以成为自然的核心，即（　　）。A

　　A. 异质形核　　　　　B. 均质形核　　　　　C. 晶体

3. 当过冷度较大时，凝固前沿则跳跃式向液相推进，形成（　　）。C

　　A. 等轴晶　　　　　　B. 柱状晶　　　　　　C. 树枝晶

4. （多选）无论是合金还是纯金属的结晶都需要（　　）。AB

　　A. 一定的过冷度，此为热力学条件

　　B. 必要的晶核，此为动力学条件

　　C. 一定的过热度，此为热力学条件

5. （多选）钢水凝固要按工艺、质量的要求加以适当控制以达到规定的（　　）和结构的要求。ABCD

　　A. 尺寸　　　　　　　B. 形状　　　　　　　C. 组织　　　　　　D. 质量

6. （多选）晶核的形成有（　　）之分。AB

　　A. 均质形核　　　　　B. 异质形核　　　　　C. 物质形核　　　　　D. 钢水形核

7. （多选）冷却条件的不同，钢液的晶体长大机构有（　　）形式。AB

　　A. 定向生长　　　　　B. 等轴晶生长　　　　C. 柱状晶生长　　　　D. 非定向生长

2.3　连铸坯的凝固结构

钢液的凝固应达到：

（1）形成正确的凝固结构；

（2）合金元素在铸坯的分布要均匀，偏析要小；

（3）最大限度地排出气体和夹杂物；

（4）铸坯表面、内部质量良好；

（5）钢水收得率要高。

2.3.1　铸坯的正常凝固组织结构

铸坯的凝固过程分为三个阶段：第一阶段，进入结晶器的钢液在结晶器内凝固成型，出结晶器下口的坯壳厚度应足以抵抗钢液静压力的作用；第二阶段，带液芯的铸坯进入二次冷却区继续冷却、坯壳均匀稳定生长；第三阶段为凝固末期，坯壳加速生长，完成凝固过程。

铸坯凝固组织结构从边缘到中心是由细小等轴晶带、柱状晶带和中心等轴晶带组成，如图2-4所示。

2.3.1.1　细小等轴晶带

结晶器内的冷却强度很大，钢水注入后一接触铜壁受到激冷，在弯月面处冷却速度达

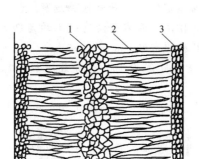

图 2-4　铸坯结构示意图

（a）铸坯的纵剖面；（b）铸坯的横剖面

1—中心等轴晶带；2—柱状晶带；3—细小等轴晶带

到 100℃/s，过冷度很大，形核速率极高，因而形成的激冷层由细小等轴晶组成，也称为细小等轴晶带。细小等轴晶带的宽度主要取决于钢水过热度。过热度越小，则细小等轴晶带就宽些，一般激冷层宽度在 2~5mm。

2.3.1.2　柱状晶带

细小等轴晶形成的过程伴随着收缩并放出潜热；在结晶器液面以下 100~150mm 处，铸坯脱离铜壁而形成气隙，减少了热流，降低了传热速度。内部钢水仍向外散热，激冷层温度回升，因而不可能再形成新的晶核。以等轴晶为依托晶体开始生长，在钢水向铜壁定向传热条件下，形成柱状晶带。从连铸坯的纵向断面来看，柱状晶细长致密，基本不分叉，且不完全垂直于表面而有向上约 10° 的倾斜。这说明在铸坯的液相穴内凝固前沿有钢液的向上流动；从横断面看，树枝晶呈竹林状。

柱状晶发展是不平衡的，有的甚至直达铸坯中心，两边相接形成"穿晶"结构。穿晶阻碍了上部钢水对下部收缩的补充，因而会形成中心疏松和缩孔。另外，弧形结晶器的铸坯，其凝固结构是不对称的，由于注流的冲击作用和晶粒下沉，抑制了外弧一侧柱状晶的生长，所以内弧一侧柱状晶比外弧侧要长。铸坯的内裂往往集中在内弧一侧。

2.3.1.3　中心等轴晶带

随凝固前沿的推移，凝固层和凝固前沿的温度梯度逐渐减小，两相区宽度逐渐增大，当铸坯心部钢水温度降至液相线以下，心部结晶开始。由于心部存在许多下沉的晶枝、晶叉及析出的质点成为晶核，此时心部传热的单向性已很不明显，因此形成等轴晶。由于此时传热的途径长，传热受到限制，晶粒长大缓慢，晶粒比较粗大，称为粗大的等轴晶，形成中心等轴晶带。心部最后凝固的体积收缩没有钢水补充而留有空隙，因此存在可见的疏松和缩孔，不够致密，并拌有元素的偏析。

✏ 练 习 题

1. 浇注钢种相同的条件下，连铸坯比钢锭具有较发达的柱状晶组织，并有较小的树枝晶间距。（　　　）√

2. 连铸的二次冷却强度越大，铸坯的中心等轴晶越发达，而柱状晶越窄。（　　）×

3. 连铸坯的凝固组织和模铸镇静钢的凝固组织相比，两者并没有根本的差别。（　　）√

4. 连铸坯与钢锭的低倍结构一样都是由三层结构组成的。（　　）√

5. 生产中通过降低钢水过热度、添加稀土元素处理等措施，可有效增加等轴晶率，抑制柱状晶的发展。（　　）√

6. 在结晶器内加入微型冷却剂或喷入合金粉末，增加了等轴晶比例，改善了铸坯的坯态结构，减轻了中心偏析。（　　）√

7. 在结晶器内加入微型冷却剂或喷入合金粉末，增加了凝固晶核，吸收钢水过热度，使结晶器钢水在液相线温度下凝固，实现了过热度为零的浇注。（　　）√

8. 连铸坯的低倍组织的三个带中不包括的是（　　）。B
   A. 表皮细小等轴晶带　　B. 树枝晶带　　　　C. 柱状晶区　　　　D. 中心等轴晶区

9. 连铸坯凝固组织从边缘到中心是由（　　）、（　　）和（　　）组成。C
   A. 氧化铁皮；固态钢；液芯　　　　　　　　B. 固态钢；夹杂物；液芯
   C. 激冷层；柱状晶；等轴晶　　　　　　　　D. 氧化铁皮；钢；夹杂物

10. 有关连铸坯的凝固过程的描述中不正确的是（　　）。D
    A. 连铸坯的凝固是在过冷条件下进行的
    B. 经历了形核和核长大完成结晶的过程
    C. 伴随有体积收缩和成分偏析
    D. 结晶器内钢水只是向结晶器壁的单向传热

11. 在连铸坯凝固过程中，应尽可能抑制（　　）的发展，促使（　　）的扩大。B
    A. 激冷层；柱状晶区　　　　　　　　　　　B. 柱状晶区；等轴晶区
    C. 激冷层；等轴晶区　　　　　　　　　　　D. 等轴晶区；柱状晶区

12. 铸坯的凝固应该达到的目标不包括（　　）。D
    A. 形成正确的凝固结构　　　　　　　　　　B. 合金元素的分布要均匀，偏析要小
    C. 铸坯表面，内部质量要好　　　　　　　　D. 去除非金属夹杂物

13. （多选）连铸坯的低倍组织对钢的（　　）性能影响很大。AB
    A. 加工　　　　　　　B. 机械　　　　　　C. 热处理　　　　D. 高温

14. （多选）连铸坯的凝固组织从表面到中心分别为（　　）。ABC
    A. 激冷层　　　　　　B. 柱状晶区　　　　C. 等轴晶区　　　D. 中心偏析区

15. （多选）能有效地扩大铸坯等轴晶区的方法是（　　）。ABC
    A. 低的钢水过热度　　　　　　　　　　　　B. 二次冷却区采用弱冷却
    C. 电磁搅拌　　　　　　　　　　　　　　　D. 低拉速

16. （多选）在工艺上可以采取（　　）措施对铸坯低倍组织进行控制。ACD
    A. 低温浇注　　　　　B. 二冷强冷　　　　C. 二冷弱冷　　　D. 轻压下

2.3.2 "小钢锭"结构

　　出结晶器的铸坯，其液相穴很长。进入二次冷却区后，由于冷却得不均匀，致使铸坯在传热快的局部区域，柱状晶优先发展，当两边的柱状晶相接，或由于等轴晶下落被柱状晶捕捉，就会出现"搭桥"现象，如图 2-5 所示。这时液相穴的钢水被"凝固桥"隔

开，桥下因凝固产生收缩得不到桥上部钢水的补充，形成疏松和缩孔，并伴随有严重的偏析。从铸坯纵剖面来看，这种"搭桥"是有规律的，每隔 5 ~ 10cm 就会出现一个"凝固桥"及伴随的疏松和缩孔。很像小钢锭的凝固结构，因此得名"小钢锭"结构。对小方坯而言，"凝固桥"加剧了铸坯中心溶质元素的偏析。在热加工过程中易发生脆断。所以二冷区的均匀冷却是绝对重要的。

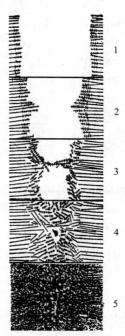

图 2 – 5 "小钢锭"结构示意图

1—柱状晶均匀生长；2—某些柱状晶优先生长；3—柱状晶搭接成"桥"；

4—"小钢锭"凝固并产生缩孔；5—铸坯的实际宏观结构

2.3.3 凝固结构的控制

从钢的性能角度我们希望得到等轴晶的凝固结构。等轴晶组织致密；强度、塑性、韧性较高，加工性能良好；成分、结构均匀，无明显的方向异性。而柱状晶的过分发展影响加工性能和力学性能。柱状晶有如下特点：

（1）柱状晶的主枝干较纯，而枝间偏析严重。热变形后由于枝晶偏析区被延伸，使组织具有带状特征。这样钢的力学性能会有明显的各向异性，特别是钢的横向性能降低。

（2）由于杂质尤其是 S、P 等夹杂物的沉积，在柱状晶交界面构成了薄弱面，是裂纹易扩展的部位，在加工时极易开裂。

（3）柱状晶充分发展形成的穿晶结构，导致中心疏松，降低了钢的致密度。

由上可知除了某些特殊用途的钢如电工钢、汽轮机叶片等，为改善导磁性、耐磨性、耐腐蚀性能而要求柱状晶结构外，对于绝大多数钢种都希望尽量控制柱状晶的发展，扩大等轴晶宽度，其措施包括电磁搅拌技术、加入形核剂等。

2.3.3.1 电磁搅拌技术

电磁搅拌技术（EMS）是在坯壳内钢水产生电磁力实施搅拌，过热液体绕树枝生长前沿流动，使枝晶根部溶化，流动的钢水将枝晶带走成为晶核，另外由于机械力的作用也可折断正在长大的树枝晶，增加等轴晶晶核数目，增大等轴晶的比例。图2-6为电磁搅拌铸坯凝固结构。

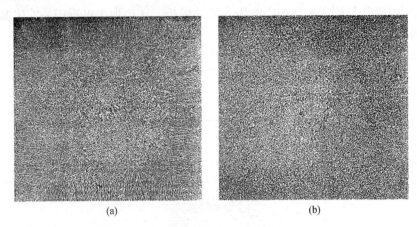

(a)   (b)

图2-6 电磁搅拌前后铸坯凝固结构的对比

(a) 电磁搅拌前铸坯凝固结构；(b) 经电磁搅拌后铸坯凝固结构

2.3.3.2 加入形核剂

向结晶器内加入固体形核剂，增加晶核数目以扩大等轴晶带宽度。但形核剂必须具备以下条件：

(1) 在钢液温度下为固态；

(2) 不得分解为元素而进入钢中；

(3) 能稳定的存在于凝固前沿；

(4) 形核剂尽可能与钢水润湿。

向结晶器喷吹不同尺寸的金属铁粉，以吸收钢水过热并提供晶核，扩大铸坯等轴晶区宽度，改善产品性能。

试验指出，在140mm×140mm的方坯结晶器内喷入金属粉量为1%~1.5%，拉速提高了40%~50%，铸坯等轴晶宽度增加，中心疏松和缩孔减轻。

此外，生产中通过降低钢水过热度，添加稀土元素处理等措施，也可有效增加等轴晶率，抑制柱状晶的发展，且工艺简单操作方便。

2.4 连铸坯的凝固过程现象

钢是合金，含有C、Si、Mn、P、S等元素；而且钢的凝固在实际上属于非平衡结晶，因此钢液的结晶与纯金属不同，具有如下特点。

2.4.1 结晶温度范围

钢的结晶温度不是一"点"，而是一个温度区间，如图2-7所示。钢水在T_L（液相线温度）开始结晶，到达T_S（固相线温度）结晶完毕。T_L与T_S的差值为结晶温度范围。结晶温度范围用ΔT_c表示：

$$\Delta T_c = T_L - T_S \tag{2-2}$$

确定结晶温度范围的意义在于：

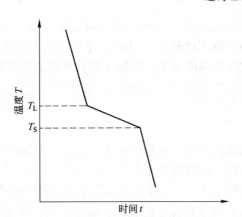

图 2-7 钢水结晶温度变化曲线

（1）T_L 是确定浇注温度乃至出钢温度的基础；

（2）结晶温度范围的大小对结晶组织有至关重要的影响。

影响结晶温度范围的诸元素中，碳的影响最大；对于碳钢而言，碳的含量最多，在其他元素含量较少的情况下，可直接从铁—碳平衡图上分别查到液相线与固相线温度 T_L、T_S，即得出钢的熔化温度，然后计算 T_L 与 T_S 的差值 ΔT_c。从结晶温度范围和两相区宽度的关系中，可以看出 ΔT_c 对凝固组织的影响。由于钢液结晶是在一个温度区间内完成的，因此在这个温度区间里固相与液相并存。实际的结晶状态如图 2-8 所示。

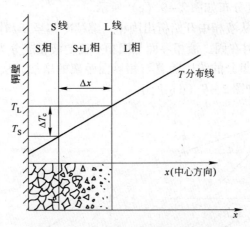

图 2-8 钢水结晶时两相区状态图

在 S 线左侧钢液完全凝固，在 L 线右侧全部为液相，在 S-L 线之间是固、液相并存，称此为两相区，S-L 线之距离称为两相区宽度 Δx。当 Δx 越宽，凝固时间越长，晶粒长大越充分，晶粒度越粗大，反之细小。晶粒度大，意味着树枝晶发达，发达的树枝晶使凝固组织致密性变差，易形成空隙，偏析也较严重。两相区宽度与结晶温度范围、温度梯度有关：

$$\Delta x = \frac{1}{\dfrac{\mathrm{d}T}{\mathrm{d}x}} \qquad (2-3)$$

式中 $\dfrac{\mathrm{d}T}{\mathrm{d}x}$——温度梯度。

可见，当冷却强度大时，温度在 x 方向急剧变化，温度梯度大，Δx 较小，反之较大，两相区宽度与冷却强度呈反比关系。当 ΔT_c 较大时，Δx 较宽，反之较窄。两相区宽度与结晶温度范围呈正比关系。两相区较宽，对铸坯质量不利，因此应适当减小两相区宽度。减小两相区宽度可从加大冷却强度入手，并落实到具体的工艺措施之中。

2.4.2 成分过冷

2.4.2.1 选择结晶

选择结晶又称选分结晶或液析。钢是合金也是溶液，在结晶过程中，已凝固钢的溶质成分与原始钢液成分有差异，这种现象是由于选择结晶造成的。

由于液固两相原子间距不同，一般来讲溶质元素在固相中的溶解度低于液相。溶液中杂质（合金或者有害元素）含量较低，比较纯，熔点较高，最先凝固成晶体；在先凝固的固相钢中杂质元素分配的浓度低，而在液相钢（母液）中的浓度逐渐富集增高，后凝固的钢中杂质含量高，熔点也低些。所以结晶结束固相钢的化学成分是不均匀的。这种现象即称为选择结晶。

2.4.2.2 成分过冷

温度过冷是钢液结晶的必要条件之一。由于选择结晶，钢液结晶还伴随有成分的变化，这个变化引起母液凝固点降低，对过冷度又有影响。现以图 2-9 (a) 中 C_0 浓度的合金结晶过程为例，说明成分过冷。

从图 2-9 (b) 中得出，C_0 成分的合金其结晶方向与散热方向相反。液相的热量通过已凝固晶体传出，其温度分布如图 2-9 (c) 所示。

当合金冷却至 T_L，从液相中开始析出固相，继续冷却至 T_S 时，已结晶的固相成分为 C_0。根据平衡关系，这时在固、液相界面与固相平衡的液相成分为 C_1。很明显 C_1 浓度远远高于 C_0，液相中溶质组分的浓度随着与相界面距离的增加，从 C_1 降至 C_0，在液相的溶质组分浓度分布曲线如图 2-9 (d) 所示。

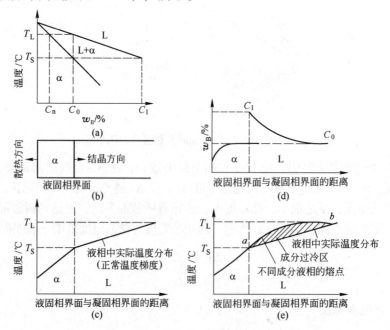

图 2-9 成分过冷

　　由于相界面前沿液相成分的变化，相应地引起平衡结晶温度的改变。离相界面近，即靠近相界面处的液相中溶质浓度高，结晶温度较低，结晶温度就是对应 C_1 成分液相线上的平衡温度 T_S；反之，远离相界面液相结晶温度则较高。图 2-9（e）是结晶温度与相界面距离的关系曲线。从图 2-9（e）可见，此时液相的实际温度分布与平衡结晶温度有较大差别，这个差别就是阴影部分。在阴影区内合金的温度均低于液相的平衡结晶温度，即处于过冷状态，但过冷度大小有区别，其数值可通过图 2-10 求出。

　　在图 2-10 上做垂线 x，被结晶温度分布曲线与实际温度分布曲线所截，得到线段 AB，AB 之长即为所求。从图 2-10 中可以看出，固、液相界面的过冷度已经降低，其过冷度甚至比远离相界面处还小，这种由于成分偏析凝固前沿即固、液相界面过冷度减小的现象称为成分过冷。

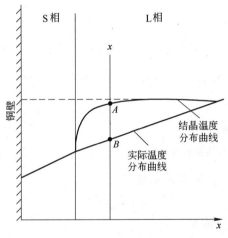

图 2-10　过冷度的求法

　　纯金属的结晶，在凝固前沿没有溶质析出，所以纯金属结晶只受温度过冷的影响；钢液结晶由于存在选择结晶，在凝固前沿有溶质成分的析出，所以钢液的结晶除受温度过冷的影响外，还受成分过冷的影响。

2.4.3　化学成分偏析

　　钢液结晶过程存在选择结晶，最先凝固的部分溶质含量较低，凝固前沿母液中溶质富集，浓度逐渐升高，因而最终凝固部分的溶质含量高。显然在整个凝固结构中溶质浓度分布是不均匀的。这种成分不均匀的现象称为偏析。如果分析 1 支铸坯，会发现铸坯中心部位溶质浓度高于边缘；对于 1 个晶粒而言，晶界溶质的浓度高于中心。前者为宏观偏析或称区域偏析，后者为显微偏析。

2.4.3.1　显微偏析

A　显微偏析的形成

　　在实际生产中，钢液是在快速冷却条件下结晶，因而属于非平衡结晶。用图 2-11 说明钢液的非平衡结晶过程。成分为 C_0 的合金，从液相温度 T_L 冷却到 T_1，出现了固体晶粒，其成分为 C_1；继续冷却到 T_2，固相成分应为 C_2，先结晶的 C_1 本应通过原子扩散使其成分改变到 C_2，但由于冷却速度快，原子来不及充分扩散，使晶粒中心与外围成分发生了差异，其平均成分既不是 C_1，也不是 C_2，而是 C'_2；当温度继续降至 T_3 时，固相的平均成分不是 C_3 而是 C'_3；直到温度降至 T_S，如果是平衡结晶，此时的固相成分是 C_4，结晶完成；实际上固相成分是 C'_4，说明结晶尚未结束，只有温度降至 T_S 时，液相才能完全消失，晶粒彼此连接，凝固完毕。这时固相的成分线是 C'_1、C'_2、C'_3、C'_4，偏离了平衡时固相线，所得到固体的各部分具有不同的溶质浓度，如图 2-12 所示。结晶开始形成的树枝晶较纯，随着冷却，外层陆续形成溶质浓度为 C'_2、C'_3、C'_4 的树枝晶，溶质元素浓度较高。形成了晶粒内部溶质浓度的不均匀性，中心晶轴处溶质浓度低，边缘晶界浓度高。这种呈树枝状分布的偏析称为显微偏析或树枝偏析。

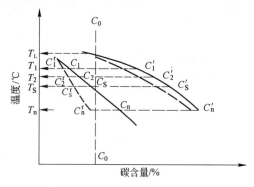

图 2-11　非平衡结晶时成分变化

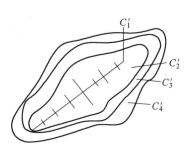

图 2-12　树枝偏析的形成

显微偏析程度可用显微偏析度 A 来量度：

$$A = C_{间} / C_{轴} \tag{2-4}$$

式中　$C_{间}$——晶间处的溶质浓度；

　　　$C_{轴}$——晶轴处的溶质浓度。

当 $A > 1$ 时，偏析为正，即正偏析；$A < 1$ 时，偏析为负，即负偏析；$A = 0$，无偏析。

B　影响显微偏析的因素

影响显微偏析的因素有：

（1）冷却速度。加大冷却速度，缩短凝固时间，溶质元素没有足够时间析出，这样树枝晶的晶枝间距小，晶叉多，可以大大减轻合金的树枝偏析。另外，二次树枝晶晶枝间距越大，偏析越难于消除。例如，通过热处理可使合金成分均匀化，其所需时间与树枝晶晶枝间距的平方成比例。若合金中树枝晶的晶枝间距为 10^{-2} cm，加热至 1200℃ 退火，则需 300h 树枝偏析才有明显减小；晶枝间距在 10^{-3} cm 只需 1h 偏析就有明显减小。

（2）溶质元素的偏析倾向。元素的偏析倾向可用溶质元素在已凝固金属中的浓度 $C_{固}$ 与液相中的浓度 $C_{液}$ 之比即 $K = C_{固} / C_{液}$ 表示，K 值越小，说明先结晶与后结晶的成分差别越大，偏析倾向越大。其偏析的倾向性还与第三元素的存在有关。所有的元素在铁中都能形成偏析，但由于碳的存在，而使某些元素偏析更严重，如 P、As（砷）成为严重偏析元素。

（3）溶质元素原子在固体金属中的扩散速度。在不同温度下，溶质元素原子在固体合金中的扩散速度不同；碳是强偏析元素，由于其原子在铁中的扩散速度高于其他元素，因而在铸坯冷却过程中碳能较均匀分布于奥氏体中。而其他元素原子在铁中扩散速度慢，在铸坯的显微结构中存在的不均匀性就大。

（4）固态相变。钢在凝固冷却过程发生相变，影响显微偏析的变化；例如 P 在 γ 相中 $K=0.13$，而在 $\alpha-Fe$ 中 $K=0.06$；此外包晶反应也会影响显微偏析。

（5）钢液流动。由于凝固收缩和热对流引起树枝晶间液体的流动，造成树枝晶粗化或重熔，从而导致枝晶间距发生变化，由此引发显微偏析的变化。

2.4.3.2 宏观偏析

宏观偏析又称区域偏析。钢液在凝固过程中，由于选择结晶，在树枝晶晶枝间的母液富集了溶质元素，再加上凝固过程钢液的流动，富集了溶质元素的母液流动到未凝固区域；当钢液完全凝固后，铸坯无论在横向还是纵向溶质浓度的分布都有差异。

引起钢液流动的因素很多，像注入的钢流，钢水的温度差、密度差，晶叉沉落等引起的对流，铸坯鼓肚变形的抽引，凝固坯壳的收缩，以及气体排出、夹杂物的上浮等均能引起未凝固钢液的流动，从而导致整体铸坯内部溶质元素分布的不均匀性，形成了宏观偏析，也称低倍偏析。可通过化学分析或酸浸显示铸坯的宏观偏析。宏观偏析的程度可用宏观偏析量 B 表示：

$$B = \frac{C-C_0}{C_0} \times 100\% \qquad (2-5)$$

式中　C——测量点的溶质浓度；

　　C_0——钢水原始溶质浓度。

当 $B>0$ 时，为正偏析；当 $B<0$ 时，为负偏析；当 $B=0$ 时，为无偏析。

2.4.3.3 偏析的控制

偏析对铸坯质量有影响，对薄板材的影响尤为突出，轻者造成钢材各部分性能不一，重者可能造成钢板分层，降低成材率，甚至报废。因此生产工艺上应采取措施控制偏析：

（1）增加钢液的冷凝速度。通过抑制选择结晶中溶质向母液深处的扩散来减小偏析。

（2）合适的铸坯断面。小断面可缩短凝固时间，从而偏析较轻。

（3）采用各种方法控制钢液的流动。如浸入式水口参数合理，安装电磁制动器抑制注流，加入 Ti、B 等变性剂等。

（4）电磁搅拌。搅拌可打碎树枝晶枝杈，细化晶粒，减小偏析。

（5）工艺因素。这方面的措施很多，例如适当降低钢水过热度有利于减轻偏析；防止连铸坯鼓肚变形，可消除富集杂质母液流入中心空隙，以减小中心偏析等。

（6）降低钢液中 S、P 含量。S、P 是钢中偏析倾向严重的元素，对钢的危害也大，因此通过减少钢液中 S、P 含量，并保持合适的 Mn/S，也可减轻偏析对钢材质量的影响。

练习题

1. 以下元素在铸坯中偏析最为严重的是（　　）。A

　A. 硫元素　　　　B. 磷元素　　　　C. 锰元素　　　　D. 硅元素

2. 铸坯表面的 S 含量高于铸坯中心 S 含量。（　　）×

2.4.4 凝固夹杂物、气体的形成和排出

由于选择结晶使凝固前沿溶质元素富集，再加上温度的不断降低，当条件具备时，有可能发生一些化学反应，形成夹杂物和气泡。

2.4.4.1 凝固夹杂物

钢中夹杂物的来源很广，凝固过程中也会形成一些夹杂物，称为凝固夹杂物。凝固夹杂物的形成机理如下：

（1）由于选择结晶，溶质在凝固前沿不断富集，富集的元素包括金属元素（以 Me 代表）和非金属元素（以 X 表示）。

（2）在凝固前沿浓度很高的元素之间发生反应形成化合物：

$$[Me] + [X] = (MeX)$$

（3）生成的化合物增多并聚集成为夹杂物：

$$n(MeX) = (MeX)_n$$

（4）夹杂物部分上浮，来不及上浮滞留在钢中而成为凝固夹杂物。

由于夹杂物的存在，破坏了钢基体的连续性和完整性，对钢的性能有一定的影响。可从两方面着手控制夹杂物：一是尽可能充分上浮夹杂物；二是控制夹杂物的形态。夹杂物颗粒很小，呈球状且分布均匀，其危害性较小。因此在夹杂物总量不能减少的情况下，可以通过控制夹杂物的粒度、形状、性质、分布来改善夹杂物对钢质量的影响。可采用如下措施，例如：

（1）降低钢中氧、硫等元素含量，减少钢的夹杂物。

（2）加 Ca 或稀土 RE 等元素，对夹杂物进行变性处理。

（3）改善夹杂物的性能。如在钢中加入 Mn 元素，可提高 Mn/S 的数值，以生成 MnS 夹杂物取代 FeS 夹杂物，减小热脆性。

（4）改变夹杂物的数量、分布。钢中加入适量的 Al，利用 Al_2O_3 作为夹杂物的核心，增加夹杂物数量的同时减小其粒度。

（5）加速凝固。加速凝固的目的是缩短结晶时间，降低母液高浓度溶质聚集及其所形成的夹杂物。

（6）抑制钢液的流动。钢液的流动使凝固前沿析出的溶质不断传递到母液深处，导致最终凝固结构中夹杂物含量差别增大。因此，可对钢液的流动加以适当控制。

2.4.4.2 凝固气泡

钢中气泡形成过程与夹杂形成十分相似，凝固过程产生的气体主要是 CO 和 H_2 等。

由于脱氧不良引起 C-O 反应形成 CO 气泡；物料潮湿所含水分溶入钢液，会增加钢中氢和氧含量。存在于钢中的气体，在凝固过程未能排出而残存于钢中形成了凝固气泡。若凝固气泡接近于铸坯表面即形成皮下气泡，皮下气泡在轧制时会导致爪裂。在钢液完全凝固以后，氢依然会扩散聚集形成气泡，气泡内压力非常高，气泡再析出时会形成"白点"。白点是很细小的裂纹，是钢材的隐患，可通过高温扩散或退火处理或缓冷消除。

2.4.5 凝固收缩

除镓（Ga）、铋（Bi）金属以外，几乎所有的金属或合金都存在着热胀冷缩现象。钢

液在冷却凝固过程中都伴有体积收缩，密度增加。收缩的结果会在固体金属或合金中留下缩孔和疏松。以低碳钢为例，1600℃液态钢的密度是 $7.06g/cm^3$，冷却到常温的固态钢密度为 $7.86g/cm^3$，冷却和凝固体积收缩了11.3%。随成分、温降的不同其收缩量也有差异。钢液的收缩随温降和相变可分为三个阶段：

（1）液态收缩。钢液由浇注温度降至液相线温度产生的收缩为液态收缩，即过热度消失的体积收缩。这个阶段钢保持液态，收缩量为1%左右。液态收缩危害并不大；对于连铸坯尤其如此，液态的收缩被连续注入的钢液所填补，对已凝固铸坯的外形尺寸影响极小，可以忽略。

（2）凝固收缩。钢液由液相线温度到固相线温度，即在结晶温度范围形成的收缩，并伴有温降，这两个因素均会对凝固收缩有影响。结晶温度范围越宽收缩量也越大；其收缩量约占总量的4%，会在凝固结构中留下缩孔和疏松；对连铸而言，由于钢液的连续注入补充，凝固收缩对铸坯的结构影响也不太大。对碳钢来说，随碳含量增加凝固体积收缩量也增大，见表2-2。

表2-2　钢中含碳量与凝固收缩量的变化

钢中 [C] /%	0.10	0.35	0.45	0.70
ΔV（凝固）/%	2.0	3.0	4.3	5.3
ΔV（总）/%	10.5	11.8		12.1

（3）固态收缩。由固相线温度降至室温的收缩称之为固态收缩。由于收缩使铸坯的尺寸发生变化，故也称线收缩。其收缩量大约为总量的7%~8%。

固态收缩量最大，在温降的同时产生热应力，在相变过程中产生组织应力，这些应力是铸坯裂纹的根源。因此固态收缩对铸坯质量影响甚大。

通过以上分析可知，钢凝固冷却过程的总收缩包括体积收缩和线收缩两部分；线收缩的比例大，体积收缩就小；反之，体积收缩比例大线收缩就小。如钢的碳含量在包晶反应范围内，容易产生裂纹，这是由于线收缩量大的缘故。

练习题

1. 铸坯在冷却过程中不会发生收缩。（　　）×
2. 钢的凝固实际上属于（　　），因此钢液的结晶与纯金属不同。C
   A. 正常结晶　　　B. 非正常结晶　　　C. 非平衡结晶　　　D. 平衡结晶
3. 影响结晶温度范围的诸元素中，（　　）的影响最大。A
   A. C　　　　　　B. Mn　　　　　　C. Si　　　　　　　D. P
4. 溶液中碳和其他元素含量较低，比较纯，熔点较高，最先凝固成晶体；杂质含量高，熔点也低些，后凝固。这种现象即称为（　　）。A
   A. 选择结晶　　　B. 成分结晶　　　C. 平衡结晶
5. 铸坯中心部位溶质浓度高于边缘；对于1个晶粒而言，晶界溶质的浓度高于中心，这种偏析为（　　）。A

　　A. 宏观偏析　　　　B. 显微偏析　　　　C. 半宏观偏析

6. 凝固过程产生的气体主要是（　　）等。A

　　A. CO 和 H_2　　　　B. CO_2 和 H_2　　　　C. CO 和 N　　　　D. CaO 和 H_2

7. 钢液由浇注温度降至液相线温度产生的收缩为液态收缩，即过热度消失的体积收缩量为（　　）左右。B

　　A. 2%　　　　B. 1%　　　　C. 3%　　　　D. 5%

8. 凝固收缩结晶温度范围越宽收缩量也越大，其收缩量约是总量的（　　）。D

　　A. 2%　　　　B. 1%　　　　C. 3%　　　　D. 4%

9. 固态收缩使铸坯的尺寸发生变化，故也称线收缩。其收缩量大约为总量的（　　）。A

　　A. 7%～8%　　　　B. 8%～10%　　　　C. 6%～7%　　　　D. 5%～6%

10. （多选）影响显微偏析的因素有（　　）。ABCD

　　A. 冷却速度，溶质元素的偏析倾向　　　　B. 溶质元素原子在固体金属中的扩散速度

　　C. 固态相变　　　　D. 钢液流动

11. （多选）宏观偏析的形成与（　　）末端凝固钢液的流动，从而导致整体铸坯内部溶质元素分布的不均匀性。ABCD

　　A. 钢水的温度差　　　　B. 铸坯鼓肚变形

　　C. 凝固坯壳的收缩　　　　D. 夹杂物的上浮

12. （多选）偏析的控制措施有（　　）。ABCD

　　A. 增加钢液的冷凝速度。通过抑制选择结晶中溶质向母液深处的扩散来减小偏析

　　B. 合适的铸坯断面。小断面可缩短凝固时间，从而偏析较轻

　　C. 电磁搅拌。搅拌可打碎树枝晶枝杈，细化晶粒，减小偏析

　　D. 降低钢液中 S、P 含量。S、P 是钢中偏析倾向严重的元素

13. （多选）钢中夹杂物的来源很广，凝固过程中也会形成一些（　　）成为夹杂物，称为凝固夹杂物。ABCD

　　A. 由于选择结晶，溶质在凝固前沿不断富集，富集的元素包括金属元素（非金属元素）

　　B. 在凝固前沿浓度很高的元素之间发生反应形成化合物

　　C. 生成的化合物增多并聚集

　　D. 夹杂物部分上浮，来不及上浮滞留在钢中

14. （多选）在夹杂物总量不能减少的情况下，可以通过控制夹杂物的粒度、形状、性质、分布来改善夹杂物对钢质量的影响。可采用如下措施（　　）。ABCD

　　A. 降低钢中氧、硫等元素含量，减少钢的夹杂物

　　B. 加 Ca 或稀土 RE 等元素，对夹杂物进行变性处理

　　C. 改善夹杂物的性能。如在钢中加入 Mn 元素，以生成 MnS 夹杂物取代 FeS 夹杂物，减小热脆性

　　D. 改变夹杂物的数量、分布。钢中加入适量的 Al，利用 Al_2O_3 作为夹杂物的核心，增加夹杂物数量的同时减小其粒度。

15. （多选）钢液的收缩随温降和相变可分为（　　）阶段。ABC

　　A. 液态收缩　　　　B. 凝固收缩　　　　C. 固态收缩

2.5 连铸坯的凝固行为

2.5.1 连铸坯的凝固特征

连铸坯具有以下凝固特征：

(1) 连铸坯的凝固过程实质是热量释放、传递的过程，也是强制快速冷却过程。

钢液冷却凝固全部为强制冷却。有的铸坯到了冷床还喷水冷却。冷却强度大，可控性强，在一定程度上通过改变冷却制度可以控制铸坯的凝固结构。

(2) 铸坯是边下行、边散热、边凝固，因而铸坯形成了很长的液相穴。

宽厚板坯的液相穴可能达 30~40m 之长。液相穴长，对穴内夹杂物的上浮，坯壳均匀生长均有影响。凝固前沿固—液相界面强度、塑性极低，强度仅为 1~3MPa，由变形到断裂的临界应变量为 0.2%~0.4%。铸坯出结晶器下口进入二冷区喷水雾或气—水雾冷却，已凝固坯壳不断地收缩，坯壳温度的不均匀性、夹辊对弧不正，此外还受弯曲力、矫直力、鼓肚变形等应力作用，当凝固坯壳受到上述应力的共同作用时，其变形量超过凝固坯壳强度极限、塑性临界值时，固—液相界面可能会出现裂纹。所以，应维护好连铸机，控制各冷却区冷却强度，尽量做到连铸坯坯壳均匀生长，运行过程凝固坯壳不发生变形。以确保铸坯良好质量。

(3) 连铸坯的凝固是分阶段完成的。

连铸坯的凝固基本分为三个阶段：

1) 钢水在结晶器内形成初生坯壳，出结晶器下口的坯壳安全厚度应足以抵抗钢液静压力的作用；

2) 带液芯的铸坯进入二冷区继续冷却，坯壳均匀稳定生长；

3) 临近凝固末期坯壳加速增长。

根据凝固定律计算三个阶段的凝固系数 K 分别为：$20mm/min^{1/2}$、$25mm/min^{1/2}$、$27 \sim 30mm/min^{1/2}$。

研究认为，液相穴上部是强制对流循环区，循环区的长度取决于注流注入结晶器的方式、浸入式水口的类型、铸坯的断面等。例如，方坯采用单孔直筒式浸入式水口浇注，其注流的最大冲击深度是铸坯厚度的 4~6 倍，若用双侧孔浸入式水口浇注，冲击深度会减小。液相穴下部为自然对流区，流动包括坯壳凝固的收缩和晶体下沉引起的流动，鼓肚变形的抽引流动等；液相穴内钢液的流动对坯壳均匀生长、铸坯的凝固结构、夹杂物的分布、溶质元素的偏析等均有重要影响。

(4) 铸坯在连铸机内下行，铸坯的冷却可以看做是经历"形变热处理"过程。

下行的铸坯承受着热应力、机械应力的作用；同时随着温度的降低坯壳发生着 $\delta \rightarrow \gamma \rightarrow \alpha$ 相变，铸坯还承受由于相变带来组织应力的作用；尤其是在二冷区铸坯表面温度反复的下降、回升，引起组织变化，相当"热处理"过程。由于溶质元素的偏析作用，可能有硫化物、氮化物质点沉淀于晶界处，也会加剧钢的高温脆性，影响质量。

练习题

1. 关于连铸坯凝固的特征说法不正确的是（　　）。B

A. 铸坯是边下行、边散热、边凝固

B. 铸坯凝固过程的实质是强制缓慢冷却

C. 连铸坯的凝固是分阶段完成的

D. 铸坯的冷却可以看做是经历形变热处理的过程

2. 钢水从液态变为钢坯时主要释放的热量是（   ）。D

    A. 过热   B. 潜热   C. 显热   D. 以上三项

3. 铸坯从浇注温度冷却到液相线温度时放出的热量称为（   ）。A

    A. 过热   B. 潜热   C. 显热   D. 过冷

4. 铸坯在二冷区的散热方式主要是以（   ）为主。D

    A. 辐射   B. 传导   C. 冷却水的蒸发   D. 水的加热和汽化

5. （多选）钢水从液态变为钢坯时释放的热量有（   ）。ABC

    A. 过热   B. 潜热   C. 显热   D. 过冷

6. （多选）钢水凝固过程放出的热量包括（   ）。ABD

    A. 钢水过热   B. 凝固潜热   C. 化学热   D. 物理显热

7. （多选）结晶器内的传热包括（   ）。ABC

    A. 对流   B. 传导   C. 辐射   D. 水冷

2.5.2 连铸坯凝固过程

2.5.2.1 坯壳及气隙的形成过程

连铸坯的凝固是在过冷条件下，经历了形核和核长大完成结晶过程，并伴随有体积的收缩和成分偏析等。

注入结晶器的钢水除受结晶器壁的强制冷却外，还通过钢水液面辐射传热及铸坯运行方向的传导传热。其传出热量的比值大约为30:0.15:0.03。因此结晶器内钢水的凝固过程可近似地看做钢水向结晶器壁的单向传热。钢水散热量的波动跟坯壳表面与器壁的接触状况有关，钢水的热量是通过坯壳—气隙—结晶器铜壁—铜板与冷却水界面，最后由冷却水带走。根据计算，各段热阻比例为：坯壳约占26%，气隙占71%，结晶器铜壁1%，铜壁与冷却水界面2%。可见气隙是钢液向外传热的限制性环节。

A 弯月面的形成

由于钢水与结晶器铜壁的润湿作用，钢水与铜壁相接触之处形成了一个半径很小的弯月面，如图2-13所示，弯月面半径 r 可用下式表示：

$$r = 5.43 \times 10^{-1} \sqrt{\frac{\sigma_m}{\rho_m}} \tag{2-6}$$

式中 r——弯月面半径，m；

    σ_m——钢液表面张力，N/m；

    ρ_m——钢水密度，kg/m³。

在弯月面的根部，钢液与水冷铜壁接触，受到铜壁的激冷，初生坯壳即刻形成。弯月面对初生坯壳非常重要，良好稳定的弯月面可确保初生坯壳的表面质量和坯壳的均匀性。

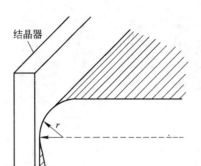

图 2 – 13 钢水与铜壁弯月面的形成

当钢水中上浮的夹杂物未被保护渣吸附会降低钢液表面张力，弯月面半径减小，从而破坏了弯月面的薄膜性能，弯月面破裂。这时夹杂物随同钢水在破裂处与铜壁之间形成新的凝固层，夹杂物牢牢地黏附在这个新凝固层内而成为表面夹渣。带有夹渣的坯壳是薄弱部位，容易发生漏钢，造成事故。保持弯月面的稳定状态，最根本的是提高钢水的纯净度，减少夹杂物含量；选用性能良好的保护渣，吸附弯月面上的夹杂物，可保持弯月面薄膜的弹性；另外可及时人工清除弯月面的浮渣以防拉漏。

B 气隙的形成

已凝固的高温坯壳发生 δ→γ 的相变，引起坯壳收缩，收缩力牵引坯壳脱离结晶器铜壁，气隙开始形成；在弯月面下约 30 ~ 50mm 处，相当钢水在结晶器内停留 2.5s，初生坯壳厚度为 3.5mm 左右。此处热流量最大，说明传热条件最好；然后热流逐渐降低，热阻逐渐增加，散热速度也开始减慢，表明由此处开始坯壳收缩脱离铜壁出现气隙，但此处气隙不稳定。气隙的热阻很大，所以坯壳向铜壁的传热量减少；脱离铜壁的坯壳由于回热升温，坯壳停止生长甚至会熔融，坯壳可能减薄。

C 气隙、坯壳的稳定区

由于坯壳温度的回升，其强度降低，在钢水静压力作用下使其再次贴紧铜壁，散热条件有所改善，坯壳继续生长、增厚。坯壳再次产生的冷凝收缩力又一次牵引使其离开铜壁，这样周期性的离、贴 2 ~ 3 次后，坯壳达到一定厚度，具有一定强度，钢水的静压力不能将其压回贴紧铜壁，此刻形成气隙稳定区。以上过程如图 2 – 14 所示。气隙的大小取决于坯壳的收缩与其抵抗钢水鼓胀的能力。

在结晶器角部区域为二维传热，传热速度快，最先形成气隙；由于钢水的静压力无法将角部的坯壳压向结晶器器壁，因而凝固一开始角部就形成了气隙的稳定区。角部区域的传热条件变得比边部更差，所以初生坯壳形成后，相对而言角部区域坯壳最薄，如图 2 – 15 所示。

角部形成气隙后向中心面部扩展，结晶器宽面气隙厚度比角部要小，角部坯壳成了最薄弱的部位。在实际生产中角部常常容易出现裂纹，角部漏钢的几率也比其他部位要高许多。如 150mm × 150mm 方坯产生角部裂纹，坯壳厚度在 4 ~ 6mm，相当于弯月面以下 70 ~ 172mm 的部位开始收缩形成气隙。为了均匀散热，管式结晶器的四个角都是圆弧过度；组合式结晶器的角部垫上一个倒角 45° 的垫板，角部成为 135°，以此改善角部的传热。另外还应说明，当坯壳开始周期性与铜壁离、贴时，坯壳表面发生变形可能形成凹陷，如图

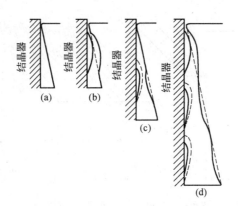

图 2 - 14 　结晶器坯壳形成示意图

（a）形成坯壳；（b）平衡状态；（c）形成皱纹与凹陷；（d）坯壳出结晶器

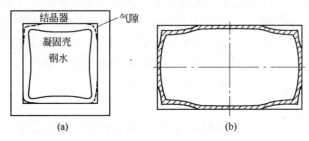

图 2 - 15 　结晶器横向气隙形成示意图

（a）方坯结晶器；（b）板坯结晶器

2 - 14（c）所示。由于气隙的产生，热阻增大，散热速度减缓，凝固速度降低，会造成坯壳内部组织粗化。这些对铸坯质量有一定影响。

2.5.2.2　坯壳的生长规律

出结晶器的铸坯，坯壳必须要达到安全的厚度，以防铸坯在失去铜壁支撑之后而发生变形或漏钢。出结晶器下口坯壳厚度，小方坯一般为 8 ~ 10mm，板坯厚度要大于 15mm。

在结晶器长度方向上坯壳增厚的规律，各种方法得出的结论是一致的。坯壳增厚服从凝固平方根定律，参见式（1 - 4）和式（1 - 4b）。

为了准确计算结晶器内坯壳厚度，应选择合适的 $K_凝$ 值。$K_凝$ 值的大小主要受结晶器冷却水、钢水成分和温度、结晶器形状参数、保护渣性能等因素的影响，较为复杂。通常结晶器 $K_凝$ 值对于小方坯可取 18 ~ 20mm/min$^{1/2}$；大方坯取 24 ~ 26mm/min$^{1/2}$；板坯取 17 ~ 22mm/min$^{1/2}$；圆坯为 20 ~ 25mm/min$^{1/2}$。

若结晶器尺寸在长度方向适应坯壳的收缩特性，制成具有多数值的倒锥度，这样结晶器铜壁和坯壳之间就可能始终保持最小的气隙，提高了传热效率，并且 $K_凝$ 值也较稳定。结晶器的长度一般较为固定，方坯在 900 ~ 1100mm 左右，板坯通常为 700 ~ 900mm。有些结晶器为了提高拉速而加长，但过长的结晶器会增加拉坯阻力，因而这使结晶器长度受到一定限制。在结晶器长度方向上坯壳的收缩也和增厚一样，服从凝固平方根的定律，所以结晶器的锥度大小，也依平方根定律的关系。

拉速也是影响坯壳厚度的因素之一。拉速与坯壳的厚度成反比。小方坯由于要求坯壳的安全厚度较薄，结晶器长度较长等特点，$K_凝$ 值可大些，拉速较高；现在小方坯的拉速可达

3~4m/min。板坯的拉速与铸坯的厚度有关，因为更注重质量，拉速通常不超过2m/min。

出结晶器的铸坯带有液芯，要在二次冷却区内继续喷水雾或喷气水雾强制冷却后才能完成全部结晶过程。提高拉速，钢水在结晶器内停留时间短，坯壳厚度减薄，如300mm×250mm断面方坯，拉速每提高0.3m/min，坯壳厚度就会减薄4mm。在确保足够的坯壳厚度的同时还要保持坯壳的均匀生长，为此在工艺上应注意：

(1) 浇注温度不要过高，保持低温浇注；

(2) 水口与结晶器严格对中；

(3) 结晶器冷却水的水质、水速、水量达到要求，均匀冷却；

(4) 合理的结晶器锥度；

(5) 控制结晶器液面的稳定；

(6) 选择性能良好的保护渣，以形成均匀的保护渣膜等。

2.5.3　连铸坯冷却过程中的应力

2.5.3.1　凝固及温降过程中的应力

铸坯在凝固及冷却过程中主要受3种力的作用。

A　热应力

连铸坯表面与其内部温度不均匀、收缩不一致而产生的应力是热应力。最初，铸坯表面层温度低，心部温度高，因而表面收缩对中心产生压应力，反过来心部阻碍收缩，使表面又受到拉应力作用，因此表面裂纹是在凝固前期产生的。从位置上看主要是在二次冷却区之前及二次冷却区。铸坯离开二冷区后，在空气中冷却（或其他缓冷），表面温度回升，表面与心部温度逐渐趋于一致；但心部的温降速度要超过表面，此时心部的收缩要大于表面，铸坯心部受拉应力，表面受压应力；因此内部裂纹往往发生在铸坯将要完全凝固或已经完全凝固之时。其热应力分布如图2-16所示。

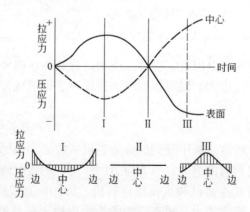

图2-16　热应力分布图

热应力的大小主要取决于铸坯线收缩量。钢中碳含量不同，固、液两相区的宽度不同。宽度大，液相完全转化为固相的时间长，线收缩量小，热应力相对要小些；宽度小，液相完全转化为固相的时间短，线收缩量大，热应力相对要大得多，产生裂纹的可能性就大。

B　组织应力

钢在结晶冷却过程中，必然发生尺寸上的变化，表现为体积收缩和线收缩。在铸坯完全凝固以后继续降温将发生相变,并伴随体积变化。相变即由一种组织转换为另一种组织的过程,同样存在类似形核及核长大的特征,故也称为"二次结晶"。相变的结果取决于钢的成分和冷却条件。对于碳钢而言碳含量不同,冷却时发生的相变主要是奥氏体分解。在不同的冷却条件下,奥氏体可以转化为珠光体,还可以转化为马氏体、贝氏体等。在空冷条件下,碳素钢一般转化为珠光体,某些合金钢如高速钢则转变为马氏体。奥氏体转变为珠光体、马氏体的过程中,体积膨胀,其中马氏体钢密度较小,因而膨胀严重。此时铸坯的外形尺寸已经确定,体积的变化导致应力的产生。

由于相变铸坯体积发生变化而产生的应力是组织应力。组织应力因相变的不同而具有一定的复杂性。当铸坯的表层发生奥氏体向珠光体或马氏体的转变时,引起表层体积增加;而心部奥氏体尚未向珠光体转变,此时对表层体积增大起阻碍作用,致使表层产生压应力,心部产生拉应力。当心部处于良好塑性状态时,虽然受到表面层相变引起拉应力的作用,心部钢仍然能够承受,不会形成裂纹。铸坯继续冷却,表面层逐渐失去塑性,心部则可能发生奥氏体向珠光体或马氏体的转变,体积膨胀,表面层产生拉应力,其应力超过铸坯表面的强度极限时,有可能被撕裂导致裂纹。这种裂纹有时还伴有很大响声,一般叫冷裂纹或低温裂纹。

钢种不同相变温度也不同,如珠光体钢 40Cr 冷却到 727℃ 以下时,容易产生裂纹;再如马氏体钢 3Cr2W8V 冷却到 320℃ 时,容易产生裂纹。727℃ 和 320℃ 就是 40Cr 和 3Cr2W8V 钢各自的相变温度。倘若在相变温度下铸坯能够均匀缓慢冷却,裂纹还是可以避免的。图 2-17 所示即铸坯表面相变完成后继续冷却时的组织应力分布情况。

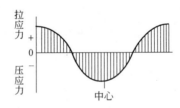

图 2-17 铸坯表面相变完成后继续冷却时组织应力分布图

影响组织应力的因素首先是温度。冷却速度快,造成铸坯内外温差大,体积变化的阻力越大,那么组织应力相应也大。同时组织应力还取决于钢的成分,不同钢种产生的组织应力有很大差别。

C 机械应力

铸坯在下行、弯曲、矫直过程中受到的应力是机械应力。弧形连铸机、椭圆形连铸机的铸坯在下行过程,要受到弯曲应力、矫直应力的作用;矫直时铸坯内弧面受拉应力,外弧面受压应力作用。立弯式连铸机和直弧形连铸机,铸坯由直线段进入弧形段时被顶弯,还要受弯曲应力的作用。弯曲应力、矫直应力的大小取决于铸坯的厚度和弯曲(或矫直)时的变形量。铸坯断面大,弯曲(或矫直)点少,连铸机曲率半径小,则弯曲(或矫直)应力大;反之,弯曲(或矫直)应力则小些。另外,设备对弧不准、辊缝不合理或夹辊变形、铸坯鼓肚等均会使铸坯受到机械应力的作用。机械应力对铸坯的影响集中于两相区;若铸坯尚未完全凝固,由于承受机械应力作用,凝固前沿的两相区内柱状晶晶间还存在少量低熔点液体,此时柱状晶之间的结合力很弱,强度很低,超过铸坯所能承受的变形量时,必然在凝固前沿产生裂纹。减少变形量的措施包括选择多点弯曲、多点矫直铸机,铸坯适宜的厚度和准确的对弧，以及二冷区合理的辊缝量等。

2.5.3.2　应力的消除

铸坯产生裂纹的根本原因是应力集中。在三种应力中，热应力、组织应力无疑起了关键作用，机械应力则加大了裂纹产生的可能性。铸坯在冷却过程中不仅受一种应力作用，而是同时受到热应力和组织应力的共同作用。从受力分布图可以看出，铸坯的表面层受到的应力最大，当铸坯所承受的应力超过该部位的强度极限和塑性变形的临界值时，就会产生裂纹。铸坯的表面裂纹增加了钢坯精整的工作量，影响铸坯的热送和直接轧制，严重时会使铸坯报废；而中心裂纹会降低钢材的性能，还可能给钢材留下隐患，因此必须设法减少由于应力造成的裂纹，具体措施有：

（1）采用合理的配水和合适的冷却制度，铸坯的矫直避开钢的高温脆性区，冷却要均匀，防止铸坯表面回热过高。

（2）对于某些合金钢或裂纹敏感性强的钢种，可采用干式冷却或干式冷却和喷水冷却结合的方式。干式冷却可使铸坯表面、心部温度趋于一致，大大减少热应力的产生。

（3）针对不同钢种的需要，铸坯可选择不同的缓冷方式，如空冷、坑冷、退火，也可直接热送等消除应力集中。

（4）合理调节和控制钢水成分，降低钢中有害元素的含量，可确保减少铸坯的热裂的倾向。

练 习 题

1.（多选）连铸坯在形成过程中表面受力状况主要包括（　　）。ABCD
    A. 受力类型　　　　B. 受力方向　　　　C. 受力大小　　　　D. 受力时间
2.（多选）铸坯在凝固和冷却的过程中，受到的主要作用力有（　　）。ACD
    A. 热应力　　　　　B. 冷应力　　　　　C. 组织应力　　　　D. 机械应力

学习重点与难点

学习重点：各等级学习重点是凝固过程现象对铸坯质量的影响。
学习难点：内容抽象。

思考与分析

1. 钢液的结晶条件是什么？
2. 钢液结晶有哪些特点？
3. 钢液在凝固冷却过程中有哪些收缩，产生哪些应力？
4. 对钢的凝固有什么要求？
5. 连铸坯的凝固组织结构是怎样的，为什么？
6. 连铸坯凝固过程中会产生哪些现象，对铸坯质量有什么影响，采取哪些措施可以减少或者消除这些危害？

3　连铸设备准备

教学目的与要求

1. 说出并选择连铸设备结构及主要参数，熟悉连铸各设备的类型、特点及应用范围。
2. 知道耐火材料规格成分，指标，寿命要求，根据钢种选择水口耐火材料。
3. 说出并选择中间包及水口要求，中间包作用。
4. 会计算振频、振幅、负滑脱率。
5. 说出二冷喷嘴型号、水质、压力、水温、流量。
6. 铸坯切割方式，切割三阶段，火焰切割原理，切割喷嘴分类，切割不良原因。
7. 电磁搅拌作用、分类、用途。
8. 说出本岗位连铸设备的要求。

连铸机是机械化程度高、连续性强的生产设备。弧形连铸机是连铸生产中使用最多的一种机型。

弧形连铸机由主体设备和辅助设备两大部分组成。其主体设备由以下几部分组成：

弧形连铸机设备
- 钢水浇注及承载设备——钢包、钢包回转台、中间包、中间包小车
- 成型及冷却设备——结晶器及其振动装置、二次冷却区装置
- 拉坯矫直设备——拉坯矫直机、引锭装置、脱引锭装置、引锭杆收集存放装置
- 切割设备
  - 火焰切割
  - 机械剪切
    - 液压剪
    - 一般机械剪
- 出坯设备——辊道、冷床、拉钢机、推钢机、翻钢机、缓冲器、火焰清理机、打号机等

连铸设备的好坏影响着连铸生产的顺利进行，随着自动化程度的增高，连铸设备的检查与准备越来越重要。

3.1　结晶器

结晶器是一个水冷的钢锭模，是连铸机非常重要的部件，称之为连铸设备的"心脏"。钢液在结晶器内冷却、初步凝固成型，且形成一定的坯壳厚度。这一过程是在坯壳与结晶器壁连续、相对运动下进行的。为此，结晶器应具有良好的导热性和刚性，不易变形；重量要小，以减少振动时的惯性力；内表面耐磨性要好，以提高使用寿命；结晶器结构要简单，以便于制造和维护。

练习题

1. 结晶器冷却又称为一次冷却。（　　）√

2. 连铸结晶器的作用主要是将钢水初步凝固成形，并形成一定厚度的坯壳。（　　）√

3. 下列（　　）设备被称为连铸机的心脏。C

  A. 钢包回转台　　　　　　B. 中间包　　　　　C. 结晶器　　　　　　D. 二冷室

4.（多选）连铸结晶器不具备的功能有（　　）。CD

  A. 将钢水初步凝固成形　　　　　　B. 形成一定厚度的坯壳

  C. 调节钢水成分　　　　　　　　　D. 将钢水完全凝固成铸坯

5.（多选）连铸结晶器设计的原则有（　　）。ABCD

  A. 保证高效率的热传导，保证一定厚度的坯壳

  B. 结晶器的热流强度均匀，形成均匀的坯壳

  C. 拉坯阻力小

  D. 长寿命的结晶器铜管

6. 有关结晶器冷却的说法不正确的有（　　）。D

  A. 结晶器冷却又称为一次冷却

  B. 结晶器用冷却水是经过处理的软水

  C. 小方坯结晶器是按铸坯周边长度供冷却水的

  D. 结晶器冷却水的温差越大表明冷却效果越好

7.（多选）有关结晶器冷却的说法正确的有（　　）。ABD

  A. 结晶器冷却又称一次冷却

  B. 冷却水用量是根据铸坯断面尺寸而定的

  C. 冷却水用量越大，结晶器冷却效果越好

  D. 保持结晶器冷却水进出水温差的稳定有利于坯壳均匀生长

3.1.1　结晶器的构造

  按结晶器的外形可分为直结晶器和弧形结晶器。直结晶器用于立式、立弯式及直弧形连铸机；而弧形结晶器用在全弧形和椭圆形连铸机上。从其结构来看，有管式结晶器和组合式结晶器；小方坯及矩形坯多采用管式结晶器，而大型方坯、矩形坯和板坯多采用组合式结晶器。

3.1.1.1　管式结晶器

  管式结晶器的结构如图3-1所示。其内管为冷拔异形无缝铜管，外面套有钢质外壳，铜管与钢套之间留有小于7mm的缝隙通以冷却水，即冷却水缝。铜管和钢套可以制成弧形或直形。铜管的上口通过法兰用螺钉固定在钢质的外壳上，铜管的下口一般为自由端，

允许热胀冷缩；但上下口都必须密封，不能漏水。结晶器外套是圆筒形的。外套中部有底脚板，将结晶器固定在振动框架上。

带锥度弧形结晶器的铜管可用仿弧形刨床加工成型，也可在带内芯的外模中压力成型或爆炸成型。

管式结晶器结构简单，易于制造、维修，广泛应用于中小断面铸坯的浇注，可浇注宽面与厚面之和小于600mm的铸坯。

另外，有的管式结晶器取消水缝，直接用冷却水喷淋冷却（见图3-2）。

结晶器铜管壁厚为10~15mm，磨损后可加工修复，但最薄不能小于3~6mm。考虑铸坯的冷却收缩，在铜壁的角部应有一定的圆角过渡。

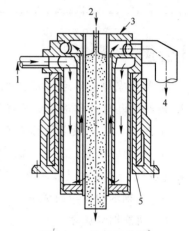

图3-1 管式结晶器

1—冷却水入口；2—钢液；3—上口法兰；4—冷却水出口；5—油压缸

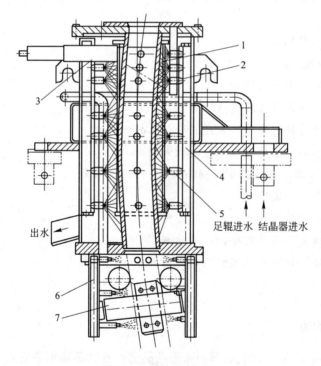

图3-2 喷淋式结晶器

1—结晶器铜管；2—放射源；3—闪烁计数器；4—结晶器外壳；5—喷嘴；6—足辊架；7—足辊

出水 足辊进水 结晶器进水

3.1.1.2 组合式结晶器

组合式结晶器是由4块复合壁板组合而成，每块复合壁板都是由铜质内壁和钢质外壳组成。在钢壳上或在与钢壳接触的铜板面上铣出许多沟槽形成中间水缝。复合壁板用双螺栓连接固定，见图3-3和图3-4。冷却水从下部进入，流经水缝后从上部排出。4块壁板有各自独立的冷却水系统。

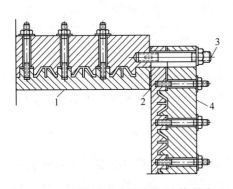

图 3-3 铜板和钢板的螺钉连接形式

1—铜板；2—橡胶；
3—固定螺栓；4—钢质外壳

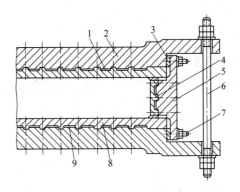

图 3-4 组合式结晶器

1—外弧内壁；2—外弧外壁；3—调节垫块；4—侧内壁；
5—侧外壁；6—双头螺栓；7—螺栓；8—内弧内壁；9——字型水缝

在 4 块复合壁板内壁相结合的角部，可垫上厚 3～5mm 并带 45°倒角的铜片，以防止铸坯角裂。现已广泛采用宽度可调的板坯结晶器。可用手动、电动或液压驱动调节结晶器的宽度。

内壁铜板厚度在 20～50mm，磨损后可加工修复，但最薄不能小于 10mm。

对弧形结晶器来说，两块侧面复合板是平的，内外弧复合板做成弧形的。而直形结晶器四面壁板都是平面状的。

练 习 题

1. 从外形来区分，结晶器可分为直结晶器和（ ）结晶器。B
   A. 梯形　　　　　　B. 弧形　　　　　　C. 三角形　　　　　　D. 球形
2. 浇注小方坯连铸机多采用（ ）结晶器。A
   A. 管式　　　　　　B. 组合式　　　　　C. 管式和组合式结合　D. 其他式
3. 方坯结晶器铜管主要是管式铜管。（ ）√
4. 管式结晶器结构简单，易于制造、维修。（ ）√
5. 浇注板坯多采用组合式结晶器。（ ）√
6. 结晶器主要由水套、铜管等组成。（ ）√
7. （多选）结晶器按结构可分为（ ）。AB
   A. 管式　　　　　　B. 组合式　　　　　C. 整体式　　　　　　D. 直式
8. （多选）结晶器按形状可分为（ ）。ABCD
   A. 方形　　　　　　B. 圆形　　　　　　C. 异形　　　　　　　D. 矩形
9. （多选）现在应用广泛的结晶器是（ ）。AC
   A. 管式结晶器　　　B. 整体式结晶器　　C. 组合结晶器　　　　D. 多级结晶器
10. （多选）在通常情况下，浇注下列（ ）坯型采用组合式结晶器。CD
    A. 小方坯　　　　　B. 圆坯　　　　　　C. 大断面矩形坯　　　D. 板坯
11. （多选）在通常情况下，浇注下列（ ）坯型采用管式结晶器。ABC

　　A. 小方坯　　　　B. 圆坯　　　　C. 小断面矩形坯　　　　D. 板坯

3.1.1.3　多级结晶器

　　随着连铸机拉坯速度的提高，出结晶器下口的铸坯坯壳厚度越来越薄；为了防止铸坯变形或出现漏钢事故，采用多级结晶器技术。它还可以减少小方坯的角部裂纹和菱形变形。

　　多级结晶器即在结晶器下口安装足辊、铜板或冷却格栅。

A　足辊

　　在结晶器的下口四面装有多对密排夹辊，其直径较小且具有足够的刚度，辊间安有喷嘴喷水冷却，这些小辊称为足辊，见图 3 - 5（a）。为了防止足辊对铸坯造成横向应力，足辊的安装位置应与结晶器对中。这种装置拉坯阻力较小，但冷却效果欠佳，足辊若发生变形会造成铸坯鼓肚或菱变。

B　冷却板

　　在结晶器下口每面安装一块铜板，且在铸坯角部喷水冷却，铜板靠弹簧支撑紧贴在坯壳表面，保证了铸坯的均匀冷却，见图 3 - 5（b）。这种装置拉坯阻力稍大，但冷却效果很好，主要用在小方坯连铸机管式结晶器上。有的结晶器在冷却板下还安装 1～2 对足辊。

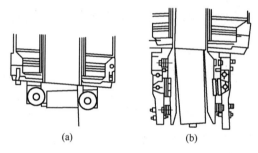

图 3 - 5　多级结晶器结构示意图
（a）足辊；（b）冷却板

练习题

1. 结晶器足辊的作用有（　　）。A

　　A. 支撑铸坯　　　　B. 稳定拉速　　　　C. 提高表面质量　　　　D. 降低过热度

3.1.2　结晶器的材质及寿命

3.1.2.1　结晶器内壁材质

　　正确选择结晶器内壁的材质是保证铸坯质量的关键。由于结晶器内壁直接与高温钢液接触，要求其内壁材质导热系数高，膨胀系数低，在高温下有足够的强度和耐磨性，在 200～300℃ 保证传热基础上，不能出现再结晶软化；塑性还要好，易于加工。目前使用铜合金做结晶器内壁，用铜—铬—锆—砷合金或铜—锆—镁合金制作结晶器内壁，效果都不错。使用含 0.5% ~ 1.5% 铬和 0.10% ~ 0.28% 锆的铜合金，耐磨性、导热性、导磁性、受热变形、黏性、抗氧化等性能都令人满意，在 700℃ 下仍然保持良好的力学性能，寿命可达 2000 炉以上。小方坯、大方坯、管坯用管式结晶器都采用脱氧磷铜，高拉速铸机使用铬锆铜。在结晶器的铜板上镀 0.1 ~ 0.15mm 厚的镀层，能提高耐磨性；目前，单一镀层主要用铬、镍铁或镍钴合金，复合镀层用镍 – 镍铁、镍 – 铬、镍 – 镍钴合金等，复合镀层比单一镀层与母材的结合力好，镀层内部应力较小，但复合镀层容易脱落，单一镀层硬度高，耐磨性、工艺性好，但结合力弱一些。镀层金属的硬度由高到低排列如下：Cr、Ni – Cr、NiCo、Ni – NiCo、NiFe、Ni – NiFe、Ni。镍、镍合金和铬三层镀层，比单独镀镍寿命提高 5 ~ 7 倍；还有镍、钨、铁镀层，由于钨和铁的加入，其强度和硬度都适合高拉速铸机使用。每次镀层浇钢量 20 万 ~ 30 万吨。

另外，在结晶器弯月面处镶嵌低导热性材料，减少传热速度，可以改善铸坯表面质量，称为热顶结晶器。镶嵌的材料有镍、碳铬化合物和不锈钢，如图 3 –6 所示。

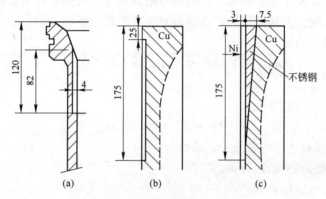

图 3 –6　板坯结晶器的镶嵌件
（a）镶嵌 Ni；（b）碳铬化合物；（c）不锈钢

练习题

1. （多选）铜管材质主要有（　　　）。AB
　　A. 铜银　　　　　　B. 铜铬　　　　　　C. 铁碳　　　　　　D. 不锈钢
2. 结晶器的铜板镀 Ni – Cr 是为了提高铜板的（　　　）。B
　　A. 导热性能　　B. 耐磨性能　　C. 再结晶性能　　D. 耐腐蚀性能
3. 结晶器材质之所以选铜是因为铜具有良好的（　　　）。B
　　A. 耐磨性　　　B. 导热性　　　C. 刚性　　　　　D. 韧性
4. 板坯拉速提高后，结晶器热面温度（　　），结晶器铜板厚度应当（　　）。C
　　A. 降低；减薄　　B. 降低；增厚　　C. 升高；减薄　　D. 升高；增厚
5. 结晶器铜板镀层，镀镍的比镀铬的漏钢次数多。（　　）√
6. 结晶器铜板镀铬和镍有利于防止星形裂纹的产生。（　　）√
7. （多选）结晶器应具备良好的（　　　）。ABD
　　A. 耐磨性　　　　　B. 导热性　　　　　C. 韧性　　　　　D. 刚性

3.1.2.2　结晶器寿命

结晶器使用寿命实际上是指结晶器内腔保持原设计尺寸、形状的时间长短。只有保持原设计尺寸、形状，才能保证铸坯质量。

结晶器的寿命，可用结晶器浇注铸坯的长度来表示。在一般操作条件下，一个结晶器可浇注板坯 50000～60000m 长。也有用结晶器从开始使用到修理前所浇注的炉数或钢的吨数来表示，其炉数大于 1000 炉。板坯一次维修通钢量可达 30 万吨。

提高结晶器寿命的措施有：（1）提高结晶器冷却水水质；（2）保证结晶器足辊、二冷区的对弧精度；（3）定期检修结晶器；（4）合理选择结晶器内壁材质及设计参数等。

3.1.3　结晶器的重要参数

3.1.3.1　结晶器断面尺寸

冷态铸坯的断面尺寸为公称尺寸，结晶器断面尺寸应根据铸坯的公称尺寸来确定。由于铸坯冷却凝固收缩，尤其弧形铸坯在矫直时还会引起铸坯的变形，为此要求结晶器的内腔断面尺寸应比铸坯公称尺寸略大些。

通常是根据经验公式确定结晶器断面尺寸，参见以下公式。

A　圆坯结晶器

圆坯结晶器下口内腔直径为：

$$D_{下} = (1 + 2.5\%)D_0 \tag{3-1}$$

式中　$D_{下}$——结晶器下口内腔直径，mm；

　　　D_0——铸坯公称直径，mm。

B　方坯和矩形坯结晶器

考虑到铸坯可能压缩与宽展：

$$D_{下} = (1 + 2.5\%)D_0 + c \tag{3-2}$$
$$B_{下} = (1 + 1.9\%)B_0 - c \tag{3-3}$$

式中　$D_{下}$——结晶器下口内腔厚度，mm；

　　　D_0——铸坯公称厚度，mm；

　　　$B_{下}$——结晶器下口内腔宽度，mm；

　　　B_0——铸坯公称宽度，mm；

　　　c——增减值，按断面尺寸大小选取，断面小于 160mm×160mm 时，$c=1$mm，断面大于 160mm×160mm 时，$c=1.5$mm。

方坯结晶器内腔尺寸厚度与宽度尺寸相同可用下式确定：

$$D_{下} = (1 + 2.5\%)D_0 \tag{3-4}$$
$$B_{下} = (1 + 2.5\%)B_0 \tag{3-5}$$

管式结晶器内腔应有合适的圆角半径。铸坯断面小于 100mm×100mm，圆角半径为 6mm；铸坯断面在 141mm×141mm～200mm×200mm 之间，圆角半径为 8～10mm；在铸坯断面大于 201mm×201mm，圆角半径不小于 15mm。

C　板坯结晶器

结晶器宽边：

$$B_{上} = [1 + (1.5\% \sim 2.5\%)]B_0 \tag{3-6}$$

$$B_{\text{下}} = \left[1 + (1.5\% \sim 2.5\%) - 0.01\varepsilon_{\text{宽}} \right] B_0 \quad\quad (3-7)$$

式中　$B_{\text{上}}$——结晶器上口宽度，mm；

　　　$B_{\text{下}}$——结晶器下口宽度，mm；

　　　B_0——铸坯公称宽度，mm；

　　　$\varepsilon_{\text{宽}}$——结晶器宽面锥度绝对值，%。

结晶器窄边：

$$D_{\text{上}} = (1 + 1.5\%) D_0 + 2 \quad\quad (3-8)$$

$$D_{\text{下}} = (1 + 1.5\% - 0.01\varepsilon_{\text{窄}}) D_0 + 2 \quad\quad (3-9)$$

式中　$D_{\text{上}}$——结晶器上口厚度，mm；

　　　$D_{\text{下}}$——结晶器下口厚度，mm；

　　　D_0——铸坯公称厚度，mm；

　　　$\varepsilon_{\text{窄}}$——结晶器窄面锥度绝对值，%。

3.1.3.2　结晶器长度

若坯壳过薄，铸坯就会出现鼓肚变形，甚至拉漏。确定结晶器长度的主要依据是铸坯出结晶器下口时的坯壳最小厚度。对于大断面铸坯，要求坯壳厚度在 12~15mm；小断面铸坯为 8~10mm。高效铸机结晶器长度一般在 850~1200mm 比较合适；大方坯、大矩形坯结晶器长度在 850~900mm。理论计算表明，大于 50% 的结晶器热量是从上部导出的，结晶器下部只起到支持作用；因而过长的结晶器无益于坯壳的增厚，所以没有必要选用过长的结晶器。

3.1.3.3　倒锥度

钢液在结晶器内冷却凝固生成坯壳，进而收缩脱离结晶器壁，产生气隙。因导热性能大大降低，造成铸坯的冷却不均匀。为了减小气隙，加速坯壳生长，结晶器的下口要比上口断面略小，称为结晶器倒锥度。倒锥度常见有两种表示方法：

$$\varepsilon_1 = \frac{S_{\text{上}} - S_{\text{下}}}{S_{\text{上}} \, l_m} \times 100\% \quad\quad (3-10)$$

式中　ε_1——结晶器每米长度的倒锥度，%/m；

　　　$S_{\text{下}}$——结晶器下口断面积，mm^2；

　　　$S_{\text{上}}$——结晶器上口断面积，mm^2；

　　　l_m——结晶器的长度，m。

计算结晶器倒锥度时应按结晶器宽、厚边尺寸分别考虑。

倒锥度绝对值过小则气隙较大，可能导致铸坯变形、纵裂等缺陷；倒锥度绝对值太大又会增加拉坯阻力，引起横裂甚至坯壳断裂。倒锥度主要取决于铸坯断面、拉速和钢的高温收缩率。

方坯结晶器的倒锥度推荐数值见表 3-1。

表 3-1　方坯结晶器的倒锥度

断面边长/mm	倒锥度/% · m^{-1}	断面边长/mm	倒锥度/% · m^{-1}
80~100	0.4	140~200	0.9
110~140	0.6		

　　浇注［C］＜0.08％的低碳钢的小方坯结晶器，其倒锥度为0.5％/m；对于［C］＞0.40％的高碳钢，倒锥度为0.8％~0.9％/m。

　　板坯的宽厚比悬殊很大，厚度方向的凝固收缩比宽度方向收缩要小得多。有些板坯结晶器宽边设计成平行的。其锥度按下式计算：

$$\varepsilon_1 = \frac{B_{上} - B_{下}}{B_{上} l_m} \times 100\% \qquad (3-11)$$

式中　　$B_{上}$——结晶器上口宽度，mm；

　　　　$B_{下}$——结晶器下口宽度，mm。

　　板坯结晶器宽面倒锥度为0.9％~1.1％/m，窄面则为0~0.6％/m。

　　采用保护渣浇注的圆坯结晶器，倒锥度通常是1.2％/m。

　　有的结晶器做成双倒锥度或连续锥度结构，即在结晶器上部倒锥度绝对值大于下部（见图3-7），更符合钢液凝固体积的变化规律。

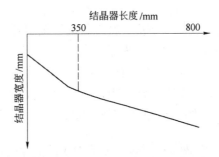

图3-7　双倒锥度结晶器锥度的变化

　　也有将结晶器内壁做成抛物线形的，其倒锥度是不断变化的，但加工较困难。

　　为了减少气隙产生的热阻，目前方坯连铸机有康卡斯特的凸模（CONVEX）结晶器（见图3-8）、达涅利公司的自适应结晶器（水压调节结晶器锥度）和奥钢联的钻石结晶器（见图3-9）等新型结晶器，其中钻石形结晶器已经在我国很多厂方坯得到应用。

　　凸模结晶器和钻石结晶器都是按上锥度大，下锥度小发生变化。凸模结晶器上口是增大角部散热面积，如图3-8（b）所示，下口与普通结晶器相同；钻石结晶器上口是普通结晶器，下口结晶器壁向内突出，如图3-9 B—B剖视图所示。

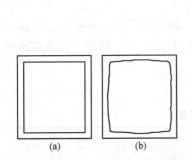

图3-8　凸模结晶器示意图
（a）普通结晶器内型；（b）凸模结晶器内型

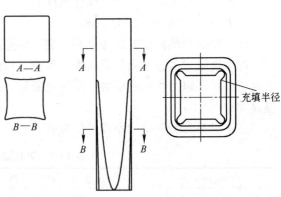

图3-9　钻石结晶器示意图

压力水膜自适应结晶器是减薄铜管壁厚，靠增大冷却水压力，挤压铜壁紧贴坯壳保证冷却。

3.1.3.4 结晶器的水缝面积

结晶器水缝总面积通常根据下式计算：

$$Q_结 = \frac{36Fv}{10000} \tag{3-12}$$

则：

$$F = \frac{10000Q_结}{36v} \tag{3-13}$$

式中　$Q_结$——结晶器的耗水量，m^3/h；

　　　F——水缝总面积，mm^2；

　　　v——水缝内冷却水的流速，m/s。

方坯结晶器水流速取 9～14m/s，板坯取 3.5～5m/s。3～3.5mm 窄水缝结晶器水流速要达到 12～17m/s，结晶器水压在 1MPa 左右。

结晶器冷却水量也是根据经验，按结晶器周边长度计算的。小方坯结晶器冷却水量，周边供水量约为 2.0～3.0L/(min·mm)，对于板坯结晶器的宽面供水量约 2.0L/(min·mm)，窄面约为 1.25L/(min·mm)。对于裂纹敏感的低碳钢种，结晶器采用弱冷却，冷却水量取下限；对于中、高碳钢可用强冷却，冷却水量取上限。冷却水进水压力为 0.39～0.9MPa；结晶器进出水温度差为 8～9℃。

由于结晶器水缝仅 3～5mm 宽，装配时哪怕只出现 1mm 偏差，也会造成结晶器热流量有 20% 以上的变化，造成裂纹、鼓肚、脱方。

3.1.3.5 连铸结晶器热流密度

结晶器有效单位面积上的传热量称为热流密度。结晶器热流密度过大，会造成传热不均匀，造成铸坯形状缺陷和表面裂纹；热流密度太小，会造成出结晶器下口坯壳厚度太薄，可能造成漏钢。二冷区热流密度也有类似的问题和要求：

$$q = Qc(t_2 - t_1)/S \tag{3-14}$$

式中　q——结晶器热流密度，MW/m^2；

　　　S——上部导热面积，m^2；

　　　Q——结晶器水流量，m^3/s；

　　　c——水的比热容，$MJ/(m^3·℃)$；

　　　t_2——出水温度，℃；

　　　t_1——进水温度，℃。

结晶器热流密度和坯壳与结晶器壁之间传热系数有关，坯壳与结晶器壁之间传热系数和钢种、拉速、结晶器与坯壳之间的气隙有关（见图 3-10）。

3.1.3.6 连铸结晶器的热阻

结晶器热阻及变化如图 3-11 所示。

按结晶器与坯壳之间的传热可以分析，从结晶器冷却水到钢液之间存在六个热阻，即冷却水与铜板、铜板、气隙、保护渣壳、坯壳、坯壳与钢液。这六个热阻中气隙的热阻最大，坯壳的热阻次大，铜板热阻为最小。

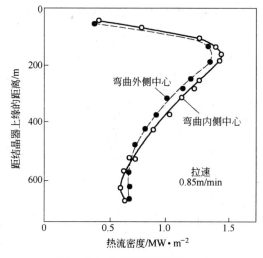

图 3-10 结晶器热流密度分布

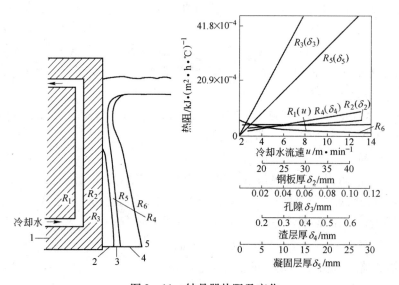

图 3-11 结晶器热阻及变化

1—结晶器铜壁；2—气隙；3—保护渣壳；4—坯壳；5—液芯

✎ 练 习 题

1. 结晶器倒锥度过大，容易（　　）。B

  A. 夹渣　　　　　　B. 拉坯阻力大　　　　C. 液面波动　　　　D. 缩孔

2. 结晶器倒锥度过小，容易（　　）。B

  A. 夹渣　　　　　　B. 坯壳变薄漏钢　　　C. 液面波动　　　　D. 缩孔

3. 使用锥度仪时，发现只有水平数据，而无深度数据，可能原因有（　　）。D

  A. 数据线有短线　　　　　　　　B. 测量深度的轮不转

  C. 数据传输故障　　　　　　　　D. 以上三项

4. 小方坯锥度仪低压灯一直闪烁，可能是（　　）。C

    A. 仪表故障　　　　　B. 测量失败　　　　　C. 电压低报警　　　　D. 受到撞击

5. 以方坯连铸机结晶器为例，结晶器倒锥度的计算方法为（　　）。B

    A. 倒锥度 =［（结晶器上口的宽度 – 结晶器下口的宽度）/结晶器下口的宽度］×100%

    B. 倒锥度 =［（结晶器上口的宽度 – 结晶器下口的宽度）/结晶器上口的宽度］×100%

    C. 倒锥度 =［（结晶器下口的宽度 – 结晶器上口的宽度）/结晶器下口的宽度］×100%

    D. 倒锥度 =［（结晶器下口的宽度 – 结晶器上口的宽度）/结晶器上口的宽度］×100%

6. 合适的铜管倒锥度，能有效改善脱方。（　　）√

7. 结晶器内腔均有倒锥度。（　　）√

8. 经常使用锥度仪，能时时掌握结晶器锥度情况。（　　）√

9. 坯壳与结晶器的气隙在结晶器出口处最大。（　　）√

10. 锥度仪属于精密仪器，在使用过程中要注意保护爱惜。（　　）√

11. 结晶器内热量传递过程中，传热最大的障碍是凝固壳。（　　）×

12. 结晶器变形可能会造成拉漏或脱方。（　　）√

13. （多选）浇注过程中结晶器的锥度发生变化可能会导致（　　）。ABC

    A. 鼓肚　　　　　　B. 角纵　　　　　　C. 漏钢　　　　　　D. 中心偏析

14. （多选）小方坯简易锥度仪器主要由（　　）组成。ABCD

    A. 测量传感器　　　B. 传输线　　　　　C. 控制盒　　　　　D. 打印机

15. （多选）结晶器铜管的主要参数有（　　）。ABC

    A. 倒锥度　　　　　B. 水缝面积　　　　C. 热流密度　　　　D. 过热度

16. （多选）结晶器出口安全坯壳厚度根据所浇注的断面不同而选取不同经验值，一般（　　）。BD

    A. 小断面方坯取 5～6mm　　　　　　　B. 小断面方坯取 10～12mm

    C. 大断面板坯取 5～8mm　　　　　　　D. 大断面板坯取 15mm

17. （多选）结晶器出口处最小坯壳厚度与（　　）成正比。BD

    A. 钢水过热度　　　　　　　　　　　　B. 结晶器内钢的凝固系数

    C. 铜板的导热系数　　　　　　　　　　D. 结晶器有效长度的平方根

18. （多选）通常结晶器冷却水报警系统包括（　　）。ABCD

    A. 压力报警　　　　B. 流量报警　　　　C. 温度报警　　　　D. 事故水高度报警

19. （多选）结晶器出水温度一般应不超过（　　）℃。C

    A. 10　　　　　　　B. 15　　　　　　　C. 50　　　　　　　D. 90

20. 结晶器内对传热影响最大的是（　　）。D

    A. 坯壳的导热　　　B. 保护渣的传导　　C. 结晶器的传导　　D. 气隙

21. 结晶器出口处最小坯壳厚度一般在 10～15mm 之间，其中小方坯连铸机取上限，板坯连铸机取下限。（　　）×

22. 结晶器内能否形成均匀的足够厚度的坯壳，是铸坯凝固的基础，也是铸坯质量的关键所在。（　　）√

23. 冷却水压力是冷却水在结晶器水缝中流动的动力。（　　）√

3.1.4　结晶器断面调宽装置

为了适应生产多种规格铸坯的需要，缩短更换结晶器的时间，采用可调宽度的板坯结晶器。结晶器可离线或在线调宽。

离线调宽是将结晶器吊离生产线调节结晶器宽面或窄面的尺寸。

结晶器在线调宽就是在浇注过程中完成对结晶器宽度的调整，即结晶器的两个侧窄边多次分小步向外或向内移动，一直调到预定的宽度要求，其移动顺序如图 3 - 12 所示。调节宽度时，铸坯宽度方向呈现 Y 形，故称为 Y 形在线调宽。这种调宽装置不仅能调节结晶器宽度，还能调节宽面倒锥度。每次调节量为初始锥度的 1/4，调节速度是 20 ~ 50mm/min。调节是由每个侧边的上下两套同步机构实现的，用计算机控制，液压或电力驱动。它可在不停机的条件下改变铸坯断面；设备比较复杂，调整过程中要防止发生漏钢事故。

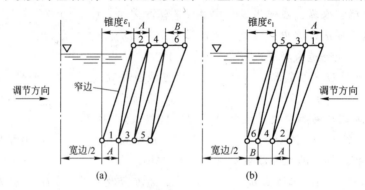

图 3 - 12　结晶器 Y 形在线调宽原理图
（a）由窄调宽；（b）由宽调窄

3.1.5　结晶器的润滑

为防止铸坯坯壳与结晶器内壁黏结，减少拉坯阻力和结晶器内壁的磨损，改善铸坯表面质量，结晶器必须进行润滑。目前的润滑手段主要有以下两种。

3.1.5.1　润滑油润滑

结晶器加油润滑装置如图 3 - 13 所示，润滑剂可以用植物油或矿物油，从润滑效果看，菜籽油润滑效果最好，考虑成本目前用矿物油居多。通过送油压板内的管道，润滑油流到锯齿形的给油铜垫片上，铜垫片的锯齿端面向着结晶器口，油就均匀地流到结晶器铜壁表面上，在坯壳与结晶器内壁之间形成一层厚 0.025 ~ 0.05mm 的均匀油膜和油气膜，达到润滑的目的。这种装置主要应用在小方坯连铸机上。

3.1.5.2　保护渣润滑

采用保护渣同样可以达到润滑的目的，保

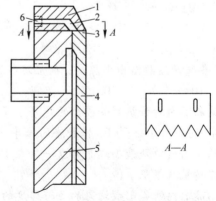

图 3 - 13　结晶器给油装置
1—送油压板；2—油道；3—给油垫片；
4—结晶器铜壁；5—结晶器钢壳；6—润滑油管

护渣可人工加入，也可用振动给料器加入，其装置如图 3-14 所示。这改善了劳动条件，且加入量控制准确。

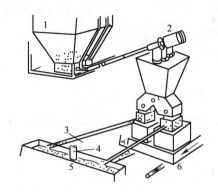

图 3-14 结晶器保护渣自动加入装置
1—保护渣罐；2—振动管式输送机；3—给料管；4—浸入式水口；5—结晶器；6—料仓车

练习题

1. 当结晶器弯月面处发生较大划伤时，必须立即更换结晶器，否则不允许开浇。（ ）√

2. 对结晶器检查时，结晶器内可以有油污和水。（ ）×

3. 对结晶器进行检查，可以不检查其内壁角部缝隙。（ ）×

4. 降低结晶器的冷却水速率可能会造成结晶器的变形。（ ）√

5. 结晶器对中，靠弧精度不够，会加快结晶器铜板的磨损。（ ）√

6. 结晶器铜板磨损对结晶器的传热无影响。（ ）×

7. 当结晶器弯月面处发生较大划伤时，应（ ）。A
   A. 立即更换结晶器　　B. 继续使用　　　　C. 进行在线打磨　　D. 不进行处理

8. 弧形连铸机要求（ ）必须在一个弧面上。D
   A. 结晶器下口　　　　B. 对夹辊底辊　　　C. 结晶器足辊　　　D. 以上三项

9. 结晶器的验收标准之一是（ ）。B
   A. 上口值 = 中间值 = 下口值　　　　　　B. 上口值 > 中间值 > 下口值
   C. 上口值 < 中间值 < 下口值

10. （ ）可能加快结晶器铜板的磨损。A
    A. 对中、靠弧精度不够　　　　　　　　　B. 镀层厚
    C. 钢水温度高　　　　　　　　　　　　　D. 钢水碳含量

11. （多选）对板坯结晶器检查时，主要检查（ ）。ABCD
    A. 足辊的磨损　　　　　　　　　　　　　B. 连接螺栓是否松动
    C. 铜管接触处是否有异物　　　　　　　　D. 结晶器内是否有油污

12. （多选）对结晶器进行检查时，主要检查（ ）。ABCD
    A. 铜管内壁是否有划伤　　　　　　　　　B. 足辊是否有粘钢
    C. 镀层是否脱落　　　　　　　　　　　　D. 下口是否磨损严重

13.（多选）方坯结晶器冷却效果不好，可能因为（　　）。ABC

　　A. 锥度不合适　　　　　　　　　　　　B. 铜板导热效果不好

　　C. 水温太高　　　　　　　　　　　　　D. 水温太低

14.（多选）结晶器铜板磨损的主要原因有（　　）。AB

　　A. 对中、靠弧精度不够　　　　　　　　B. 镀层硬度不够

　　C. 钢水温度高　　　　　　　　　　　　D. 钢水碳含量低

15.（多选）结晶器常见故障包括（　　）。ABCD

　　A. 结晶器漏水　　　　B. 铜板磨损　　　　C. 铜板划伤　　　　D. 镀层脱落

3.2　结晶器的振动装置

3.2.1　结晶器振动的目的

　　在连铸过程中，如果结晶器是固定的，就可能出现坯壳被拉断造成漏钢。图 3-15 (a) 表示结晶器内坯壳的正常形成过程。如果不发生意外，铸坯就被连续拉出结晶器。倘若由于润滑不良，坯壳的 A 段与结晶器壁粘连，而且 C 处坯壳的抗拉强度又小于 A 段的黏结力和摩擦力，则在拉坯力的作用下，C 处的坯壳被拉断。A 段黏在结晶器壁不动，B 段则继续向下运动，此时钢水将填充在 A、B 段之间形成新的坯壳，如图 3-15 (b) 所示。把 A、B 两段连接起来。倘若新坯壳的连接强度足以克服 A 段的黏结力和摩擦力，A 段随铸坯被拉下，坯壳断裂处便可愈合，拉坯即可继续进行。但是在新坯壳的生长过程中，B 段是在不断向下运动，而且新生坯壳的强度又较弱，这就无法使 A、B 两段牢固地连接起来；当铸坯 B 段被拉出结晶器时，便会发生漏钢事故，如图 3-15 (c) 所示。

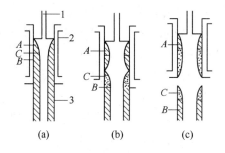

图 3-15　坯壳拉断和黏结消除过程

1—钢水注流；2—结晶器；3—坯壳

　　倘若铸坯已与结晶器壁发生黏结时结晶器向上振动，则黏结部分和结晶器一起上升，坯壳被拉裂，未凝固的钢水立即填充到断裂处，开始形成新的凝固层；等到结晶器向下振动，且振动速度大于拉坯速度时，坯壳处于受压状态，裂纹被愈合，重新连接起来，同时铸坯被强制消除黏结，得到"脱模"。由于结晶器上下振动，周期性地改变着液面与结晶器壁的相对位置，有利于润滑油和保护渣向结晶器壁与坯壳间渗漏，因而改善了润滑条件，减少了拉坯摩擦阻力和黏结的可能，所以连铸得以顺行。

练习题

1. 结晶器振动的目的是（   ）。C

   A. 保持钢液面的稳定

   B. 有利于均匀钢水成分和温度

   C. 防止坯壳与结晶器壁的粘连，起脱模作用

   D. 有利于结晶器保护渣的熔化

2. 结晶器振动装置，具有将铸坯脱模的功能，还可以（   ）。C

   A. 调节钢水成分   B. 调节钢水温度   C. 改善铸坯表面质量   D. 改善铸坯内部质量

3. （   ）装置具有将铸坯脱模的功能。B

   A. 中间包   B. 结晶器振动   C. 二冷室   D. 拉矫机

4. （多选）连铸结晶器振动装置具有的功能有（   ）。ABCD

   A. 将铸坯脱模   B. 消除铸坯与结晶器的黏结

   C. 发生拉裂，可以使其得到愈合   D. 改善铸坯表面质量

5. 结晶器振动的方式要求能有效地防止因坯壳的黏结而造成的拉漏事故。（   ）√

6. 结晶器振动是为了防止铸坯在凝固过程中与铜板黏结而发生事故。（   ）√

7. 结晶器振动装置，具有将铸坯脱模的功能，还可以改善铸坯表面质量。（   ）√

3.2.2　结晶器的振动方式

目前结晶器的振动有正弦振动和非正弦振动两种方式。

正弦波式振动的速度与时间的关系为一条正弦曲线或余弦曲线，如图3－16（b）中点划线表示。正弦振动方式的上下振动时间相等，上下振动的最大速度也相同。在整个振动周期中，铸坯与结晶器之间始终存在相对运动，而且结晶器下降过程中，有一小段下降速度大于拉坯速度，因此可以防止和消除坯壳与结晶器内壁间的黏结，并能对被拉裂的坯壳起到愈合作用。另外，由于结晶器的运动速度是按正弦规律变化的，加速度则必然按余弦规律变化，所以过渡比较平稳，冲击较小。

正弦振动用一简单的偏心轮连杆机构就能实现。可以提高振动频率、减小振痕，改善铸坯质量。正弦振动方式在连铸机上被广泛应用。

随着高速铸机的开发，拉坯速度越来越快，造成结晶器向上振动时与铸坯间的相对运动速度加大，特别是高频振动后此速度更大。由于拉速提高后结晶器保护渣用量相对减少，坯壳与结晶器壁之间发生黏结而导致漏钢的可能性增加。为了解决这一问题，除了使用新型保护渣外，另一个措施就是采用非正弦振动，实际所有结晶器振动速度随时间变化不是正弦曲线的都是非正弦振动，我们这里讨论的非正弦是使得结晶器向上振动时间大于向下振动时间，以缩小铸坯与结晶器向上振动之间的相对速度，见图3－16实线。

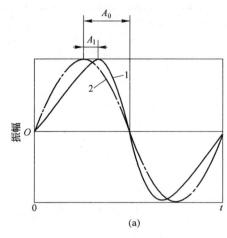 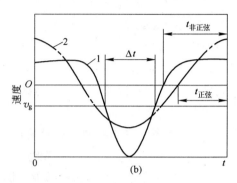

图 3-16　正弦振动和非正弦振动曲线
1—非正弦振动；2—正弦振动

练习题

1. （多选）以下有关结晶器振动的说法正确的是（　　）。ABC
   A. 振动是为了防止连铸坯与结晶器壁间的黏结
   B. 结晶器振动的过程实际上是进行强制脱模的过程
   C. 结晶器的表面状况与结晶器的振动方式有关系
   D. 结晶器的表面状况与结晶器的振动方式没有关系

2. （多选）对结晶器振动的要求有（　　）。ABD
   A. 振动的方式能有效地防止因坯壳的黏结而造成的拉漏事故
   B. 振动参数有利于改善铸坯的表面质量，形成表面光滑的铸坯
   C. 振动机构能够准确实现圆弧轨迹，不产生过大的加速度引起的冲击和摆动
   D. 设备制造、安装和维护简单

3. （多选）结晶器振动的作用有（　　）。ABC
   A. 迅速脱模　　　　　　　　　　B. 改善铸坯表面质量
   C. 利于保护渣的渗入　　　　　　D. 调节成分

4. （多选）常见的结晶器振动方式有（　　）。AB
   A. 正弦　　　　　B. 非正弦　　　　　C. 偏振　　　　　D. 螺旋振动

5. （多选）结晶器正弦振动方式的优点有（　　）。ABCD
   A. 振动过程速度变化平缓，无冲击
   B. 能有效实现负滑动运动，提高拉速
   C. 易于改变振动频率和振幅，实现高频小振幅的要求
   D. 结构简单，易于制造、安装

6. （多选）正弦振动的主要运动特点是（　　）。BCD
   A. 振动速度恒定

B. 结晶器与铸坯之间没有同步运动阶段，有一小段负滑动时间

C. 过渡平稳，没有很大冲击

D. 振动装置制造比较简单

7. 现代连铸的结晶器振动方式中最常见的是（　　　）。D

　A. 同步振动　　　　B. 匀速振动　　　　C. 负滑动式振动　　　　D. 正弦振动

8. 正弦振动是指结晶器的振动速度按正弦规律变化，它是最常见的一种振动形式。（　　　）√

3.2.2.1　结晶器振动的参数

结晶器振动的基本参数有振幅、频率和波形偏斜率。

A　振幅

结晶器从最高位置下降到最低位置，或从最低位置上升到最高位置，所移动的距离称振动行程，又叫"冲程"，用 h 表示；冲程的一半称为振幅，也就是最高点到平衡点或平衡点到最低点的距离，用 A 表示，$A = h/2$。冲程、振幅单位均为 m。

振幅小则结晶器液面稳定，浇注易于控制，铸坯表面也较平滑。振幅小还有利于减少坯壳被拉裂的危险性。

B　频率

结晶器上下振动一次的时间称为振动周期 T，单位为 s；1min 内振动的次数即为频率 f，单位为次/min，根据定义有 $T = 60/f$。

从总的情况来看：正弦振动方式采用高频率、小振幅、较大的负滑脱量的振动较为有利。

C　波形偏斜率

对于非正弦振动，引入一个波形偏斜率概念，图 3 – 16（a）中 A_1 与 A_0 的比值，用 α 表示。

$$\alpha = \frac{A_1}{A_0} \times 100\% \tag{3 – 15}$$

显然，正弦振动时 $\alpha = 0$。

D　结晶器下振最大速度

结晶器下振速度 v_m 大于拉坯速度 v_c，才能起到脱模作用，称为"负滑脱"。

$$v_m = K_1 \frac{fA}{1 - \alpha} \tag{3 – 16}$$

式中　v_m——结晶器下振的最大速度；

　　　A——振幅；

　　　f——频率；

　　　α——波形偏斜率；

　　　K_1——与振动波形曲线形状有关的常数，正弦振动时 $K_1 = 2$，$v_m = 2fA$。

E　负滑脱时间

在一个振动周期里，结晶器下振速度大于拉坯速度时的时间是负滑脱时间，用 t_N 表示。当下振速度等于拉坯速度时，结晶器与铸坯之间没有相对运动，弯月面处的传热最多，振痕

也越深，振痕深度主要受 t_N 的影响，很显然，$t_N > 0$，一般情况下，$t_N = 0.10 \sim 0.25s$：

$$t_N = \frac{60(1-\alpha)}{\pi f} \cos^{-1} \left[\frac{(1-\alpha)v_c}{2\pi f A} \right] \tag{3-17}$$

在负滑脱时间里，结晶器下振行程超过拉坯行程的差值称为结晶器超前量，超前量取 $3 \sim 4mm$ 比较合适。超前量小，容易发生粘连；超前量大，容易形成沟状振痕。

F 负滑脱率

在结晶器向下振动速度大于拉坯速度时。速度负滑脱率 NS 的定义为：

$$NS = \frac{v_m - v_c}{v_c} \times 100\% \tag{3-18}$$

$$NS = \frac{fA}{(1-\alpha)v_c} - 1 \tag{3-19}$$

式中　NS——速度负滑脱率，%；

$v_m - v_c$——负滑脱量；

v_m——结晶器下振时的最大速度，m/min；

v_c——拉坯速度，m/min。

负滑脱时间 t_N 与半周期（$T/2$）之比称为时间负滑脱率 NSR：

$$NSR = \frac{2(1-\alpha)}{\pi} \cdot \cos^{-1} \frac{2}{\pi(1-NS)} \tag{3-20}$$

负滑脱能帮助"脱模"，有利于拉裂坯壳的愈合。正弦振动的 NS 选 $30\% \sim 40\%$ 时效果较好。

G 正滑脱时间

在一个振动周期里，结晶器下振速度小于拉坯速度时的时间是正滑脱时间，用 t_p 表示。正滑脱时间 t_p 是保护渣消耗量的主要影响因素，显然 $t_p = T - t_N$：

$$t_p = \frac{60}{f} \left\{ 1 - \frac{1-\alpha}{\pi} \cos^{-1} \left[\frac{(1-\alpha)v_c}{2\pi f A} \right] \right\} \tag{3-21}$$

H 结晶器上振最大速度

结晶器摩擦阻力除受保护渣消耗量影响外，还和结晶器上振速度 v'_m 与拉坯速度 v_c 的差值有关，控制结晶器上振的最大速度 v'_m 有利于减少坯壳黏结的概率：

$$v'_m = K_2 \frac{fA}{1+\alpha} \tag{3-22}$$

式中　v'_m——结晶器上振的最大速度；

K_2——与振动波形曲线形状有关的常数，正弦振动时 $K_2 = 2$，$v'_m = 2fA$。

I 振痕间距

振痕间距 p 仅取决于拉坯速度 v_c 和振动频率 f：

$$p = \frac{v_c}{f} \tag{3-23}$$

J 保护渣消耗量

保护渣的消耗量应足以保证坯壳与结晶器之间的润滑，用 Q 表示。振动结晶器中保护渣的润滑、消耗是一上"涂抹"过程。在负滑脱运动期间，保护渣被带入结晶器和坯壳之间；在正滑脱期间，被带入的保护渣又有一部分回复到弯月面上，从而完成一个填充周期。所以，影响保护渣消耗量的因素是结晶器振动的负滑脱量和正滑脱时间 t_p。在目前所用振动范围内的保护渣消耗量，高频振动主要由正滑脱时间 t_p 控制，低频振动主要由负滑动量控制：

$$Q = K_4 \frac{NS}{p} \qquad\qquad (3-24)$$

式中　Q——保护渣消耗量；

　　　NS——负滑脱量；

　　　K_4——比例常数。

3.2.2.2　结晶器振动参数的选择

A　正弦振动

正弦振动时，$\alpha = 0$，$t_N = \frac{60}{\pi f}\cos^{-1}\left(\frac{v_c}{2\pi f A}\right)$，$t_p = \frac{60}{f}\left[1 - \frac{1}{\pi}\cos^{-1}\left(\frac{v_c}{2\pi f A}\right)\right]$，$p = \frac{v_c}{f}$，$v'_m = 2fA$，可见 v_c 一定时，f 增加，t_N、t_p、p 均减少，v'_m 增加；反之，f 减少，t_N、t_p、p 均增加，v'_m 减少。由此，在正弦振动中，随着 f 的增加，振痕深度及间距均减少；同时，保护渣消耗量下降，v'_m 上升。其工艺效果表现为振痕减轻但集中，而结晶器摩擦阻力增加，坯壳黏结概率增大；反之，坯壳黏结概率下降但振痕加剧。所以，在正弦振动中，通过选择 f 来控制振痕深度和坯壳黏结是相互矛盾的，因此振动参数的选择受到很大限制，这也是正弦振动难以适应高速连铸的主要原因。

B　非正弦振动

非正弦振动增加了波形偏斜率 α 这一基本参数，其工艺效果是在相同的拉速 v_c 要求下可降低 f，或在相同的 f 条件下实现更高的 v_c。这就增加了振动基本参数选择的自由度。

首先，固定 A 和 f，在一定 v_c 时增加 α，则由定义公式可知，t_N 减少、t_p 增加、p 不变、v'_m 下降。其工艺效果表现为振痕间距不变、振痕深度减少、保护渣消耗量增加、结晶器摩擦阻力下降。这样既有利于控制振痕深度，又有利于控制坯壳的黏结，从而取得统一的工艺效果。在这种振动参数的选择方式下，α 越大结晶器振动工艺效果越好；但是 α 增加，结晶器下振的最大加速度提高，振动装置所受冲击力增加，使其稳定性及使用寿命受到影响。

其次，在一定 v_c 时，固定 A，增加 α 的同时，减少 f，即取 $\frac{f}{1-\alpha} = K_3$，也即保持结晶器下振速度曲线不变，仅改变结晶器上振速度曲线。在此条件下，α 增加，f 相应减少，此时 t_N 不变，t_p 和 p 增加、v'_m 下降（见图 3-17）。其工艺效果表现为保护渣消耗量增加、结晶器摩擦阻力下降、坯壳黏结概率下降，振痕深度不变但振痕间距增大，还避免了结晶器振动最大加速度增加的问题。

事实上，对振痕的控制可通过控制其深度或调整振痕间距来实现。通过 f 和 α 同步调整的方式，其工艺效果更为突出，但这种同步调整的方式带来随 α 的不断增加，f 可以不断减少；当 $\alpha \rightarrow 1$ 时 $f \rightarrow 0$，此时 $p \rightarrow \infty$。若如此，则振痕间距可任意调整，在极端情况下，α 取值足够大，f 足够小从而使 p 值达到定尺，同样可经合适的切割消除铸坯表面的振痕。

理论上讲，A 和 α 无取值范围或限度，但 f 却有取值的上、下限度。一定 v_c 时，f 的取

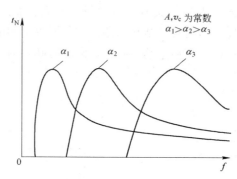

图 3-17 α 对 t_N 的影响

值下限仅与 A 有关，而取值上限与 A 及 α 均无关。

　　结晶器振动的工艺效果反映在对铸坯振痕和坯壳黏结的有效控制上，正弦振动使两者的控制相互矛盾，为此开发了结晶器非正弦振动形式，解决了上述矛盾，使振动参数的取值范围更大，但仍有其取值限度。非正弦振动虽然可以降低振动频率，却不能无限度地降低。可以说，振动频率是振动结晶器的一个特殊的基本参数，它总有一个取值的限度。

练习题

1. 对于变振幅的结晶器振动，拉速降低时，振动频率也随之降低。（　　）×

2. 高频率大振幅可以减小振痕深度。（　　）×

3. 结晶器的振动参数主要是指振幅和振频，通常两者是成正比的。（　　）×

4. 结晶器的振幅是指结晶器从平衡位置运动到最高或者最低位置时所移动的距离。（　　）√

5. 结晶器振动负滑脱时间与振动频率、振动幅度和拉速有关。（　　）√

6. （　　）是结晶器振动的负滑脱。D

　　A. 结晶器向上振动的速度

　　B. 结晶器向下振动的速度

　　C. 结晶器向上振动的速度与拉坯速度之差

　　D. 结晶器向下振动速度大于拉坯速度

7. 结晶器负滑动振动方式的优点是（　　）。B

　　A. 结晶器在下降时与铸坯同步振动

　　B. 有利于愈合因黏结而被拉裂的坯壳，提高拉速

　　C. 在转折点处速度变化太大

　　D. 在转折点处速度变化不明显

8. 结晶器负滑脱式振动指的是（　　）。D

　　A. 结晶器上升速度大于拉坯速度　　　　B. 结晶器上升速度小于拉坯速度

　　C. 结晶器下降速度小于拉坯速度　　　　D. 结晶器下降速度大于拉坯速度

9. 有关结晶器振动负滑脱的说法正确的是（　　）。B

　　A. 负滑脱的存在对结晶器脱模不利

　　B．负滑脱能帮助脱模，有利于拉裂坯壳的愈合

　　C．负滑脱是结晶器振动应该避免的

　　D．负滑脱是指结晶器向下振动的速度

10．（多选）负滑脱量的影响因素是（　　）。AC

　　A．拉速　　　　　　　　　　　　B．结晶器上振速度

　　C．结晶器下振速度　　　　　　　D．浇注速度

11．（多选）有关负滑动式振动的描述正确的有（　　）。AC

　　A．结晶器下降速率稍大于拉速

　　B．负滑动式振动是正弦振动的改进形式

　　C．结晶器下降时坯壳中会产生压应力，有利于防止裂纹的产生

　　D．结晶器在上升和下降的转折点处速度变化比较平缓

12．负滑动式振动是同步振动的改进形式。（　　）√

13．结晶器振幅是5mm，那么一个冲程是（　　）mm。B

　　A．5　　　　　　B．10　　　　　　C．0.5　　　　　　D．20

14．提高结晶器振动频率，则振痕深度（　　）。B

　　A．增大　　　　B．减小　　　　C．不变

15．振动频率与振动周期成（　　）。B

　　A．正比　　　　B．反比　　　　C．没有关系　　　　D．指数

16．小方坯主要采用（　　）的振动模式。B

　　A．高频大振幅　　B．高频小振幅　　C．低频小振幅　　D．低频大振幅

17．（多选）关于振痕间距说法不正确的是（　　）。BCD

　　A．拉速越大，振痕间距越大　　　　B．拉速越大，振痕间距越小

　　C．拉速和振痕间距没有关系　　　　D．频率越高，振痕间距越大

18．（多选）结晶器振动的主要参数有（　　）。AB

　　A．频率　　　　B．振幅　　　　C．温度　　　　D．压力

3.2.3　振动机构

　　结晶器按一定的运动轨迹振动。例如弧形结晶器需按弧线运动，而直结晶器需按直线运动。轨迹不正确，不仅会降低结晶器使用寿命，还会增加铸坯表面缺陷甚至引起漏钢事故。

　　目前国内连铸机振动机构应用较多的有短臂四连杆式振动机构、四偏心轮振动机构和液压振动机构。

3.2.3.1　短臂四连杆式振动机构

　　短臂四连杆振动机构广泛应用于小方坯和大板坯连铸机上，只是小方坯连铸机振动机构多装在内弧侧（见图3-18）；而大板坯连铸机振动机构安装在外弧侧（见图3-19）。

　　短臂四连杆振动机构的结构简单，便于维修，能够较准确地实现结晶器的弧线运动，有利于铸坯质量的改善。

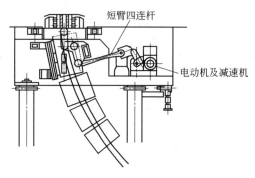

图 3 - 18　短臂四连杆
振动机构（内弧侧）

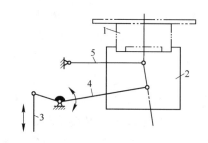

图 3 - 19　短臂四连杆式振动机构（外弧侧）
1—结晶器；2—振动架；3—拉杆；4, 5—连杆

　　四连杆机构工作原理可参看图 3 - 19，由电机通过减速机经偏心轮的传动，拉杆 3 作往复运动，拉杆 3 带动连杆 4 摆动；连杆 5 也随之摆动，使振动架 2 能按弧线轨迹振动。

　　将四连杆机构中的部分或全部连杆由刚性杆改为弹簧钢板（见图 3 - 20），消除了振动过程结晶器的水平摆动，结构简单，维修方便，这种半板簧、板簧式振动机构在现代铸机中得到广泛应用。

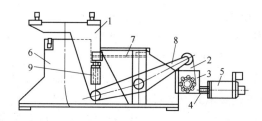

图 3 - 20　半板簧振动机构示意图
1—振动台；2—连杆；3—减速箱及偏心轴；4—联轴器；
5—电机；6—振动底座；7—板簧；8—振动杆；9—平衡弹簧

3.2.3.2　四偏心振动机构

　　图 3 - 21 所示的四偏心振动机构，仍属于正弦振动。电动机 1 带动中心减速机 3，通过万向轴带动左右两侧的减速机 4，每个减速机各自带动偏心轮 6 和 7；偏心轮 6 和 7 具有同向偏心点，但偏心距不同；结晶器弧线运行是利用两条板式弹簧 8，一头连接在快速更换振动台框架 9 上，另一头连接在振动头恰当位置上，来实现弧形振动。这种板式弹簧使得振动台只能作弧线摆动，不会前后移动，由于结晶器振幅不大，两根偏心轴的水平安装，不会引起明显的误差。以往四偏心振动装置不能在线调节振幅，目前国外有采用在偏心轮上安装蜗轮蜗杆装置达到在线调节的功能。

　　四偏心振动机构的优点是：结晶器振动平稳，无摆动和卡阻现象，适合高频小振幅技术的应用，但结构较复杂。

3.2.3.3　液压振动机构

　　图 3 - 22 是一种液压振动机构，结晶器安装在振动台上，两根板簧式连杆 6 和操作平台相连，板簧对结晶器 1 起导向定位和蓄能作用。振动杆和振动台架相连，由铰链和平衡

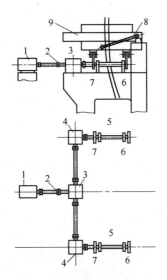

图 3 - 21　四偏心振动机构

1—电动机；2—万向接头；3—中心减速机；4—角部减速机；

5—偏心轴；6，7—偏心轮；8—板式弹簧；9—振动台框架

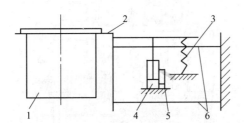

图 3 - 22　结晶器液压振动机构示意图

1—结晶器；2—振动台架；3—弹簧；4—液压油缸；5—比例伺服阀；6—板簧

弹簧 3 支撑。液压油缸 4 不承受弯扭力矩，仅承受轴向载荷。振动信号通过比例伺服阀 5 控制油缸的动作，带动振动台架上的结晶器进行振动，结晶器振动时的平衡点可以微调。由于工作时油缸的实际振幅较小（±10mm），振动中平衡点的位置对系统固有频率影响较小，因此可以认为油缸的振动特性直接反映结晶器的振动特性。液压振动机构有单液压缸和双液压缸，布置有偏心布置和中心布置（见表 3 - 2）。

表 3 - 2　液压振动液压缸布置

用于小方坯和较小断面大方坯的单液压缸传动		用于大断面方坯的双液压缸传动
中心布置	偏心布置	中心双传动布置
沿弯曲方向的串接式板簧		垂直于弯曲方向的对称板簧

┾┿

📝 练 习 题

1. （多选）结晶器液压振动装置由（　　）构成。ABCD
   A. 振动装置　　　　　B. 振动底座　　　　　C. 振动台架　　　　　D. 振动弹簧补偿器
2. （多选）结晶器振动装置的结构形式有（　　）。ACD
   A. 差动齿轮式振动机构　　　　　　　B. 二连杆振动机构
   C. 四连杆振动机构　　　　　　　　　D. 四偏心轮式振动机构

┾┿

3.2.4　结晶器快速更换台架

　　结晶器、结晶器振动装置及二冷区零段三部分设备安装在一个台架上，这个台架称为结晶器快速更换台架，见图3-23。这种快速更换台架，设备可整体更换，保证了结晶器、二冷区零段的对弧精度。实现离线检修，可大大提高铸机的生产率。

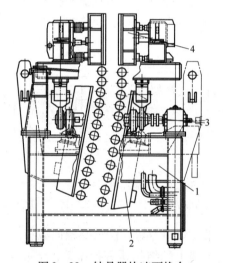

图3-23　结晶器快速更换台
1—框架；2—零段；3—四偏心振动机构；4—结晶器

┾┿

📝 练 习 题

1. （多选）对连铸结晶器振动装置进行检查，应检查（　　）。ABCD
   A. 减速机油位和润滑系统各点润滑状况
   B. 振动是否有异常、偏振
   C. 振动台架和钢结构之间是否有障碍物
   D. 振动台架和结晶器进出水管是否有摩擦
2. （多选）结晶器振动台架振不起来可能的故障原因有（　　）。ABCD
   A. 电气故障　　　　　　　　　　　B. 有异物卡住或机构出现干涉

C. 台架连接螺栓松动　　　　　　　　D. 板簧连接有松动或不正

3. 结晶器振动装置常见的故障有（　　）。ABCD

　　A. 振动台架振不起来　　　　　　　B. 结晶器与台架连接漏水

　　C. 进出水管漏水　　　　　　　　　D. 电动机、减速机振动大

4. 结晶器出现偏振时，可能是有异物卡着。（　　）√

5. 结晶器振动对偏振无明显要求。（　　）×

6. 连铸结晶器振动系统偏振和无振动是振动系统故障的两种形式。（　　）√

7. 检查结晶器振动，以下（　　）不属于其异常现象。C

　　A. 振动时有时无　　B. 偏振　　　　C. 多级足辊不转　　D. 振幅小

8. 结晶器出现偏振时，最容易发生（　　）。D

　　A. 脱方　　　　　B. 扭转　　　　　C. 偏析　　　　　D. 铸坯表面横向裂纹

9. （多选）当结晶器振动出现失效的迹象时，应该（　　）。ABCD

　　A. 立刻停止浇注（停机）　　　　　B. 关闭塞棒

　　C. 排渣　　　　　　　　　　　　　D. 封顶

10. 振动异常主要能产生（　　）缺陷。D

　　A. 脱方　　　　　B. 扭转　　　　　C. 偏析　　　　　D. 铸坯表面横向裂纹

11. 在处理结晶器振动出现失效过程中，排渣、封顶后，重新启车，按（　　）拉出铸坯。A

　　A. 正常要求　　　B. 最高拉速　　　C. 爬行拉速

12. 结晶器振动出现异常时，必须停浇检查。（　　）√

13. 结晶器减速机啮合噪声大可能的原因是齿轮磨损严重或齿轮损坏。（　　）√

14. 结晶器无振动可能是振动电机烧。（　　）√

15. 在处理结晶器振动失效过程中，排渣、封顶后（停机2~3分钟当铸坯坯壳开始在结晶器内收缩时），可以重新启车，按正常要求拉出铸坯。（　　）√

3.3　中间包

3.3.1　中间包的作用

中间包也叫作中间罐或中包。中间包是位于钢包与结晶器之间用于钢液浇注的装置，其主要作用有：

（1）中间包可减少钢水静压力，使注流稳定。

（2）中间包利于夹杂物上浮，净化钢液。

（3）在多炉连浇时，中间包储存一定量的钢水，更换钢包时不会停浇。

（4）在多流连铸机上，中间包将钢液分配给每个结晶器。

（5）根据连铸对钢质量要求，也可将部分炉外精炼手段移到中间包内实施，即中间包冶金。

可见，中间包有减压、稳流、去夹杂、储钢、分流和中间包冶金等重要作用。

3.3.2 中间包容量及主要尺寸的确定

中间包的容量是钢包容量的 20% ~ 40%。在通常浇注条件下，钢液在中间包内应停留 8 ~ 10min，才能起到上浮夹杂物和稳定注流的作用。为此，中间包有向大容量和深熔池方向发展的趋势，容量可达 60 ~ 140t，熔池深为 1000 ~ 1200mm，中间包容量增大的优点如下：

（1）延长钢水在包内停留时间，有利于夹杂物上浮。

（2）换钢包时不减拉速，保持中间包浇注稳定，防止液面低于临界值产生漩涡，将中间包渣卷入到结晶器内。

（3）整个浇注过程中钢液面稳定，有利于操作顺利进行。

（4）中间包容量增大，有利于减少金属损失，降低操作费用。大型中间包更有利于生产洁净钢，产品表面和内部质量好。

中间包容量应与存储钢液量相匹配，计算公式如下：

$$G_{\text{中}} = \rho B D (t_1 + t_2 + t_3) v_c \qquad (3-25)$$

式中　$G_{\text{中}}$——中间包钢水量，t；

　　　ρ——铸坯密度，t/m^3；

　　　B——铸坯宽度，m；

　　　D——铸坯厚度，m；

　　　t_1——关闭水口等空钢包撤离所需的时间，min；

　　　t_2——满载钢包回转到浇钢位置所需时间，min；

　　　t_3——开浇器接滑动水口液压管，打开水口所需时间，min；

$t_1 + t_2 + t_3$——更换钢包所需总时间，min；

　　　v_c——拉坯速度，m/min。

根据钢液存储数量，可以计算出中间包的容积，以确定其他各部位尺寸。

中间包内型尺寸主要有中间包高度、长度、角度、宽度等。

3.3.2.1 中间包高度

钢水在中间包内最佳停留时间是 8 ~ 10min；对板坯连铸用中间包的可浇液面深度应不低于 400mm，浇注终了液面深度应不低于 600mm，即标准液面深度应不低于 600 + 400 = 1000mm；一般在确定深度时，再加 100mm，即最大液面深度应不低于 1100mm。

对于小方坯用中间包可浇液面深度应不低于 200mm，浇注终了深度应不低于 400mm，因此最大液面深度应不低于 400 + 200 + 100 = 700mm。

当中间包液面低于可浇液面高度时，钢液在水口上方形成涡流卷渣进入结晶器，影响钢坯质量。

中间包高度应在液面以上留有约 200mm 的净空。

3.3.2.2 中间包长度

中间包长度是以结晶器的中心距为基准来确定；水口距包壁端部 200mm 以上；当水口各部位尺寸确定以后，中间包的长度也就定了。

3.3.2.3 中间包角度

中间包的内壁是上大下小的，端墙有倾角。倾角角度的大小应考虑如下因素：耐火材料砌筑的稳定性，便于清除残钢、残渣，便于操作人员观察结晶器液面。倾角在 9°～13° 为宜。

3.3.2.4 中间包宽度

中间包宽度的确定需考虑下列因素：（1）钢液注入位置与水口的间距应有利于钢液分配，钢液在中间包内不致形成死角；（2）注流的冲击点到最近水口中心距离应大于 500mm；（3）水口中心距端墙应在 400～600mm，以免卷渣和对端墙过分的冲蚀。再根据中间包容量、高度和长度的尺寸，确定中间包的宽度。当然，过宽会增加散热，降低保温性能，还会影响中间包小车的轨距等。

浇注方坯和矩形坯时，每个结晶器只有 1 个水口对中即可。而在浇注特宽板坯时，若用 1 个水口浇注，则离水口远的边角处冷凝较快，易产生裂纹引起拉漏，为此每个结晶器可由 2～3 个水口浇注。

练 习 题

1. 连铸用中间包在浇注过程中，为了将钢水中夹杂物充分上浮，需将中间包液面高度控制在（ ）。C

   A. 在低位   B. 一半位置   C. 高位   D. 不做要求

2. 中间包的容量是钢包容量的（ ）。A

   A. 20%～40%   B. 40%～60%   C. 60%～80%

3. （多选）连铸用中间包不具备的功能有（ ）。AD

   A. 调节钢水成分   B. 多流连铸机上可分配钢流

   C. 将钢水中夹杂物充分上浮   D. 调节钢水温度

4. （多选）中间包具备（ ）作用。ABCDE

   A. 减压   B. 稳流   C. 去夹杂   D. 储钢   E. 分流

3.3.3 中间包的构造

3.3.3.1 包体结构

中间包的结构、形状应具有最小的散热面积，良好的保温性能。一般常用的中间包断面形状为圆形、椭圆形、三角形、矩形、T 形等，其目的主要考虑减少钢水在注入时产生涡流，同时考虑砌包清渣，吊挂时操作方便。多流连铸机通常采用长条形中间包，矩形中间包仅适用于单流连铸机，如图 3-24 所示。

中间包的结构如图 3-25 所示。中间包外壳用 12～20mm 的钢板焊成，要求具有足够的刚性，保证长期在高温环境下浇注、搬运、清渣、翻包时结构不变形，为此壳体外部都焊有加固筋板。要尽可能经济，但钢壳必须有足够的刚性和强度，且设计形状要便于工作衬剥离。中间包内衬砌有耐火材料，在中间包内设有挡坝、挡墙或导流板，包的两侧有吊钩和耳轴，便于吊运；耳轴下面还有座垫，以稳定地坐在中间包小车上。

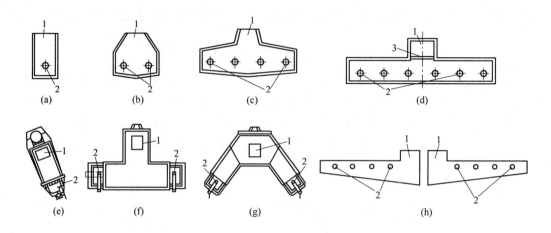

图 3-24 中间包断面的各种形状示意图

(a), (e) 单流; (b), (f), (g) 双流; (c) 4 流; (d) 6 流; (h) 8 流
1—钢包注流位置; 2—中间包水口位置; 3—挡渣墙

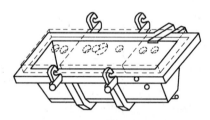

图 3-25 中间包的结构示意图

3.3.3.2 中间包内衬

中间包内衬由保温层、永久层和工作层组成。

保温层紧贴包壳钢板,以减少散热,一般可用 10~15mm 的多晶耐火纤维板、保温砖或轻质浇注料砌筑。中间包如果不采取有效的隔热措施就会造成以下危害:

(1) 中间包严重挂渣、结瘤、结冷钢,影响钢水浇注的正常进行,进而影响钢材质量;

(2) 中间包包壳外表温度过高,引起钢壳的蠕变变形、开裂,严重时导致钢壳报废,造成巨大的经济损失;

(3) 为保证炼钢顺利进行,就需要提高浇钢温度或增加加热设备,增大能耗;

(4) 散热过大,引起能源浪费,增加炼钢成本。

永久层与保温层相邻,用 100~200mm 的黏土砖砌筑。该层与保温层相接触,其材料用黏土砖。整体永久衬最为普遍,浇注料一般为高铝质。中间包永久衬的主要作用如下:支撑工作衬;减少热损失,防止包壳温度过高;当工作衬损毁时,又能保证安全。

工作层与钢液直接接触,使用绝热板、喷涂料、干式料或砌砖。

中间包包底材质与包壁相同,并镶嵌有高铝质座砖,用于装砌水口;在钢包注流落点处砌筑耐钢水冲击的耐火砖或加厚砌层。

与钢包相同,中间包也应强调热周转。

3.3.3.3 中间包包盖

中间包设有包盖，其作用一则为了保温，再则可以保护钢包包底不致过分受烤而变形。在包盖上开有注入孔和塞棒孔。

包盖用钢板焊成，内衬耐火材料，盖上设有钢流注孔、塞棒孔和加热孔，主要用于保温，减少钢水散热损失。一般小容量中间包盖为一个整体，大容量中间包盖可由几部分组合而成。

中间包上还设有溢流槽，当钢包注流失控时，可使多余的钢液流出。为促使非金属夹杂物上浮，在中间包内砌有挡坝、墙、导流板或过滤板。

3.3.4 中间包工作层内衬

按浇注钢种冶炼方式和是否需烘烤等条件，中间包大体分以下几种类型：

(1) 高温中间包，为某一特定的冶金过程所设置，采用镁砖内衬预热至 1500℃ 左右；

(2) 热中间包，是常见的中间包，采用喷涂料、烧成砖或不烧砖作内衬，浇注前预热至 800~1100℃；

(3) 冷中间包，采用绝热板作包衬，在浇注前不经预热即可使用。

3.3.4.1 绝热板中间包

中间包工作层使用绝热板砌筑，在绝热板与永久层之间要填充河砂，其目的主要是缓冲中间包内衬受热的膨胀压力，其次可起到一定的绝热作用，并便于拆卸内衬。使用绝热板有硅质绝热板、镁质绝热板和镁橄榄石质绝热板。绝热板内衬可以冷包使用，具有保温性能好，便于清理和砌筑等优点。目前使用者日益减少。

3.3.4.2 喷涂料中间包

在工作层砌砖表面敷以 10~30mm 的耐火泥浆喷涂层。涂层材料可用高铝质、镁质、钙镁质和镁铬质等耐火材料，钙镁质涂层有利于吸附钢水中的夹杂物，提高钢水质量，并且对铝镇静钢污染更少，优于镁质材料。涂层可以人工涂抹和机械喷涂。它的优点是：

(1) 涂料耐钢液和钢渣的侵蚀，使用寿命长；

(2) 施工方便，更换迅速；

(3) 便于清理残余涂料层和残渣，且不损坏砌砖层，相对降低了耐火材料的消耗。

涂层完工养生干燥后，使用前需分阶段按照一定升温曲线进行烘烤，避免因水蒸气蒸发造成涂料塌落。

3.3.4.3 干式料整体内衬

干式料整体内衬是根据工作层的厚度在包内装一个模板，向模板内添加耐火干式料；安装好水口座砖后，添加干式料同时开启振动电机振动，捣实干式料成形；内衬完成，停止振动；中间包专用烘烤器放入中间包内，开启抽风机，点火器点燃，烘烤 3h 左右，温度达到 300℃，停止加热；待干式料硬化后脱模，再分阶段用大火烘烤至高温。耐火干式料是冶金镁砂，主要成分为 MgO，其含量大于 80%，并应有合适的粒度配比。

它的优点是：

(1) 中间包包龄大幅度提高，减少周转用中间包使用量；

(2) 降低了中间包耐火材料的消耗；

（3）减少了换包次数，缩短了换包的时间，从而提高了铸机作业率；

（4）缩短了浇注周期；

（5）减少了中间包浇余及换包重接造成的废品，可提高金属收得率；

（6）有利于中间包采用较高液位，且液面稳定，可促进夹杂物的上浮，有利于改善铸坯质量；

（7）由于提高了中间包使用时间，减少了中间包内衬修砌量及事故槽的修砌量，减轻了工人的劳动强度，改善了操作环境。

与涂层内衬相比，砌筑工艺简单并且不加水，烘烤时间短，有明显的节能优势。

3.3.4.4 砌砖内衬

对要求极高的钢种，工作层可选用半硅质、蜡石质、高铝质、碱性耐火材料或锆英石等耐火砖砌筑。砌砖中间包在使用前必须烘烤到1200℃以上。

目前国内中间包包龄，间断使用已达600炉以上，连续浇注已达392炉以上。

练 习 题

1. 以CaO、MgO为主要成分的耐火材料为（   ）耐火材料。A

　　A. 碱性　　　　　　　　B. 酸性　　　　　　　　C. 中性

2. 连铸耐火材料在使用前（   ）。D

　　A. 一般要进行烘烤，除去水分　　　　　B. 也有免烘烤的耐火材料

　　C. 认真检查，不能有大缺陷　　　　　　D. 以上三项

3. 中间包烘烤过程中，火焰控制合理的是（   ）。D

　　A. 一直就大火　　　B. 一直就小火　　　C. 先大火后小火　　　D. 先小火后大火

4. 中间包烘烤过程中，最高烘烤温度不宜大于（   ）。C

　　A. 1000℃　　　　　B. 1100℃　　　　　C. 1300℃　　　　　D. 1500℃

5. 中间包烘烤温度过低，容易（   ）。C

　　A. 夹渣　　　　　　B. 脱方　　　　　　C. 开浇冻流　　　　D. 扭转

6. 中间包烘烤温度过高，容易（   ）。D

　　A. 脱方　　　　　　B. 扭转　　　　　　C. 夹渣　　　　　　D. 耐火材料变性

7. （多选）耐火材料按照化学性质分为（   ）耐火材料。ABC

　　A. 酸性　　　　　　B. 碱性　　　　　　C. 中性　　　　　　D. 氧化性

8. （多选）连铸用耐火材料一般要满足（   ）。ABCD

　　A. 耐1600~1650℃以上高温

　　B. 高温抗折强度和耐压强度高；热膨胀和收缩变化小

　　C. 具有良好的抗渣蚀能力；抗钢水冲击能力高；施工方便，成本低

　　D. 耐热震性好

9. （多选）钙镁质涂层有利于吸收钢中的夹杂物，提高钢水质量，浇注铝镇静钢污染更小，优于镁质材料，其优点是（   ）。ABC

　　A. 涂层耐侵蚀，使用寿命长　　　　　　B. 施工方便，更换迅速

C. 便于清理残留涂层和残渣　　　　　　D. 价格昂贵

10. （多选）与涂层内衬相比，干式料内衬的优点是（　　）。ABC

　　A. 砌筑工艺简单　　　　　　　　　　B. 烘烤时间短

　　C. 有明显节能优势　　　　　　　　　D. 不需要烘烤

11. （多选）中间包烘烤过程中，需要对（　　）部分进行检查。ABCD

　　A. 塞棒　　　　　B. 中间包内衬　　　C. 中间包水口　　　D. 冲击区

12. （多选）中间包烘烤遵循的原则是（　　）。ABC

　　A. 开始是小火预热　　　　　　　　　B. 大火加热

　　C. 达到温度后可适当降温度　　　　　D. 直接大火烘烤

3.3.5　水口与塞棒

中间包钢流控制装置有：定径水口、塞棒系统、滑板系统、塞棒和滑板组合系统。采用塞棒或滑动水口可以对浇钢进行自动控制，使结晶器内钢水液面保持稳定。

3.3.5.1　定径水口直径的确定

定径水口直径应根据连铸机在最大拉速时所需的钢水流量来确定。水口直径可由下式计算确定：

$$d^2 = \frac{375Q}{\sqrt{H}} \tag{3-26}$$

式中　d——水口直径，mm；

　　　Q——一个水口全开时的钢液流量，t/h；

　　　H——中间包的钢液深度，mm。

若采用塞棒控制注流时，其水口流量应稍大于计算值。

水口间距即结晶器间的中心距；为便于操作，水口间距至少应为 600~800mm。

3.3.5.2　塞棒

中间包塞棒控制能保证圆流浇注，减少二次氧化和夹杂物，还能通过影响钢水流动降低中间包临界液面高度，提高金属收得率，但与滑动水口相比建立自控模型难度大些，且有断棒造成不能及时切断钢流的危险。

中间包塞棒，是用锆碳质或铝碳质耐火材料，采用经过等静压成型的整体塞棒，可防止塞棒长时间在钢水中浸泡造成的软化变形、断裂事故，利于实现多炉连浇。

对整体塞棒的基本要求如下：（1）耐钢水和熔渣的侵蚀和冲刷；（2）具有良好的抗剥落性，在使用中不掉片，不崩裂；（3）具有良好的抗热震性；（4）具有足够的热机械强度，便于安装和使用操作。目前常用的塞棒材质为铝碳质，在渣线处是复合的氧化锆，提高抗渣侵蚀性。

中间包用塞头与水口相配合来控制注流。为提高塞棒使用寿命，一般用厚壁钢管作棒芯，浇注时在芯管内插入直径稍小的钢管引入压缩空气进行冷却，见图 3-26（a），这对延长塞棒寿命有一定效果。也可将塞棒作为中间包吹氩棒，见图 3-26（b）~（d），这样不仅可以控制注流，还可以在一定程度上起到防止水口堵塞、纯洁钢液的作用。

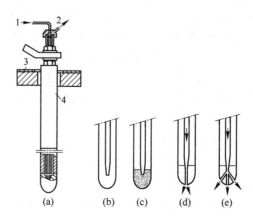

图 3 - 26　空冷塞棒

(a) 塞棒空气冷却图；(b) 普通型；(c) 复合型；(d) 单孔型；(e) 多孔型

1—空气入口；2—空气出口；3—包盖；4—塞棒

此外，在浇注铝镇静钢时，用塞棒振动功能可防止水口堵塞。

3.3.5.3　中间包滑动水口

中间包采用滑动水口，虽然有安全可靠，利于实现自动控制等优点，但其机构比较复杂，尤其在装有浸入式水口的情况下，加大了中间包与结晶器之间的距离，增大了中间包升降行程。同时对结晶器内钢液的流动也有不利影响。

采用浸入式滑动水口进行浇注时，由于下水口太长，不便于移动，也存在难以对中的问题，故中间包的滑动水口装置通常做成 3 层滑板（图 3 - 27）。上下滑板固定不动，中间用 1 块活动滑板控制注流。中间包采用滑动水口控流工作安全可靠，寿命较长，能精确控制钢流，有利于实现自动化。

采用可更换的插板式滑动水口，比往复式滑动水口更适应中间包连浇要求，效果较好。此外，还可以采用塞棒和滑板组合系统。利用塞棒控流，利用滑板快速更换浸入式水口及停浇操作。

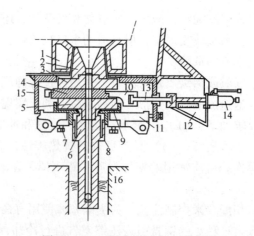

图 3 - 27　三层式滑动水口示意图

1—座砖；2—上水口；3—上滑板；4—滑动板；5—下滑板；6—浸入式水口；7—螺栓；8—夹具；
9—下滑板套；10—滑动框架；11—盖板；12—刻度；13—连杆；14—油缸；15—水口箱；16—结晶器

3.3.5.4　浸入式水口

目前除了部分小方坯连铸机外，都采用浸入式水口加保护渣的保护浇注。浸入式水口的形状和尺寸直接影响结晶器内钢液流动的状况，因而也直接关系到铸坯的表面和内部质量。

目前使用最多的浸入式水口有单孔直筒形和双侧孔式两种。双侧孔浸入式水口其侧孔有向上倾斜、向下倾斜和水平状三类，如图 3-28 所示。

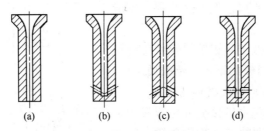

(a)　　(b)　　(c)　　(d)

图 3-28　浸入式水口基本类型

(a) 单孔直筒形水口；(b) 侧孔向上倾斜状水口；(c) 侧孔向下倾斜呈倒 Y 形水口；(d) 侧孔呈水平状水口

单孔直筒式浸入式水口相当于加长的普通水口，一般仅用于小方坯、矩形坯或小板坯的浇注。

双侧孔浸入式水口，其向上、下倾斜与水平方向的夹角分别为 10°~15°、15°~35°。

浇注大方坯和板坯，均采用向下倾角的双侧孔浸入式水口；若浇注不锈钢，为避免结晶器液面凝壳，应选用侧孔向上倾角的浸入式水口为宜；浇注大型板坯时可采用箱式浸入式水口，如图 3-29 所示。箱形水口的注流冲击深度最小，当拉速达到一定值后，再提高拉速，冲击深度也不加大，所以浇注大板坯时，使用箱式浸入水口最佳。

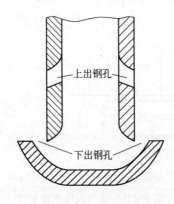

上出钢孔

下出钢孔

图 3-29　箱式水口

3.3.5.5　水口材质

定径水口是采用锆质 ZrO_2 耐火材料，或者内镶锆质外套高铝质复合材料制作。浇注前水口必须充分烘烤，否则在浇注时有炸裂的危险。

浸入式水口有铝碳质与熔融石英质两种材质。

铝碳质水口渣线部位一般复合锆碳（$ZrO_2 - C$）质耐火材料，但外面采用等离子体喷涂一层铝碳质保护层。

如在铝碳质水口内衬镶套耐蚀性好的氧化锆或锆莫来石、复合含 CaO 内衬或采用气洗水口，对解决水口溶损、降低钢中夹杂物和减少水口堵塞具有显著效果。

为防止水口堵塞除了控制钢中残 Al 量，避免钢液二次氧化外，可用气洗水口（见图 3-30）；如采用锆石英水口，但要适当提高钢液过热度。

浇注碳素结构钢或低碳硅铝镇静钢使用熔融石英水口。锰含量大于 1% 的钢种用铝碳质水口，以避免碱性氧化锰对 SiO_2 耐火材料的侵蚀。

浸入式水口与中间包水口接缝处也应采用钢包长水口接缝类似的密封措施。用铝碳质、镁碳质、锆碳质等材料制作的密封环密封、吹氩加抹耐火泥密封效果最好。

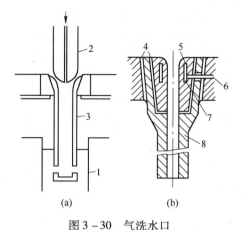

图 3-30 气洗水口
(a) 塞棒吹氩气洗水口；(b) 水口吹氩气洗水口
1—结晶器；2—塞棒；3—浸入式水口；
4—高铝灰泥；5—中间包水口（锆石英）；
6—送气管座砖；7—莫来石多孔环形砖；
8—浸入式水口（铝碳质）

3.3.5.6 快速更换水口装置

为了提高连浇炉数，应用中间包水口快速更换技术。中间包上水口砌筑于包底，下水口是装在包体外的滑道内，更换水口只更换下水口；浇注用水口及备用水口均定位在滑道中，其结构如图 3-31（a）所示。在浇注状态下，上、下水口内孔中心线重合，保证钢水的流通量。需要更换时，启动液压驱动装置，通过水口运行滑道，备用水口由备用位移到工作位，不需 1s 钢水就通过新水口注入结晶器，快速完成更换，拉坯速度可以达到规程要求。在线快速更换水口技术精确度高，更换后上、下水口的中心线偏差小于 0.1mm。

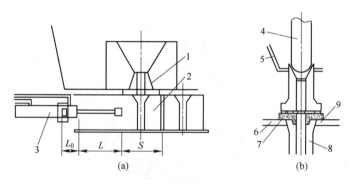

图 3-31 水口快速更换装置
(a) 定径水口快速更换装置；(b) 浸入式水口更换装置
1—上水口；2—下水口；3—液压缸；4—整体塞棒；5—中间包；
6—上滑道；7—水平导轨；8—快换水口；9—下滑道

浸入式水口快速更换的基本原理与定径水口相似，如图 3-31（b）所示。采用浸入式水口快速更换机构，于 1~2s 的时间内安全、稳定地完成浸入式水口的更换，保持正常浇注。快速更换技术，不仅可以提高铸机作业率、连浇率，还能大大降低耐火材料、降低烘包燃气等动力消耗，提高铸坯收得率。

在实施水口快速更换技术后，要考虑与中间包内衬与上水口、塞棒等耐火材料使用寿命的同步。

练 习 题

1. 中间包上水口在使用过程受到冲刷，所以要求其（　　）。D
   A. 耐高温　　　　B. 耐高压　　　　　C. 耐腐蚀　　　　　D. 耐侵蚀

2. 应根据（　　）选用塞棒的材质。D
   A. 钢水温度　　　B. 出钢温度　　　　C. 精炼结束温度　　D. 钢水成分

3. 塞棒目前使用的材质为铝碳质，渣线部位是复合的氧化锆，提高了（　　）。C
   A. 塞棒温度　　　B. 高温强度　　　　C. 抗渣性　　　　　D. 疲劳强度

4. （多选）中间包在浇注过程中损坏较严重的部位有（　　）。ABC
   A. 注流冲击区　　B. 定径水口　　　　C. 塞棒　　　　　　D. 包底

5. （多选）中间包水口必须（　　）。ABCD
   A. 干燥　　　　　B. 安装正确　　　　C. 无裂纹　　　　　D. 无磕碰

6. （多选）连铸用的中间包上水口，对其本身有（　　）要求。ABC
   A. 无裂纹、无缺损　　　　　　B. 内壁光滑、无杂物
   C. 尺寸合适　　　　　　　　　D. 水口的颜色

7. （多选）连铸用的中间包上水口被安装上以后，要求（　　）。AB
   A. 与包底对正　　　　　　　　B. 与包底无缝隙
   C. 与包底保持60°　　　　　　D. 与包底留出一些缝隙

8. （多选）安装完中间包塞棒，对其有（　　）要求。AB
   A. 尽量对正水口，或稍微有内啃　　B. 自留量不妨碍控棒
   C. 可以外啃　　　　　　　　　　　D. 自留量越小越好

9. （多选）连铸用的中间包塞棒，对其有（　　）要求。ABC
   A. 平直、无裂纹　　　　　　　B. 棒头及棒身无缺损
   C. 与水口配合好　　　　　　　D. 棒的颜色

10. （多选）中间包钢流控制系统包括（　　）。ABCD
    A. 塞棒系统　　　　　　　　　B. 后台信号处理系统
    C. 数字驱动系统　　　　　　　D. 液面采集系统

11. （多选）对浸入式水口浸入深度的说法中不正确的是（　　）。AC
    A. 浸入式水口的浸入深度越深，越易卷渣，对表面质量越不利
    B. 浸入式水口的浸入深度越浅，越易卷渣，对表面质量越不利
    C. 浸入式水口的角度越大、插入深度越深，对减少纵裂有利
    D. 浸入式水口插入深度控制适当及其出孔倾角选择应合理

12. （多选）对安装在中间包上的开闭器进行检查，其检查内容包括（　　）。AB
    A. 升降是否灵活　　　　　　　B. 塞棒连接杆的螺丝是否紧固
    C. 喷嘴状况　　　　　　　　　D. 拉坯速度

3.4 中间包小车

3.4.1 中间包小车的作用

中间包小车是用来支撑、运输、更换中间包的设备。小车的结构要有利于浇注、捞渣和烧氧等操作；同时还应具有横移和升降调节装置。

3.4.2 中间包小车的类型

中间包小车有悬臂型、悬挂型、门型、半门型等。

3.4.2.1 悬臂型中间包小车

中间包水口伸出车体之外，浇注时中间包车位于结晶器的外弧侧；其内弧侧轨道在高架梁上，外弧侧轨道在浇注平台上（图3-32）。小车行走迅速，同时结晶器上面供操作的空间和视线范围大，便于观察结晶器内钢液面，操作方便；为保证小车的稳定性，应在小车上设置平衡装置或在外侧车轮上增设护轨。

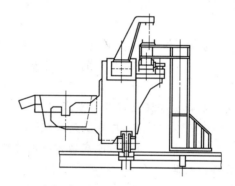

图3-32 悬臂型中间包小车

3.4.2.2 悬挂型中间包小车

悬挂型中间包小车的特点是两根轨道都在内弧侧高架梁上（图3-33），对浇注平台的影响最小，操作方便。

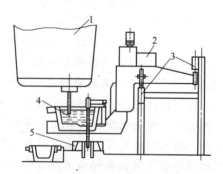

图3-33 悬挂型中间包小车

1—钢包；2—悬挂型中间包小车；3—轨道梁及支架；4—中间包；5—结晶器

由于重载中间包造成轨道变形，悬臂型和悬挂型中间包小车只适用于生产小断面铸坯的连铸机。

3.4.2.3 门型中间包小车

门型中间包车的内外弧两侧轨道均布置在浇注平台上，重心处于车筐中，安全可靠（图3-34）。门型中间包小车适用于大型连铸机。

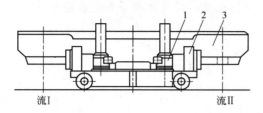

图3-34 门型中间包小车

1—升降机构；2—走行机构；3—中间包

3.4.2.4 半门型中间包小车

半门型中间包小车如图3-35所示。它与门型中间包小车的最大区别是结晶器内弧侧轨道布置在浇注平台上方的高架梁上。

中间包小车行走机构一般是两侧单独驱动，并有自动停车定位装置；小型连铸机由于中间包小车行程短，可单侧驱动。一般设两档行走速度：快速 $10 \sim 20 \text{m/min}$，用于移动中间包；慢速 $1 \sim 2 \text{m/min}$，用于水口对中。

中间包的升降机构有电动或液压驱动两种；升降速度在 2m/min，两侧升降一定要同步，应有自锁定位功能；特别是在钢包转台处于"下降"位置时，中间包升降操作与其应有连锁保护。中间包横向微调动作，目前大多数采用蜗轮丝杆来完成。

中间包车还设有电子称量系统和保护渣自动下料装置。

采用定径水口的中间包小车还设有摆动槽，如图3-36所示。

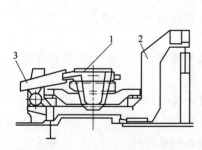

图3-35 半门型中间包小车

1—中间包；2—中间包小车；3—溢流槽

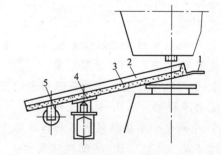

图3-36 中间包摆动槽

1—手柄；2—流槽；3—耐火材料；4—转轴；5—滚轮

练习题

1. 对于中间包两地操作箱，要求（　　）。A

　A. 不能同时操作　　B. 可以同时操作　C. 无关紧要　　　D. 以上说法都不正确

2. 对中间包车电动机进行检查，除了检查其是否有绝缘、有噪声，还得检查（　　）。D

　A. 润滑情况　　　　B. 磨损情况　　　C. 变形情况　　　D. 工作温度

3. 检查中间包车时，其检查路线是（　　　）。C

　　A. 轨道→机架装备→提升机构→走行机构→导向装置

　　B. 轨道→机架装备→导向装置→提升机构→走行机构

　　C. 轨道→机架装备→走行机构→提升机构→导向装置

　　D. 轨道→导向装置→提升机构→走行机构→机架装备

4. 操作工在操作使用中间包车时，必须持有（　　　）。A

　　A. 操作牌　　　　B. 设备规程　　　　C. 工艺操作规程　　　D. 交接班制度

5. 操作工在日常生产中，对中间包车车轮的检查周期是（　　　）。A

　　A. 每班　　　　　B. 每天　　　　　　C. 每周　　　　　　D. 每月

6. 水口与结晶器不对中容易产生（　　　）。C

　　A. 表面横裂　　　B. 中心偏析　　　　C. 表面纵裂　　　　D. 疏松

7. （多选）对中间包车进行检查，涉及（　　　）几项内容。ABCD

　　A. 轨道　　　　　　　　　　　　　　B. 机架装备

　　C. 电动机、减速机　　　　　　　　　D. 传动装置、提升机构

8. （多选）对中间包车升降检查包括（　　　）。ABCD

　　A. 有高位极限　　　　　　　　　　　B. 有低位极限

　　C. 升降过程速度均匀　　　　　　　　D. 升降过程无异常响动

9. （多选）如中间包小车升降不同步主要原因有（　　　）。ABC

　　A. 同步轴损坏　　　B. 接手损坏　　　C. 伞齿轮损坏　　　D. 电机坏

10. （多选）中间包车升降过程阻力较大，可能造成的原因有（　　　）。ABCD

　　A. 滑道变形　　　　B. 提升辊变形　　C. 间隙调整太小　　D. 缺油

11. （多选）中间包车行走时行走车轮容易跑偏，其原因可能是（　　　）。ABCD

　　A. 车轮轴承轴向间隙大　　　　　　　B. 轮缘磨损严重或轮距不对

　　C. 轨道变形　　　　　　　　　　　　D. 固定连接螺栓松动

12. （多选）中间包车结构上应设置有（　　　）。ABCD

　　A. 行走装置　　　　B. 升降装置　　　C. 称量装置　　　　D. 微调装置

13. （多选）中间包车行走时震动或阻力大的可能原因有（　　　）。AB

　　A. 轨道有障碍物　　B. 轨道变形　　　C. 行走按钮坏　　　D. 承载过重

14. （多选）中间包小车横移装置不动作或阻力大，可能的故障原因有（　　　）。ABCD

　　A. 润滑不足　　　　B. 螺纹损坏或卡住　C. 有粘钢或障碍　　D. 托架变形

15. （多选）中间包小车系统一般故障主要是（　　　）。ABCD

　　A. 行走故障　　　　B. 升降故障　　　C. 横向微调故障　　D. 轨道偏移故障

16. （多选）中间包小车在运行中的故障包括（　　　）。ABCD

　　A. 行走车轮不能转动　　　　　　　　B. 行走传达装置震动大

　　C. 升降阻力大　　　　　　　　　　　D. 轨道松动

3.5　二冷系统

二冷系统又称为二冷段或二次冷却区，简称二冷区。

3.5.1 二冷的作用

3.5.1.1 二冷区的作用

二冷区的作用是：

（1）带液芯的铸坯从结晶器中拉出后，需喷水或喷气水直接冷却，使铸坯快速凝固，以进入拉矫区。铸坯在二冷区受到的冷却作用有四种，包括水滴的蒸发占散热量的33%，水滴的升温占散热量的25%，铸坯的辐射散热占散热量的25%，铸坯与夹辊之间的传导散热占散热量的17%。

（2）对未完全凝固的铸坯起支撑、导向作用，防止铸坯的变形。

（3）在上引锭杆时对引锭杆起支撑、导向作用。

（4）倘若是采用直结晶器的弧形连铸机，二冷区的第一段还要把直坯弯成弧形坯。

（5）如果采用多辊拉矫机时，二冷区的部分夹辊本身又是驱动辊，起到拉坯作用。

（6）对于椭圆形连铸机，二冷区本身又是分段矫直区。

弧形连铸机的二冷装置的重要性不亚于结晶器，它直接影响铸坯的质量、设备的操作和铸机作业率。

—·—

📝 练 习 题

1. 弧形连铸机的二冷装置的重要性不亚于结晶器。（　　）√

2. （　　）的作用是将支撑由结晶器拉出的铸坯，同时引导铸坯沿弧形线辊道平稳的向前移动。A

   A. 夹辊　　　　　　B. 拉辊　　　　　　C. 矫直辊

3. （多选）连铸机二冷区的主要作用有（　　）。ABCD

   A. 喷水冷却，使铸坯快速凝固

   B. 对铸坯支撑和导向

   C. 对引锭杆支撑和导向

   D. 部分辊子起到辅助拉坯和矫直的作用

—·—

3.5.1.2 二冷装置的结构形式

二冷装置的主要结构形式分为箱式及房式两大类，箱式结构已经被淘汰。房式结构的夹辊全部布置在敞开的牌坊结构的支架上，整个二冷区是由一段或若干段开式机架组成。在二冷区的四周用钢板构成封闭的房室，故称为房式结构。房式结构具有结构简单，观察设备和铸坯方便等一系列优点。但风机容量和占地面积较大。目前新设计的连铸机均采用房式结构。

由于二冷装置底座长期处于高温和很大拉坯力的作用下，因此二冷支导装置通过刚性很强的共同底座安装在基础上（见图3-37）；图中5为固定支点，4为活动支点，允许沿圆弧线方向滑动，以避免抗变形能力差导致的错弧。

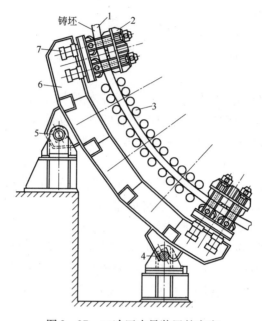

图 3 - 37　二冷区支导装置的底座

1—铸坯；2—扇形段；3—夹辊；4—活动支点；5—固定支点；6—底座；7—液压缸

3.5.2　方坯铸机二冷装置

3.5.2.1　小方坯铸机二冷装置

小方坯铸坯断面小，在出结晶器时已形成足够厚度的坯壳，一般情况下，不会发生变形现象。因此很多小方坯连铸机的二冷装置非常简单，如图 3 - 38 所示，通常只在弧形段的上半部按照距结晶器液面弧线长度，设置不同的排列密度或型号喷嘴喷水冷却铸坯，下半段不喷水。在整个弧形段少设或不设夹辊。其支撑导向装置是用来上引锭杆的；所以，有的小方坯连铸机的二冷区只有 4 对夹辊、5 对侧导辊、2 块导板和 14 个喷水环。用垫块

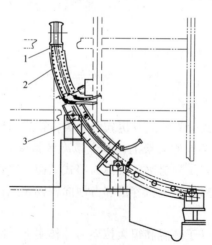

图 3 - 38　小方坯铸机二冷区装置

1—足辊段；2—可移动喷淋段；3—固定喷淋段

调节辊距以适应不同断面的浇注。像康卡斯特小方坯连铸机在结晶器的出口处安装了一个能够移动的托板。在装引锭杆和开浇阶段，托板起支撑作用；当铸坯通过托板后，托板可以后移一段距离，以防止漏钢损坏，也便于处理事故。再如罗可普小方坯连铸机，采用刚性引锭杆，二冷装置更可以简化。

3.5.2.2 大方坯铸机二冷装置

大方坯铸坯较厚，出结晶器下口后铸坯有可能发生鼓肚现象，其二冷装置分为两部分。

上部四周均采用密排夹辊支撑，喷水冷却；二冷区的下部铸坯坯壳强度足够时，可像小方坯连铸机下部那样不设夹辊。

3.5.3 板坯铸机二冷装置结构

3.5.3.1 二冷零段

板坯连铸机由于铸坯断面很大，出结晶器下口坯壳较薄，尤其是高速连铸机，冶金长度较长，直到矫直区铸坯中心仍处于液态，容易发生鼓肚变形，严重时有可能造成漏钢。所以结晶器下口一般安有密排足辊或冷却格栅。铸坯进入二冷区后首先进入支撑导向段。支撑导向段一般与结晶器及其振动装置安装在同一框架上，能够同时整体更换。结晶器足辊以下的辊子组称为二冷零段，见图 3 - 5。一般是 10 ~ 12 对密排夹辊，可以用长夹辊，也可以用多节夹辊，见图 3 - 39。

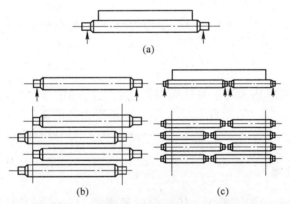

(a)

(b)　　　　　　　　(c)

图 3 - 39　各类夹辊

（a）全长夹辊；（b）短夹辊；（c）多节夹辊

3.5.3.2 扇形段

从零段以后的各扇形段的结构、段数、夹辊的辊径和辊距，根据铸机的类型，所浇钢种和铸坯断面的不同有很大差别。扇形段（图 3 - 40）由夹辊及其轴承座、上下框架、辊缝调节装置、夹辊的压下装置、冷却水配管、给油脂配管等部分组成。

扇形段可以有动力装置，起拉坯和矫直作用。现在一般采用交流变频电动机通过行星齿轮减速箱带动。

扇形段的辊缝调节装置一般采用液压机构。结晶器、二冷零段、各扇形段必须对中。

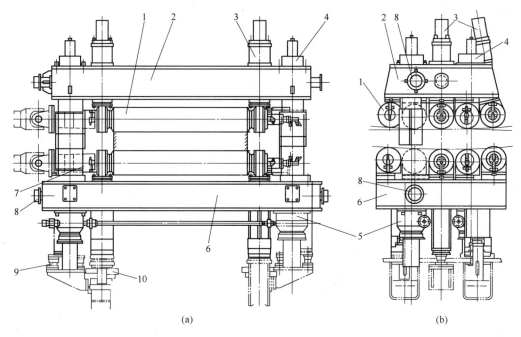

(a)　　　　　　　　　　　　　　　　　(b)

图 3 - 40　扇形段

1—辊子及轴承支座；2—上辊架；3—压下装置；4—缓冲装置；5—辊间隔调整装置；
6—下框架；7—中间法兰；8—拔出用导轮；9—管离合装置；10—扇形段固定装置

练习题

1. （多选）二冷区的夹辊从上到下排列规律是（　　　）。AB

　　A. 辊径由细到粗　　B. 辊距由密到疏　　C. 辊距由疏到密　　D. 辊长由短到长

3.5.4　铸坯的二冷喷嘴

　　出结晶器只有20%的钢液凝固，铸坯仅仅形成8~15mm的薄坯壳，带液芯的铸坯在二冷区内边运行边凝固。需控制铸坯表面温度沿浇注方向均匀下降，使之逐渐完全凝固，保证铸坯的质量。

　　二冷有用水雾冷却和气水雾化冷却两种方法。主要根据铸坯断面和形状，冷却部位的不同要求，选择喷嘴类型。

3.5.4.1　喷嘴类型

　　好的喷嘴应使冷却水充分雾化，水滴小又具有一定的喷射速度，能够穿透沿铸坯表面上升的水蒸气而均匀分布于铸坯表面；同时喷嘴结构简单，不易堵塞，耗铜量少。

　　A　压力喷嘴

　　压力喷嘴又叫水雾喷嘴，是利用冷却水本身的压力作为能量将水雾化成水滴。

　　常用的压力喷嘴喷雾形状有圆锥形喷嘴，扁平喷嘴和矩形喷嘴等，如图3-41所示。

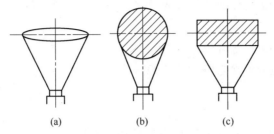

图 3-41　几种雾化喷嘴的喷雾形状图

(a) 扇平形; (b) 圆锥形 (实心); (c) 矩形

从喷嘴喷出的水滴以一定速度射到铸坯表面, 靠水滴与铸坯表面之间的热交换, 将铸坯热量带走。研究表明, 当铸坯表面温度低于300℃时, 水滴与铸坯表面润湿, 冷却效率高达80%左右; 反之, 水滴到达铸坯表面破裂流失, 冷却效率只有约20%。

生产中, 在二冷区铸坯表面的实际温度远高于300℃; 虽然提高冷却水压力, 增加供水量, 但冷却效率与供水量不成正比; 同时雾化水滴较大, 平均直径为200~600μm, 因而水的分配也不均匀, 导致铸坯表面温度回升 (简称温升) 太大, 在150~200℃/m; 虽然压力喷嘴存在这些问题, 由于它的流量特性和结构简单, 运行费用低, 仍被使用。为了铸坯冷却的均匀性, 还可采用压力广角喷嘴, 如图3-42 (a) 所示。

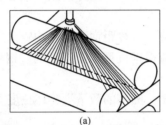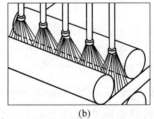

图 3-42　压力广角喷嘴

(a) 二冷区单喷嘴系统; (b) 二冷区多喷嘴系统

B　气—水雾化喷嘴

气—水雾化喷嘴是用高压空气和水从不同的方向进入喷嘴内或在喷嘴外汇合, 利用高压空气的能量将水雾化成极细小的水滴; 这是一种高效冷却喷嘴, 有单孔型和双孔型两种, 如图3-43所示。

由于气—水雾化喷嘴喷孔口径较大, 不易发生堵塞, 可以通过调节水压、气压和气水比大范围调节水流量, 水滴小于50μm, 水雾覆盖面积大, 因而冷却效率高, 冷却均匀, 铸坯表面温升较小为50~80℃/m; 比压力喷嘴节省近一半水耗; 新型气-水雾化喷嘴节省压缩空气, 可做成类似方坯那样的纵向喷淋管, 便于安装维护, 使用水喷嘴呈减少趋势, 但采用自找正结构, 喷水分布更均匀。近些年来在板坯、高质量要求的方坯连铸机上得到应用。

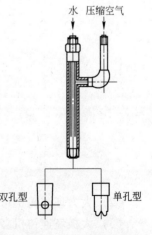

图 3-43　气—水雾化喷嘴结构示意图

气—水雾化喷嘴正常工作时应遵循先开水，后开气，停止供水时应先停气，后停水的顺序。

3.5.4.2　连铸二冷喷嘴特性

连铸二冷喷嘴特性分为冷态特性和热态特性。

A　喷嘴的冷态特性

喷嘴的冷态特性有：

（1）喷嘴的流量特性，即不同水压下喷嘴的水流量；

（2）喷嘴的水流密度分布，即单位时间、单位面积上的水量，单位用 $L/(m^2 \cdot s)$；

（3）喷射角，即喷嘴射出流股的夹角，代表了水流股覆盖面积；

（4）水雾直径，即水滴的直径，水雾直径越小，冷却效果越均匀；

（5）水滴速度，水滴速度越快，传热效率越高。

B　喷嘴的热态特性

喷嘴的热态特性就是冷却水滴对高温铸坯的冷却效果，即冷却效率。水滴对铸坯的冷却效果主要与前述的水滴与铸坯的润湿有关。这个冷却效果受铸坯表面的温度、喷水强度、冷却水温度、水滴运动速度、铸坯表面氧化铁皮的影响。

3.5.4.3　喷嘴的布置

二冷区的铸坯坯壳厚度是随时间的平方根而增加，而冷却强度则随坯壳厚度的增加而降低。

当拉坯速度一定时，各冷却段的给水量应与各段距钢液面平均距离成反比，也就是离结晶器液面越远，给水量也越少。生产中还应根据机型、浇注断面、钢种、拉速、凝固末端强制冷却等因素加以调整。

喷嘴的布置应以铸坯受到均匀冷却为原则，喷嘴的数量沿铸坯长度方向由多到少。

喷嘴的选用按机型不同布置如下：

（1）小方坯连铸机普遍采用压力喷嘴。其足辊部位多采用扁平喷嘴；喷淋段则采用实心圆锥形喷嘴；二冷区后段可空冷。其喷嘴布置如图3-44所示。

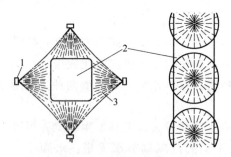

图3-44　小方坯喷嘴布置图

1—喷嘴；2—方坯；3—实心圆锥的喷雾形式

（2）大方坯连铸机可用单孔气—水雾化喷嘴冷却，但必须用多喷嘴喷淋。

（3）大板坯连铸机多采用双孔气—水雾化喷嘴单喷嘴布置如图3-45所示。

板坯连铸机若采用压力喷嘴，其布置见图3-42（b）。

对于某些裂纹敏感的合金钢或者热送铸坯，还可采用干式冷却，即二冷区不喷水，仅靠支撑辊及空气冷却铸坯。夹辊采用小辊径密排列以防铸坯鼓肚变形。

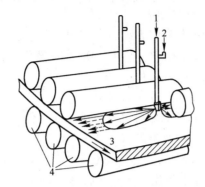

图 3-45 双孔气—水雾化喷嘴单喷嘴布置
1—水；2—空气；3—板坯；4—夹辊

练 习 题

1. 常见的冷却方式有（　　）。D
　　A. 水冷却　　　　　　　B. 空气冷却　　　　　C. 气水雾化　　　　　D. 以上三项

2. 二冷喷嘴要求是（　　）。D
　　A. 水滴小，速度快　　　　　　　　　B. 结构简单，不堵塞
　　C. 节省铜材　　　　　　　　　　　　D. 以上三项

3. 二冷区用喷嘴按雾化方式冷却效果最佳的是（　　）。D
　　A. 水雾喷嘴　　　　B. 圆锥实心喷嘴　　　C. 矩形喷嘴　　　　D. 气—水雾化喷嘴

4. 我国大多数连铸机上采用的二冷水分配方案是（　　）。C
　　A. 等表面温度变负荷给水　　　　　　B. 变表面温度变负荷给水
　　C. 分段按比例递减给水量　　　　　　D. 等负荷给水

5. 小方坯二冷结构主要包括（　　）。D
　　A. 喷嘴　　　　　　B. 立管　　　　　　C. 弧架　　　　　D. 以上三项

6. 一般，二冷气雾冷却段安装在（　　）。D
　　A. 冷却格栅　　　　B. 二冷1段　　　　C. 二冷零段　　　D. 二冷区中后部位

7. （多选）按照喷水形状，二冷室的压力喷嘴可分为（　　）。ABCD
　　A. 扁平水喷嘴　　　B. 全锥水喷嘴　　　C. 椭圆水喷嘴　　　D. 空心圆锥水喷嘴

8. （多选）连铸用二冷喷嘴要求（　　）。ABCD
　　A. 水滴小，速度快　　B. 不堵塞　　　　C. 节省铜材　　　　D. 结构简单

9. （多选）一般铸机区域的二冷装置包括（　　）。ABCD
　　A. 过滤系统　　　　　　　　　　　　B. 水系统自动调节装置
　　C. 压缩风系统自动调节装置　　　　　D. 二冷水事故水系统

10. （多选）气—水雾化喷嘴与水冷却相比（　　）。ABCD
　　A. 冷却效率高　　　B. 均匀　　　　　C. 水滴小　　　　　D. 节约水

11. （多选）如果二冷冷却强度过大会导致板坯（　　）加剧。AC

　　A. 中心疏松　　　　　B. 中心缩孔　　　　　C. 中心偏析　　　　　D. 中间裂纹

12. （多选）小方坯常见的冷却方式有（　　）。ABC

　　A. 水冷却　　　　　　B. 空气冷却　　　　　C. 气水雾化　　　　　D. 油冷

13. 喷嘴要求出水良好，且对正铸坯。（　　）√

14. 气—水雾化喷嘴与水冷却相比，冷却效果好。（　　）√

15. 选择喷嘴型号时要注意流量调节范围适当，避免在过低压力下工作。（　　）√

16. 锥形喷嘴一定比矩形喷嘴冷却效果好（　　）。×

17. （多选）喷嘴的性能通常包括（　　）和（　　）两种性能。BC

　　A. 喷射角度　　　　　B. 冷态性能　　　　　C. 热态性能　　　　　D. 喷水流量

3.5.5　二冷区扇形段更换装置

为了便于结晶器漏钢后的处理和检修，在大型连铸机都设有二冷区快速更换装置。

二冷区的零段常常随同结晶器及结晶器振动机构整体更换。

二冷区扇形段的整体更换方式有：利用导向滑槽更换、扇形段更换小车及专用吊车等。

扇形段更换小车见图 3-46（a）。在连铸机的一个侧面设置弧形轨道和小车，小车沿轨道上下滑动，小车上装有液压装置以便拉出要更换的扇形段，然后将小车开至平台上，用吊车将旧扇形段吊走，再将新扇形段吊入小车，仍用小车移至相应位置将扇形段压入。大型板坯连铸机采用专用吊车吊运扇形段或导向滑槽更换扇形段（见图 3-46（b））。

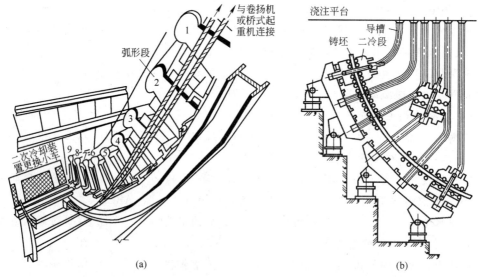

图 3-46　扇形段更换装置
(a) 更换小车；(b) 导向滑槽更换

为保证铸机作业率，在保证铸坯质量的基础上，应保证二冷设备的可靠性，尽量减少二冷区的维修时间，目前有的厂家二冷区每次维修浇钢量：上部 100 万吨，下部可达 300 万~400 万吨。

练 习 题

1. 对二冷区进行检查，不需检查喷嘴是否齐全、出水正常。（　　）×

2. 对二冷区进行检查，需要检查冷却水质是否符合要求。（　　）√

3. （多选）设备检修后，关于连铸二冷水冲水程序说法正确的是（　　）。ABCD

   A. 打开排污截门，启泵排污

   B. 排污以后，打开二冷管路截门，冲管路的水

   C. 冲完管路的水以后，再冲连铸机冷却设备的水

   D. 冲完以后停泵关截门

4. （多选）下列属于连铸二冷区的检查内容是（　　）。ABC

   A. 供水系统是否正常　　　　　　　B. 冷却水质是否符合要求

   C. 喷嘴是否齐全、出水正常　　　　D. 结晶器下口足辊是否转动灵活

5. 检查铸机在线喷嘴时，一般检查喷嘴的喷射方向和（　　）。A

   A. 喷射角度　　　　B. 喷水流量　　　　C. 喷水压力　　　　D. 喷水温度

6. 检查供水系统是否正常以及立管喷嘴是否齐全属于连铸（　　）的检查内容。B

   A. 结晶器　　　　B. 二冷区　　　　C. 拉矫机　　　　D. 切割车

7. 通常情况下，二冷水进水温度不超过（　　）。A

   A. 45℃　　　　B. 60℃　　　　C. 70℃　　　　D. 80℃

8. （多选）通常设备冷却水报警系统包括（　　）。AD

   A. 压力报警　　　　B. 流量报警　　　　C. 温度差报警　　　　D. 事故水高度报警

3.6　拉坯矫直装置

　　所有的连铸机都装有拉坯机，因为铸坯的运行需要外力将其拉出。拉坯机实际上是具有驱动力的辊子，也叫拉坯辊。弧形连铸机的铸坯需矫直后水平拉出，因而早期连铸机的拉坯辊与矫直辊装在一起，称为拉坯矫直机，简称拉矫机。

　　现代化板坯连铸机采用多辊拉矫机，辊列布置"扇形段化"，驱动辊已伸向弧形区和水平段，实际上拉坯传动已分散到多组辊上，所以拉矫机已不是原来的含义了，由一对拉辊变成了驱动辊列系统。

练 习 题

1. 拉矫机除了具备拉坯矫直的作用，还可以进行（　　）。C

   A. 切割铸坯　　　　　　　　　　　B. 冷却铸坯

   C. 轻压下技术运用　　　　　　　　D. 调节钢水成分

2. 拉矫机除了具备拉坯矫直的作用，还可以进行轻压下技术运用。（　　）√

3.（多选）拉矫机的作用是（　　）。ABC

   A. 拉坯　　　　　　　B. 矫直　　　　　　　C. 拉送引锭杆　　　　D. 脱引锭杆

4.（多选）下列（　　）是拉矫机具备的作用。ABC

   A. 拉坯　　　　　　　B. 铸坯矫直　　　　　C. 轻压下技术运用　　D. 调节钢水成分

3.6.1　对拉坯矫直装置的要求

对拉坯矫直装置的要求有：

（1）应具有足够的拉坯力，以在浇注过程中能够克服结晶器、二冷区、矫直辊、切割小车等一系列阻力，将铸坯顺利拉出，即：

$$F_{拉} \geq F_{结} + F_{二} + F_{矫} + F_{切} - F_{下} \qquad (3-27)$$

式中　$F_{拉}$——拉坯力；

     $F_{结}$——结晶器摩擦力；

     $F_{二}$——二冷区摩擦力；

     $F_{矫}$——拉矫机阻力；

     $F_{切}$——切割机阻力；

     $F_{下}$——铸坯下滑力。

弧形连铸机弧形铸坯的自重产生下滑力，但它不能克服铸坯的阻力自动运行，仍需拉坯辊拉坯；立式连铸机是垂直布置的，铸坯自重产生的下滑力很大，足以克服铸坯的运行阻力；为了平衡下滑力和控制铸坯拉出速度，也设置了拉坯辊，用来产生制动力以平衡铸坯的下滑力。

（2）能够在较大范围内调节拉速，适应改变断面和钢种的工艺要求，快速送引锭杆的要求；拉坯系统应与结晶器振动、液面自动控制、二冷区配水实现计算机闭环控制。

（3）采用交流变频调速。考虑拉矫机大范围调节拉速、正反转要求，以往基本采用直流电动机作为动力，目前交流变频调速造价低、维护方便、能耗省、动特性好，适用于恶劣环境，在连铸机上大量使用，取得了节省投资、减少事故、提高作业率、提高铸坯质量、节能降耗的作用。

（4）应具有足够矫直力，以适应可浇注的最大断面和最低温度铸坯的矫直，并保证在矫直过程中不影响铸坯质量。

（5）在结构上除了适应铸坯断面变化和输送引锭杆的要求外，还要考虑使未矫直的冷铸坯通过，以及多流连铸机在结构布置的特殊要求；结构要简单，安装调整要方便。

小方坯和小矩形坯的铸坯厚度较薄，凝固较快，液相深度也较短，当铸坯进入矫直区已完全凝固。而对大方坯、大板坯来说，铸坯较厚，等铸坯完全凝固后再矫直，就会增加连铸机的高度和长度，因而采用带液芯多点矫直。

📝 练　习　题

1.（多选）对连铸拉矫机的要求有（　　）。ABCD

A. 足够的拉坯力　　B. 足够的矫直力　　C. 大范围调节拉速　　D. 安装调试方便

2. 拉桥机所要克服的阻力有铸坯在结晶器中的阻力，在二次冷却段的阻力，矫直区和切割设备形成的阻力。（　　）√

3.6.2 矫直方式

3.6.2.1 一点矫直

对弧形连铸机，从二冷段出来的铸坯是弯曲的，必须矫直。若通过一次矫直铸坯，称为一点矫直（图 3 - 47（a））；经过二次以上的，称为多点矫直（图 3 - 47（b））。

小断面弧形铸坯是在完全凝固后一点矫直。由图 3 - 47（a）看出，一点矫直是由内弧 2 个辊（1，4）和外弧 1 个辊（3）3 个辊共同完成的；无论是四辊拉矫机还是五辊拉矫机均为一点矫直。

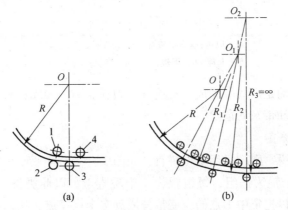

图 3 - 47　矫直配辊方式

（a）一点矫直；（b）多点矫直

1，2—拉坯辊；3—下矫直辊；4—上矫直辊

由于拉辊 1、2 布置在弧形区内，因而上下辊的辊径也稍有不同，上拉辊辊径 $d_{上}$ 比下拉辊辊径 $d_{下}$ 略小，即：

$$d_{上} = \frac{R - D}{R} d_{下} \qquad (3-28)$$

式中　R——铸机的圆弧半径，m；

　　　D——铸坯厚度，当铸坯厚度变化不大时，可按最小坯厚考虑，m。

图 3 - 48 是五辊拉矫机，用在多流小方坯连铸机上；是由 1 台拉坯机、1 台矫直机和 1 个独立的中下辊组成。它的特点是拉矫机布置在水平段上，拉坯辊的下辊表面与连铸机圆弧相切，通过上辊来调节上、下辊间的距离，以适应铸坯断面的变化。因而上、下拉辊辊径大小一样，便于拉矫机的全部辊子通用。传动系统放在拉矫机上方，采用立式电机；拉矫机布置紧凑，可缩小多流连铸机流间距离；此外，拉矫机采用整体快速更换机构，缩短检修时间，提高连铸机生产率。

在多炉连浇时，拉矫机长时间处于高温状态下工作，各部件需要冷却，其冷却系统共有 4 路,分别冷却机架的立柱和横梁、上辊轴承、下辊的轴套和减速机油箱。

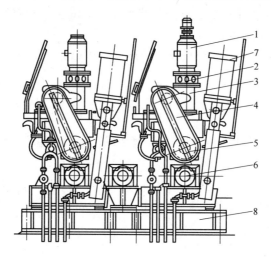

图 3 - 48　五辊拉矫机

1—立式电机;2—制动器;3—齿轮箱;4—传动链;

5—上辊;6—下辊;7—压下气缸;8—底座

拉矫机上辊的摆动是由气缸完成,常用气压为 0.4 ~ 0.6MPa;采用压缩空气系统造价低、易维护,避免漏油带来的危险。

3.6.2.2　多点矫直

对大断面铸坯来说,则应采用多点矫直,如图 3 - 47(b)所示(图中只画出矫直辊、支撑辊未画)。每 3 个辊为一组,每组辊为 1 个矫直点,以此类推;一般矫直点取 3 ~ 5 点。采用多点矫直可以把集中 1 点的应变量分散到多个点完成,从而消除铸坯产生内裂的可能性,可以实现铸坯带液芯矫直。

多辊拉矫机增加了辊子数目(图 3 - 49),有 12 辊、32 辊甚至更多辊,对铸坯进行多点矫直。由于拉辊多,每对拉辊上的压力小,因而拉矫辊的辊径也小,这有利于实现小辊距密辊排列,即使带液芯铸坯进行矫直,也不致产生内裂,从而能够提高拉坯速度。

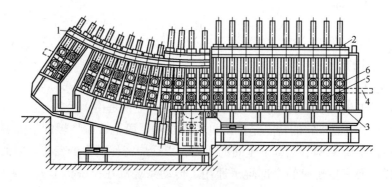

图 3 - 49　多辊拉矫机

1—牌坊式机架;2—压下装置;3—拉矫辊及升降装置;

4—铸坯;5—驱动辊;6—从动辊

![练习题]

1.（多选）拉矫机矫直方式有（　　）。AC
　　A. 单点　　　　　　　B. 两点　　　　　　C. 多点连续　　　　D. 不定向
2.（多选）对于弧形小方坯连铸机，支撑辊要求（　　）。ABCD
　　A. 在一弧面上　　　　　　　　　B. 能支撑铸坯重量
　　C. 抗热氧化性能好　　　　　　　D. 转动灵活
3. 由1台拉坯机、1台矫直机和1个独立的中下辊组成，这种矫直方式为（　　）。A
　　A. 一点矫直　　　　　　　　　　B. 多点矫直
　　C. 连续矫直　　　　　　　　　　D. 压缩矫直
4. 小方坯连铸拉矫机多采用（　　）矫直结构。A
　　A. 一点　　　　　　　B. 两点　　　　　　C. 三点　　　　　　D. 多点
5.（多选）多点矫直技术的优点包括（　　）。ABCD
　　A. 拉辊多，每对拉辊上的压应力小
　　B. 拉矫辊的辊径可以减小
　　C. 利于实现小辊距密辊排列
　　D. 能够提高拉速和铸机生产率
6. 对于多辊拉矫机，二冷区的部分夹辊本身又是（　　），起到（　　）作用。B
　　A. 从动辊；矫直　　　　　　　　B. 驱动辊；拉坯
　　C. 从动辊；拉坯　　　　　　　　D. 驱动辊；矫直
7. 多点矫直技术的优点不包括（　　）。D
　　A. 拉辊多，每对拉辊上的压应力小
　　B. 拉矫辊的辊径可以减小
　　C. 利于实现小辊距密辊排列
　　D. 不利于提高拉速和铸机生产率

3.6.3　连续矫直

　　多点矫直虽然能使铸坯的矫直分散到多个点进行，降低了铸坯每个矫直点的应变力，但每次变形都是在矫直辊处瞬间完成的，应变率仍然较高，因而铸坯的变形是断续进行的，对某些钢种还是有影响的。

　　连续矫直是在多点矫直基础上发展起来的一项技术。其基本原理是使铸坯在矫直区内应变连续进行，那么应变率就是一个常量。连续矫直辊的配置及铸坯应变见图3-50。图中A、B、C、D是4个固定矫直辊，其余辊靠一组液压缸支撑，铸坯从B点到C点之间承受恒定的弯曲力矩，在近2m的矫直区内铸坯两相区界面的应变值是均匀的。这种受力状态对进一步改善铸坯质量极为有利。

　　带液芯铸坯矫直多采用多点连续矫直；即铸坯在矫直区内连续变形，应变力和应变率分散变小，极大地改善了铸坯受力状况，有利于提高铸坯质量。

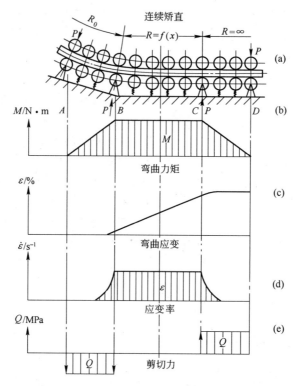

图 3-50 连续矫直辊的配置及铸坯应变

（a）辊列布置；（b）矫直力矩；（c）矫直应变；（d）应变率；（e）剪应力分布

练习题

1.（多选）采取铸坯连续矫直的优点包括（　　）。ABD
   A. 铸坯应变值是均匀的，不致产生内裂纹
   B. 连续矫直的应力状态对进一步改善铸坯质量有利
   C. 连续矫直技术不适用于铸坯带液芯矫直
   D. 连续矫直技术适用于铸坯带液芯矫直

2.（多选）连续矫直技术的基本原理包括（　　）。AB
   A. 铸坯在矫直区内应变连续进行
   B. 应变率是一个常量
   C. 铸坯在矫直区内应变非连续进行
   D. 应变率是一个变量

3.（多选）目前弧形连铸机采用的矫直方式除了有一点矫直，还有（　　）。BC
   A. 不矫直　　　　　B. 多点矫直　　　　　C. 连续矫直　　　　　D. 压缩矫直

4.（多选）关于连续矫直的描述正确的是（　　）。AD
   A. 铸坯的每次矫直变形都是在矫直辊连续完成的
   B. 铸坯两相区界面的应变值仍然是非均匀的

C. 铸坯的每次矫直变形都是在矫直辊瞬间，断续完成的

D. 每个矫直点应变率是一个常量

5. 连续矫直的基本思路是让铸坯在矫直区内的应变连续进行，其变形率就是一个常量，有利于改善铸坯质量。（ ）√

6. 连续矫直是在多点矫直的基础上发展起来的。（ ）√

7. 拉矫机按矫直方式可分为单点矫直、多点矫直、渐近矫直、连续矫直等形式。（ ）√

3.6.4　压缩浇注

压缩浇注又叫压缩矫直，其基本原理是：在矫直点前面有一组驱动辊转速稍快，给铸坯一定推力，在矫直点后面布置一组制动辊转速稍慢，给铸坯一定的反推力（见图3-51），铸坯在处于受压状态下矫直。图3-51中，a是驱动辊列与制动辊在铸坯中产生的压应力，b是矫直应力，c是合成应力。从图可以看出，铸坯的内弧中拉应力减小，通过控制对铸坯的压缩力可使内弧中拉应力减小甚至为零，能够实现对带液芯铸坯的矫直，达到铸机高拉速，提高铸机生产能力的目的。压缩浇注可在多辊拉矫机或五辊拉矫机上实现。

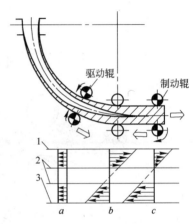

图3-51　压缩浇注及坯壳应力图
1—内弧表面；2—两相界面；3—外弧表面

练习题

1. 连续矫直技术、保护浇注技术、钢包技术、电磁搅拌技术、高温浇注技术、铸坯支撑及强化冷却技术等是实现高效连铸的重要技术措施。（ ）×

3.6.5　凝固末端轻压下

由于凝固过程中中心偏析的存在，会严重影响铸坯的内部质量，而柱状晶搭桥会造成凝固末端没有钢水的补缩，造成中心疏松或中心裂纹。如果将凝固末端压下量适当增加到6~7mm，一方面消除或减少了凝固收缩造成的内部空隙，另一方面将凝固末端浓缩富集P、S的液芯钢水挤出，可以减少中心偏析（见图3-52）、中心疏松、中心裂纹。

凝固末端轻压下有机械应力轻压下和热应力轻压下（简称热轻压下，还可称为凝固末端强制冷却）两类，其中机械应力轻压下可以采用夹辊压下，也可以采用夹板压下（见图3-53（a）和（b））。这都要求远程通过液压缸动态调控夹辊或者夹板，设备比较复杂。热应力轻压下是在凝固末端将喷水量加大，由于铸坯冷却造成的体积收缩增加，也可以达到凝固末端轻压下同样效果（见图3-53（c））。各种轻压下的特点和应用见表3-3。

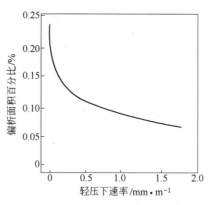

图 3-52 轻压下对中心偏析的影响

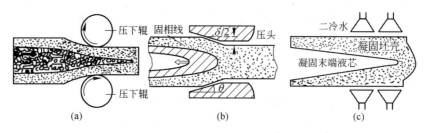

图 3-53 轻压下技术分类示意图

(a) 辊式轻压下;(b) 夹板轻压下;(c) 凝固末端强制冷却

表 3-3 不同轻压下的特点和应用

名　称	方　式	应　用	特　　点
机械应力轻压下	辊式轻压下	板、方及圆坯	消除中心缺陷效果良好,投资经济、有效
	夹板轻压下	大方坯	消除中心缺陷效果好,设备庞大,投资和维护成本高
热应力轻压下	凝固末端强制冷却技术	小方坯	消除中心缺陷效果良好,投资少,占地面积小,易出现裂纹,应用范围狭窄,反应不及时

　　为了改善凝固终点钢液流动特性,将传统连铸中凝固终点液芯由"W"形改为"一"字形,可采用先人为鼓肚再轻压下技术,如图 3-54 所示。

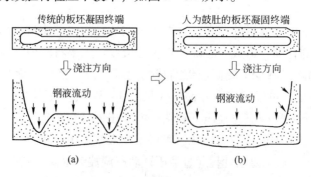

图 3-54 板坯凝固末端形状

(a) "W"形;(b) "一"字形

练习题

1. 大方坯连铸机采用轻压下技术可以减轻铸坯的（　　）。A

   A. 中心偏析　　　　B. 中心疏松　　　　C. 中心缩孔　　　　D. 中心裂纹

2. 轻压下技术即压缩矫直技术可以改善铸坯内部质量。（　　）×

3. 关于连铸机的轻压下技术描述正确的是（　　）。B

   A. 在铸坯液相穴的顶端，对铸坯进行轻微的压下

   B. 在铸坯液相穴的末端，即快要完全凝固之处，对铸坯进行轻微的压下，以减轻中心偏析

   C. 轻压下技术可以减少铸坯纵裂

   D. 轻压下的位置在铸坯已经全部凝固的位置

3.6.6 弯曲、矫直对铸坯质量的影响

铸坯矫直时铸坯内弧面受到拉伸，外弧面受到压缩；而带直线段弧型铸机铸坯顶弯时则与矫直相反，内弧面受压缩，外弧面受到拉伸。固相矫直时变形量 A 可以按式（3-29）、式（3-30）计算，应不大于 1.5%。

内弧面：

$$A = 50 \times \frac{D}{R - D} \times 100\% \qquad (3-29)$$

外弧面：

$$A = 50 \times \frac{D}{R} \times 100\% \qquad (3-30)$$

为了防止弯曲矫直裂纹，带液芯凝固前沿的变形量 I 应控制小于 0.5%，计算见式（3-31）、式（3-32）。

铸坯矫直时：

$$I = 50 \times \frac{D - 2\delta}{R - \delta} \times 100\% \qquad (3-31)$$

铸坯弯曲时：

$$I = 50 \times \frac{D - 2\delta}{R - \frac{D}{2}} \times 100\% \qquad (3-32)$$

式中　I——矫直时内弧面凝固前沿变形量，或弯曲时外弧面凝固前沿变形量；

     D——铸坯厚度；

     δ——坯壳厚度。

练习题

1.（　　）的矫直方式的矫直原理是铸坯在矫直区内应变连续进行，应变率是一个常量，

而且其有利于改善铸坯质量。C

　　A. 一点矫直　　　　　B. 多点矫直　　　　　C. 连续矫直　　　　　D. 压缩矫直

2. （多选）下列关于弧形连铸机铸坯矫直伸长率的说法正确的是（　　）。BC

　　A. 铸坯在全凝固矫直时外弧面会产生延伸变形

　　B. 铸坯矫直时的延伸变形率超过铸坯表面允许的伸长率时，会在铸坯表面出现横裂纹

　　C. 铸坯矫直时的伸长率必须小于允许的伸长率

　　D. 多点矫直时铸坯表面的伸长率可以适当增大

3. 板坯拉矫机的液压系统也是日常巡检的一项重要内容。（　　）√

4. 对拉矫机进行检查，不需检查其气压或液压系统、拉坯速度。（　　）×

5. 对拉矫机进行检查，需要检查其冷却系统是否正常。（　　）√

6. 对于电机的检查要做到温度不烫手，无异常响动。（　　）√

7. 拉矫机上下底辊必须在同一水平面。（　　）√

8. 拉矫机系统的检查过程中，不需要关注拉矫机辊子的表面情况。（　　）×

9. （多选）对拉矫机电动机的检查要求（　　）。ABCD

　　A. 转动正常　　　　　B. 无杂音　　　　　C. 不过热　　　　　D. 链条部分有罩

10. 对于电动机的检查要做到（　　）。A

　　A. 温度不烫手，无异常响动　　　　　　　B. 可以敲打

　　C. 带电检查　　　　　　　　　　　　　　D. 私自打开

11. （多选）拉矫机辊子系统日常检查内容包括（　　）。ABC

　　A. 轴承座　　　　　B. 旋转接头　　　　　C. 地脚　　　　　D. 冷却水温度

12. （多选）以下属于拉矫机日常检查内容（　　）。ABCD

　　A. 减速机　　　　　B. 联轴器　　　　　C. 万向轴　　　　　D. 制动器

13. 对连铸的（　　）进行检查，需检查其气压或液压系统、拉坯速度是否正常。A

　　A. 拉矫机　　　　　B. 切割车　　　　　C. 辊道　　　　　D. 二冷室

14. 拉矫机上下辊不在一个平面容易（　　）。B

　　A. 脱方　　　　　B. 扭转　　　　　C. 夹杂　　　　　D. 漏钢

15. 拉矫机不能顺利抬起或者落下是拉矫机常见故障。（　　）√

16. 拉矫机不能抬起可能是气缸密封不好。（　　）√

17. 拉矫机拉坯不正常的故障原因可能是压力油缸压力不稳或液压系统不正常。（　　）√

18. 轴承缺油容易导致辊子转动不灵活。（　　）√

19. （多选）拉矫机常见故障包括（　　）。ABCD

　　A. 辊子漏水严重　　　　　　　　　　　　B. 传动辊不转

　　C. 电动机、减速机震动大　　　　　　　　D. 减速机啮合噪声大

20. （多选）拉矫机传动辊不转主要原因有（　　）。ABCD

　　A. 电机烧　　　　B. 制动器打不开　　　　C. 辊子轴承损坏　　　　D. 其他电器问题

21. （多选）拉矫机拉坯不正常可能的故障原因是（　　）。ABCD

　　A. 压力油缸压力不稳　　　　　　　　　　B. 液压系统不正常

　　C. 拉矫辊轴承有问题　　　　　　　　　　D. 传动系统有问题

22. （多选）系统不上压的原因有（　　）。ABCD

A. 电机不转　　　　B. 油温高　　　　C. 漏油　　　　　D. 泵口堵塞

23. 拉矫机的电动机、减速机震动大的主要原因是（　　）。A

　　A. 地脚松动或不正　B. 电机烧　　　　C. 制动器打不开　　D. 辊子轴承损坏

3.7　引锭装置

3.7.1　引锭装置的作用及组成

　　引锭杆是结晶器的"活底"，开浇前用它堵住结晶器下口，浇注开始后，结晶器内的钢液与引锭头凝结在一起，通过拉矫机的牵引，铸坯随引锭杆连续地从结晶器下口拉出，直到铸坯通过拉矫机，与引锭杆脱钩为止，引锭装置完成任务，铸机进入正常拉坯状态。引锭杆运至存放处，留待下次浇注时使用。

📝 **练 习 题**

1.（多选）关于引锭杆的作用说法正确的有（　　）。AB

　　A. 开浇前堵住结晶器下口

　　B. 开浇后钢水与引锭头凝结在一起，铸坯随引锭杆拉出结晶器下口、经拉矫机矫直，
　　　直至脱钩

　　C. 调节钢水成分

　　D. 冷却铸坯

2. 开浇过程中，引锭杆起到（　　）作用。B

　　A. 矫直　　　　　B. 引锭　　　　　C. 冷却　　　　　D. 切割

　　引锭杆的长度按其头部进入结晶器下口 150~200mm，尾部尚留在拉辊外 300~500mm 来考虑。

　　引锭杆由引锭头及引锭杆本体两部分组成。

　　引锭头送入结晶器内，不能擦伤内壁，所以引锭头断面尺寸要稍小于结晶器下口，每边约小 2~5mm。

　　引锭杆有挠性和刚性两种结构。挠性引锭杆一般制成链式结构。链式引锭杆又有长节距和短节距之分。

　　长节距引锭杆由若干节弧形链板铰接而成（见图 3-55）。引锭头和弧形链板的外弧半径等于连铸机的曲率半径。节距长度大于辊距长度，一般为 800~1200mm。引锭头做成钩状形，在 4 辊或 5 辊拉矫机上能自动脱钩。

　　短节距链式引锭杆的节距较小，节距长度小于辊距长度，约 200mm 左右，如图 3-56 所示。适用于多辊拉矫机。由于节距短，加工方便，使用不易变形。

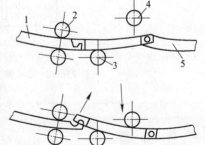

图 3-55　拉矫机脱锭示意图
1—铸坯；2—拉辊；3—下矫直辊；
4—上矫直辊；5—长节距引锭杆

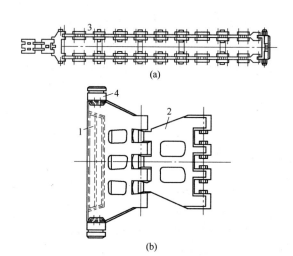

图 3 - 56　短节距链式引锭杆

（a）引锭链；（b）钩式引锭头

1—引锭头；2—接头链环；3—短节距链环；4—调宽块

　　刚性引锭杆实际上是一根带钩头的实心弧形钢棒，适用于小方坯连铸机。图 3 - 57 是罗可普小方坯连铸机使用的刚性引锭杆，有可拆卸的引锭头。当铸坯进入拉矫机时，该处有一个辅助上辊会自动压下，将铸坯脱钩，并对弧形铸坯矫直。引锭杆继续上移，到达出坯辊上方存放位置。在开浇前，有专用的驱动装置通过轨道将其送入拉辊，再由拉辊送入结晶器。由于刚性引锭杆的使用，可大大简化小方坯连铸机的二冷段的结构，给小方坯连铸操作带来方便。

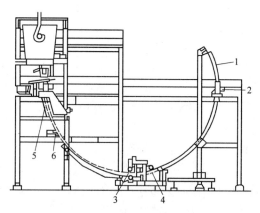

图 3 - 57　刚性引锭杆示意图

1—引锭杆；2—驱动装置；3—拉辊；4—矫直辊；5—二冷区；6—托坯辊

练 习 题

1.（多选）目前连铸机采用的引锭杆形式有（　　）。AC

　　A. 刚式　　　　　　B. 软式　　　　　　C. 链式　　　　　D. 硬式

2.（多选）引锭杆主要有（　　）两种。AB

A. 刚性　　　　　　B. 柔性　　　　　　C. 弹性　　　　　　D. 缩性

3. 小方坯使用刚性引锭杆时，在二冷区上段不需要支撑导向装置，二冷区下段也只需简单的导辊。(　　) √

3.7.2　引锭杆的装入、存放方式

引锭杆装入结晶器的方式有两种，即上装式和下装式。

上装引锭杆是引锭杆从结晶器上口装入；引锭装置包括引锭杆、引锭杆车、引锭杆提升和卷扬机构、引锭杆防落装置、引锭杆导向装置和脱引锭杆装置等。当上一个浇次的尾坯离开结晶器一定距离后，就可以从结晶器上口送入引锭杆。装引锭杆与拉尾坯可以同时进行，大大缩短了生产准备时间，提高了连铸机作业率。同时上装式引锭杆送入时不易跑偏。上装引锭杆装置如图 3-58 所示。

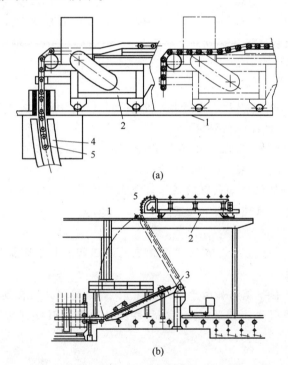

图 3-58　上装引锭杆

(a) 引锭杆自结晶器上口装入；(b) 引锭杆吊装机构

1—浇注平台；2—引锭杆小车；3—摆动架；4—结晶器；5—引锭杆

引锭杆车布置在浇注平台上，用来运送引锭杆到结晶器上口。铸坯脱钩后的引锭杆通过卷扬提升到浇注平台，存入引锭杆车待用。上装式引锭杆适用于板坯连铸机。

下装式引锭杆通过拉坯辊反向运转从结晶器下口装入引锭杆，设备简单，但浇钢前的准备时间较长。

引锭杆与铸坯脱钩后，存放在一定位置，准备下次开浇使用。其存放方式有：

(1) 利用框架吊起存放在辊道上面的空间；

（2）存放在辊道上方的斜槽装置内；

（3）存放在辊道的侧面或末端。

练习题

1. 引锭杆按照装入方式可分为（　　）。C

　　A. 上装　　　　B. 下装　　　　C. 上装、下装　　　D. 横装

2. 上引锭杆时，采用的拉速一般是（　　）。A

　　A. 最大　　　　B. 最小　　　　C. 中等拉速　　　D. 不做要求

3. 上装引锭杆铸机，如果脱锭辊保持在上升位置（引锭杆从热铸坯上分离后不能下降），必须（　　）。B

　　A. 继续浇注　　B. 停止拉坯　　C. 降速浇注　　　D. 提速浇注

4. 下装引锭杆铸机前提下，当脱锭辊不能升降时，最合理的处理方法为（　　）。A

　　A. 控制拉速，用切割机将头坯切断，将引锭杆存入储存架上，继续浇注

　　B. 立即停浇

　　C. 提速浇注

5. 上引锭杆时，经过拉矫机以后，需将拉矫机落下。（　　）√

6. 上引锭杆时先经过拉机再经过矫机。（　　）×

7. 下装引锭杆铸机前提下，当脱锭辊不能升降时，可以优先控制拉速，用切割机将头坯切断，将引锭杆存入储存架上，继续浇注。（　　）√

8. （多选）上装引锭杆铸机，如果脱锭辊保持在上升位置（引锭杆从热铸坯上分离后不能下降），必须立即停止拉坯，如下处理（　　）。BC

　　A. 立即切割铸坯

　　B. 在铸坯停止以后，手动启动液压室内相应的液压阀。如果脱锭辊向下移动，那么可以继续进行浇注

　　C. 如果脱锭辊不能下降（例如由于机械损坏），那么铸坯必须在设备内冷却

9. （多选）上装引锭杆铸机，如果脱锭辊保持在上升位置（引锭杆从热铸坯上分离后不能下降），如下处理（　　）。ABC

　　A. 停止拉坯

　　B. 在铸坯停止以后，手动启动液压室内相应的液压阀。如果脱锭辊向下移动，那么可以继续进行浇注

　　C. 如果脱锭辊不能下降（例如由于机械损坏），那么铸坯必须在设备内冷却

3.7.3　脱引锭装置

常用的引锭头主要是钩头式。引锭头可与拉矫机配合实现脱钩（图3-55）。当引锭头通过拉辊后，用上矫直辊压一下第一节引锭杆的尾部，便可使引锭头与铸坯脱开。

很多连铸机在拉矫机上矫直辊前面，铸坯的下方安装一根液压驱动的顶杆，帮助铸坯

与引锭头脱开。

有的小方坯连铸机在引锭杆头部拧上一个螺栓,然后在螺栓上放小块废钢及钉屑,或者将螺栓、小废钢、钉屑等做成引锭头箱作为引锭头;拉出铸坯后与坯头一起切断,将坯头连同螺栓一起丢弃,结构简单,使用方便,成本低廉。

📝 练 习 题

1. 辊缝测量仪能够快速精确地读出辊缝之间的距离,便于调节辊缝开口度,确保铸坯质量和设备正常使用,并适合现场各种工况选择,可实现数据传输、存储。( )√

2. 多功能辊缝检测仪是可以自动测量连铸机辊缝、导辊旋转率等物理参数的计算检测设备,连铸机工艺和设备维护人员通过对测量结果进行分析,可以明确连铸机设备存在问题的区域。( )√

3. (多选)对辊缝仪检测出的问题如果不及时发现和解决,将导致( )。ABCD
   A. 连铸钢坯质量降级   B. 浇注过程漏钢
   C. 出现表面和内部裂纹   D. 出现中心线偏析等问题

4. (多选)铸机进行辊缝测量前,检查辊缝仪的内容有( )。ABC
   A. 电源电压是否充足   B. 核查辊缝仪厚度是否与在线主机坯型符合
   C. 各传感器是否灵敏可靠   D. 辊缝仪的重量

5. (多选)一般板坯辊缝仪常见功能有( )。ABC
   A. 测量辊子转动情况   B. 测量辊缝值
   C. 外弧靠弧情况   D. 测量钢水温度

6. 铸机辊缝测量操作应该在( )模式下进行。D
   A. 上引锭模式   B. 浇注模式   C. 检修模式   D. 辊缝测量模式

7. (多选)塞完引锭杆以后,要求做到( )。ABC
   A. 检查引锭头是否有水
   B. 向引锭头撒入适量的钉屑,要求填满引锭头四周的缝隙
   C. 引锭头进入结晶器四分之一
   D. 引锭头进入结晶器四分之三

8. (多选)对引锭杆检查主要包括( )。ABCD
   A. 连接螺栓是否有松动   B. 是否有粘钢
   C. 开浇杯是否完整   D. 开浇杯内是否有油

9. 塞引锭杆材料里的引锭杯与石棉垫要( )。A
   A. 干燥   B. 潮湿   C. 带毛刺的   D. 不做要求

10. 塞引锭杆材料中石棉垫的数量是( )。C
    A. 越多越好   B. 有一块就够了
    C. 3 到 4 层,保证与结晶器无缝隙   D. 不做要求

11. 塞引锭时,下列说法不正确的是( )。A
    A. 切割岗位将引锭杆送到拉矫机时,可以不将拉矫机抬起

    B. 切割岗位将引锭杆送到拉矫机时需通知中间包岗位

    C. 引锭杆依次经过矫机、拉机时，依次将矫机、拉机落下

    D. 最后需将引锭杆导入结晶器里

12. 上好引锭杆后要撒点钉屑的作用是（　　）。C

    A. 防止着火　　　　　　　　　　B. 防止爆炸

    C. 防止钢水从缝隙流出　　　　　D. 防潮

13. 塞完引锭杆以后，要求引锭头进入结晶器二分之一（　　）×

14. 塞引锭杆材料里的引锭杯与石棉垫要潮湿。（　　）×

15. 引锭头密封不好和结晶器内潮湿会造成结晶器开浇漏钢。（　　）√

3.8　钢包回转台

3.8.1　钢包回转台的作用

    目前承托钢包的方式主要有钢包回转台。

    钢包回转台能够在转臂上同时承放两个钢包，一个用于浇注，另一个处于待浇状态。同时完成钢水的异跨运输；回转台缩短了换包时间，有利于实现多炉连浇；转台本身对连铸生产进程的干扰小，占地面积也小。

📝 练 习 题

1. 钢包回转台的应用便于多炉连浇。（　　）√

2. 连铸用的钢包回转台可以同时承受两个钢包，且能完成钢水的异跨运输。（　　）√

3. 连铸用的钢包回转台只能承受一个钢包。（　　）×

4. （多选）连铸钢包转台的作用（　　）。AB

    A. 承载钢水　　　　　　　　　　B. 将浇毕的钢水运到另一跨

    C. 调节成分　　　　　　　　　　D. 加热钢水

5. （多选）连铸用的钢包回转台的作用有（　　）。ABC

    A. 同时承载两个钢包　　　　　　B. 完成异跨运输

    C. 缩短换包时间，有利多炉连浇　D. 延长换包时间

6. 连铸用的钢包回转台可以同时承载（　　）个钢包。B

    A. 1　　　　　　B. 2　　　　　　C. 3　　　　　　D. 4

7. 由于钢包回转台的偏载和回转会造成巨大的（　　）。C

    A. 旋转力矩　　　B. 载荷　　　　C. 倾翻力矩　　　D. 热辐射

8. （多选）下列（　　）是连铸用的钢包回转台不具备的作用。BD

    A. 同时承载两个钢包　　　　　　B. 可以给钢包内钢水升温

    C. 缩短换包时间，可实现多炉连浇　D. 同时承载 4 个钢包

3.8.2 钢包回转台的工作特点

钢包回转台的工作特点是：

（1）重载。钢包回转台承托几十吨到几百吨的载荷，当转臂同时承托着两个满包时，承受最大载荷。

（2）偏载。回转台转臂承载的工况在一满一空，一满一无，一空一无时会出现偏载，最大偏载是在一满一无的工况下，此时回转台承受着最大的倾翻力矩。

（3）冲击。钢包的安放、吊起都是由天车完成的，由此产生冲击力，这种冲击使回转台的零部件承受动载荷。

（4）高温。高温钢水对回转台的热辐射，使回转自承受附加的热应力，同时，由于浇注飞溅的钢水也给回转台带来火灾隐患。

✎ **练 习 题**

1.（多选）钢包回转台的形式一般可分为（　　）。AC

　　A. 直臂式　　　　　B. 悬臂式　　　　　C. 双臂式　　　　　D. 挂臂式

2. 钢包回转台有直臂式和双臂式两种。（　　）√

3. 两臂可各自单独旋转的回转台结构简单，维修方便，制造成本低，应用广泛。（　　）×

4. 能够在转臂上承接两个钢包，一个用于浇注，另一个处于待浇状态的设备被称为（　　）。C

　　A. 转炉　　　　　B. 高炉　　　　　C. 钢包回转台　　　　　D. 中间包车

3.8.3 钢包回转台的主要参数

钢包回转台的主要参数如下：

（1）承载能力。回转台的承载能力是以转臂同时承载两个满包的工况确定的，还要考虑承接满包的一侧，垂直冲击引起的动载荷系数。

（2）回转速度。回转台的回转速度不宜过快，一般为1r/min。速度过快会引起钢包内钢水液面晃动，严重时钢水晃出包外而引发事故。

（3）回转半径。回转台的回转半径是指回转台中心到钢包中心之间距离。回转半径一般根据钢包的起吊条件确定。

（4）钢包升降行程。钢包在转臂上的升降行程，是为钢包装卸长水口、浇注操作所需空间确定的，通常钢包升降行程为 600~800mm。钢包处于升降行程的低位进行浇注，处于高位进行旋转或受包、吊包。钢包在低位浇注不得与中间包装置相撞。

（5）钢包升降速度。回转台转行的升降速度一般为 1.2~1.8m/min。

3.8.4 钢包回转台的类型

钢包回转台有直臂式和双臂式两种，其中双臂式回转台有双臂各自单独回转和升降，也称蝶形回转台，可广泛应用于大型连铸机。图 3 - 63(a) 是直臂式回转台。两个钢包坐落在同一直臂的两端，同时做回转和升降运动；图 3 - 63(b) 和图 3 - 63(c) 是双臂式回转台，双臂可以单独回转90°，单独升降。

　　钢包转台均设有独立的称量系统。为了适应连铸工艺的需要，目前钢包回转台趋于多功能化，增加了吹氩、调温、倾翻倒渣、加盖保温等功能，见图 3 - 63(c)。

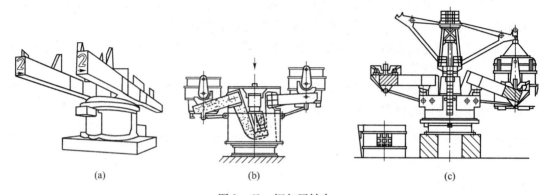

(a)　　　　　　　　　　(b)　　　　　　　　　　(c)

图 3 - 63　钢包回转台
(a) 直臂式；(b) 双臂单独升降式；(c) 带钢包加盖功能

3.8.5　钢包回转台的结构

　　钢包回转台由底座、回转臂、驱动装置、事故驱动装置、回转支撑、润滑系统和锁定机构组成。

　　钢包回转台的驱动装置是由电动机构和事故驱动机构组成。正常操作时由电力驱动；发生事故时，启动气动电动机或蓄电池供电的直流电机工作，以保证生产安全。转臂的升降可用机械或液压驱动。

　　驱动装置设有制动和锁定机构，以保回转台准确定位。

　　还有一种可承放多个钢包的支撑架，也称为钢包移动车。

练习题

1. (多选) 钢包转台在结构上必须有足够的 (　　)。ABCD

　　A. 强度　　　　　　B. 稳定性　　　　　　C. 抗冲击性能　　　　D. 防热辐射的能力

2. 操作、检修钢包回转台时，必须持有 (　　)。A

　　A. 操作牌　　　　B. 设备规程　　　　C. 工艺操作规程　　　D. 交接班制度

3. 对大齿轮的检查要做到 (　　)。A

　　A. 目测齿轮无磨损，转台旋转正常　　　　B. 私自打开

　　C. 敲打齿轮　　　　　　　　　　　　　D. 触摸

4. 对连铸钢包回转台进行检查，其检查路线是 (　　)。B

　　A. 电气动系统→钢包盖机械手→集中润滑→液压升降→钢结构

　　B. 电气动系统→钢包盖机械手→液压升降→集中润滑→钢结构

C. 电气动系统→钢包盖机械手→钢结构→液压升降→集中润滑

D. 电气动系统→钢结构→液压升降→集中润滑→钢包盖机械

5. 对大齿轮的检查要做到，目测齿轮无磨损，转台旋转正常。（ ）√

6. 检查钢包回转台设备时，发现其集中润滑系统不正常可以不处理。（ ）×

7. 检查钢包回转台设备时，需检查其液压系统、电气动系统是否正常。（ ）√

8. 可以用手直接接触齿轮。（ ）×

9. （多选）常用的点检方法有（ ）。AB

   A. 手摸　　　　　B. 目测　　　　　C. 私自拆开　　　　D. 敲打

10. （多选）钢包转台主要检查方面包括（ ）。ABCD

   A. 电动机　　　B. 减速箱　　　　C. 大齿轮　　　　D. 称重系统

11. （多选）对回转台的检查主要包括（ ）。ABCD

   A. 回转台的旋转　B. 叉臂升降　　　C. 包盖升降　　　D. 包盖旋转

12. （多选）对连铸钢包回转台进行检查，包括以下（ ）系统。ABCD

   A. 电气动传动系统是否正常　　　　B. 钢包盖机械手是否正常

   C. 液压升降系统是否正常　　　　　D. 集中润滑系统是否正常

13. （多选）对连铸钢包回转台液压、气动、润滑系统进行检查，涉及（ ）几项。ABC

   A. 系统的功能　　B. 系统的压力　　C. 系统的密封状况　D. 系统的名称

14. （多选）对连铸设备检修要做到（ ）。ACD

   A. 定时检修　　　　　　　　　　B. 不检修

   C. 发现问题立即解决　　　　　　D. 设备到期必须报废

15. （多选）钢包包盖回转或升降无动作或无力的主要原因有（ ）。AB

   A. 油缸损坏　　　　　　　　　　B. 系统无压力或压力低，管路漏油

   C. 电动机故障　　　　　　　　　D. 控制回路故障

16. （多选）钢包回转台常见的故障包括（ ）。ABCD

   A. 转台电动机不转　　　　　　　B. 转台气压不足

   C. 变速离合器传动噪声大　　　　D. 储气罐不储压

17. （多选）钢包回转台马达不转的原因可能是（ ）。ABCD

   A. 电动机损坏　　　　　　　　　B. 电缆损坏

   C. 转换开关故障　　　　　　　　D. 减速机油泵故障

18. （多选）气动马达无动作或动作无力的原因可能为（ ）。ABCD

   A. 气动马达损坏　　　　　　　　B. 气压不足

   C. 启动离合器坏　　　　　　　　D. 不能传递扭矩

19. 钢包回转台传动小齿轮报废标准：齿厚磨损为大于（ ）。B

   A. 10%　　　　　B. 15%　　　　　C. 20%　　　　　D. 25%

20. 钢包回转台电机不转可能的原因是马达损坏或者电缆损坏。（ ）√

21. 钢包转台在事故驱动系统不完好时，可以浇钢。（ ）×

22. 钢包操作平台上，不得存放易燃物及无关杂物。（ ）√

3.9 铸坯切割装置

连铸坯需按照轧钢机的要求切割成定尺或倍尺长度。铸坯是在连续运行中完成切割，因此切割装置必须与铸坯同步运动。

目前连铸机所用切割装置有火焰切割和机械剪切两种类型。

━━

✏ 练 习 题

1. 切割装置除了可以运送引锭装置，还可以（　　）。A
   A. 将铸坯按定尺切割　　　B. 冷却铸坯　　　　C. 拉坯矫直　　D. 调节钢水成分
2. （多选）下列（　　）是切割装置不具备的作用。CD
   A. 将铸坯按定尺切割　　　B. 运送引锭装置　　　C. 拉坯矫直　　D. 调节钢水成分

━━

3.9.1 火焰切割装置

火焰切割原理是：利用燃气燃烧产生的气体火焰（称为预热焰），将钢坯表层加热到燃点（普碳钢燃点970℃），并形成活化状态，然后送进高纯度、高流速的切割氧，将钢中的铁燃烧生成氧化铁熔渣，同时放出大量的热，这些热量不断加热钢坯下层和切口前沿，使之达到燃点，直至钢坯底部。与此同时，切割氧流的动量把熔渣吹掉，从而形成切口，将钢坯割开。燃气包括乙炔、丙烷、天然气、焦炉煤气、氢气等，由于电解水的产物是氢气，燃烧产物仍然是水，污染小，是一种有前途的燃气，目前生产中多用煤气。切割不锈钢或某些高合金铸坯时，还需向火焰中喷入铁粉、铝粉或镁粉等材料，使之氧化形成高温，以利于切割。

━━

✏ 练 习 题

1. 火焰切割的基本原理可描述为（　　）。A
   A. 在高温下铁与氧气反应然后被吹掉，达到切割的目的
   B. 在低温下铁与氧气反应然后被吹掉，达到切割的目的
   C. 靠高温火焰切断铸坯，达到切割的目的
   D. 靠高速高温高压的气体切断铸坯，达到切割的目的
2. 火焰切割的过程应该是（　　）。D
   A. 切割、熔化、氧化　　　　　　　　　B. 氧化、熔化、切割
   C. 熔化、切割、氧化　　　　　　　　　D. 熔化、氧化、切割

━━

火焰切割小车由割炬，同步机构，返回机构，电、水、燃气、氧气等管线组成。

3.9.1.1 同步机构

火焰切割的同步机构是为了切坯过程与铸坯同步运行以保证铸坯切缝整齐。同步机构多用夹钳式。

夹钳式同步机构结构简单、工作可靠，应用最多。它是由切割小车上的一对夹钳夹住铸坯的两侧，铸坯带动小车实现同步运动（图3-64）。切割完毕，夹头松开，小车返回原位，完成一个切割循环。夹钳可用气动或液压驱动。

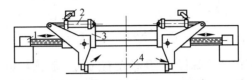

图3-64 夹钳式同步机构
1—螺杆传动装置；2—气缸；3—夹钳架；4—铸坯

3.9.1.2 割炬

割炬又称为切割枪，是火焰切割的重要部件。切割枪是由枪体和切割嘴组成。而切割嘴是它的核心部件。按燃气和低压氧混合的位置，割嘴分为内混式和外混式。

图3-65（b）为外混式切割嘴。它形成的火焰焰心为白色长线状，切割嘴可距铸坯50~100mm内切割；外混式切割枪具有铸坯热清理效率高，切缝小，切割枪寿命长等优点。

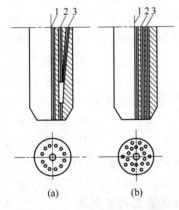

(a)　(b)

图3-65 切割嘴的形式
（a）内混式；（b）外混式
1—切割氧；2—预热氧；3—燃料气体

切割枪是用铜合金制造，并通水冷却。

一般当铸坯宽度小于600mm时，用单枪切割；宽度大于600mm的铸坯，用双枪切割。但要求两支切割枪在同一条直线上移动，以防切缝不齐。切割时割枪应能横向运动和升降运动。当铸坯宽大于300mm时，切割枪可以平移，见图3-66（a），当坯宽小于300mm时，割枪可做平移或扇形运动，如图3-66（b）所示，割枪的扇形运动的一个优点是切割先从铸坯角部开始，使角部得到预热有利于缩短切割时间，同时在板坯切割时先做约5°的扇形运动，割枪转到垂直位置后，再做快速平移运动，如图3-66（c）所示。

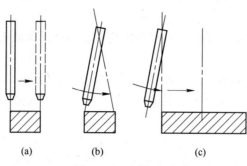

图 3 – 66　割枪运动

连铸机切割枪也可在铸坯边缘停留 20 秒左右时间，起预热角部的作用。

火焰切割装置的优点是：设备轻，加工制造容易；切缝质量好，且不受铸坯温度和断面大小的限制。设备的外形尺寸较小，对多流连铸机尤为适合。目前，厚度在 200mm 以上的铸坯几乎都采用火焰切割。缺点是：（1）金属损失大，约为铸坯重的 1% ~ 1.5%；（2）切割速度较慢；（3）在切割时产生氧化铁、废气和热量，需必要的运渣设备和除尘设施；（4）当切割短定尺时需要增加二次切割；（5）消耗大量的氧和燃气，且会造成空气污染。

练习题

1.（多选）火焰切割的优点是（　　　）。BD
   A. 金属损失小　　　B. 切缝质量好　　　C. 洁净　　　D. 切割断面不受限制

2.（多选）连铸机铸坯采用火焰切割的缺点有（　　　）。ABC
   A. 金属损失大　　　　　　　　　B. 切割速度较慢
   C. 消耗大量的氧气和燃气　　　　D. 发生长尺，不用二次切割

3.（多选）连铸机铸坯采用火焰切割的优点有（　　　）。ABC
   A. 设备轻，加工制造容易　　　　B. 切缝质量好
   C. 不受铸坯温度和断面的限制　　D. 金属损失小

4.（多选）火焰切割的主要缺点是（　　　）。ABCD
   A. 速度慢　　　　B. 切口不好　　　　C. 空气污染　　　　D. 金属损耗

5.（多选）目前连铸机常用的切割装置的类型是（　　　）。AC
   A. 火焰切割　　　B. 水压切割　　　C. 机械剪切　　　D. 激光切割

6.（多选）目前小方坯常用的切割方式有（　　　）。AB
   A. 火焰切割　　　B. 液压剪切　　　C. 电子切割　　　D. 激光切割

7. 关于切割时操作方式说法正确的是（　　　）。D
   A. 手动操作就是每支铸坯必须用切割把切割
   B. 半自动就是前半炉自动后半炉手把切割
   C. 全自动切割就是切割岗位不需要人监护
   D. 手动操作是需要人工控制按钮进行切割操作，必要时需要动切割把

8.（多选）切割操作可分为（　　　）。ABC
   A. 手动　　　　B. 半手动　　　　C. 自动

9. 当铸坯（　　）成分较高时，采用火焰切割会降低切割速度，产生亚硫酸烟尘污染。B

    A. C   B. S   C. P   D. Si

10. 火焰切割火焰越大越好。（　　）。×

11. 火焰切割系统燃料是（　　）。C

    A. 液化汽油   B. 氢气   C. 煤气   D. 氮气

12. 内混式火焰切割烧嘴氧气与燃气的混合位置是（　　）。B

    A. 烧嘴出口外   B. 烧嘴出口内   C. 进烧嘴前   D. 烧嘴中

13. 切割手动操作时，应该（　　）。A

    A. 先按预热按钮，再按切割按钮   B. 不用按预热按钮，直接按切割按钮

    C. 先按切割按钮，再按预热按钮   D. 同时按下切割和预热按钮

14. 火焰切割不锈钢时，往火焰中喷入铁粉，目的是减少合金氧化。（　　）×

15. 无论采用任何操作方式，操作人员必须位于直接能观察到切割火焰的位置，以便随时调整切割速度和火焰大小。（　　）√

16. 压缩空气、火焰切割气体停气，立即停浇。（　　）√

17. 一般情况下，铸坯宽度大于600mm采用双枪切割。（　　）√

3.9.2 机械剪切装置

机械剪切设备又称为机械剪或剪切机。由于是在运动过程中完成铸坯剪切的，因而也称为飞剪。

机械剪切按驱动方式不同又分为机械飞剪和液压飞剪。前者通过电机、机械系统驱动；后者通过液压系统驱动。机械飞剪（见图3-67）和液压飞剪（见图3-68）都是用上下平行的刀片做相对运动来完成对运行中铸坯的剪切，只是驱动刀片上下运动的方式不同。随着铸坯断面的加大，机械剪切所需的动力也增大。例如剪切300mm×2100mm的板坯，需用4500t的飞剪，这样大的飞剪若用电力驱动，其设备总重超过400t，所需电功率也在3000kW以上。将如此大的设备用到连铸机上显然是不现实的。用液压飞剪，本体设备虽然简单，但液压控制系统较为复杂。

从图3-67可知，剪切机构是由曲柄连杆机构带动，上、下刀台是由偏心轴带动，在导槽内沿垂直方向运动。偏心轴是由电机通过皮带轮及开式齿轮传动。当偏心轴处于0°时，剪刀张开；当其转动180°，剪刀进行剪切；当转动360°时，使上、下刀台回到原位，完成一次剪切。在剪切过程中拉杆摆动一个角度才能与铸坯同步，因而拉杆长度应从摆动角度需要来考虑，但不宜过大。这种剪切机称为摆动式剪切机；剪切可以上切，也可以下切。上切式剪切，剪切机的下刀台固定不动，由上刀台下降完成剪切，因此剪切时对辊道产生很大压力，需要在剪切段安装一段能上下升降的辊道。

另外将剪切机装在小车上，通过小车的运行与铸坯同步，称为平移式剪切机。具有剪切机高度较低的优点。

剪切机的公称能力可以根据铸坯断面大小估算，铸坯剪切温度一般在750~800℃之间，根据钢种不同，其剪切阻力大致在68.6~98MPa。若剪切100mm×150mm铸坯，剪切

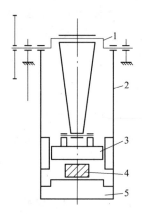

图 3-67　机械飞剪工作原理图

1—偏心轴；2—拉杆；3—上刀台；4—铸坯；5—下刀台

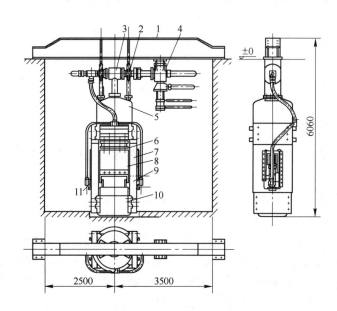

图 3-68　液压剪切机

1—横梁；2—销轴；3—活动接头；4—充液阀；5—液压缸；6—柱塞；
7—机架；8—活动刀台；9—护板；10—下刀台；11—回程液压缸

机吨位为 150t。

液压剪切装置是刀台与主液压缸安装在一起，通过液压塞柱来驱动上刀台或下刀台完成剪切任务。剪切机通过下刀台上移完成剪切铸坯任务，即下切式，此方式应用较为广泛。

机械剪切的优点在于剪切铸坯时间短；便于剪切短定尺；没有切缝金属损失；操作安全可靠，劳动强度低，工作环境好，维护也容易，生产成本低。但设备重、制造要求精度高，消耗功率也比较大；铸坯剪口 100mm 内受弯曲应力作用易发生变形。

3.9.3　火焰切割对铸坯质量的影响

氧气切割时，切割面附近极薄的一层，由于选择性氧化，通常发生 C、Ni、Mo 和 Cu

等元素含量的提高，而 Mn、Cr、Si 等含量的减少。一般来说，与氧亲和力大的元素减少，而与氧亲和力小的元素增加。钢中元素对切割质量的影响是通过改变切口附近热影响区内显微组织起作用的。钢中的各元素的影响如下：

[C] < 0.45%，无影响；[C] > 0.50% 时，为防止出现切割面硬化和裂纹需要预热。

[Mn] < 14%，无明显影响。

一般钢种硅含量对切割无影响，但硅含量增多，会形成高熔点的 SiO_2 熔渣，恶化气割性，影响切口质量。

一般钢种钢中磷含量低，无影响。

一般钢种钢中硫含量低，无影响。硫含量较高时，会降低切割速度，产生亚硫酸烟尘污染。

切割中常见缺陷及防止措施见表 3 - 6。

表 3 - 6 气割缺陷的产生原因和消除方法

缺 陷		产生原因	预防及消除方法
切口不直		风线不正	检查割炬是否垂直于铸坯并固紧，切割氧道是否通畅
		抱夹抱不住	检查抱夹
		两枪错位	调整两割嘴位置
切口断面形状不良	切口过宽	氧气压力过高	按工艺参数规定调整压力
		切割速度过慢	调整切割速度
		切割氧流过粗	用通针清除孔内脏物或更换喷嘴
		割嘴号码大	换成小号割嘴
	上缘棱角被熔化	预热火焰功率过大	把火焰调小
		切割氧压过高	按工艺参数调整
		切割速度过慢	适当加快切割速度
		切嘴高度过高或过低	调整割嘴高度至合适值
	切口中部凹陷大	切割氧压过高	调氧压至合适值
		切割速度过快	放慢切割速度
切割面不良	切纹深度大	氧压过高	适当降低氧压
		切割速度过快	降低切割速度
		预热火焰过大或过小	调整预热火焰功率
		切割机精度差	及时检查调整切割机是否稳定
	切割面倾斜	割炬与坯面不垂直	检查调整割炬使其与坯面垂直
		风线歪	用通针修正切割氧孔或更换割嘴
		切割氧压低	调整切割氧压
	切割面出现缺口	回火或灭火后重新起割不当，衔接不好	注意操作，减少回火或灭火，重新起割时，切割氧流要稍偏向停割处，做好衔接
		切割机出现振动	清除振动因素
熔渣黏结	切口下缘粘渣不易清除	氧压过低或过高	调节氧压至合适值
		切割速度过快或过慢	调整切割速度
		预热火焰过强	减少火焰功率，采用中性焰

练习题

1. （多选）当发生切割速度不稳定时应检查（　　　）内容。ABCD
   A. 割枪小车传动是否有问题　　　　B. 介质流量是否小或压力是否低
   C. 介质管路是否泄漏　　　　　　　D. 齿轮、齿条啮合是否有问题

2. （多选）对连铸切割机进行检查，包括以下哪些内容（　　　）。ABC
   A. 切割车运行是否正常　　　　　　B. 切割枪是否正常
   C. 燃气压力是否正常　　　　　　　D. 拉坯速度

3. （多选）对于火焰切割系统的检查，主要检查（　　　）。ABCD
   A. 火焰大小　　　　B. 切割速度　　　　C. 点火难易程度　　　　D. 切割宽度

4. （多选）启动火焰切割机时需要进行的检查有（　　　）。ABCD
   A. 检查氧气、煤气等表盘压力是否符合要求
   B. 检查设备冷却水是否畅通
   C. 检查加热火焰和切割火焰，根据需要进行微调
   D. 检查手动装置是否可靠

5. （多选）切铸坯输送辊道制动器的检查内容有（　　　）。ABC
   A. 间隙调整是否合适　　　　　　　B. 闸瓦磨损是否超标
   C. 制动是否灵敏可靠　　　　　　　D. 使用时间长短

6. （多选）一次切割车常见故障包括（　　　）。ABCD
   A. 切割枪小车传动阻力大或行走不稳定　B. 切割速度不稳
   C. 两切割枪切割缝不齐　　　　　　D. 切割缝与铸坯不垂直

7. （多选）一次切割车检查内容包括（　　　）。ABCD
   A. 切割大车行走　　　　　　　　　B. 切割枪小车行走
   C. 两切割枪切割缝是否整齐　　　　D. 测长系统是否完好

8. （多选）切割车的切割速度不稳定可能原因有（　　　）。ABCD
   A. 割枪小车传动有问题　　　　　　B. 介质流量小或压力低
   C. 介质管路泄漏　　　　　　　　　D. 齿轮、齿条啮合有问题

9. （多选）切割车切割速度太慢，可能原因是（　　　）。ABC
   A. 切割小车传动故障　　　　　　　B. 介质流量小或压力低
   C. 介质管路泄露或堵塞　　　　　　D. 冷却水流量低

10. 切铸坯输送辊道常见故障包括（　　　）。ABCD
    A. 辊子不转　　　B. 辊面不平　　　C. 辊子漏水　　　D. 轴承座地脚松动

11. 检查以下（　　　）设备需检查其切割枪是否正常、燃气压力是否正常。A
    A. 切割机　　　B. 拉矫机　　　　C. 辊道　　　　D. 二冷室

12. 一般检查切割介质时，不包括以下（　　　）项。D
    A. 介质管路是否漏气　　　　　　　B. 切割介质流量
    C. 切割介质压力　　　　　　　　　D. 切割介质的纯度

13. 如果发生切割切不断，可能的原因有（　　）。D
    A. 供气压力波动　　　　　　　　　　B. 供气压力调节器，控制阀堵塞
    C. 回火烧损　　　　　　　　　　　　D. 以上三项都有可能

14. 切割车发生故障时，应（　　）处理。D
    A. 全部手把切除，直至停浇　　　　　B. 立即堵流
    C. 不做任何处理
    D. 立即联系人处理，先手动操作，无法修理好立即停浇

15. 检查切割机设备不需检查其切割车运行是否正常。（　　）×

16. 检查切割机设备需检查其切割枪是否正常，燃气压力是否正常。（　　）√

17. 在对切割装置进行巡检时，不需要进行点火试验。（　　）×

18. 切割辊道无动作可能是电动机掉电。（　　）√

19. 切割枪煤气有杂质都可能造成切割嘴堵塞。（　　）√

20. 火焰切割要求铸坯切割（　　）。D
    A. 切口光滑　　　　B. 挂渣少　　　　　C. 切割熔损少　　　　D. 以上全有

21. 以下不属于造成定尺不准或异常的原因是（　　）。D
    A. 测长系统故障　　　　　　　　　　B. 电气故障
    C. 气缸压力低　　　　　　　　　　　D. 结晶器冷却水故障

22. 下列（　　）因素可造成定尺不准或异常。A
    A. 测长系统故障　　　　　　　　　　B. 二冷水系统故障
    C. 拉铸坯的速度　　　　　　　　　　D. 结晶器冷却水故障

23. 铸坯定尺不准或异常时主要检查（　　）。A
    A. 测长轮是否转动　　　　　　　　　B. 切割介质流量
    C. 切割介质压力　　　　　　　　　　D. 切割车冷却水系统

24. 火焰切割要求铸坯切割面光滑挂渣少。（　　）√

25. 火焰切割只要求切割速度快。（　　）×

26. 火焰清理后铸坯表面应平滑呈鱼鳞状，不得有深坑和沟槽。（　　）√

27. 铸坯切割断面有明显不平整可能是切割气体压力波动造成的。（　　）√

28. （多选）切割质量的评价标准是（　　）。ABCD
    A. 切口的宽度　　B. 切割速度　　　　C. 切割挂渣量　　　　D. 切割面的平整度

29. （多选）影响切割铸坯质量的因素包括（　　）。ABC
    A. 火焰大小　　B. 火焰温度　　　　C. 火焰角度　　　　D. 切割车大小

3.10　电磁冶金

　　电磁冶金包括采用电磁力对钢水流动进行控制和电磁加热，对钢水流动进行控制又分为电磁搅拌和电磁制动。

3.10.1　电磁搅拌

　　电磁搅拌技术简称 EMS。它有助于纯净钢液、改善铸坯凝固结构、能提高铸坯的表面

质量和内部质量，扩大品种。

练习题

1. 电磁搅拌是改善中心偏析的主要手段。（   ）√

3.10.1.1 电磁搅拌的原理

当磁场以一定速度相对钢液运动时，钢液中产生感应电流，载流钢液与磁场相互作用产生电磁力，从而驱动钢液运动。

练习题

1. 结晶器电磁搅拌的冶金效果主要体现在改善铸坯的（   ）质量。D

  A. 表面   B. 皮下   C. 内部   D. 表面和内部

2. 目前电磁搅拌一般采用（   ）。A

  A. 大电流、小频率   B. 大电流、大频率

  C. 小电流、大频率   D. 小电流、小频率

3. （多选）电磁搅拌器的工作原理遵循（   ）基本规律。AC

  A. 电磁感应   B. 电磁力

  C. 电磁相互作用定律   D. 法拉第右手定则

4. 结晶器电磁搅拌的冶金机理表现在力的效应和热的效应两方面。（   ）√

3.10.1.2 电磁搅拌的分类

电磁搅拌装置的感应方式有两种，一是基于异步电机原理的旋转搅拌（图 3 - 69(a)），二是基于同步电机原理的直线搅拌（图 3 - 69(b)），而两类搅拌方式叠加可得到螺旋搅拌（图 3 - 69(c)）。螺旋搅拌既能使钢液做水平方向旋转，也可做上下垂直运动，无疑搅拌效果最好，但机构复杂。目前生产中小方坯多使用旋转搅拌，板坯直线搅拌和螺旋搅拌都使用。

在连铸机上电磁搅拌器安装的位置一般有三处，即结晶器电磁搅拌（M - EMS）、二冷区电磁搅拌（S - EMS）和凝固末端电磁搅拌（F - EMS），如图 3 - 70 所示。

3.10.1.3 结晶器电磁搅拌

M - EMS 搅拌器安装在结晶器铜壁与外壳之间，为了防止旋转钢流将结晶器表面浮渣卷入钢中，线圈安装位置应适当偏下；有些结晶器还在电磁搅拌器的搅拌线圈上安装一个能使钢流向相反方向转动的制动线圈。M - EMS 装置如图 3 - 71 所示。

可以将结晶器电磁搅拌线圈安装在结晶器铜管与水套之间，这样搅拌线圈接近钢液，较小的搅拌功率就可获得良好的搅拌效果，但使用每一个结晶器都需要安装搅拌线圈，这

种类型的搅拌线圈称为内置型电磁搅拌器；另一种选择是外置型电磁搅拌器，搅拌线圈安装在冷却水套外，更换结晶器搅拌线圈不吊走，所以每流配备一台电磁搅拌器就可，但需要较大的搅拌功率才能达到良好的搅拌效果。

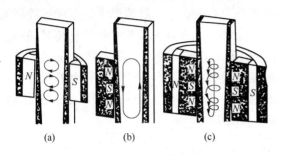

图 3 - 69　电磁搅拌的形式

（a）旋转搅拌；（b）直线搅拌；（c）螺旋搅拌

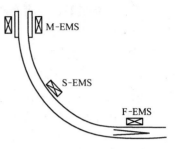

图 3 - 70　电磁搅拌线圈安装位置

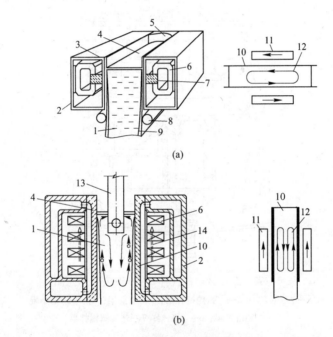

（a）

（b）

图 3 - 71　结晶器电磁搅拌 M - EMS

（a）水平旋转搅拌；（b）上下直线搅拌

1—钢液；2—冷却水套；3—铜板（宽面）；4—保护渣；5—铜板（窄面）；
6—绕组；7—铁芯；8—支撑辊；9—坯壳；10—结晶器；
11—搅拌器；12—流动方向；13—水口；14—直线磁场方向

为保证足够的电磁力穿透结晶器壁，使用低频电流，采用不锈钢或铝等非铁磁性物质做结晶器水套；结晶器一般采用旋转搅拌的方式。M - EMS 能够均匀钢水温度，减少钢水过热，促进气体和夹杂物的上浮，增加等轴晶晶核。

结晶器电磁搅拌和凝固末端电磁搅拌有一最佳频率，当铸坯断面越小，电磁搅拌的频率、搅拌强度（电流强度）越大；当铜管导电率小，厚度小，钢种导电率小，钢液流速低，搅拌频率也需增大。

3.10.1.4 二冷区电磁搅拌

S-EMS 搅拌器装在二冷区铸坯柱状晶"搭桥"之前，当坯壳厚度是铸坯厚的 1/4 处，其搅拌效果最好，也有利于减少中心疏松和中心偏析。一般情况下小方坯搅拌器安放在结晶器下口 1.3~4m 处，采用旋转搅拌方式较多；大方坯和厚板坯可装在离结晶器下口 9~10m 处，采用直线搅拌或旋转搅拌方式。当采用旋转搅拌时，为了防止在钢中产生负偏析白亮带，可采用正转—停止—反转的间歇式搅拌技术。S-EMS 主要用来获得中心宽大的等轴晶带，使晶粒细化，减少中心疏松和中心偏析，使夹杂物在横断面上分布均匀，从而使铸坯内部质量得到改善。S-EMS 装置如图 3-72 所示。

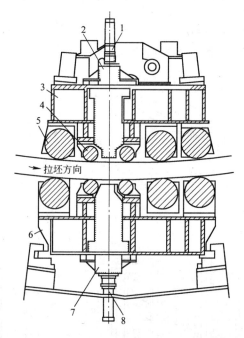

图 3-72   二冷区电磁搅拌 S-EMS 安装示意图

1，8—配线接头；2—内弧侧搅拌器；3—上框架；4—不锈钢小辊；

5—连铸机夹辊；6—下框架；7—外弧侧搅拌器

3.10.1.5 凝固末端电磁搅拌

F-EMS 安装在连铸坯凝固末端，可根据液芯长度计算出具体的安装位置。F-EMS 可使铸坯获得中心宽大的等轴晶带，消除或减少中心疏松和中心偏析。对于高碳钢效果尤其明显。

—·—

📝 **练 习 题**

1. M-EMS 表示的是（   ）。A

　A. 结晶器电磁搅拌　　　　　　　　　B. 二冷区电磁搅拌

　C. 凝固末端电磁搅拌　　　　　　　　D. 中间包电磁搅拌

2. 结晶器电磁搅拌器安装在结晶器区或结晶器足辊区。（   ）√

3. （多选）按激发的磁场形态，可将电磁搅拌器分为（   ）。CD

    A. 结晶器电磁搅拌　　　B. 二冷区电磁搅拌　　　C. 旋转磁场　　　D. 行波磁场

3.10.1.6　电磁搅拌的应用

在实际生产中，为获得最佳的效果，改善铸坯质量，可根据产品质量要求，选择应用单一搅拌方式或组合搅拌方式。常见的组合搅拌方式有 $S_1 + S_2 - EMS$。$M + F - EMS$、$S + F - EMS$、$M + S + F - EMS$。$M + F - EMS$ 既能保证良好的表面质量，也能保证良好的内部质量，受到广泛应用。$M + S - EMS$ 与 $M + F - EMS$ 各有所长，前者利于增加等轴晶宽度，后者利于减少中心偏析和中心缩孔。

应根据以下几个方面选择电磁搅拌的类型：

（1）钢种：对于 $[C] < 0.25\%$ 的非合金钢或低合金钢一般不采用电磁搅拌技术，对于 $[C] < 0.55\%$ 的钢种，采用结晶器电磁搅拌就可保证铸坯质量，而对于 $[C] > 0.55\%$ 的高碳钢及中、高合金钢，应采用二段甚至三段组合搅拌技术，才能保证铸坯中心不出现明显偏析。合金钢、轴承钢特别是不锈钢搅拌强度需要大些，最好采用三段组合式电磁搅拌，但考虑经济性可选择 $M + F - EMS$ 或 $S + F - EMS$。

（2）产品质量：中厚板主要应克服中心疏松和偏析，可采用 $F - EMS$；薄板主要应克服皮下气泡和夹杂物，可采用 $M - EMS$。

（3）连铸坯断面：连铸坯断面影响拉坯速度和液相穴长度，也影响到搅拌器的安装位置。小方坯连铸选择 $S - EMS$ 或 $M + F - EMS$。

在高温环境和电磁感应涡流作用下，为防止电磁搅拌装置被烧坏，应有独立的水冷系统，大部分采用去离子水冷却；也有采用油冷却线圈，再通水对油冷却的。

📝 练 习 题

1. 二冷区采用弱冷却制度和电磁搅拌技术，可以促进柱状晶向等轴晶转变，是减轻中心疏松，改善铸坯质量的有效措施。（   ）√

2. （多选）关于结晶器电磁搅拌系统异常的说法正确的有（   ）。ACD

    A. 更换浸入式水口时，停止该流电磁搅拌

    B. 更换浸入式水口时，不能停止该流电磁搅拌

    C. 发生电气故障或者报警时，立即停止该流电磁搅拌

    D. 电磁搅拌冷却水报警时，立即停止该流电磁搅拌

3. （多选）开浇前，电磁搅拌系统应满足（   ）。ABCD

    A. 冷却水流量达到标准　　　　　　　　B. 冷却水水质达到要求

    C. 电流可达工艺要求　　　　　　　　　D. 频率可达到工艺要求

4. （多选）电磁搅拌冷却水要求（   ）。ABCD

    A. 流量合适　　　B. 电导率合适　　　C. 温度合适　　　D. 水质达标

3.10.2　结晶器电磁制动

在板坯连铸中,结晶器内向下的流股将夹杂物带入铸坯液相穴深处难于上浮;同时热中心下移易造成坯壳重熔和发生角裂,水口外壁附近钢液容易凝结,保护渣不能均匀流动等。为此在结晶器宽面加两个恒定磁场,产生与注流水平运动方向相反的电磁力,对流股起到制动作用,即 EMBr 技术(图 3-73(a)和(b))。在沿拉坯运动的纵向产生磁场加快或减缓钢流的运动,在结晶器液面的上磁场防止液面波动卷渣,在结晶器下部的下磁场减少钢液流速,保证气泡、夹杂的上浮排除,称为电磁流动结晶器(图 3-72(c)),缩写是 FC。

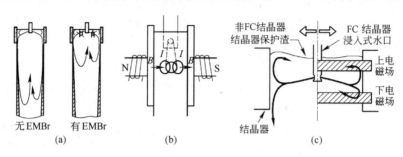

图 3-73　EMBr 电磁制动和 FC 电磁流动结晶器的效果
(a)EMBr 电磁制动的冶金效果;(b)电磁制动的磁场分布;(c)电磁流动结晶器的冶金效果

电磁冶金还有通过磁场控制结晶器弯月面,改善结晶器纵向传热均匀性的功能。

3.10.3　电磁加热

电磁感应涡流也可以用作对钢液的加热,图 3-74 是日本千叶厂在弧形连铸机 7t 中间包上采用的工频 1070kW 沟型电磁感应加热器。并用于浇注 304 和 403 不锈钢,中间包使

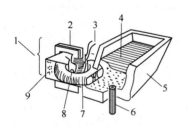

图 3-74　电磁感应加热示意图
1—感应器;2—铁芯;3—线圈;
4—钢液;5—中间包;6—浸入式水口;
7—沟槽;8—冷却水套;9—耐火材料

用热电偶连续测温以自动调节加热的电流。使用加热器的效果是:

(1)开浇初期钢液温度仅下降 0~5℃,钢液恢复到正常浇注温度目标值的时间缩短了,由原来 13min 缩短到 6min。换钢包和浇注末期钢液温度基本不下降。大大稳定了钢液温度。

(2)与无加热时相比,不锈钢板皮下夹杂物减少了 1/12~1/4。

(3)冷轧不锈薄板的条纹及气泡缺陷大幅度降低,达到正常浇注状态的成品水平。

练　习　题

1. 结晶器电磁搅拌的英文简易缩写为(　　)。A
　　A. M - EMS　　　　　　B. S - EMS　　　　　　C. F - EMS

2. 二冷区电磁搅拌的英文简易缩写为（　　　）。B

　　A. M - EMS　　　　　　B. S - EMS　　　　　　C. F - EMS

3. 凝固末端电磁搅拌的英文简易缩写为（　　　）。C

　　A. M - EMS　　　　　　B. S - EMS　　　　　　C. F - EMS

4. 结晶器一般采用（　　　）的方式，能够均匀钢水温度，减少钢水过热，促进气体和夹杂物的上浮。A

　　A. 旋转搅拌　　　　　　B. 直线搅拌　　　　　　C. 螺旋搅拌

5. 中厚板主要应克服中心疏松和偏析，可采用（　　　）。C

　　A. M - EMS　　　　　　B. S - EMS　　　　　　C. F - EMS

6. 薄板主要应克服皮下气泡和夹杂物，可采用（　　　）。A

　　A. M - EMS　　　　　　B. S - EMS　　　　　　C. F - EMS

7. （多选）电磁搅拌技术简称 EMS，它有助于（　　　）。ABCD

　　A. 纯净钢液　　　　　　　　　　　　B. 改善铸坯凝固结构

　　C. 提高铸坯的表面质量和内部质量　　D. 扩大品种

8. （多选）电磁搅拌装置的种类有（　　　）。ABC

　　A. 旋转搅拌　　　　　B. 直线搅拌　　　　　C. 螺旋搅拌

9. （多选）在连铸机上电磁搅拌器安装的位置一般有（　　　）三处。ABC

　　A. 结晶器电磁搅拌　　　　　　　　　B. 二冷区电磁搅拌

　　C. 凝固末端电磁搅拌　　　　　　　　D. 钢水搅拌

10. （多选）二冷区电磁搅拌主要用来（　　　）。ABCD

　　A. 宽大的等轴晶带　　　　　　　　　B. 晶粒细化

　　C. 减少中心疏松　　　　　　　　　　D. 减轻中心偏析

3.11　辊道及后步工序其他设备

　　连铸机的后步工序是指铸坯热切后的热送、冷却、精整、出坯等工序。后步工序中的设备主要与铸坯切断以后的工艺流程、车间布置、所浇钢种、铸坯断面及对其质量要求等有关。

　　例如小断面连铸机，生产批量少，铸坯切断后，直接由输出辊道送往冷床，或由集料装置吊运精整工段堆冷，并进行人工精整。在这种情况下，后步工序设备有输送辊道，铸坯横移设备、冷床或集料装置等。若需要铸坯进一步切成短定尺时，还应有二次切割设备。

　　对于现代化大型板坯生产来说，后道工序设备比小连铸机要复杂些。除了输送辊道、铸坯横移设备和各种专用吊具外，还应有板坯冷却装置、板坯自动清理装置、翻板机和垛板机等。

　　此外，如打号机、去毛刺机、自动称量装置等都是连铸机后步工序的必备设备。

3.11.1　辊道

　　在连铸生产中，辊道是输送铸坯、连接各工序的主要设备。

3.11.1.1 切割辊道

采用火焰切割铸坯时，辊道起着支承高温铸坯的作用，为防止切坯时损坏辊道，最简单的办法是加大辊道的辊距；也可采用升降辊道（图 3-75）或移动辊道（图 3-76）。升降辊道每个辊子都具有独立的升降装置。当割枪距辊子 100mm 时，通过行程开关使辊子自动下降，下降的位置相当两倍铸坯厚度的距离，并喷水冷却，防止粘渣；割枪通过后，辊子自动回升到原位，如图 3-75 所示。切割辊道的线速度一般为 13~25m/min。移动辊道的原理与升降辊道基本相似，只是将辊道的升降改为平移。

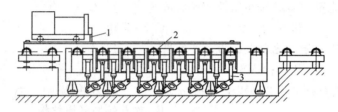

图 3-75 升降辊道

1—切割小车；2—升降辊道

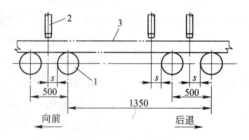

图 3-76 移动辊道

1—移动辊；2—割枪；3—铸坯

3.11.1.2 输出辊道

输出辊道的作用是迅速输送切割后的铸坯（见图 3-77）。输出辊道一般分为数段，每段由一套传动机构驱动。采用链条传动居多。

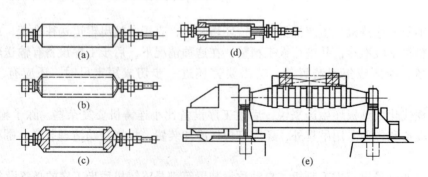

图 3-77 辊子结构

（a）实心铸造辊；（b）锻造轴端的空心辊；
（c）焊接轴端的空心辊；（d）铸铁辊；（e）花面辊道

如果铸坯是热送，应在输送辊道上和铸坯侧面加保温及加热装置，如图 3 - 78 和图 3 - 79 所示。

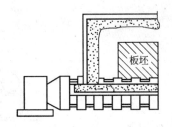

图 3 - 78 板坯输送区保温罩

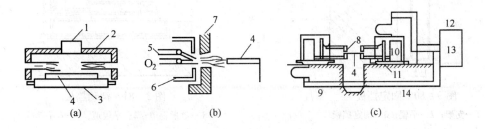

图 3 - 79 板坯侧边加热器

（a）罩式加热器；（b）燃气加热器；（c）电磁感应加热器

1—排烟管；2—绝热罩；3—辊道；4—铸坯；5—液化石油气；6—冷却水；

7—陶瓷纤维导板；8—感应器；9—电缆；10—电容器；11—小车；

12—供电室；13—变流机；14—电缆和冷却水管

输出辊道的辊面应与拉矫机辊面相当，是水平布置。若拉矫机出口低于地平面时，输出辊道可呈向上倾斜布置。

辊子有光面和花面两种，输送板坯多用花面辊道。辊身长度与拉坯辊身长度相当。辊距确定的原则是，切后铸坯的最短长度能同时支承在两个辊子上，即辊距应不大于最小坯长的一半。

辊道的速度应大于拉坯速度，一般中、小型连铸机辊道速度可取 20 ~ 30m/min，板坯可取 10 ~ 20m/min。

练习题

1. （多选）常见驱动辊故障有（　　）。ABCD

A. 不转　　　　B. 轴承塌陷　　　　C. 冷热坯压力不转换　　　　D. 压力波动大

3.11.1.3 挡板

挡板装在辊道末端，对运行中的铸坯起缓冲及停止作用。挡板可分为固定挡板和活动挡板。

如果挡板后面没有其他的设备时，可用固定挡板（见图3-80）。如果在挡板后面还有引锭杆存放辊道时，则采用活动挡板（见图3-81），即打开挡板时，引锭杆可以通过，放下挡板时起挡坯作用。

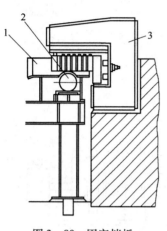

图3-80 固定挡板

1—支架；2—平辊；3—固定挡板

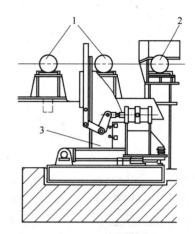

图3-81 活动挡板

1—盘形辊道；2—平辊道；3—升降挡板

3.11.2 后步工序其他设备

3.11.2.1 拉钢机或推钢机

拉钢机或推钢机（图3-82）的作用主要是横向移动铸坯。

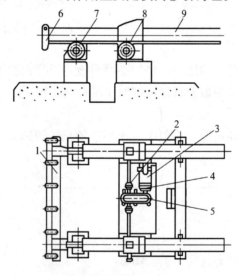

图3-82 推钢机

1—推头体；2—联轴器；3—电动机；4—底座；5—减速机；

6—推钩；7—拖轮；8—齿轮；9—齿条

3.11.2.2 翻板机与垛板机

翻板机是配合对铸坯进行检验和表面清理用的。垛板机是板坯的一种集料装置（见

图3-83)。

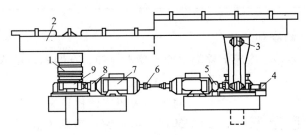

图3-83 垛板机

1—升降丝杆及保护罩；2—升降横梁；3—导轮；4—极限装置；

5—电液闸；6—同步联轴器；7—电动机；8—联轴器；9—减速机

练习题

1. 垛板机是板坯的一种集料装置。（　　）√

2. 垛板机是方坯的一种集料装置，必不可少。（　　）×

3. 垛板机无动作可能是掉电。（　　）√

4. 垛板台的主要作用是承载铸坯方便铸坯的上线和下线。（　　）√

3.11.2.3 打号机

对铸坯打上炉号、连铸机号和重量等标记，可供鉴别。一般采用气动和液动驱动。目前大型连铸机采用数字和符号打印机，自动对铸坯进行打印，改善了劳动条件。按打印方式的不同分为喷涂打印和焊丝喷号机两类；按打印介质不同分为热喷号机、金属粉喷号机和高温涂料喷号机。

练习题

1. 板坯喷号机类型主要有（　　）。D

  A. 热喷号机　　　　　　　　　　　　B. 金属粉喷号机

  C. 高温涂料喷号机　　　　　　　　　D. 以上三种

2. 对铸坯打上炉号、铸机号、钢号和重量等标记以供鉴别的设备被称为（　　）。C

  A. 翻号机　　　　B. 垛板机　　　　C. 打号机　　　　D. 去毛刺机

3. （多选）打号机的打印一般可分为（　　）两类。BC

  A. 手写打印　　　　B. 喷涂打印　　　　C. 焊丝喷号　　　　D. 激光打印

4. 打号机对铸坯打上炉号、铸机号、钢号和重量等标记以供鉴别，一般采用气动或液压驱动。（　　）√

5. 打号机仅需要给铸坯打上炉号，其他的信息根本不用打。（　　）×

6. 打号机无动作可能是掉电。(　　) √

3.11.2.4　铸坯的冷却

在多数情况下铸坯是在冷床上移动空冷或喷水冷却。有的不设冷床，将铸坯直接送精整跨堆放冷却。

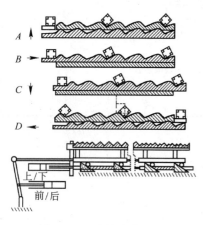

图 3-84　翻转式步进冷床

对大型板坯连铸机还采用快冷机喷水或浸水方式冷却铸坯。不管哪种冷却方式，均应注意使铸坯均匀冷却。对于有些钢种如高合金钢和硅钢等，连铸坯则需要进行适当方式的缓冷。

冷床对铸坯起冷却和收集作用，一般采用钢轨或型钢来制作。当冷床上铸坯存放到一定数量后，使用吊车或其他专用工具，把铸坯运走。图 3-84 是用于小方坯连铸机的步进式冷床。铸坯每移动一步即翻动90°，冷却均匀。

3.11.2.5　铸坯表面精整

对于铸坯表面的各种缺陷应该进行清理。一般用途的中小断面铸坯，都是人工用火焰烧割或砂轮打磨对铸坯表面进行局部清理。对于直接热送铸坯，由于切割时在铸坯切缝面下边缘常有毛刺，在切割后经去毛刺机清除。即用刀具刮除或锤刀旋转去除毛刺，设备如图 3-85 和图 3-86 所示。大型铸坯和某些质量要求高的铸坯，则需用自动火焰清理装置或喷水处理装置对表面进行清理。

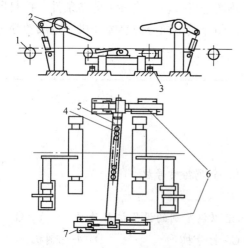

图 3-85　刀具刮除式去毛刺机

1—辊子；2—板坯压紧装置；3—剪臂升降装置；4—剪臂；
5—剪帽；6—剪臂横移装置；7—剪臂倾翻装置

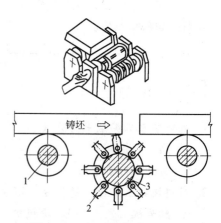

图 3-86　锤刀旋转式去毛刺机

1—出坯辊；2—锤刀；3—去刺辊

3.11.2.6　称量装置

清理后的铸坯要进行称量，目前多用电子秤称量。

练习题

1. 辊距确定的原则是，切后铸坯的最短长度能同时支承在（　　）根辊子上。A
   A. 2　　　　　　　　B. 3　　　　　　　　C. 5　　　　　　　　D. 6

2. 挡板装在辊道末端，对运行中的铸坯起（　　）作用。A
   A. 缓冲　　　　　　B. 撞击　　　　　　C. 保温　　　　　　D. 冷却

3. （　　）是配合对铸坯进行检验和表面清理用的。A
   A. 翻板机　　　　　B. 推钢机　　　　　C. 挡板　　　　　　D. 冷床

4. （多选）采用火焰切割铸坯时，辊道起着支承高温铸坯的作用，为了防止切割辊子，采用（　　）。ABC
   A. 升降辊道　　　　B. 移动辊道　　　　C. 加大辊道间距

5. （多选）打号机分为（　　）两类。AB
   A. 喷涂打印　　　　B. 焊丝喷号机　　　　C. 人工喷号

学习重点与难点

学习重点：各等级学习重点是掌握连铸设备的类型、优缺点和维护要求，掌握本岗位要求的设备参数，进行生产准备。高级工要求有根据品种、铸机断面选择合适的设备类型。

学习难点：非岗位所属设备的结构，连铸设备的内部结构。

思考与分析

1. 结晶器的作用是什么？结构形式有哪两种？
2. 结晶器的内腔为什么要有倒锥度？
3. 浇注过程中结晶器为什么要振动？
4. 中间包的作用是什么？其容量的大小应怎样考虑？
5. 中间包的内衬都使用什么耐火材料？
6. 中间包注流的控制方式有哪几种？浸入式水口有哪几种形式？用哪种耐火材料制作？
7. 中间包的运载设备有哪几种？
8. 对二次冷却区的供水有什么要求？
9. 二次冷却区用喷嘴有哪几种类型，各有什么特点？
10. 钢包的作用是什么？其容量应该怎样确定？
11. 钢包内衬都砌筑什么耐火材料？
12. 钢包的滑动水口结构是怎样的，用什么耐火材料制作？保护套管的作用是什么，用什么材料制作？
13. 钢包的运载设备是哪种，有什么特点？

14. 拉矫机的作用是什么，有几种结构形式？

15. 什么是一点矫直？什么是多点矫直？什么是多点弯曲？

16. 什么是连续矫直？

17. 什么是压缩浇注？

18. 引锭杆的作用是什么，有哪几种结构形式？装入结晶器的方式有哪两种，有什么特点？

19. 连铸坯的切割方式有哪几种，各有什么特点？

4　连铸车间工艺布置

4.1　车间布置考虑因素

连铸是炼钢与轧钢之间取代铸锭与初轧的工艺环节,连铸在炼钢与轧钢之间起到承上启下的作用。因此连铸生产必须与炼钢生产相匹配,其产品必须满足轧钢的要求。为此连铸车间布置应考虑:

(1) 连铸机与炼钢炉的匹配。连铸机的浇注时间与炼钢炉的生产周期必须协调,保证钢水供应的最佳输送路线,实现多炉连浇;同时连铸机的生产能力应比炼钢炉生产能力大10% ~20%。

(2) 连铸机与轧钢机的配合。根据轧钢生产的规模、产品规格、质量要求等选择铸机的机型,确定生产品种、规格及钢液的精炼处理方式等。

(3) 必要的设备维修区和铸坯检查精整区。连铸生产中钢包及中间包的拆除、修砌、烘烤;结晶器、二冷扇形段等设备的整体更换、离线检修等都需要一定的专用设备和工作面积;还应留出冷坯的检查与精整区。

(4) 铸坯的运输。对检查精整后的铸坯应及时顺利运出车间,同时对热送、热装的铸坯应选择合理运输路线。当然还要考虑辅助系统配套,如水的处理等。

总之,在考虑连铸机的布置时应从炼钢→钢液精炼处理→连铸→铸坯送出→(检查精整)→热送轧钢整个工艺出发,考虑好物料的流向、时间的控制,避免相互干扰,影响工作效率。

4.2　连铸车间布置方式

现代连铸机在厂房内的立面布置均为高架式;就其平面布置有纵向布置、横向布置和靠近轧钢机布置等多种方式。

4.2.1　纵向布置

连铸机的中心线与厂房柱列相平行为纵向布置,如图4-1所示。纵向布置的炼钢炉跨和连铸机跨之间是钢包运输跨,钢液供应比较方便,但是若增加新连铸机就困难了。对于炼钢生产规模小,产量低的车间,这种方式还可以维持生产。

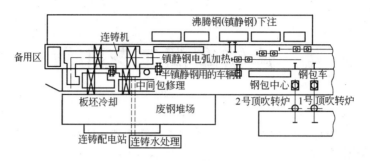

图 4-1　连铸机纵向布置

4.2.2　横向布置

连铸机中心线与厂房柱列相垂直的布置方式为横向布置，如图 4-2 所示。这种布置方式钢包运输距离短，物料流程合理；便于增建和扩大连铸生产能力；把不同作业分散到各个跨间内，操作的干扰少，可以根据各跨间操作需要，确定跨间尺寸，配备设备等。横向布置适用于现代化的多台连铸机的全连铸车间。

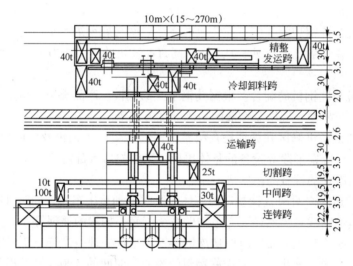

图 4-2　连铸机横向布置

4.2.3　连铸机布置在轧钢车间旁边

为了进一步发挥连铸机的节能优势，已开发实现的铸坯热送、直接轧制和连铸连轧工艺，打破了连铸机必须建立在炼钢主厂房内或在炼钢车间旁边的传统模式，而是将连铸机建立在靠近轧钢车间的布置方式，见图 4-3。这样布置可以向轧钢机及时提供高温合格铸坯。据报道日本某厂炼钢车间有 3 座 170t 转炉，为了实现铸坯的直接轧制工艺，将连铸机建在距离炼钢车间 600m 处轧钢车间的旁边。用内燃机车运送钢液需要 6min，送到靠近连铸机的精炼设备，经 RH-OB 处理后浇注。不设冷坯堆放场地，生产出的铸坯直接热送到轧钢厂轧制或热装入炉。铸坯入炉温度在 1000℃ 以上。

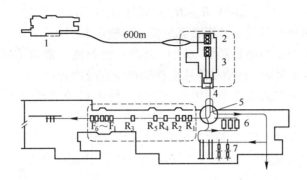

图 4 – 3 连铸机靠近轧钢车间工艺布置图

1—转炉车间；2—RH 真空处理；3—连铸机；4—直接轧制线；5—旋转台；

6—均热炉；7—热轧带钢轧机

4.3 连铸机的几个主要尺寸

4.3.1 连铸机总长度

弧形连铸机的长度是指从结晶器中心至出坯挡板之间的总长度，实际也是铸机弧形段与水平段之和的水平距离，如图 4-4 所示。

$$L = R + L_1 + L_2 + L_3 + L_4 \tag{4-1}$$

式中　R——连铸机圆弧半径，m；

L_1——拉矫机长度，取 $1.5 \sim 1.8$m；

L_2——拉矫机至切割区距离，火焰切割区取 $3 \sim 5$m，机械剪切取 0m；

L_3——输出辊道长度，m，从切割区终点到冷床入口辊道的长度，应大于最大定尺长度的 1.5 倍，同时还要大于引锭杆长度；

L_4——出坯冷床的长度，m。

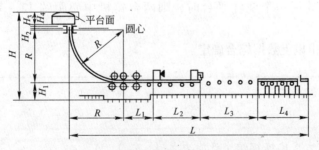

图 4 – 4 弧形连铸机总体尺寸示意图

连铸机总长度较长，各段设备的维修要求也不同。一般是将铸机圆弧半径 R 以前部分设在连铸跨，其余部分布置在切割跨和出坯跨。

4.3.2 连铸机高度

图 4-4 中 H 是铸机的总高度，是从拉矫机底座基础面至中间包顶面的距离，单位为 m。

$$H = R + H_1 + H_2 + H_3 + H_4 \tag{4-2}$$

式中　H_1——拉矫机底座基础至铸坯底面距离，一般 0.5~1.0m；

　　　　H_2——弧形中心至结晶器顶面（上口边缘）的距离，常取结晶器长度的一半，约 0.35~0.45m，直结晶器弧形连铸机是直线段长；

　　　　H_3——结晶器上口边缘至中间包水口距离，约 0.1~0.2m；

　　　　H_4——中间包全高，一般 1~1.5m，较大中间包可取 2m。

　　由连铸机总高度来确定厂房高度。根据铸机总高度再加上钢包的高度、吊车主钩升高极限和安全距离，可以确定厂房高度，厂房高度以吊车轨面标高为准。

4.3.3　连铸区的总宽度

　　连铸区的总宽度取决于浇注平台的长度，而浇注平台的长度又由连铸机的台数及台间距来确定。1 台连铸机的宽度是根据铸机的流数和流间距来考虑。连铸机流数与流间距决定了中间包车的长度；中间包在浇注位置与烘烤位置间要有 3m 距离，而中间包烘烤位置距浇注平台边缘约有 2m 距离，另外还应考虑多炉连浇和快速更换中间包工艺。所以每台铸机配备两台中间包车和两个中间包烘烤位。连铸机流间距尺寸见表 4-1。

表 4-1　连铸机的流间距

连铸机类型	流数/流	流间距/mm
小方坯	2~4	900~1300
	6~8	中央 1500~2600
		边上 900~1300
圆坯	2~4	1000~1300
	6~8	同小方坯
大方坯	2~4	1300~1600

　　若多台连铸机共用一个浇注平台时，则两台铸机中心距约 12~14m，小型铸机可取 10m。

　　连铸区总长度由以上数据综合确定。

练习题

1. 连铸机的生产能力应比炼钢炉生产能力大（　　）。A

　　A. 10%~20%　　　　　　B. 20%~30%　　　　　C. 40%~50%　　　　　　D. 50%~60%

2. 弧形连铸机的长度是指从（　　）。A

　　A. 结晶器中心至出坯挡板之间的总长度　　　　B. 结晶器中心到拉矫机之间距离

　　C. 扇形段的总长　　　　　　　　　　　　　　D. 出坯辊道的总长

3. （多选）连铸生产必须与炼钢生产相匹配，其产品必须满足轧钢的要求。为此连铸车间布置应考虑（　　）。ABC

　　A. 连铸机与炼钢炉的匹配　　　　　　　　　　B. 连铸机与轧钢机的配合

C. 必要的设备维修区和铸坯检查精整区   D. 铸坯的运输

4. （多选）铸机的总高度包括（　　）。ABCD

A. 拉矫机底座基础至铸坯底面距离   B. 弧形中心至结晶器顶

C. 结晶器上口边缘至中间包水口距离   D. 中间包全高

学习重点与难点

学习重点：高级工以上学员要求学习本章内容，掌握连铸机在车间的布置方式和不同布置方式对生产的影响。

学习难点：无。

思考与分析

1. 连铸机在车间的布置方式有哪些？
2. 连铸机布置方式对生产调度有什么影响？

5 连铸钢水要求

连铸的生产应该强调"三稳定",即温度稳定、拉速稳定、液面稳定,以确保铸坯质量和生产的顺行。

提供合乎连铸要求的钢水,既可保证连铸工艺操作的顺行又可确保铸坯的质量。为此,钢水应具有严格的钢水供应时间、合适的温度、稳定的成分,并保持钢水的纯净度及良好的可浇性。

5.1 严格的时间管理

连铸生产的特点要求按时供应钢水。若钢水供应时间提前会造成钢水温降大,冻流停浇;反之,供应时间滞后,可能造成中间包液面波动过大,出现卷渣,带来夹杂物增多,影响铸坯质量,严重时会造成下渣漏钢、断流停浇事故。

可见不合理供应时间是与连铸生产的"三稳定"相矛盾的。

要严格按连铸要求时间加强各工序的协调,精心组织,以确保连铸拉速稳定或波动很小。

炼钢要确保钢水有足够的精炼时间,并协调出钢与浇注时间的匹配,保证钢水供应的物质流和时间流的合理性,使铸机连浇不断流。真正"以连铸为中心",按照火车时刻表形式组织生产,保证钢水供应时间。

为了便于组织生产,多用横道图(见图 5 – 1),横道图又称甘特图,表示各工序的依赖制约关系,进行计划安排。横道图横坐标是时间,纵坐标是生产过程的各流程。

5.2 严格的成分控制

钢水的成分应符合钢种规格要求,但符合规格要求的钢水不一定完全适合连铸工艺。钢水是经过冶炼—精炼后才到达连铸的,实际上连铸无法控制钢水成分,即使成分微调,其范围也很有限。因而应根据连铸工艺的特点及铸坯质量的需要向连铸提供钢水。其主要原则为:

(1)成分的稳定性。多炉连浇,炉与炉的钢水成分必须相近,做到相对稳定,以保铸坯性能的均匀。

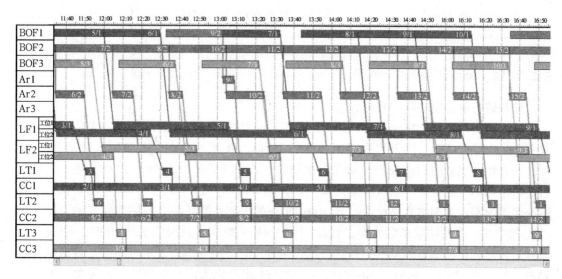

图 5 – 1　钢铁厂生产安排横道图

BOF—转炉炼钢；Ar—吹氩压拌；LF—LF 炉；CC—连铸机

（2）抗裂纹敏感性。铸坯是在运行过程中强制冷却成型，因而铸坯不仅受热应力、组织应力和钢水静压力等应力的作用，铸坯还受弯曲、拉坯矫直等机械应力的作用；一旦薄弱部位形成应力集中，必然引起铸坯内部和表面的裂纹。所以对钢中可能引起裂纹的元素含量要严加控制，或者避开成分裂纹敏感区，或者加入第三元素消除其危害。

（3）钢水的可浇性。可浇性也是指钢水的流动性。在浇注温度合适的情况下，在一定程度上也反映了钢水本身的纯净度。钢水中夹杂物、氮、氢、氧含量低，纯净度高，就会保持良好的流动性，这对小方坯的浇注尤为重要。钢水中若含有钛、铝、铬等元素时，也会影响流动性。

5.2.1　碳

碳是影响钢组织性能的基本元素，尤其是需要在热处理状态使用的钢种，其影响就更为显著，为此钢水含碳量要精确控制。多炉连浇时，各炉次间钢水［C］的差别最好在 ±0.02%。

钢中［C］=0.09% ~ 0.17% 范围，对铸坯纵裂纹敏感性最强，主要是由于钢水凝固过程有包晶反应，体积突变形成应力，导致裂纹。所以［C］控制尽量避开裂纹敏感区。或者采用热顶式结晶器，或减弱结晶器冷却强度，在钢水凝固发生包晶反应时缓慢冷却，避免产生裂纹。

-+-

✎ 练 习 题

1. 板坯连铸碳含量在 0.08% ~ 0.12% 的钢时，表面裂纹敏感性比方坯小。（　　）×
2. 含碳量在（　　）之间的钢更容易由于包晶反应造成裂纹。C

　　A. 0.01% ~ 0.04%　　　　　　　　　　　　　　B. 0.04% ~ 0.07%

C. 0.08% ~0.16%   D. 0.20% ~0.25%

5.2.2 硫、磷

硫和磷一般是要去除的有害元素。

硫对钢的热裂纹敏感性有突出的影响。因此硫是关系铸坯质量和连铸工艺的重要元素之一。生产经验证明,当钢水中 [S] >0.020% 时,板坯的表面热裂纹明显增多。同样,浇注小方坯时也会引起产品产生缺陷。例如某厂浇注 115mm × 115mm 的小方坯,轧成线材,根据对钢中硫含量与线材缺陷关系的调查统计表明,当 [S] <0.025% 的炉次,产品的缺陷率为零;当钢水 0.026% < [S] <0.030% 的炉次,产品缺陷率在 20% 左右,随钢的 [S] 的增加,产品缺陷率也增多;当 [S] ≥0.040% 炉次,其缺陷率达 100%。可见降低硫含量是保证产品质量的基本条件。当然,钢种不同,对 [S] 要求也不同。普通碳钢出钢时 [S] ≤0.020%,同时 [Mn]/[S] >15,才能避免铸坯出现裂纹,并避免漏钢。对于含硫易切钢来讲,要求钢中 [S] <0.30%,其含锰量相应也高。因而就不会产生热裂纹,所以含硫易切钢也可以用连铸工艺。

还有研究认为,钢的凝固裂纹与 [Mn]/[S] 的关系更具有规律性,当 [Mn]/[S] >5 时,就不会出现凝固裂纹。

钢中 [P] <0.030%,对连铸过程一般不会产生影响。实际情况应根据钢种的要求控制磷含量。有些钢种对硫、磷要求极低,如深冲钢、高压容器钢、管线钢等,熔炼成分要求 [S] <0.005%,为此,对进入 LD 转炉的铁水都要进行预脱硫处理。其他入炉材料硫含量也应有明确的技术要求;钢水精炼过程还可深脱硫达到钢的品种标准。

📝 **练 习 题**

1. (多选) 铸坯凝固以后,金属中的硫主要以 ( ) 形式存在。ABC
   A. MnS   B. FeS   C. 硫化物混合晶体   D. 单质

5.2.3 硅、锰

硅、锰成分不仅影响钢的性能,还影响着钢水的可浇性。炉与炉硅、锰含量波动最好保持在 [Si] < ±0.02%、[Mn] = ±0.02%,以保铸坯成分、性能稳定。非合金钢的硅、锰成分是通过脱氧加入的合金达到的,并要求一定的 [Mn]/[Si] 比。钢水经过炉外精炼处理,成分微调后,能够实现成分的精确控制。

📝 **练 习 题**

1. [Mn]/[Si] 比提高,可改善钢水的流动性,同时可避开碳的热裂纹敏感区。( ) √

2. 锰硅比过低会造成（   ）。A

    A. 钢水流动性变差   B. 弯曲   C. 脱方   D. 扭转

5.2.4 残留元素的含量

钢的成分中有些元素不是有意加入的，而是随炼钢原料带入炉内，冶炼过程又不能去除而残留于钢中，称之为残留元素，如 Cu、Sn、Sb、As 等。对钢性能影响最大的是 Cu 和 Sn，其含量应限制在 0.20% 以下。由于这些元素的综合作用较为复杂，通常以铜当量来表示，即：

$$[Cu]_{当} = [Cu] + 10[Sn] - [Ni] - 2[S] \tag{5-1}$$

式中，$10[Sn]$ 包括了 As 与 Sb 的隐蔽作用。所以要精选入炉废钢，对电弧炉炼钢尤为重要，限制这些元素的含量。铜含量最高应在 0.20% 以下，也可加入第三元素抵消其不良影响。如向钢水中加 Ni，可以抵消铜的危害，还要控制铸坯表面层凝固组织及表面温度，减轻铜的富集，避免表面渗铜而发生的裂纹。

5.3 严格的纯净度控制

钢水的纯净度主要是指钢中气体氮、氢、氧和非金属夹杂物的数量、形态、分布。提高钢水纯净度可改善钢水可浇性，有利于铸坯质量。实践表明，凡是铸坯有夹杂物的部位都伴有裂纹的存在。例如，$[C] = 0.15\% \sim 0.20\%$ 的圆形铸坯，在对其表面裂纹缺陷分析时发现，凡是钢水经过脱气处理的炉次，钢水气体和夹杂物含量都很低，铸坯没有出现任何裂纹缺陷。随着连铸品种的扩大，提高了对钢水纯净度的要求，以确保最终产品力学性能和使用性能。为此，从冶炼—炉外精炼—连铸整个过程进行控制，以达到钢水纯净度的要求。

冶炼过程熔池钢水中氧含量受钢中 C 和渣中 TFe 的制约，出钢前钢水中氧含量高于平衡氧含量，且随碳含量的降低而增多；当 $[C] = 0.10\%$ 以下时，随碳含量的降低钢中氧含量猛增；通过脱氧去除过剩氧，生成的脱氧产物没有排除干净，残留于钢中成为非金属夹杂物；终点钢水中氧含量越高，夹杂物含量也高。

由于夹杂物的存在不仅影响钢水的可浇性，连铸操作也难于顺行，危害钢质量。钢中夹杂物有内生夹杂物和外来夹杂物。内生夹杂物主要是脱氧产物；外来夹杂物包括在浇注过程中钢水的二次氧化产物，被冲蚀的耐火材料，以及卷入的钢包渣、中间包渣和结晶器浮渣等。内生夹杂颗粒细小，外来夹杂颗粒粗大。为了确保最终产品质量，要尽量降低钢中非金属夹杂物的含量。

5.3.1 硅、锰脱氧

硅和锰是应用最广泛脱氧剂，出钢过程加入 Fe–Si、Fe–Mn 或 Mn–Si 合金进行脱氧合金化，并加入适量的 Al 终脱氧。当 $[Mn]/[Si]$ 低于 3 时，生成固态脱氧产物，钢水容易发黏；在结晶器液面会形成黏稠的浮渣，钢水流动性也不好，还可能造成拉漏事故。只有 $[Mn]/[Si] > 3.0$ 时，才能形成液态脱氧产物，有利于夹杂物上浮。因此在确保钢成分条件下，应将 [Mn]/[Si] 控制在 3 ~ 6 范围。既可减少钢中夹杂物，又能改善钢水的流动性，其关系如图 5 - 2 所示。

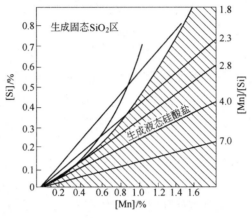

图 5 - 2　Mn、Si 共同脱氧

5.3.2　铝脱氧

铝是强脱氧剂，在 1600℃ 时，与 50ppm 的 [Al] 相平衡钢中氧含量仅为 23ppm，所以一般钢中都加适量的 Al 作为终脱氧剂，铝还起细化晶粒作用。钢中 $[Al]_s > 60ppm$ 氧化物夹杂几乎全部为 Al_2O_3，钢中 $[Al]_s$ 与夹杂物中 Al_2O_3 的关系如图 5 - 3 所示。

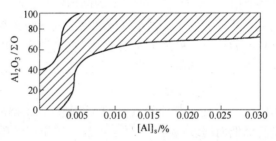

图 5 - 3　镇静钢中酸溶铝与夹杂物中 Al_2O_3 的关系

脱氧产物 Al_2O_3 夹杂呈群簇状存在，它具有树枝形特点，虽然颗粒很大，但复杂的树枝状内含有钢，加大了夹杂物的密度，难于上浮排除，还容易堵塞水口。

倘若铝镇静钢中的 $[Al]_s = 0.02\% ~ 0.05\%$，中间包水口直径必须在 $\phi 50 ~ 70mm$，才有可能不被堵塞。为此对含铝量有要求的钢种可使用 Al - Si 合金或 Ba - Al - Si 合金代替纯 Al 脱氧，或者喷吹 Ca - Si 合金粉，或者喂入含 Ca 包芯线，控制钢中含铝量，改变夹杂物形态，减少纯 Al_2O_3 的生成，改善钢水的可浇性。但是必须注意控制合适的 [Ca]/[Al] 值：

当 [Ca]/[Al] < 0.07，增加钙含量可改善钢水流动性。

当 0.07 < [Ca]/[Al] < 0.10 ~ 0.15 时，生成 $CaO \cdot 6Al_2O_3$ 脱氧产物熔点高，钢水发黏。水口易结瘤堵塞。

当 [Ca]/[Al] > 0.10 ~ 0.15 可改善钢水流动性，完全避免水口结瘤。

如汽车板类型的高铝钢，为了保证钢材的性能，不宜加入含钙的合金，应该依靠严格的保护浇注措施避免铝的氧化。

对于高硫钢种，喂钙线会形成黑色的高熔点硫化钙，也会造成水口堵塞。

练习题

1. （多选）最容易发生套眼的成分有（　　）。AB

   A. 氧化铝　　　　　　B. 硫化钙　　　　　　C. 氧化铁　　　　　　D. 一氧化碳

2. （多选）对改善钢水流动性有利的措施包括（　　）。ABC

   A. [Mn]/[Si] 控制在3.0左右

   B. 合理设计中间包的挡墙，改善钢水流动轨迹

   C. 采取中间包在线加热技术，提高钢水温度，改善流动性

   D. 向中间包内吹入空气，加速钢水流动

3. （多选）对漏钢产生影响的钢水质量方面因素主要有（　　）。ABC

   A. [Mn]/[Si]　　　　B. [Mn]/[S]　　　　C. 温度高　　　　　D. 温度低

4. （多选）钢水的流动性的以下描述不正确的是（　　）。ACD

   A. 流动性差对铸坯质量改善有利

   B. 流动性好会加快耐火材料的侵蚀消耗

   C. 普碳钢中，[Mn]/[Si] 控制在1.0左右，可以改善钢水流动性

   D. 钢水的流动性越好对铸坯质量改善越有利

5. （多选）钢水的流动性对操作的影响以下正确的有（　　）。ABD

   A. 钢水流动性差不利于浇钢操作

   B. 钢水流动性差容易引起粘棒，不利于操作

   C. 钢水流动性差利于结晶器内保护渣的熔化

   D. 钢水流动性差容易引起断流

6. （多选）钢水的流动性对铸坯的质量带来的影响有（　　）。ABCD

   A. 钢水流动性好便于钢水中夹杂物的上浮，改善铸坯质量

   B. 钢水流动性好利于钢液温度和成分的均匀，改善铸坯质量

   C. 钢水流动性好同时钢液也容易吸氮，造成质量缺陷

   D. 钢水流动性好对耐火材料的侵蚀会加剧，恶化铸坯质量

7. （多选）有关钢水流动性的描述正确的包括（　　）。ABC

   A. [Mn]/[Si] 比提高，可改善钢水的流动性

   B. 合理设计中间包的挡墙，改善钢水流动轨迹

   C. 采取中间包在线加热技术，提高钢水温度，改善流动性

   D. 向中间包内吹入空气，加速钢水流动

8. 以下关于钢水的流动性描述正确的是（　　）。D

   A. 流动性差对铸坯质量改善有利

   B. 流动性好会加快耐火材料的侵蚀消耗

   C. 普碳钢中，[Mn]/[Si] 控制在1.0左右，可以改善钢水流动性

  D. 钢水的流动性越好对铸坯质量改善越有利

9. 一般, 连铸钢水要求锰硅比控制在一定范围, 是为了防止发生 (　　) 事故。A

　A. 渣漏　　　　　　　B. 横裂漏钢　　　　　C. 纵裂漏钢　　　　　D. 水口堵塞

10. 以下有关钢水流动性的说法正确的是 (　　)。C

　　A. 钢水流动性差利于中间包钢水液面的稳定

　　B. 钢水流动性对钢中夹杂物的上浮没有直接影响

　　C. 钢水流动性跟钢水的成分和温度有关系

　　D. 钢水流动性与中间包类型和中间包结构无关

11. 为了改善钢液的流动性, 常采用的脱氧方式为 (　　)。D

　A. 全铝脱氧　　　　　　　　　　　B. 全硅脱氧

　C. 铝—硅脱氧　　　　　　　　　　D. 锰—硅—铝综合脱氧

5.4 严格的温度控制

　　浇注温度是连铸工艺的基本参数之一。对钢水温度的要求是: 足够的过热度、稳定、均匀。

　　(1) 连铸工艺浇注时间长, 增加了中间包环节的热损失, 水口直径小, 浇注流数多, 所以连铸的出钢温度要控制在目标值。

　　(2) 浇注温度波动要小、精确、稳定。

　　(3) 无论钢包还是中间包内钢水温度要均匀。

　　(4) 确保钢水有足够精炼处理的时间。

　　温度偏低钢水发黏, 夹杂物不易上浮, 不仅影响铸坯质量, 甚至会引起中间包水口冻结而被迫中断浇注。温度过高, 会加剧钢水的二次氧化和对耐火材料的冲蚀, 增加钢中夹杂物含量, 还会助长铸坯菱变、鼓肚、裂纹、中心偏析和疏松等多种缺陷的产生; 同时可能引发水口失控, 或由于坯壳过薄而造成漏钢事故。因此合适的浇注温度是连铸顺行的前提, 也是获得良好铸坯质量的基础。所以浇注温度必须控制在目标值, 炉与炉的温度要稳定, 控制在较窄的范围内; 钢包内钢水的温度要均匀。

5.4.1 浇注温度的确定

　　浇注温度是指中间包内的钢水温度, 可以定时测温, 也可以连续测温。如果是人工用热电偶测温, 一般是中间包开浇 5min、浇注过程、浇注结束之前均应测温; 所测温度的平均值为平均浇注温度。

　　浇注温度包括两部分, 一是钢水的液相线温度 T_L, 开始结晶的温度; 二是高出液相线温度的数值, 即钢水的过热度 α。浇注温度 T_c:

$$T_c = T_L + \alpha \tag{5-2}$$

钢水液相线温度与钢种的化学成分有关, 可通过下列公式计算:

$$T_L = 1536 - (78[C] + 7.6[Si] + 4.9[Mn] + 34[P] + 30[S] + 5.0[Cu] +$$
$$3.1[Ni] + 2.0[Mo] + 2.0[V] + 1.3[Cr] + 18[Ti] + 3.6[Al]) \tag{5-3}$$

$$T_L = 1538 - (65[C] + 8[Si] + 5[Mn] + 30[P] + 25[S] + 4[Ni] +$$
$$1.5[Cr] + 2[Mo] + 2[V] + 3[Al] + [W]) \qquad (5-4)$$

$$T_L = 1536 - (100.3[C] - 22.4[C]^2 - 0.61 + 13.55[Si] - 0.64[Si]^2 + 5.82[Mn] +$$
$$0.3[Mn]^2 + 0.2[Cu] + 4.18[Ni] + 0.01[Ni]^2 + 1.59[Cr] + 0.007[Ti]^2)) \quad (5-5)$$

式（5-3）和式（5-4）适用于各钢种，式（5-5）只适用于特殊钢种。

　　钢水的过热度是根据浇注的钢种、铸坯的断面：中间包容量、包衬材质、烘烤温度、浇注过程中热损失情况、浇注时间等诸因素综合考虑确定的。如高碳钢、高硅钢、轴承钢等钢种，钢水流动性好，导热性较差，凝固时体积收缩较大，若过热度过高，会促进柱状晶发展，加重中心偏析和疏松，所以应控制较低的过热度。对于低碳钢，尤其是 Al、Cr、Ti 含量较高的一些钢种，钢水发黏，过热度相应要高些。铸坯断面大，过热度可取低些。对于某一钢种来说，其液相线温度 + 合适的过热度，是该钢种的目标浇注温度。表 5-1 为各类钢的过热度参考值。

表 5-1　钢水过热度参考值　　　　　　　　　　　　　　　（℃）

浇 注 钢 种	板坯、大方坯	小 方 坯
高碳、高锰钢	+5~10	+15~20
非合金结构钢	+5~15	+15~20
低碳钢	+20~40	
铝镇静钢、低合金钢	+15~20	+25~30
不锈钢	+15~20	+20~30
硅　钢	+10	+15~20

5.4.2　出钢温度的确定

5.4.2.1　钢水在传递过程的温降

　　出钢过程，钢水注入钢包→炉外精炼处理→中间包→注入结晶器的整个传递过程温度变化如图 5-4 所示。过程总温降可用符号 $\Delta t_{总}$ 表示。

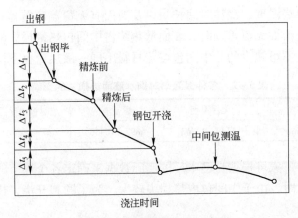

图 5-4　钢水温度变化示意图

　　由图 5-4 可知：

$$\Delta t_{总} = \Delta t_1 + \Delta t_2 + \Delta t_3 + \Delta t_4 + \Delta t_5 \tag{5-6}$$

式中　Δt_1——出钢过程的温降,℃;

　　　Δt_2——从出钢完毕到钢水精炼开始之前的温降,℃;

　　　Δt_3——钢水精炼过程的温降,℃;

　　　Δt_4——钢水精炼处理完毕至开浇之前的温降,℃;

　　　Δt_5——钢水从钢包注入中间包的温降,℃。

出钢过程的温降 Δt_1 包括出钢过程钢流的辐射散热、对流散热和钢包内衬吸热所形成的温降。Δt_1 取决于出钢温度、钢流的状况、出钢时间、钢包容量、包衬的材质和温度状况,加入合金的种类、数量等因素,尤其是出钢时间和包衬温度的波动对 Δt_1 影响较大。根据 90t 钢包热损失的计算实例表明,钢包内壁耐火材料吸热占热损失的 55% ~60%,包底吸热占 15% ~20%,而通过钢水液面的散热约占 20% ~30%。包衬温度越高,钢水的温降越少;因此钢包预热应大于 1100℃,最好"红包"周转;尽量清除包内残钢残渣等是减少热损失的有效措施。还要维护好出钢口,保持钢流圆滑和正常的出钢时间。经验数据表明,大容量钢包出钢过程的温降约 20 ~40℃,中等钢包则温降约 30 ~60℃。

出钢完毕到钢水精炼开始之前的温降 Δt_2 包括钢包内衬的继续吸热、钢水面通过渣层的散热、运输路途和等待时间的热损失。钢水面加覆盖剂和钢包加盖均可以减少热损失,也能稳定浇注温度,由此可使出钢温度降低 10 ~20℃。倘若浇注完毕的空钢包加盖 30min 后受钢,钢水可减少温降 12℃左右。此外,钢包的永久层如是轻质浇灌料砌筑,那么钢水的温降由 2℃/min 减少至 1℃/min。随着钢包容量的增大,单位钢水所占有包衬体积减小,所以钢包容量越大,温降越少。50t 钢包平均温降 1.3 ~1.5℃/min,100t 钢包为 0.5 ~0.6℃/min,200t 钢包 0.3 ~0.4℃/min,300t 钢包为 0.2 ~0.3℃/min。

Δt_3 依据钢水炉外精炼方式和处理时间而定。

从出钢至钢水精炼,这段时间钢包包衬已充分吸收热量。钢水与包衬间的温度差很小,几乎达到平衡。因此 Δt_4 主要取决于钢包开浇之前的等待时间,通常温降在 0.2 ~1.2℃/min。

钢水从钢包注入中间包的温降 Δt_5 与出钢过程相似,包括注流的散热和中间包内衬的吸热及液面的散热等。钢包注流的散热温降与注流的保护状况有关,与中间包容量、内衬材质、是否烘烤、烘烤温度、浇注时间长短以及液面有无覆盖和覆盖材料等因素有关。试验测定表明,中间包液面无覆盖剂时,表面散热约占中间包热量损失的 90% 左右。因而中间包液面覆盖保温是不可缺少的。中间包覆盖材料不同,散热量也不同,见表 5 -2。

表 5 -2　各种保温剂对钢水液面热损失的影响

保温剂种类	无保温剂	覆盖渣	绝热板 + 保温剂	炭化稻壳
热损失值/kJ·(m²·min)⁻¹	11328 ~17263	6897 ~10450	7520	627

实际生产中,各厂家可根据自己本厂的实际数据来确定各个环节的温降损失数值。

浇注第 1 包钢水时,由于中间包内热损失较大,为了顺利开浇,出钢温度要比连浇炉次提高 10 ~15℃。

5.4.2.2　出钢温度计算图

钢水目标温度计算方法见图 5 -5。

出钢温度 $T_{出钢}$ 为：

$$T_{出钢} = T_c + \Delta t_总 \qquad (5-7)$$

5.4.3　温度的控制

温度的控制主要是控制中间包浇注温度在目标范围之内。实际生产中影响温度的因素很多，因而钢水温度往往偏离目标范围，所以要加以调整达到要求，为此应注意以下几点：

（1）稳定出钢温度，提高冶炼终点温度的命中率。稳定出钢温度是温度控制的基础，也是实现目标浇注温度的前提。例如转炉炼钢，对于入炉的铁水的成分和温度，废钢及各辅原料的成分与状况均应符合技术要求，并相对稳定；加入的数量要准确，才得以实现静态吹炼模型，副枪动态控制，提高终点控制的命中率。

（2）减少钢水传递过程的温降。主要是减少钢包与中间包内衬的吸热和钢水液面散热损失；因此应加快钢包的周转，实现"红包"受钢；缩短钢包等待时间；钢水液面加覆盖剂，浇注过程加盖等。中间包应充分干燥烘烤。

（3）做好组织管理工作，减少工序间的等待时间，以减少热损失。

（4）充分发挥精炼设施的调节作用。

（5）充分发挥中间包的冶金功能。

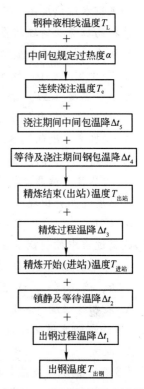

图 5-5　钢水目标温度计算

练 习 题

1. 板坯连铸机生产硅钢合适的过热度为10℃左右。（　　）√

2. 钢水过热度高、硫含量高时拉速应该适当降低。（　　）√

3. 钢水过热度和钢种的液相线温度是两个概念，过热度是指超出液相线温度以上的温度值。（　　）√

4. 钢水温度过低浇注过程中，容易絮死浸入式水口，造成断流。（　　）√

5. 钢水温度过高，会恶化铸坯凝固组织，使铸坯内部缺陷增加。（　　）√

6. 钢水温度过高，气体在钢中的溶解度就过大，对钢水质量危害的影响也越大。（　　）√

7. 根据钢种质量的要求控制较高的过热度，并保持均匀稳定的浇注温度。（　　）×

8. 过热度过低，容易造成冻流。（　　）√

9. 过热度过高，容易造成钢水二次氧化。（　　）√

10. 连铸对温度的要求是合适的过热度。（　　）√

11. 连铸机对浇注钢水的温度和成分不做明确要求，是否能浇注要按照生产调度人员的安排。（　　）×

12. 如果钢水过热度低，开浇时钢水在结晶器内的镇静时间应适当缩短。（　　）√

13. 如果钢水过热度高，开浇时钢水在结晶器内的镇静时间应适当延长。（　　）√

14. 为提高拉速及铸坯质量，连铸钢水过热度以偏高为好。（　　）×

15. 板坯连铸机生产合金结构钢合适的过热度为（　　）℃。C
    A. 小于5　　　　　B. 5~10　　　　　C. 15~20　　　　　D. 30~45

16. 钢水过热度（ΔT）的计算公式为（　　）。C
    A. 过热度 = 钢包钢水温度 – 中间包水温度
    B. 过热度 = 钢包钢水温度 – 液相线温度
    C. 过热度 = 中间包钢水温度 – 液相线温度
    D. 过热度 = 结晶器钢水温度 – 液相线温度

17. 过热度过高会出现（　　）缺陷。A
    A. 缩孔　　　　　B. 表面裂纹　　　　　C. 中心裂纹　　　　　D. 冻流

18. 连铸过程中控制钢水在目标范围之内应该以（　　）为依据。D
    A. 炼钢出钢温度　　B. 精炼出站温度　　C. 连铸钢包温度　　D. 连铸中间包温度

19. 一般，连铸（　　）高，铸坯的中心缩孔或中心疏松要比低时严重。C
    A. 液相线温度　　B. 出钢温度　　　　C. 过热度　　　　　D. 凝固温度

20. （多选）钢水过热度过高可能造成的铸坯缺陷有（　　）。ACD
    A. 脱方　　　　　B. 夹渣　　　　　　C. 纵裂　　　　　　D. 中心疏松

21. （多选）钢水连浇应具备的条件包括（　　）。ABCD
    A. 连浇成分符合要求　　　　　　　　B. 钢水温度符合要求
    C. 中间包寿命未达到报废时间　　　　D. 铸机上无其他影响连浇的设备事故

22. （多选）钢水流动性变差会给浇钢带来的影响有（　　）。ABCD
    A. 不利于中间包内温度的均匀　　　　B. 不利于中间包内夹杂物的上浮
    C. 不利于中间包覆盖剂的熔化　　　　D. 容易引起冻流断浇

23. （多选）过热度过低，会出现（　　）。AC
    A. 冻流　　　　　B. 脱方　　　　　　C. 夹杂增加　　　　D. 漏钢

24. （多选）过热度过高会出现（　　）。ABCD
    A. 缩孔　　　　　B. 钢水二次氧化　　C. 漏钢　　　　　　D. 偏析

25. （多选）如果浇注钢水温度过高则会产生（　　）后果。AD
    A. 漏钢几率增加　　B. 等轴晶率增加　　C. 夹杂物上浮困难　　D. 中心偏析加重

26. （多选）以下有关连铸钢水温度控制的说法正确的是（　　）。ABCD
    A. 连铸钢水温度控制以中间包钢水温度为依据
    B. 连铸实际生产中温度受多种因素影响
    C. 连铸温度控制应减少钢水传递过程温降
    D. 应充分发挥精炼设施的调节作用

5.4.4　温度的调整

生产实践表明，出钢温度往往高于目标值；钢包内钢水温度分布很不均匀，包底水口部位与钢液面之间温度差很大，见表5-3。

表5-3 沿钢包高度方向钢水的温降

钢包容量/t	50	100	140	250
沿钢包高度方向温度差/℃	60~70	50~60	40~50	35~40

钢包底吹氩气搅拌后，低温钢水向上部表层移动，钢水温度的分布趋于均匀化。图5-6表明钢包吹氩与不吹氩中间包内钢水温度分布情况。

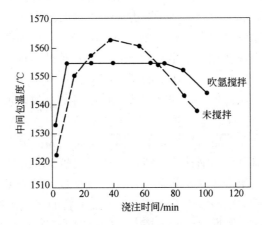

图5-6 钢包吹氩对中间包钢水温度分布的影响

通过炉外精炼处理，尤其是吹氩搅拌，钢水的温度和成分都趋于均匀化。

此外，若钢水温度高于目标值，可加入小块清洁废钢并吹氩气搅拌；钢水温度稍低于目标值时，可通过 LF 炉电弧加热或 CAS-OB 等其他方式提温达到目标要求。

5.5 各钢种精炼路线

随着精炼技术的广泛应用，采用少渣或无渣出钢工艺是改善钢水质量，提高和稳定合金吸收率的有效措施。钢渣进入钢包，渣中 FeO 会氧化钢中合金元素，不仅降低了合金吸收率，还影响钢水成分的稳定性。挡渣出钢比不挡渣出钢合金吸收率平均提高 Fe-Si 13.33%，Fe-Mn 5.7%；同时又减少钢中夹杂物含量，提高了钢水纯净度。熔渣进入钢包容易引起回磷，例如国外某钢厂冶炼低硫管线钢，挡渣出钢回磷量从平均 0.006% 降至 0.002%，铝镇静钢铝耗量降至 0.18kg/t 钢。挡渣后钢包钢液面应加覆盖剂。小于 100t 的钢包，渣层厚度为 70mm 以下；100t 以上的钢包，渣层厚度为 150mm 以下。

由于铁水预脱硫处理，转炉冶炼就可能采取少渣冶炼工艺，出钢挡渣操作，减少钢水的回磷、硫，改善了钢质量。

电弧炉多采用高功率或超高功率的氧化精炼，偏心炉底出钢，完全避免氧化渣进入钢包，有利于提高精炼效果和钢质量。

5.5.1 吹氩搅拌

钢包吹氩可以均匀成分、温度外，还有利于气体的排除和非金属夹杂物上浮。由于出钢挡渣操作，钢包中渣层薄，渣中氧化铁含量低，吹氩气搅拌效果明显。150t 钢包最佳吹氩气时间为 6 ~ 10min；对脱氧良好的电炉钢水渣中（FeO）< 0.5%，吹氩气后，可获得硫、氧、非金属夹杂物都很低的钢水。

5.5.2   连铸用钢水炉外精炼工艺路线

钢水炉外精炼是提高冶金产品质量、扩大品种、优化冶金生产工艺、进一步提高生产率、节能降耗、降低成本的必要手段，也是实现炼钢—连铸—铸坯热装和直接轧制的保证。在总结国外精炼发展经验，依据"立足产品，合理选型，强调在线，系统配套"的发展方针，综合当今现代冶金生产，总结了两类典型优化工艺流程：

（1）高炉铁水—铁水预处理—转炉炼钢—钢水炉外精炼—连铸—连轧。

（2）废钢、生铁、金属化球团—电弧炉炼钢—钢水炉外精炼—连铸—连轧。

无论哪种流程，钢水精炼是必不可少的环节，主要原因是：

（1）炉外精炼是提高冶金产品质量，扩大钢的品种的需要。近些年来，由于交通、农业、能源、轻工、机械制造业、电子技术、航天技术等各行各业的发展，用户使用冶金产品范围越来越广泛，对冶金产品质量的要求也越来越高，如低碳、超低碳、超低硫、气体含量极低、成分控制范围很窄的钢种等，精炼是达到这些要求的必要手段。

（2）炉外精炼是优化冶金工艺，提高生产率，降低成本的需要。例如，超高功率电炉与 LF 炉、VOD、AOD 等二次冶炼设备相匹配，组成了新的工艺流程。不仅简化了传统生产过程，还提高了生产率。像难冶炼的不锈钢、轴承钢等钢种，采用这种流程生产率成倍地提高，还大大地降低了成本。再有，铁水预处理、转炉与二次冶炼设备组成的新流程，充分发挥转炉的优势，扩大了钢的品种，降低了消耗。所以炉外精炼是优化工艺的必要手段。

（3）炉外精炼是完成炼钢—连铸—连轧或直接轧制的保证。

5.5.3   各钢种精炼路线

各钢种精炼路线参考以下几种基本形式：

（1）普通结构钢：

1）容量在 100t 以上的转炉→CAS – OB 或 LF 炉或 RH 真空处理→连铸。

CAS – OB、LF 炉适用于大型转炉车间，根据需要可以单一精炼也可以组合精炼，实现成分微调、升温、脱气、脱硫、脱氧等，精炼效果好。

2）容量在 20 ~ 30t 的转炉→喂丝→吹氩搅拌→连铸。

该流程主要是改变夹杂物形态，改善钢水流动性，提高钢水纯净度和合金利用率。

（2）低碳铝镇静钢、船用钢、低合金钢等：

铁水预处理→LD 转炉→RH→连铸，或部分铁水 + 直接还原铁 + 废钢→电弧炉→RH→连铸。

（3）汽车外壳钢板、硅钢、深冲钢等：

铁水预处理→LD 转炉→RH→KIP→连铸。

（4）管线钢：

铁水预处理→LD 转炉→喷粉→RH→连铸。

（5）调质钢、轴承钢、模具钢等：

1）电弧炉→LF→RH→连铸，或电弧炉→LF→VD→连铸，或电弧炉→ASEA－SKF→连铸。

2）铁水预处理→LD转炉→RH→连铸。

（6）不锈钢等：

1）电弧炉→VOD→连铸；

2）铁水预处理→LD转炉→AOD→连铸。

（7）超低硫、磷钢、超纯净钢等：

1）铁水预处理→LD转炉→LF→喷粉→RH（OB）→喂丝→连铸；

2）电弧炉→LF→喷粉→RH（OB）→喂丝→连铸。

就我国炼钢设备容量现状与连铸匹配的炉外精炼方式，其选择方式与目的可参考相关内容。

练 习 题

1. 钢水的炉外精炼处理有利于连铸提高拉速。（　　）√

2. （多选）连铸对钢水质量的要求有（　　）。ABCD

　　A. 合适的钢水温度　　B. 合适的钢水成分　　C. 钢水的可浇性　　D. 钢水的流动性

3. （多选）为连铸提供的钢水一般需要满足的原则为（　　）。ABC

　　A. 钢水成分的稳定性　　B. 温度稳定　　　　C. 钢水的可浇性　　D. 铝含量

学习重点与难点

学习重点：各等级学习重点是掌握连铸钢水的要求，高级工以上学员要知道钢水温度超标
　　　　　应该采取的措施。

学习难点：根据钢种、浇次、钢水情况选择合适的浇注温度。

思考与分析

1. 连铸工艺对钢水准备的基本要求是什么？

2. 对供给连铸工艺的钢水温度有什么要求，在生产上应注意什么？

3. 连铸浇注温度怎样确定？

4. 中间包钢水温度状况是怎样的，有什么影响？如何稳定中间包钢水温度？

5. 连铸工艺对钢水的成分控制的原则有哪些？

6. 连铸工艺对钢水中常规元素成分控制有哪些要求？

7. 连铸对钢水的基本要求是什么？

8. 某台铸机生产Q235钢连浇第6炉，上机温度1580℃，连浇中期发生中间包冻流停浇事
　　故。该炉浇注过程中，中间包钢水温度测量值依次为1545℃、1536℃、1531℃。试问
　　应如何分析此次事故，应采取哪些措施？

9. 请说明钢水浇注温度过高或过低的危害，并简述连铸钢水温度控制的对策。

10. 连铸过程中对钢水中 [Mn]、[Si]、[S]、[P] 如何控制？

11. 高铝钢浇注时应注意哪些问题？

12. 连铸过程防止水口堵塞的措施有哪些？

13. 为什么要控制钢中的 [Mn]/[Si] 比，[Mn]/[Si] 是如何确定的？

14. 连铸钢水温度控制的对策有哪些？

6 连铸操作过程

教学目的与要求

1. 说出堵引锭头、中间包烘烤、结晶器检查的目的要求；
2. 思考工艺制度、标准化作业指导书制定的依据。

板坯连铸运行模式包括：准确模式、插入模式、保持模式、浇注模式、尾坯输出模式、检修模式、辊缝测量模式。

6.1 准备模式

板坯连铸生产准备、设备检查统称为准备模式。

6.1.1 钢包的准备

钢包的准备包括以下工作：

(1) 清理钢包内的残钢残渣，保证包内干净。

(2) 检查和更换水口。安装滑动水口时，上、下滑板要对正、装平；上、下水口孔对中、孔内无堵塞；水口的启闭机构要灵活安全；水口内装好引流砂。

(3) 加快钢包周转，尽量"红包"受钢；若包衬温度低于800℃，需烘烤至1000℃以上，烘烤时应加盖。

(4) 包底、底吹砖面清理干净无杂物，检查氩气管快速接头是否正常，并接通钢包底吹风管进行试吹。

(5) 钢包座到回转台后开浇前安装长水口，长水口与钢包下水口接口缝要严格密封。

(6) 长水口材质有熔融石英、铝—碳两种。铝—碳质长水口使用前应快速烘烤至700℃以上，这样表面防氧化涂层能形成瓷釉，对 $Al_2O_3 - C$ 质材料起保护作用。熔融石英长水口可不烘烤使用。

6.1.2 中间包的准备

中间包是钢水进入结晶器前最后一个重要的冶金容器，中间包状况直接影响钢的质量和连铸操作的顺行。当前中间包工作层多用耐火涂层、干式料整体成型的砌筑。包内还砌有挡墙、坝和导流板、过滤器等。

6.1.2.1 定径水口

(1) 多流小方坯连铸机使用定径水口敞开式浇注；也可使用塞棒控制浇注。根据铸坯断面和拉速选择水口直径。如浇注 120mm × 120mm 小方坯，定径水口直径可选择 $\phi14 \sim$

15mm；若浇注150mm×150mm小方坯，水口直径选用 $\phi15\sim15.5mm$。另外还可根据水口距钢包注流落点的远近，选择水口直径，远离注流落点的水口直径可稍大于其他水口，以使各注流拉速均衡稳定。定径水口为锆质或内镶锆质外为高铝质复合材料制作。

（2）各流水口的中心距应与连铸机流间距相一致，砌筑误差不得超过±1.5mm。

（3）为了便于自动开浇，中间包每个水口上面安砌一个耐火套筒，又称开浇杯。开浇杯为轻质耐火材料制作，开浇杯的高度依开浇的先后次序逐一增高，先开浇的套筒较矮，最后开浇的耐火套筒高度最高，其结构如图6-1所示。

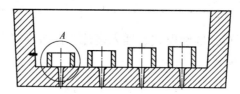

图6-1 定径水口自动开浇示意图

由图6-1可见，每个开浇杯高度不同，当中间包钢水液面依次没过高度不同开浇杯时其依次浮起，水口依次开浇。

（4）在中间包体外包底滑道装好下水口，一要对中，二是接口要密封。

6.1.2.2 浸入式水口的安装

板坯和大方坯用浸入式水口+保护渣浇注塞棒控制。浸入式水口的材质有熔融石英和高铝—石墨质。在长时间浇注过程中，水口要保持注流圆滑不散，流量稳定，水口不堵。因此在安装水口时应注意：

（1）水口与座砖的缝隙应用胶泥填实抹平，防止渗漏钢水。

（2）浸入式水口不得有裂纹和缺损，不得弯曲变形。

（3）根据所浇注坯断面与拉速确定水口直径。如浇注铸坯厚度为150~200mm，拉速在1.0~1.2m/min，浸入式水口内孔直径在 $\phi35\sim45mm$ 为宜。若拉速再高时，水口的孔径也相应增大些。

（4）浸入式水口一定要装平、装正；伸出部分一定要与中间包底相垂直，并与结晶器准确对中。

（5）外装浸入式水口，应仔细检查托架。对吹氩气防塞型浸入式水口，安装后接好喷嘴接头，再装入托架内；在水口接口处要均匀涂抹胶泥，然后试气。

（6）浸入式水口装好后，要确保水口内孔畅通无堵塞，使用前最好在外壁包一层耐火纤维毡，浇注时去除。

（7）浸入式水口有两种安装方式，即内装式与外装式。

内装式是浸入式水口从中间包包底由内向外伸出；由于是整体结构密封性好；但是小车行走多有不便，浇注过程不能更换。

外装式也是组合式，在中间包体外底部上水口接装浸入式水口。这种方式简单方便，便于更换，但必须注意接口缝的严格密封，以防吸入空气污染钢水。目前基本上都是采用外装结构。

6.1.2.3 塞棒的安装

当前使用的塞棒都预留吹氩气通道，以免水口结瘤堵塞。塞棒为高铝材质整体结构，渣线部位为复合氧化锆材质。安装时应注意：

（1）安装前要检查塞棒不得弯曲、变形；若塞棒表面无涂层，镶嵌件有残损、松动或不到位的均不得使用。

（2）安装塞棒根据情况可以留有 2 ~ 3mm 的晴头，开关灵活不得有跳动。

（3）塞棒安装完毕要试车启、闭几次，检查开闭器是否灵活，开启量应在 60 ~ 80mm。

6.1.2.4 快速更换水口装置

中间包快速更换水口装置结构如图 3 - 31 所示。中间包的准备包括检查水口更换滑道，使其处于待用状态。

6.1.2.5 中间包烘烤

烘烤之前检查包内所砌挡墙、坝、导流板、过滤器等设施，确定无问题后再进行下步工作。

中间包烘烤应注意：

（1）中间包的包盖盖好后，中间包小车必须开至结晶器上方，浸入式水口与结晶器正确对中定位，然后返回到烘烤位置。

（2）无论何时运送中间包，塞棒必须处于关闭位置，以防运送过程发生跳动，或振动而发生错位或断裂。

（3）浸入式水口伸出部分应在烘烤箱内烘烤。硅质水口作为过渡性水口使用，用前可不烘烤，否则氧化硅非晶体结构骤变，耐火材料性质恶化。铝碳质水口从外部烘烤 1h 左右，烘烤要逐渐升温，以免砖体炸裂。

（4）对于工作层为耐火涂层或干式料的中间包按技术要求进行升温烘烤。

（5）中间包用煤气或燃料油烘烤均可。

6.1.3 结晶器的检查

结晶器是钢水凝固成型的重要部件。铸坯在出结晶器下口时，应具有一定安全厚度的均匀坯壳，以免拉漏。实践证明，裂纹、菱变等缺陷都是在结晶器内形成的，因此在浇注前做好结晶器的检查是十分必要的：

（1）认真检查结晶器内腔铜管、铜板表面有无严重损伤。若角部有裂纹或面部划伤深度较大，必须按规定更换；同时还要检查结晶器冷却水水压是否正常，不得有渗水现象。

（2）检查结晶器振动装置运行是否正常，依据所浇注坯断面设定的拉速，调定相应的振动频率、振幅等振动参数。

（3）检查润滑油在结晶器内壁的分布情况，并调节相应的供油量。

（4）组合式结晶器内壁角部缝隙应小于 0.3mm，并用铜垫片使宽、窄面接触板呈 135°的斜角，以防铸机起步拉漏。

（5）检查结晶器下口足辊是否转动；足辊、铜板部位喷嘴要齐全，无堵塞；扁喷嘴的扁口应处于横位；喷水架无歪扭。

（6）结晶器的大小盖板应配备齐全，放置平整；结晶器与盖板间的空隙用石棉绳堵好，并用耐火泥抹平。

6.1.4 二冷区的检查

二冷区的任务是支撑、引导和拉动铸坯运行，并喷水雾或气水雾冷却，使铸坯在矫直或切割前完全凝固。为此应检查：

(1) 二冷区供水系统是否正常，水质是否符合要求。

(2) 检查二冷区喷嘴是否齐全，并打开各段水管检查各个喷嘴是否畅通。

(3) 根据所浇钢种、断面设定喷淋水量。

(4) 气—水喷嘴用压缩空气的气压应在 0.4～0.6MPa 以上，雾化气压应在 0.2MPa 以上。

6.1.5 拉矫装置的检查

拉矫装置承担拉动和矫直铸坯，以及输送引锭杆的任务。拉矫装置应检查：

(1) 根据拉坯辊压下动力，检查气压或液压系统，并调节给定的冷热坯的压紧力。

(2) 主控室内选择开关置于浇注位置，检查结晶器振动、结晶器润滑送油装置。二冷区水闸阀、蒸汽抽风机等设备是否能随拉坯矫直辊同步运行。

(3) 确认引锭头与所浇注坯断面尺寸是否一致，引锭头无严重变形、清洁无油脂等。

(4) 上装式或刚性引锭杆的存放装置应能正常运行。

6.1.6 切割装置及其他设备的检查

切割装置及其他设备的具体检查内容为：

(1) 火焰切割装置或剪切机械运行是否正常，并校验割枪。

(2) 启动各组辊道，升降挡板、横移机、翻钢机、推钢机、冷床等设备应运行正常，处于待用状态。

+++

练习题

1. 连铸结晶器的作用主要是将钢水初步凝固成形，并形成一定厚度的坯壳。（　　） √

2. 对结晶器进行检查，需要检查其下口足辊是否转动灵活。（　　） √

3. 结晶器变形可能会造成拉漏或脱方。（　　） √

4. 在吊运中间包和上塞棒的时候，要确保棒体不受损伤，以避免浇注过程中的塞棒断裂。（　　） √

5. 中间包塞棒棒头被发现有缺损的现象，可以继续使用。（　　） ×

6. 中间包浸入式水口在使用前进行适度的烘烤，可避免因温度骤变而爆裂。（　　） √

7. 引锭头密封不好和结晶器内潮湿会造成结晶器开浇漏钢。（　　） √

8. 连铸用的中间包浸入式水口，其上口内径尺寸一般控制为（　　）。A

    A. 与中间包水口外径相同　　　　　　B. 比中间包水口外径小

    C. 比中间包水口外径大　　　　　　　D. 无所谓

9. 连铸结晶器主要是将钢水初步凝固成形，并（　　）。B
   A. 升高钢水温度　　　　　　　　　　　B. 形成一定厚度的坯壳
   C. 调节钢水成分　　　　　　　　　　　D. 将钢水完全凝固成铸坯

10. 当结晶器弯月面处发生较大划伤时，应（　　）处理。A
    A. 立即更换结晶器　　　　　　　　　　B. 继续使用
    C. 进行在线打磨　　　　　　　　　　　D. 不进行处理

11. 关于连铸结晶器的检查，下面不属于其检查内容的是（　　）。B
    A. 铜管、铜板　　　　　　　　　　　　B. 结晶器水质
    C. 结晶器内壁角部缝隙　　　　　　　　D. 结晶器下口足辊

12. 关于连铸结晶器的检查，下面说法不正确的有（　　）。B
    A. 铜管、铜板表面有严重损伤的结晶器需要更换
    B. 结晶器漏水可以不处理
    C. 结晶器内壁角部缝隙太大，需进行调节
    D. 结晶器下口足辊转动不灵活，需进行处理

13. （多选）关于连铸结晶器的检查，下面说法正确的有（　　）。ACD
    A. 铜管、铜板表面有严重损伤的结晶器需要更换
    B. 结晶器漏水可以不处理
    C. 结晶器内壁角部缝隙太大，需进行调节
    D. 结晶器下口足辊转动不灵活，需进行处理

14. （多选）对二冷水的检查要做到（　　）。ABCD
    A. 立管无不正　　B. 喷嘴出水正常　　C. 喷嘴对正铸坯　　D. 雾化效果好

15. （多选）为了保证二冷冷却效果每个浇次开浇前例行检查时，岗位人员都应该对铸机整个二冷段喷嘴喷水情况进行检查确认，检查内容包括（　　）。ABCD
    A. 喷射角　　　　　　　　　　　　　　B. 喷嘴是否堵塞
    C. 喷嘴是否缺损　　　　　　　　　　　D. 喷嘴连接处是否漏水

16. （多选）对连铸拉矫机进行检查，包括（　　）。ABCD
    A. 拉矫机气压或液压系统是否正常　　　B. 拉坯的实际拉速
    C. 拉矫机的冷却系统　　　　　　　　　D. 拉矫机的辊子是否正常

17. （多选）连铸结晶器具备的功能有（　　）。AB
    A. 将钢水初步凝固成形　　　　　　　　B. 形成一定厚度的坯壳
    C. 调节钢水成分　　　　　　　　　　　D. 将钢水完全凝固成铸坯

18. （多选）对连铸结晶器进行检查，应检查（　　）。ABCD
    A. 结晶器铜管、铜板表面有无严重损伤　B. 结晶器是否漏水
    C. 结晶器内壁角部缝隙大小　　　　　　D. 结晶器下口足辊是否转动灵活

19. （多选）中间包水口必须（　　）。ABCD
    A. 干燥　　　　　　B. 安装正确　　　　　　C. 无裂纹　　　　　　D. 无磕碰

20. （多选）连铸用的中间包上水口，对其本身有（　　）要求。ABC
    A. 无裂纹、无缺损　　　　　　　　　　B. 内壁光滑、无杂物
    C. 尺寸合适　　　　　　　　　　　　　D. 水口的颜色

21. （多选）安装完中间包塞棒，对其有（　　）要求。AB

　　A. 尽量对正水口, 或稍微有内啃　　　　　B. 自留量不妨碍控棒

　　C. 可以外啃　　　　　　　　　　　　　　D. 自留量越小越好

22. (多选) 连铸用的中间包塞棒, 对其有 (　　) 要求。ABC

　　A. 平直、无裂纹　　　　　　　　　　　B. 棒头及棒身无缺损

　　C. 与水口配合好　　　　　　　　　　　D. 棒的颜色

23. (多选) 对浸入式水口的检查, 主要包括 (　　)。ABCD

　　A. 是否有磕碰　　　B. 是否潮湿　　　C. 是否超过有效期　　　D. 是否有裂纹

24. (多选) 检查中间包上水口时, 应该 (　　)。ABCD

　　A. 无碰伤　　　　　B. 安装正确　　　C. 内部无杂物　　　D. 无裂纹

25. 检修时应该清理输送辊道周围的氧化铁皮, 确保不影响设备的正常运行。(　　) √

26. 生产操作工一般检查切割介质时, 必须确认切割介质的纯度。(　　) ×

27. 现代板坯铸机的各运行模式的选择要求按规定的顺序进行操作。(　　) √

28. 现代板坯铸机的各运行模式之间生产操作人员可以完全互相切换。(　　) ×

29. 中间包坐包不稳或不正, 可能是有粘钢。(　　) √

30. 日常生产过程中, 下列 (　　) 不属于板坯结晶器的检查内容。D

　　A. 足辊转动情况　　B. 铜板表面镀层　　C. 锥度　　　　　D. 镀层厚度

31. 用于检查中间包与结晶器对中的工具有 (　　)。B

　　A. 扒钩和对中尺　　　　　　　　　　　B. 手电筒和对中尺

　　C. 手电筒和钎子　　　　　　　　　　　D. 扒钩和钎子

32. 在离线位对中间包进行检查时, 发现塞棒有磕碰, 应该 (　　)。A

　　A. 联系中间包准备工, 进行更换　　　　B. 不用处理

　　C. 此流不开浇　　　　　　　　　　　　D. 以上做法都不对

33. 在 (　　) 运行模式下, 各个设备都可以单体操作。C

　　A. 上引锭模式　　　B. 浇注模式　　　C. 检修模式　　　　　D. 辊缝测量模式

34. 关于中间包烘烤, 下面说法不正确的是 (　　)。D

　　A. 烤包前, 与结晶器进行对中　　　　　B. 吊包过程中, 需将塞棒关闭

　　C. 烘烤时需严格执行技术要求　　　　　D. 硅质水口可以进行长时间烘烤

35. 钢包操作工在日常生产中, 对钢包回转台检查周期是 (　　)。A

　　A. 每班　　　　　　B. 每天　　　　　C. 每周　　　　　　D. 每月

36. 钢包工接班后进行设备巡检, 对回转台的检查主要包括 (　　)。D

　　A. 回转台的旋转　　　　　　　　　　　B. 叉臂升降

　　C. 包盖升降和包盖旋转　　　　　　　　D. 以上三项都需要

37. 关于塞棒安装, 对塞棒的要求有 (　　)。A

　　A. 不得弯曲、变形, 表面涂层均匀　　　B. 可以有弯曲

　　C. 可以有变形　　　　　　　　　　　　D. 涂层可以脱落

38. (多选) 钢包操作工在日常生产中对钢包回转台检查的内容有 (　　)。ABCD

　　A. 油路、截门　　　　　　　　　　　　B. 控制阀组

　　C. 机械手各部结构无变形、开焊现象　　D. 机械手挂钩无变形、扭曲现象

39. (多选) 钢包操作工在日常生产中对钢包回转台系统维护和清扫的规定是

（   ）。ABCD

A. 严禁清扫运转中的设备   B. 液压站内严禁存放易燃、易爆物品

C. 传动系统间不得存放杂物   D. 设备操作台面保持清洁

40. （多选）关于塞棒安装，下面做的正确的是（   ）。ABC

A. 安装前要检查塞棒外形与表面质量

B. 留有 2~3mm 的唒头，开关灵活不得有跳动

C. 塞棒安装完毕后要开闭几次，检查开闭器是否灵活

D. 开闭器开启量应在 20~30mm

41. （多选）日常操作工对中间包车系统检查内容包括（   ）。ABCD

A. 升降系统 B. 横向微调系统 C. 行走系统 D. 称量系统

42. （多选）日常生产过程中，板坯结晶器的主要检查内容有（   ）。ABCD

A. 角缝   B. 铜板表面镀层 C. 锥度   D. 上口宽度

43. （多选）现代板坯铸机的运行模式都包括（   ）。ABCD

A. 上引锭模式 B. 浇注模式 C. 检修模式 D. 辊缝测量模式

6.2 插入模式

插入模式是板坯连铸上引锭杆操作专用插入模式名称。

当确认设备一切正常后，按要求将引锭头送入结晶器；若结晶器长 700mm 时，引锭头距顶面 550~600mm；结晶器长 900mm 时，距顶面 600~700mm。堵引锭头应注意：

（1）确认引锭头干燥、干净，否则可用压缩空气吹扫。

（2）在引锭头与结晶器四壁的缝隙内，填塞石棉绳或纸绳，填实、填平；尤其是结晶器四个角部一定要塞严、塞紧。

（3）在引锭头的沟槽内添加清洁废钢屑、铝粒和适量微型冷却钢片，以使注入的钢水在引锭头部位充分冷却、连接；冷却钢片不宜过多，避免连铸机起步时引锭头与铸坯拉脱、漏钢。

（4）结晶器内壁涂以菜籽油，防止钢水与结晶器粘连。

练 习 题

1. （多选）塞完引锭杆以后，要求做到（   ）。ABC

A. 保证引锭头没有水

B. 向引锭头洒入适量的钉屑，要求填满引锭头四周的缝隙

C. 引锭头进入结晶器四分之一

D. 引锭头进入结晶器四分之三

2. （多选）关于塞引锭的操作程序，下列说法正确的是（   ）。ABCD

A. 切割岗位将引锭杆送到拉矫机时，应先将拉矫机抬起

B. 切割岗位将引锭杆送到拉矫机时需通知中间包岗位

C. 引锭杆依次经过矫机、拉机时，依次将矫机、拉机落下

D. 最后需将引锭杆导入结晶器里

3. （多选）关于塞引锭杆的材料，下列说法正确的是（   ）。ABCD

A. 引锭杆要干燥   B. 引锭杆完好无毛刺

C. 石棉垫要干燥   D. 石棉垫数量最少3层

6.3 保持模式

板坯连铸机上完引锭杆后，等待钢水浇注称为保持模式。

上引锭工作完毕后，直到开浇前，振动机构、拉矫机构、喷水阀门、夹紧辊的液压（气动）系统都应处于静止待用状态。同时结晶器盖板周围的工作场地应清理干净。

准备好开浇及浇注过程所用材料及工具，并放到应放的位置，如保护渣、覆盖剂、捞渣工具、氧气管、取样器等。主控室内对各参数进行确认，如各段冷却水、事故水、电气、液压、切割机等。

练习题

1. 开浇前必须对测温系统进行检查和校对。（   ）√

2. 烘烤过程中出现挡坝倒塌可以继续烘烤。（   ）×

3. 进行辊道维修时，不需要持有操作牌。（   ）×

4. 开浇前应对开浇杯进行检查，开浇杯不得有水。（   ）√

5. 连铸开浇前，钢包工检查确认钢包套管机械手的灵活状态，有粘钢及时清除。（   ）√

6. 连铸生产过程中，二冷装置不需要检查。（   ）×

7. 结晶器足辊不转会导致（   ）。D

A. 铸坯鼓肚   B. 铸坯表面裂纹   C. 铸坯内部裂纹   D. 表面划伤

8. 进行设备操作前，首先必须检查确认的是（   ）。A

A. 有无操作牌   B. 制动器是否打开

C. 辊子轴承是否损坏   D. 是否存在其他电器问题

9. 开浇前引锭头堵住结晶器下口的作用，开浇后钢水与引锭头凝结在一起，铸坯随（   ）拉出结晶器下口。B

A. 对夹辊   B. 引锭杆   C. 托辊   D. 二冷段

10. （多选）保护套管机械手应保证（   ）。ABCD

A. 转动灵活   B. 无粘钢   C. 无粘渣   D. 进退自如

11. （多选）保护套管在使用前应确认的项目有（   ）。ABCD

A. 保护套管材质   B. 是否需要烘烤

C. 套管是否有裂纹、缺口等   D. 是否在有效日期内

12. （多选）关于浸入式水口安装，下面说法正确的是（   ）。ABCD

A. 浸入式水口不得有裂纹和缺损，不得弯曲变形

B. 浸入式水口一定要装平、装正

C. 应仔细检查托架

D. 装好后，确保水口内孔畅通无堵塞

13. （多选）关于浸入式水口与中间包和结晶器的对中以下（　　）说法正确。ABCD

A. 水口要保持垂直、不能歪斜　　　　B. 水口必须先烘烤后使用

C. 对中时要使用对中尺　　　　　　　D. 水口要在结晶器的中心

14. （多选）烘烤过程中出现的（　　）有可能影响铸坯质量。ABCD

A. 塌料　　　　B. 挡坝倒塌　　　　C. 塞棒变形　　　　D. 水口有杂物

6.4 浇注模式

板坯开始浇注、正常浇注、换钢水包、换中间包连浇统称为浇注模式。

6.4.1 钢包浇注

钢包浇注的具体操作为：

（1）钢包座到回转台（或钢包支架）上，转至浇注位置，并锁定。此时中止中间包烘烤，并关闭塞棒；定径水口应检查耐火开浇杯。

（2）中间包运行至浇注位置，与结晶器重新严格对中定位，偏差不得大于1.5mm；定径水口的中间包将摆动槽对准水口放置。

（3）在中间包底均匀撒放一些Ca-Si合金粉，以保"出苗"钢水的流动性。

（4）调节中间包小车，将浸入式水口伸入结晶器到设定位置，水口底面距结晶器"底"面50~100mm；然后要多次启闭塞棒，再次检查其开启的灵活性和关闭的严密性。

（5）要尽量缩短等待时间。从中间包中止烘烤到钢包开浇的时间越短越好。准备工作就序后即可开浇。

（6）敞开式浇注比较简单，操作人员直接观察注流情况及注入中间包的钢水情况。

（7）采用保护浇注时，钢包就位后，安装保护套管。开启滑动水口，若水口不能自开，取下保护套管，烧氧引流；在水口全开的情况下钢水流出一定数量，即滑动水口吸收了足够的热量后，关闭水口，再将保护套管重新装上，立即开启滑板，调节到适当开度，控制中间包钢水液面到预定位置，并将接口重新严格密封。

（8）当中间包钢水面达到预定高度并没过保护套管，可向中间包内加覆盖剂和炭化稻壳。

6.4.2 中间包浇注

6.4.2.1 塞棒开浇

当注入中间包钢水达到1/2高度时，中间包可以开浇，但应注意以下几点：

（1）控制开浇注流不要过猛、过大，以免引锭头密封材料被冲击离位，或者钢水飞溅造成挂钢、重皮。

（2）钢水注入结晶器后，在液面还未没过浸入式水口侧孔时，塞棒应开启 1~2 次，以确认塞棒控制是否正常。

（3）结晶器液面没过浸入式水口侧孔后，即可添加保护渣。根据需要可加入开浇专用保护渣或常规保护渣；液面距结晶器上口 80~100mm 时，拉坯矫直机构、结晶器振动及二冷区水阀门同时启动。

（4）若塞棒有吹氩装置，开浇时控制氩气低流量范围，当结晶器液面稳定之后再慢慢调整到氩气常规流量，以防结晶器液面翻动。

6.4.2.2　定径水口的开浇

在中间包加入覆盖剂后，液面达到预定高度时，逐一没过开浇杯，"出苗"的脏钢水通过摆动槽流入溢渣盘中，在注流圆滑饱满时移开摆动槽，钢水注入结晶器。该过程应注意以下几点：

（1）为了确保铸坯坯壳厚度，通过摆动槽控制起步时间，一般摆动 1~3 次，起步时间在 20~35s；当拉矫机启动时，结晶器振动机构、二冷区喷水阀、结晶器润滑油系统同步运行。

（2）多流连铸机中间包的水口可按顺序逐一开浇。一般离钢包注流落点近的水口先开浇，远离注流落点的水口后开浇；例如 8 流小方坯连铸机，使用两个中间包，定径水口开浇的顺序是：先开第 4、5 流，然后依次为第 3、6 流，第 2、7 流，最后是第 1、8 流。其间隔时间为 30s 左右。

（3）结晶器液面稳定以后，可将开关置于自动控制位置，实施液面自动控制。

6.4.3　连铸机的启动

拉矫机构的起步就是连铸机的启动；从钢水注入结晶器开始，到拉矫机构启动的时间为起步时间；小方坯的起步时间在 20~35s，大方坯是 35~50s，板坯在 1min 左右；对于多流连铸机来说，各流开浇时间不同，所以起步时间也有差异。起步时间也称"出苗"时间。

起步拉速约 0.3m/min，保持 30s 以上；缓慢增加拉速；1min 以后达到正常拉速的 50%；2min 后达到正常拉速的 90%；再根据中间包内钢水温度设定拉速。

6.4.4　正常浇注

在中间包开浇 5min 后，在离钢包注流最远的水口处测量钢水温度，根据钢水温度调整拉速，当拉速与注温达到相应值时，即可转入正常浇注，即：

（1）通过中间包内钢水重量或液面高度来控制钢包注流；同时要注意保护套管的密封性和中间包保温，并按规定测量中间包钢水温度。

（2）准确控制中间包注流，保持结晶器液面距上缘在 75~100mm；液面稳定，其波动最好在 ±3mm 以内，最多不得超过 ±5mm。

（3）浸入式水口插入深度应以结晶器内热流分布均匀为准；浸入式水口侧孔上缘距液面一般在 125mm 为宜。有的厂家规定浸入式水口底面到液面渣线 269~280mm 合适。

（4）正常浇注后，结晶器内的保护渣由开浇渣改换为常规渣；要勤添少加，每次加入量不宜过多，均匀覆盖，渣面不得有局部透红；保持液渣层厚度在 10~15mm；保护渣的消耗量一般在 0.3~0.5kg/t 钢，并及时捞出渣条和渣圈；可根据具体情况测定保护渣各层厚度。

（5）敞开浇注，要随时注意润滑油量；并及时捞出液面浮渣，以防铸坯卷渣或夹渣。

（6）主控室内要监视各设备运行情况及各参数的变化。

6.4.5 多炉连浇

当转入正常浇注以后，还包括实现多炉连浇操作。

6.4.5.1 更换钢包

更换钢包时原则上不降低拉速，更不能停机或中间包下渣。因此：

（1）可通过称量设备，或所浇连铸坯的长度，或浇注时间，或测量钢包液面深度等方式估算钢包钢水的数量，绝对不能下渣。

（2）钢包更换之前，要提高中间包液面高度，储存足够量的钢水，对于小容量中间包尤为重要；在拉速降低不多的情况下，给第二包钢水的衔接留有充分的时间。

（3）卸下保护套管，清理衔接的碗口部位；第二包钢水到位后，按程序装好保护套管，并保持良好的密封性，即可开浇。

6.4.5.2 快速更换中间包

要实现多炉连浇，快速更换中间包也很关键，通常要求在 2min 内完成更换，最长不得超过 3min；否则由于"新""旧"铸坯的"焊合"不牢，接痕拉脱而引发漏钢事故。其更换中间包程序为：

（1）钢包旋至浇注位置。

（2）当上一中间包液面降至预定高度时，降低拉速；停止待用新中间包的烘烤，并运行至原中间包旁边。

（3）关闭旧中间包，拉矫机构停机；升起中间包，浸入式水口提出结晶器上口；同时同向开动两中间包小车，使新中间包到达浇注位置。

（4）钢包开浇钢水注入新中间包，待钢水液面达到预定位置时，开始下降中间包。

（5）清除结晶器原保护渣；当浸入式水口插入钢水面以后，开启中间包塞棒，并启动拉矫机构，拉速为 0.3m/min；当接痕离开结晶器下口以后，按开浇程序逐步调整拉速直到正常浇注；同时依据开浇程序加入保护渣。

6.4.5.3 快速更换中间包水口

快速更换中间包水口也是多炉连浇的重要环节。备用铝碳质浸入式水口、锆质定径水口更换前需烘烤。

更换之前，新、旧水口并列于滑道之中，更换时，通过驱动机构新、旧水口在滑道中同向移动，移开旧水口的同时烘烤后的新水口进入工位，对中后继续浇注。清理旧保护渣后按正常浇注添加新保护渣。整个更换过程不足 1s。

6.4.5.4 异种钢水的连浇

为了提高连铸机的作业率，应用了不同钢种的连浇技术。异种钢水的连浇也需要更换中间包，其更换程序与常规多炉连浇更换中间包没什么本质区别，关键是不同钢种钢水不能混合，因此当上一炉钢水浇注完毕之后，在结晶器内插金属连接件，并投入所谓隔热材料，使其形成隔层，防止钢水成分的混合。但隔层的上、下钢水必须凝固成一体，可继续浇注，如图6-2所示。这种方法浇注的铸坯大约经过3m的混合过渡区之后，铸坯即为更换后的成分并达到均匀。其程序如下：

（1）首先是换中间包，停机时间不得超过3min，否则二冷区铸坯温度偏低难于矫直，或者造成新旧铸坯接痕处连接不牢而拉脱漏钢。

（2）当前一炉钢水浇注完毕，换包前待结晶器旧保护渣捞干净后，加一薄层新渣，千万不能将旧水口碎片卷入坯壳。

（3）原中间包小车开走后，马上将金属连接件插入结晶器内液面一定深度，安放平稳，并在液面上撒一层铁钉屑。

（4）与常规更换中间包操作程序一样。

（5）开浇的起步时间和拉速的升速要求与第一炉开浇相同。

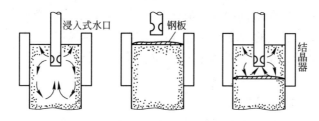

图6-2　异钢种连浇操作示意图

练习题

1. 板坯中间包开浇后，用挡钢板挡住浸入水口侧孔钢流。（　　）√

2. "浇注模式"下，铸机的各扇形段间没有连锁，可以随意抬起和压下。（　　）×

3. 保护浇注铸机的保护套管吹氩气只是在开浇过程中吹氩气，开浇正常后即可关闭气源。（　　）×

4. 当中间包钢水温度异常时要增加测温次数，及时掌握钢水温度变化情况。（　　）√

5. 当中间包东、西两边快速测温的温差明显较大时必须进行重新测温。（　　）√

6. 更换浸入式水口时一定要将结晶器内的保护渣化干净，然后关闭塞棒停机，进行下一步操作。（　　）√

7. 更换浸入式水口要迅速，水口事前要经过烘烤。（　　）√

8. 换包连浇过程中，中间包液位应保证不低于浇注临界液位。（　　）√

9. 接班后可以不用检查称重系统。（　　）×

10. 结晶器液面波动大能造成表面夹渣。（　　）√

11. 进行连浇时钢水温度和成分必须达到相关要求方可连浇。（　　）√

12. 进行烧氧操作时，开气人与烧氧人要相互配合好，烧氧人的手严禁握在带与管的接口处。（　　）√

13. 进行中间包取样时每次应取两个样，做到一用一备。（　　）√

14. 开浇过程中发现驱动器无动作，可能是驱动器不得电。（　　）√

15. 开浇时钢水温度低，应该适当提前开浇，并缩短钢液在结晶器内的镇静时间。（　　）√

16. 连铸操作对产品质量影响很大。（　　）

17. 连铸刚开浇时，结晶器保护渣应该在开浇之前加入结晶器内。（　　）×

18. 连铸刚开浇时，结晶器保护渣在钢水淹没浸入式水口的钢水出口之后加入。（　　）√

19. 连浇钢水碳的偏差不能大于 0.02%。（　　）√

20. 连铸生产过程中强调的三稳定原则指的是：温度稳定、拉速稳定、结晶器和中间包液面稳定。（　　）√

21. 普船 D 与 Q235D 连浇时，中间坯应归入 Q235D。（　　）×

22. 无任何成分交叉的钢种可以连浇。（　　）×

23. 在"浇注模式"下，结晶器水流量和压力报警点严禁强制。（　　）√

24. 在进行中间包取样操作时插入深度在钢液面以下 150～250mm。（　　）√

25. 在遇到中间包钢水温度变化大时，应加强中间包测温工作。（　　）√

26. 铸机开浇，钢包水口打开之后，当中间包的称重到 8～9t 时，测中间包温度，了解钢水过热度，然后再开启塞棒开浇。（　　）√

27. 中间包取样工作应该在一炉钢浇注的中期进行。（　　）√

28. 中间包取样时在一炉钢浇注过程中的任何时候取都是一样的。（　　）×

29. 中间包所取的试样表面要光滑，不能有空心和沙眼。（　　）√

30. 正常浇注时，中间包钢水液位不能波动过大，防止卷渣造成铸坯质量缺陷。（　　）√

31. 正常炉次时，中间包第一次测温时间是在钢包开浇后 1～5 分钟。（　　）√

32. 只要是正常炉次即可以不取中间包样。（　　）×

33. 铸机开浇过程中，板坯挡钢板只起到冷却钢水的作用。（　　）×

34. 铸坯在进行重接操作时，将重接前后的缺陷切净，重新调整定尺。（　　）√

35. 板坯中间包开浇后，用挡钢板挡住浸入水口侧孔钢流，主要目的是（　　）。A
 A. 防止钢流飞溅到结晶器壁上产生悬挂　　B. 冷却钢水
 C. 测量钢水温度　　　　　　　　　　　　D. 防止卷渣

36. 船板用钢连铸板坯在（　　）浇次的第一炉需甩掉头坯。C
 A. 5　　　　　　　B. 5.5　　　　　　　C. 6　　　　　　　D. 6.5

37. 钢包工通知主控工开浇时，主控工应及时通知（　　）岗位。C
 A. 门卫　　　　　B. 清洁工　　　　　C. 切割和出坯　　　　D. 炼钢工

38. 钢包开浇后，当中间包的称重达到 8～9t 时，先（　　），后开浇。D
 A. 开启结晶器振动　　　　　　　　　　B. 加入结晶器保护渣
 C. 测钢包温度　　　　　　　　　　　　D. 测中间包温度

39. 当结晶器冷却水水流量低于设定值，但没有达到报警值时，应该（　　）。A
 A. 增加实际流量，如果仍不能达到设定的流量则停止浇注
 B. 不需要调整流量，继续浇注　　　　　C. 提高拉速浇注

40. 对于有计划地更换浸入式水口，首先要（　　），然后方可进行下一步操作。B
 A. 适当提高拉速　　　　　　　　　　　B. 注意观察切割定尺情况
 C. 加大结晶器冷却水流量　　　　　　　D. 加大二冷区冷却水流量

41. 对于有计划地更换浸入式水口，则注意观察切割定尺情况，停加保护渣同时（　　），

待保护渣化干净后，关闭塞棒停机，撤去旧水口换上新水口，压开塞棒开浇。B

A. 适当提高拉速　　　　　　　　　　　B. 适当降低拉速

C. 加大结晶器冷却水流量　　　　　　　D. 加大二冷区冷却水流量

42. 对中间包内所取试样的有关要求正确的是（　　　）。B

A. 试样可以有空心　　　　　　　　　　B. 表面应平滑，不能有沙眼

C. 每次取样 1 个即可　　　　　　　　　D. 对取样的时间没有要求

43. 钢水能够连浇应满足的条件一般不包括（　　　）。D

A. 连铸设备无故障　　　　　　　　　　B. 钢水温度符合要求

C. 钢水成分符合要求　　　　　　　　　D. 少一个流浇注时

44. 关于更换浸入式水口的有关操作不正确的是（　　　）。C

A. 拉速应适当降低　　　　　　　　　　B. 观察切割定尺情况

C. 保护渣不能化干净　　　　　　　　　D. 浸入式水口碎块要捞出

45. 关于中间包取样的说法不正确的是（　　　）。C

A. 以中间包样作为钢种结束样　　　　　B. 正常炉次取样一般为 4 个

C. 对取样的插入深度不做要求　　　　　D. 取样深度为液面下 150～250mm

46. 换包连浇过程中，中间包液位应保证不应低于（　　　）。D

A. 溢流位　　　　　B. 正常工作位　　　　　C. 下渣位　　　　　D. 临界位

47. 假设在正常浇注的情况下，中间包的钢水重量为 17t，那么在开浇时，当中间包的钢水量达到（　　　）时，可以打开塞棒开浇。C

A. 2～3t　　　　　　B. 3～4t　　　　　　C. 8～9t　　　　　　D. 15～17t

48. 结晶器液面波动大容易产生（　　　）。C

A. 脱方　　　　　　B. 扭转　　　　　　C. 夹杂　　　　　　D. 弯曲

49. 开浇过程中烧流时间过长，容易产生（　　　）。A

A. 皮下气泡　　　　B. 脱方　　　　　　C. 扭转　　　　　　D. 弯曲

50. 开浇后发现结晶器无水，应（　　　）。B

A. 采取事故水浇注　　　　　　　　　　B. 立即停浇

C. 立即检查结晶器进出水管道　　　　　D. 立即汇报厂调

51. 连铸刚开浇时，结晶器保护渣的正确加入时间是在钢液（　　　）。B

A. 淹没引锭头时　　　　　　　　　　　B. 淹没浸入式水口出口后

C. 注入结晶器后　　　　　　　　　　　D. 注入结晶器前

52. 中间包的更换是由（　　　）决定的。A

A. 中间包耐火材料的侵蚀程度　　　　　B. 连浇炉数

C. 浇注的流数　　　　　　　　　　　　D. 领导

53. 连浇过程中，钢包浇注人员应重点控制的两个方面是（　　　）和中间包渣层厚度。C

A. 中间包测温　　　　B. 中间包保温　　　　C. 中间包液位　　　　D. 中间包包壁

54. 连铸中间包开浇时，当钢水（　　　），加入保护渣，覆盖结晶器钢液面。D

A. 注入结晶器后　　　　　　　　　　　B. 注入结晶器前

C. 淹没引锭头时　　　　　　　　　　　D. 淹没浸入式水口出口后

55. 所谓异钢种连铸就是在（　　　）中进行两种或两种以上不同钢种的多炉连浇。C

A. 不同浇次　　　　B. 同一中间包　　　　C. 同一浇次　　　　D. 同一钢包

56. 新开浇的方坯连铸坯，接引锭的头部切除长度不小于（　　）mm。C
A. 180　　　　B. 190　　　　C. 200　　　　D. 250

57. 以160方铸坯开浇为例，浇钢人员接到开浇指令后，开启塞棒，灌入结晶器内钢水约（　　）秒后，即可启车。A
A. 3~4　　　　B. 10~15　　　　C. 15~20　　　　D. 20~25

58. 以180方铸坯开浇为例，浇钢人员接到开浇指令后，开启塞棒，灌入结晶器内钢水液面距离结晶器上口（　　）mm左右时即可给振动启车。B
A. 50　　　　B. 250　　　　C. 500　　　　D. 600

59. 以下有关更换浸入式水口的操作正确的是（　　）。D
A. 拉速应保持不变　　　　B. 更换的水口可以不烘烤
C. 浸入式水口碎块不能捞出　　　　D. 保护渣要化干净

60. 异常炉次时中间包取样工作正确的是（　　）。A
A. 开浇后取第1个，停浇前取最后1个，之间均匀分配取5个样
B. 开浇后取1个，停浇前取1个
C. 开浇后取1个，浇注中期取1个，停浇前取1个
D. 每隔5分钟取1个

61. 异常炉次中间包应取（　　）成品样。C
A. 3个　　　　B. 4个　　　　C. 7个　　　　D. 10个

62. 在钢水温度变化大或者特殊情况下，中间包测温工作应该（　　）。C
A. 与正常炉次测温时间相同　　　　B. 每隔2分钟测一次温
C. 注意观察随时测温　　　　D. 不测温

63. 在浇注过程中，发现打开塞棒，但注流较小或无，钢水条件正常，应及时（　　）。A
A. 组织关闭该流　　　　B. 来回开闭塞棒，使钢流下来
C. 用小氧枪进行处理，继续浇注　　　　D. 从中间包上面对塞棒进行敲打

64. 在连浇换包之前，中间包钢水液位应（　　）。A
A. 适当提高　　　　B. 适当降低　　　　C. 保持不变　　　　D. 降到最低

65. 正常炉次时，应开浇（　　）后取2个成品样，然后浇注中期取1个样，停浇前取1个样。B
A. 3分钟　　　　B. 15分钟　　　　C. 30分钟　　　　D. 60分钟

66. 正常炉次中间包应取（　　）个成品样。C
A. 1　　　　B. 3　　　　C. 4　　　　D. 8

67. 铸机开始时，先（　　），当（　　），测（　　）温度，最后打开塞棒开浇。B
A. 打开钢包水口；中间包称重达到3~4t时；钢包
B. 打开钢包水口；中间包称重达到8~9t时；中间包
C. 打开钢包水口；中间包称重达到8~9t时；钢包
D. 加入结晶器保护渣；钢包滑动水口打开后；中间包

68. 铸机在浇注过程中，扇形段主动辊的压力状态（　　）。A
A. 只能是热坯压力状态　　　　B. 只能是冷坯压力状态

    C. 热坯压力和冷坯压力之间状态可随意转换

69. 铸坯在进行重接操作时,对于铸坯我们应该 (　　)。C

    A. 按照定尺,将废品切除　　　　　　B. 不做任何处理

    C. 将重接前后的缺陷切净,重新调整定尺　　D. 后面的坯子全部报废

70. 作为一个钢种最终结束样的是 (　　)。D

    A. 精炼过程样　　　　B. 精炼结束样　　　　C. 连铸钢包样　　　　D. 连铸中间包样

71. (多选) 钢包不能自开需要引流时,烧氧管弯曲部分的长度应该 (　　)。BC

    A. 越长越好　　　　　　　　　　　　B. 不小于 750mm

    C. 满足安全专业要求　　　　　　　　D. 无要求

72. (多选) 对更换浸入式水口的操作描述不正确的是 (　　)。ABD

    A. 换水口过程中拉速应保持不变　　　B. 更换的水口可以不经过烘烤

    C. 结晶器中的浸入式水口碎块应捞出　　D. 结晶器内的保护渣可以不化干净

73. (多选) 对更换浸入式水口的操作说法正确的有 (　　)。ABCD

    A. 更换水口为减少不必要的浪费应尽量做到有计划更换

    B. 更换水口操作要迅速

    C. 更换水口时要配合好拉速和水量

    D. 水口换完后,需要重新开浇

74. (多选) 对所取试样的基本要求正确的是 (　　)。BCD

    A. 试样可以有空心　　　　　　　　　B. 表面应平滑,不能有沙眼

    C. 每次应取副样,以备复验　　　　　D. 试样应注明炉号、中间包号

75. (多选) 对于正常炉次中间包取样工作正确的做法是 (　　)。BCD

    A. 正常炉次取样 10 个　　　　　　　B. 开浇 15 分钟后取 2 个成品样

    C. 浇注中期取 1 个样　　　　　　　　D. 停浇前取 1 个样

76. (多选) 关于开浇加保护渣的说法正确的是 (　　)。ACD

    A. 保护渣在钢液面淹没浸入式水口出口后加入

    B. 保护渣在钢液面淹没浸入式水口出口前加入

    C. 加保护渣要尽量均匀

    D. 发现渣条要及时捞出

77. 关于中间包测温工作正确的是 (　　)。ABCD

    A. 在 1 流或者 8 流处测温

    B. 第一次测温在钢包开浇后 1 ~ 5 分钟

    C. 测温部位距离塞棒大于 50mm

    D. 测温头插入深度为 150 ~ 250mm

78. (多选) 关于中间包塞棒,下列叙述正确的有 (　　)。ABC

    A. 浇注过程中,发现塞棒侵蚀严重,不利于关棒,应及时组织关闭该流

    B. 浇注过程中,发现塞棒侵蚀严重,钢流下注很快,应及时组织关闭该流

    C. 浇注过程中,发现塞棒棒尖断裂在中间包水口上,应关闭塞棒,及时组织关闭该流

    D. 浇注过程中,发现塞棒棒身已有裂纹,可以继续浇注

79. (多选) 关于中间包上水口,下列叙述正确的有 (　　)。ABC

    A. 浇注过程中,发现上水口侵蚀严重,不利于关棒,应及时组织关闭该流

B. 浇注过程中，发现上水口侵蚀严重，钢流下注很快，应及时组织关闭该流

C. 浇注过程中，发现中间包上水口有裂纹，应关闭塞棒，及时组织关闭该流

D. 浇注过程中，发现中间包上水口与包底之间有缝隙，可以继续浇注

80. (多选) 计划更换中间包的依据是 (　　)。ABD

    A. 水口寿命　　　　　B. 塞棒寿命　　　　　C. 包盖寿命　　　　　D. 包内衬寿命

81. (多选) 开浇过程中加入保护渣应该注意 (　　)。ACD

    A. 根据钢种选择保护渣型号　　　　　B. 各种型号的保护渣可以混用

    C. 在钢液面淹没浸入式水口出口后将保护渣加入

    D. 保护渣应该定时定量加入结晶器内

82. (多选) 开浇时，钢水温度偏高，应采取 (　　) 措施。BC

    A. 等钢水温度降低到合适温度时再开浇

    B. 适当延长钢液在结晶器内的镇静时间再启车

    C. 适当降低拉速

    D. 降低结晶器冷却水量

83. (多选) 连浇的过程中，有关钢包工和中间包工操作不正确的说法是 (　　)。AD

    A. 连浇前中间包钢水应降到最低

    B. 开浇正常后向钢包加入钢包稻壳保温

    C. 看到钢包下渣立即关闭滑动水口停浇

    D. 开浇正常15~20分钟中间包第一次测温

84. (多选) 连铸过程中，钢包浇注人员应重点控制的两个方面是 (　　)。CD

    A. 中间包测温　　　　　　　　　　　B. 中间包保温

    C. 中间包液位　　　　　　　　　　　D. 中间包渣层厚度

85. (多选) 连铸工艺一般要求的"三稳定"是指 (　　)。ABD

    A. 结晶器液面稳定　　　　　　　　　B. 铸坯拉速稳定

    C. 钢水氧，氮含量稳定　　　　　　　D. 钢水成分和温度稳定

86. (多选) 连铸拉速波动大容易造成 (　　)。AB

    A. 卷渣漏钢　　　　　B. 重接　　　　　C. 成分不合　　　　　D. 冻流

87. (多选) 连铸液面波动大容易造成 (　　)。AB

    A. 卷渣漏钢　　　　　B. 气体超标　　　　　C. 成分不合　　　　　D. 冻流

88. 以下选项中那些属于在"浇注模式"下不能强制的条件 (　　)。ABC

    A. 结晶器水流量和压力报警　　　　　B. 机冷水流量和压力报警

    C. 二冷水流量和压力报警　　　　　　D. 切割升降挡板下极限

89. (多选) 以下中间包取样工作的说法正确的有 (　　)。ABCD

    A. 取样深度为液面下150~250mm

    B. 以中间包样作为熔炼成分 (成品) 检验

    C. 特殊情况下可按监督要求取样

    D. 异常炉次取7个样

90. (多选) 以下属于开浇异常的有 (　　)。ABC

    A. 钢包水口不能自开　　　　　　　　B. 开浇拉漏

C. 开浇结晶器无水   D. 浸入式水口穿孔

91.（多选）异常的种类包括（   ）。ABCD

 A. 钢包异常   B. 中间包系统异常

 C. 结晶器异常   D. 电磁搅拌系统异常

92.（多选）有计划的更换浸入式水口，正确的操作顺序是（   ）。ABCD

 A. 注意观察切割定尺情况   B. 停加保护渣同时适当降低拉速

 C. 待保护渣化干净后，关闭塞棒停机 D. 撤去旧水口换上新水口，压开塞棒开浇

93.（多选）在更换浸入式水口的过程中应该注意的事项有（   ）。ABCD

 A. 浸入式水口必须经过烘烤

 B. 结晶器中的浸入式水口碎块必须捞出，然后重接

 C. 结晶器内的保护渣应尽量化干净，然后压开塞棒重接

 D. 重接过程中的拉速为开浇拉速，不能过快

94.（多选）在浇钢过程中出现（   ）情况时必须进行重新测温。ABCD

 A. 测温显示器无显示数值   B. 测温枪未浸入钢水液面以下

 C. 测温枪接触到中间包包底   D. 温度显示明显不合理

95.（多选）在进行换包连浇的过程中，正确的说法是（   ）。ACD

 A. 换包前中间包钢水涨满

 B. 换包前中间包钢水液位降到最低

 C. 看到钢包下渣立即关闭水口停浇

 D. 开浇正常后中间包加入覆盖剂保温

96.（多选）在异常炉次时中间包取样工作应该（   ）。ACD

 A. 取样深度保证在液面下 150~250mm B. 取样位置必须在钢流冲击区内

 C. 特殊情况下可按监督要求取样   D. 异常炉次时比正常炉次多取样

97.（多选）正常浇注过程中，有关中间包的说法正确的是（   ）。ABD

 A. 中间包液位不能大起大落

 B. 通过控制钢包滑动水口开度调整中间包液位

 C. 提高调整拉速控制中间包液位

 D. 加入中间包覆盖剂保证中间包温度

98.（多选）正常炉次时中间包取样工作正确的做法有（   ）。ABCD

 A. 取样位置在 2、3 流或者 6、7 流 B. 开浇 15 分钟后取 2 个成品样

 C. 浇注中期取 1 个样，停浇前取 1 个样 D. 取样深度为 150~250mm

99. 铸机开浇，开启塞棒后，注入结晶器内钢水距离结晶器上口（   ）mm 左右给振动启车，启车拉速（   ）。AB

 A. 250   B. 应低于正常拉速

 C. 30   D. 应高于正常拉速

100.（多选）铸坯在进行重接操作时，下列操作不正确的是（   ）。ABD

 A. 按照定尺，将废品切除   B. 不做任何处理

 C. 将重接前后的缺陷切净，重新调整定尺 D. 后面的坯子全部报废

6.5　尾坯输出模式

板坯浇注结束称为尾坯输出模式，浇注结束的操作有：

（1）钢包浇注完毕后，中间包继续维持浇注，当中间包钢水量降低到1/2时，开始逐步降低拉速，直到铸坯出结晶器。

（2）当中间包钢水降低到最低液位限度时，迅速将结晶器内保护渣捞干净，之后立即关闭塞棒或滑板，并开走中间包小车，浇注结束。

（3）在结晶器捞净保护渣之后，用钢棒或氧气管轻轻均匀搅动钢水面，不能插入过深，然后用水喷淋铸坯尾端，加快凝固封顶。

（4）确认尾坯凝固，按钮旋到"尾坯输出"位置，拉出尾坯；拉速逐步缓慢提高，最高拉速仅是正常拉速的20%～30%，浇注结束。

（5）定径水口敞开式浇注，浇注结束时，首先将摆动槽置于中间包水口下方，用金属锥堵住水口。由于铸坯断面小凝固速度快，当尾坯出结晶器后快速拉走铸坯，浇注结束。

练习题

1. 停浇堵流原则从任意流开始。（　　）×

2. 停浇堵流原则从一侧开始。（　　）×

3. 停浇后振动系统不需要人为停止结晶器振动，系统会根据编码器跟踪的浇注长度自动停止振动，并对振动参数重新进行冷态校验。（　　）√

4. 停浇时，为保证尾坯的润滑效果，结晶器内的保护渣不能捞出。（　　）×

5. 停浇时，为了加快铸坯凝固封顶常常加大二冷水流量和压力。（　　）×

6. 停浇时，先迅速将结晶器内保护渣捞干净，再关闭塞棒或滑板。（　　）√

7. 停浇时尾坯拉速要大于正常浇注拉速。（　　）×

8. 停浇时尾坯拉速要小于正常浇注拉速。（　　）√

9. 在停浇时，当结晶器保护渣捞干净后，用钢棒或者氧气管轻轻均匀搅动钢水面，然后用水喷淋铸坯尾端，加快铸坯凝固封顶。（　　）√

10. 正常停浇时，中间包钢水液位一般在150～250mm之内。（　　）√

11. 停浇时，当中间包钢水量降低到最低液位后，以下的几个操作顺序正确的是（　　）。B
（1）立即关闭塞棒或滑板；（2）迅速将结晶器内保护渣捞干净；（3）浇注结束；（4）开走中间包小车。
A. 1234　　　　　B. 2143　　　　　C. 4321　　　　　D. 2134

12. 停浇堵流原则是合理控制定尺，尽量保证长度达到定尺，这种说法是（　　）的。A
A. 正确　　　　　B. 错误　　　　　C. 不确定　　　　　D. 一部分正确

13. 对连铸的顺序过程描述正确的是（　　）。B
A. 中间包到钢水包　　　　　　　　B. 钢水包到中间包
C. 空冷区到二次冷却区　　　　　　D. 铸坯到切割

14. 停浇堵流原则是（　　）。D

A. 从一侧开始   B. 从两侧同时开始

C. 从中间流开始   D. 合理控制定尺，尽量保证长度达到定尺

15. 为便于管理，在目前铸坯定尺长度下，八流方坯铸机中间坯定为不少于（　　）支。B

     A. 14   B. 16   C. 24   D. 26

16. 在停浇时，当结晶器保护渣捞干净后，（　　），然后用水喷淋铸坯尾端，加快铸坯凝固封顶。C

     A. 增加结晶器冷却水流量   B. 增加二冷水流量

     C. 用钢棒或者氧气管轻轻均匀搅动钢水面

     D. 增加二冷水压力

17. 正常停浇时，小方坯中间包钢水量一般在（　　）。A

     A. 4t 之内   B. 5~10t   C. 10~15t   D. 15t 以上

18. 正常停浇时，中间包钢水液位一般在（　　）mm 之内。B

     A. 50~100   B. 100~150   C. 300~450   D. 500~750

19. 中间包停浇后，130 方铸机尾坯拉速应控制在（　　）m/min。B

     A. 0.5   B. 1.5~2.0   C. 2.5~3.0   D. 3.0~4.0

20. 铸机停浇后，尾坯拉速与正常拉速相比（　　）。B

     A. 尾坯拉速高   B. 尾坯拉速低   C. 两者相同   D. 无所谓

21. （多选）除碳素结构钢外，每支方坯连铸坯应在端部标明（　　）。AD

     A. 牌号   B. 长度   C. 断面   D. 炉号

22. （多选）对连铸的顺序过程描述正确的是（　　）。BCD

     A. 中间包到钢水包   B. 钢水包到中间包

     C. 中间包到结晶器   D. 结晶器到二次冷却区

23. （多选）关于停浇拉速的说法正确的是（　　）。BC

     A. 停浇拉速大于正常拉速

     B. 停浇拉速小于正常拉速

     C. 130 方铸机尾坯拉速应控制在 1.5~2.0m/min

     D. 130 方铸机尾坯拉速应控制在 2.5~3.0m/min

24. （多选）关于尾坯控制做法正确的是（　　）。AC

     A. 为保证不出现多流不够定尺，可先停一个流

     B. 统一时间，全部同时停浇

     C. 合理控制定尺，尽量保证长度达到定尺

     D. 随便停，不必管定尺

+·+

学习重点与难点

学习重点：各等级学习重点是按照本厂实际掌握本岗位连铸标准化操作，高级工以上能够制定标准化作业指导书或岗位操作规程。

学习难点：根据钢种、钢水情况选择合适的开浇操作，高级工以上要求组织连浇操作、停浇操作。

思考与分析

1. 结晶器检查内容主要有哪些？并简述主要的检查内容对铸坯质量的影响。

2. 浇注操作对铸坯表面和内部质量有什么影响，或者说哪些浇注操作（因素）会对铸坯表面和内部质量产生影响？

3. 常规钢种连铸操作的一般步骤都有哪些，都有什么注意事项？

4. 叙述塞棒机构开浇的具体步骤及注意事项。

5. 中间包浇钢工及配水工在铸机开浇前的主要检查内容都有哪些？

6. 叙述连铸中间包及水口烘烤的操作步骤，注意事项及烘烤不良对开浇和铸坯质量的影响。

7. 塞引锭头的作用、操作步骤及注意事项都有哪些？

7 连铸工艺制度

连铸工艺制度包括温度制度、拉速控制、冷却制度。连铸的生产"三稳定"中拉速稳定的前提是温度稳定，而拉速稳定又为液面稳定创造了条件。

练 习 题

1. 连铸工艺制度不包括（   ）。C

    A. 钢水温度制度   B. 钢水成分制度   C. 钢水氧含量制度   D. 铸坯拉速制度

7.1 浇注温度控制

浇注温度是指中间包钢水温度。第一包钢水温度比正常浇注温度要高，中间包开浇温度应在钢种液相线以上 20 ~ 50℃为宜。

根据钢种质量的要求控制较低的过热度，并保持均匀稳定的浇注温度。为此在浇注初期、浇注末期、换包时，可采用中间包加热技术，补偿钢水温降损失；在正常浇注过程也可适当加热，以补偿钢水的自然温降，以保持钢水温度的恒定。

练 习 题

1. 对低碳钢或 Al 含量较高的钢种，连铸钢水过热度应按（   ）。C

    A. 下限控制   B. 中下限控制   C. 中上限控制   D. 上限控制

2. 拉速由慢变快时，为防止鼓肚，二次冷却水量应（   ）。B

    A. 相应减少   B. 相应增加   C. 不变

3. 连铸钢水温度过低会带来（   ）影响。A

A. 钢水流动差，不利于夹杂物上浮　　　　B. 钢水二次氧化严重恶化钢质

C. 连铸坯裂纹增加　　　　D. 偏析加重

4. 连铸钢水温度过高带来的影响正确的是（　　）。D

A. 会造成浸入式水口内结冷钢或氧化夹杂堵塞水口

B. 钢水流动差，不利于夹杂物上浮

C. 水口冻结，导致断流　　　　D. 连铸坯裂纹增加

5. 连铸钢水温度控制应遵循（　　）原则。C

A. 控制炼钢出钢温度在合理范围之内　　　　B. 控制精炼出站温度在合理范围之内

C. 控制中间包温度在目标范围之内　　　　D. 控制钢包温度在目标范围之内

6. 连铸中间包钢水的过热度是根据（　　）决定的。B

A. 凝固温度　　　B. 出钢温度　　　C. 轧钢要求　　　D. 浇注过程散热

7. 确保足够的坯壳厚度和保持坯壳的均匀生长的条件不包括（　　）。A

A. 保持高温浇注　　　　B. 合理的结晶器锥度

C. 控制结晶器液面的波动　　　　D. 选择性能良好的保护渣

8. 小方坯连铸机浇注高碳钢时中间包过热度一般控制在（　　）℃。C

A. 5　　　　B. 5~10　　　　C. 15~20　　　　D. 30~45

9. 以下有关钢种浇注时钢水过热度的选择正确的是（　　）。C

A. 低碳、超低碳钢钢水过热度适当低些　　　　B. 高碳、超高碳钢钢水过热度适当高些

C. 低碳、超低碳钢钢水过热度适当高些　　　　D. 包晶钢浇注时钢水过热度适当高些

10. 在浇注过程中，若钢水温度过低，则（　　）。C

A. 易引起钢包水口失控　　　　B. 易造成坯壳减薄，造成漏钢

C. 易引起中间包水口冻结，迫使浇注中断　　　D. 对生产没有影响，可以忽略

11. 在浇注过程中，若钢水温度过高，则（　　）。B

A. 易引起中间包塞棒失控　　　　B. 易造成坯壳减薄，造成漏钢

C. 易引起中间包水口冻结，迫使浇注中断　　　D. 对生产没有影响，可以忽略

12. （多选）合适的钢水过热度取决于（　　）。ABCD

A. 铸坯断面　　　B. 中间包形状　　　C. 中间包材质　　　D. 钢水质量要求

13. （多选）拉速过快容易造成（　　）缺陷。AB

A. 拉脱　　　　B. 缩孔　　　　C. 成分不合　　　　D. 定尺不合

14. （多选）连铸钢水温度过低对生产带来的影响有（　　）。ABC

A. 结晶器液面不活跃，会产生表面缺陷　　　　B. 钢水流动差，不利于夹杂物上浮

C. 水口冻结，导致断流　　　　D. 连铸坯裂纹增加

15. （多选）连铸钢水温度过高对生产带来的影响有（　　）。ABCD

A. 会加剧对耐火材料的侵蚀，钢中外来夹杂物增加

B. 钢水二次氧化严重恶化钢质

C. 连铸坯裂纹增加　　　　D. 偏析加重

16. （多选）连铸钢水温度控制应注意（　　）。ABCD

A. 稳定炼钢操作，提高出钢温度命中率　　　　B. 加强生产调度和钢包周转

C. 充分发挥精炼设施的调节作用　　　　D. 减少钢水传递过程温降

17. （多选）以下（   ）钢种钢水过热度应取低些。BC

    A. 低碳钢　　　　　　　B. 高碳钢　　　　　　　C. 高硅钢　　　　　　　D. 不锈钢

18. （多选）以下（   ）钢种钢水过热度应取高些。AD

    A. 低碳钢　　　　　　　B. 高碳钢　　　　　　　C. 高硅钢　　　　　　　D. 不锈钢

19. （多选）有关钢水过热度的正确描述有（   ）。AC

    A. 过热度＝中间包钢水温度－液相线温度　　　B. 过热度＝钢包钢水温度－液相线温度

    C. 钢水过热度高碳偏析会更为严重　　　　　　D. 钢水过热度低碳偏析会更加严重

20. （多选）有关过热度或者浇注温度的正确说法是（   ）。ACD

    A. 板坯连铸机生产合金结构钢合适的过热度为 $15 \sim 20℃$

    B. 小方坯连铸机浇注高碳钢时中间包过热度一般控制在 $30 \sim 45℃$

    C. 板坯连铸机生产硅钢合适的过热度为 $10℃$ 左右

    D. 小方坯连铸机生产不锈钢时合适的过热度为 $20 \sim 30℃$

21. （多选）有关过热度与拉速的以下说法正确的是（   ）。ABCD

    A. 过热度低时拉速应适当提高　　　　　　　　B. 过热度高拉速快铸坯易纵裂

    C. 拉速快会加重中心偏析和疏松　　　　　　　D. 拉速过快会引起铸坯缩孔

22. （多选）中间包钢水温度对连铸机产量和铸坯质量有着很大的影响，低过热度浇注对铸机及质量的影响为（   ）。ACD

    A. 夹杂物上浮困难　　　　　　　　　　　　　B. 拉速高，拉漏几率增大

    C. 增大等轴晶区　　　　　　　　　　　　　　D. 减轻中心偏析

23. 高温浇注技术是实现高效连铸的重要技术措施。（   ）×

24. 浇注高碳钢和超高碳钢时，钢水过热度应取低些。（   ）√

25. 连铸钢水过热度对连铸机产量和铸坯质量有重要影响。（   ）√

26. 连铸钢水温度控制的着眼点应该放在尽可能减少过程温降和提高出钢命中率上。（   ）√

27. 连铸工艺要求钢水出钢温度高、浇注温度范围窄，使钢水温度控制难度加大。（   ）√

28. 同一钢种，开浇温度应高于正常连浇温度。（   ）√

29. 小方坯连铸机生产不锈钢时合适的过热度为 $20 \sim 30℃$。（   ）√

30. 一般情况下，钢水过热度高，拉速应该提高。（   ）×

31. 在连铸生产的过程中，当钢水温度偏高时，在技术要点规定的范围内，可采取低拉速的浇注方式以避免漏钢。（   ）√

7.2 拉坯速度的控制

在连铸生产中，拉坯速度与浇注速度是同一概念，只是用不同的量度来表述。连铸机允许的最大实际拉速也在逐步提高。如某厂浇注 $120mm \times 120mm$ 小方坯，设计拉速为 $2.8m/min$，而当前工作拉速已达 $3.2m/min$，有时可达 $3.6m/min$。再如另一厂浇注 $140mm \times 140mm$ 小方坯，其拉速可以达到 $4m/min$，最高拉速甚至能达到 $4.5m/min$。

浇注的钢种、铸坯的断面、中间包容量和液面高度、钢水温度等因素均影响拉坯速度。在生产中浇注的钢种和铸坯断面确定以后，拉速是随浇注温度而调节的。为了调节方便，设

定拉速每 0.1m/min 为一档，当浇注温度低于目标温度下限时，拉速可以提高 1~2 档，即拉速提高 0.1~0.2m/min；当浇注温度高于目标温度 6~10℃，拉速降低 1~2 档；注温高 11~15℃时，拉速降低 2~3 档。表 7-1、表 7-2 为钢种、铸坯断面、拉速关系的参考值。

表 7-1　钢种、铸坯断面与拉速关系的参考值

钢　种		断面尺寸/mm	拉坯速度/m·min⁻¹
不锈钢	Cr18Ni9、0Cr18Ni、0Cr18Ni9N	方坯 127×1272	2.65~2.80
	0Cr17Ni2Mo2、1Cr13、0Cr18NiTi	178×178	1.40~1.65
	1Cr18Ni9Ti、1Cr18、8Cr17	222×222	1.0~1.6
工具钢	T15Cr12V、18CrW8Mo5V2	圆坯 φ248	0.75~1.40
高镍钢	Ni36、Ni42	矩形 305×365	0.6~0.7
		板坯	0.80~1.10
		102×(178~358)	

表 7-2　不同铸坯断面下的拉坯速度参考值　　　　　　（mm/min）

断面尺寸（厚×宽）/mm	浇注温度/℃			
	1500~1530	1531~1540	1541~1550	1551~1560
150×1050	1.2~1.3	1.1~1.2	1.0~1.1	0.9~1.0
150×700	1.3~1.4	1.2~1.3	1.1~1.2	1.0~1.1
180×1000	0.9~1.0	0.8~0.9	0.7~0.8	0.6~0.7
180×1200	0.9~1.0	0.8~0.9	0.7~0.8	0.6~0.7

注：表中拉速数值的下限对应的钢种为 Q235；上限对应的钢种为 16Mn。

另外，结晶器长度对拉速也有影响，见表 7-3。

表 7-3　结晶器长度与拉速的关系

结晶器种类	拉坯速度/m·min⁻¹	
	普通炼钢法	炉外精炼法
普通结晶器（含足辊 900mm）	2.7	3.5
多级结晶器（两级共长 1100mm）	3.7	4.5

经过炉外精炼后，钢水的质量得到改善，有利于提高拉速。

定径水口浇注是通过中间包液面高度控制拉速。

练习题

1. 其他工艺条件不变时，下列有关板坯拉速提高后结晶器内钢水凝固过程的变化不正确的是（　　）。D
   A. 负滑脱时间减少　　　　　　　　　B. 振痕深度减少
   C. 固态渣膜厚度减少　　　　　　　　D. 液态渣膜厚度增加

2. （多选）有关钢水条件与拉速的以下说法正确的是（　　）。ABCD

   A. 钢水过热度低时拉速应适当提高　　　　B. 钢水过热度高拉速快铸坯易纵裂

   C. 拉速快会加重中心偏析和疏松　　　　　D. 拉速过快会引起铸坯缩孔

3. （多选）提高板坯拉速后对结晶器内钢水凝固过程的影响是（　　）。BD

   A. 渣圈厚度增加　　　　　　　　　　　　B. 结晶器热面温度升高

   C. 传往结晶器的热流降低　　　　　　　　D. 铸坯表面温度升高

4. 高温高拉速浇注会引起宽面鼓肚。（　　）√

5. 连铸机拉坯速度的稳定与否对铸坯的质量影响很大。（　　）√

6. 提高拉速，钢水在结晶器内停留的时间短，坯壳厚度减薄。（　　）√

7. 提高拉速可以提高连铸机的产量。（　　）√

8. 提高拉速必须采用（　　）、（　　）、（　　）和大凝固系数的保护渣。A

   A. 低黏度；低熔点；高熔化速度　　　　　B. 低黏度；高熔点；高熔化速度

   C. 高黏度；低熔点；高熔化速度　　　　　D. 低黏度；低熔点；低熔化速度

9. 小方坯结晶器出口，坯壳厚度要求（　　）。B

   A. 1 ~ 2mm　　　　　　B. 8 ~ 10mm　　　　　C. 100 ~ 200mm　　　　　D. 40 ~ 50mm

10. 在生产中浇注的钢种、断面确定之后，拉速是随着（　　）而调节的。B

   A. 钢水成分　　　　B. 钢水温度　　　　C. 钢水流动性　　　　D. 钢水氧化性

11. （多选）当浇注的钢种、断面确定之后，有关拉速与过热度的描述正确的有（　　）。AD

   A. 过热度高，拉速应降低　　　　　　　　B. 过热度高，拉速应提高

   C. 过热度高，开浇启车应提早　　　　　　D. 过热度高，开浇启车应延迟

12. （多选）制定连铸机拉坯速度的依据有（　　）。ABC

   A. 铸坯断面尺寸　　B. 浇注钢种　　　　C. 浇注温度　　　　D. 夹辊开口度

13. 高效连铸结晶器对铜管的材质有一定的要求，下列材质的结晶器中，使用寿命相对较
   长的是（　　）。D

   A. 铜—银　　　　　B. 铜—磷　　　　　C. 纯铜　　　　　　D. 铜—铬—锆

14. 高效连铸是以（　　）为基础，（　　）为核心实现高连浇率、高作业率的系统优化
   技术。B

   A. 高拉速；高质量　　　　　　　　　　　B. 高质量；高拉速

   C. 高效率；高质量　　　　　　　　　　　D. 高质量；高效率

15. 确保高效连铸拉速提高的核心关键技术是（　　）。A

   A. 高冷却强度、导热均匀的长寿结晶器　　B. 高精度、长寿的结晶器振动装置

   C. 保护渣技术　　　　　　　　　　　　　D. 结晶器钢水液面控制技术

16. （多选）高效连铸技术是一项系统的整体技术，实现高效连铸需要相互协调与统一的
   环节包括（　　）。ABCD

   A. 连铸工艺与设备　　　　　　　　　　　B. 生产组织和管理

   C. 生产操作　　　　　　　　　　　　　　D. 物流管理

17. （多选）高效铸机结晶器保护渣分为（　　）层。ABCD

   A. 原渣层　　　　　B. 半熔层　　　　　C. 烧结层　　　　　　D. 液渣层

18. （多选）以下对方坯高效连铸系统的说法正确的是（　　）。ABD

   A. 二次冷却系统尽量采用了无障碍喷淋冷却

   B. 具有更有效、更均匀的冷却效果

   C. 无障碍喷淋的铸机多采用柔性引锭杆

D. 采用了气—水喷雾冷却、喷雾冷却、干式冷却等高效冷却技术

19. （多选）以下属于高效连铸的特点的是（　　）。ABCD

A. 结晶器出口处坯壳较薄　　　　　　B. 具有适合于高拉速的结晶器技术

C. 冶金长度增加　　　　　　　　　　D. 二次冷却采用强冷

20. 高效连铸对结晶器振动的要求是高振频、小振幅。（　　）√

21. 高效连铸机通常采用保护渣对结晶器润滑。（　　）√

22. 高效连铸技术中必不可少的一项技术是高温浇注技术。（　　）×

23. 不属于连铸生产过程中要求的三稳定原则的是（　　）。D

A. 温度稳定　　　　　　　　　　　　B. 拉速稳定

C. 结晶器和中间包液面稳定　　　　　D. 设备运行稳定

24. 在保证获得良好铸坯内部结构和正常操作前提下，应尽量（　　）拉速，通常在一定工艺条件下，拉速有一个最佳值。B

A. 降低　　　　　B. 提高　　　　　C. 稳定　　　　　D. 连续变化

7.3　铸坯的冷却制度

单位质量钢水从液态→固态→室温放出的热量 Q 包括：

（1）过热：浇注温度 T_c →液相线温度 T_L 放出的热量 $Q = C_L(T_c - T_L)$，C_L 为比热；

（2）潜热：液相线温度 T_L →固相线温度 T_S 放出的热量，以 L_F 表示；

（3）显热：固相线温度 T_S →室温 T_0 放出的热量 $Q = C_S(T_S - T_0)$。

以低碳钢为例，钢水从浇注温度 1540℃ 凝固冷却直到室温，约放出热量 1386kJ/kg；其中过热度消失放出热量约 25.2kJ/kg，占 2%；潜热为 268kJ/kg，约占 20%；显热为 1092kJ/kg，约占 78%；液态→固态放出的热量约占 1/4，3/4是凝固之后铸坯冷却过程散出的热量。

连铸机的冷却分为 3 个冷却区，如图 7-1 所示。

一次冷却区：即结晶器冷却，在此区域内钢水形成足够厚度的坯壳，出结晶器下口铸坯不发生变形，不会被拉漏。

二次冷却区：铸坯出结晶器后，继续喷水雾或喷气水雾加速冷却，使铸坯完全凝固。

三次冷却区：铸坯向空气中辐射散热，达到铸坯内外温度均匀并降至室温。

仍以低碳钢为例，结晶器→二次冷却区→辐射区散出热量分别为 84kJ/kg、462kJ/kg、273kJ/kg，铸坯切割后放出的热量为 567kJ/kg。钢水通过结晶器→二冷区→辐射区完全凝固散出的热量约占 60%，这部分热量散出的速度决定了铸机的生产率。为了利用铸坯切割后这 40% 的热量，现已成功开发应用了铸坯的热送热装和连铸—连轧技术。

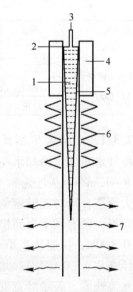

图 7-1　连铸坯冷却区示意图

1—液相穴；2—弯月面；3—注流；

4—水冷结晶器；5—铸坯凝固壳；

6—喷水冷却；7—辐射冷却

7.3.1 结晶器冷却

结晶器冷却又称一次冷却。即使在高拉速的情况下，结晶器内钢水也能形成均匀的足够厚度的坯壳，这是铸坯凝固的基础，也是铸坯质量的关键所在。

7.3.1.1 冷却水量

结晶器用冷却水是经过处理的软水。结晶器冷却水用量是根据铸坯断面尺寸而定。小方坯结晶器是按铸坯周边长度供冷却水，每毫米的供水量为 2.0 ~ 2.5L/min。小方坯结晶器给水量见表 7 - 4。

例如，120mm × 120mm 小方坯结晶器供水量计算是：

$$(2.0 ~ 2.5) × 120 × 4 = 960 ~ 1200L/min = 57.6 ~ 72m^3/h$$

150mm × 150mm 铸坯结晶器供水量是：

$$(2.0 ~ 2.5) × 150 × 4 = 1200 ~ 1500L/min = 72 ~ 90m^3/h$$

表 7 - 4　小方坯结晶器给水量

断面尺寸/mm	给 水 量	
	m³/h	L/min
120 × 120	57.6 ~ 72	960 ~ 1200
150 × 150	72 ~ 90	1200 ~ 1500

生产中实际供水量一般在 2.5 ~ 3.0L/(min·mm)，比参考值稍高些。小方坯结晶器水缝为 4 ~ 6mm，冷却水流速在 9 ~ 12m/s，这也是设计时确定的基本参数。因此生产操作上过分提高冷却水的供给量，并不能明显改善结晶器的冷却效果。

板坯结晶器的宽面与窄面分别供水，给水量在 2.4L/min 左右，其经验数据见表 7 - 5。

表 7 - 5　板坯结晶器宽面与窄面给水量

铸坯尺寸 /mm	厚度	250	210	170	250	210	170
	宽度	1000 ~ 1600	1000 ~ 1600	1000 ~ 1600	700 ~ 1000	700 ~ 1000	700 ~ 1000
冷却水流量 /L·min⁻¹	宽面	2150	2150	2150	1750	1750	1750
	窄面	340	250	230	340	285	230
	总量	4980	4800	4760	4180	4070	3960

7.3.1.2 冷却水水压

冷却水水压是冷却水在结晶器水缝中流动的动力。小方坯为管式结晶器，其冷却水流速在 9 ~ 12m/s；板坯为 3.5 ~ 5m/s。冷却水水压必须控制在 0.5 ~ 0.66MPa，提高水压可以加大流速，同时能够避免水缝产生间歇式沸腾，防止结晶器铜管变形，也可减少铸坯菱变和角裂，还有利于提高拉坯速度。例如某厂将小方坯结晶器冷却水水压从 0.5MPa 提高到近 0.8MPa，拉速从 2.8m/min 提高到 3.2m/min，最高可达 3.6m/min。板坯结晶器冷却水水压在 0.4 ~ 0.6MPa。此外，结晶器的水缝宽度也影响冷却水的流速；窄水缝可进一步提高水流速度，若水缝宽度 3.5mm，那么冷却水流速可达 12m/s 以上，甚至达到 15m/s。不仅有利于提高拉速，还可防止结晶器变形。

7.3.1.3 冷却水温度

生产中要保持结晶器冷却水量和进出温度差的稳定，以利于坯壳均匀生长。结晶器进出水温度差低于10℃，控制在8～9℃。另外，结晶器倒锥度也是影响坯壳生长的因素之一，所以保持结晶器正常倒锥度，形成最小的气隙，确保对铸坯的均匀冷却及支撑。为此，当结晶器锥度小于规定值时，应及时调整或更换。通常拉速高，坯壳温度高，收缩率小，可用较小锥度的结晶器；拉速低，锥度可大些。

练 习 题

1. 结晶器冷却水量的确定原则是（　　）。B
   A. 铸坯出结晶器下口时的表面温度　　　　B. 根据铸坯断面尺寸而定
   C. 根据结晶器进出水温差而定　　　　　　D. 根据钢水温度而定
2. 结晶器进出水温差一般应不大于（　　）℃。C
   A. 1　　　　　　　B. 1.5　　　　　　　C. 12　　　　　　　D. 50
3. 结晶器中钢液面的温度大约是（　　）℃。C
   A. 200～300　　　B. 400～600　　　　C. 1500～1600　　　D. 2000～3000
4. （多选）影响结晶器冷却效果的常见故障有（　　）。ABD
   A. 铜板出现磨损　　B. 水缝堵塞　　　C. 足辊不转　　　D. 漏水
5. 结晶器冷却水流量增加，坯壳厚度会增加，对减少漏钢有利。（　　）√

7.3.2　二冷区冷却

根据铸坯凝固热平衡测定计算，连铸机各冷却区散热比例分别为：结晶器占16%～20%，二冷区占23%～28%，辐射区占50%～60%。结晶器内的钢水只有20%左右的热量散出，形成薄薄的坯壳；带液芯的铸坯进入二冷区仍需继续喷水雾或喷气水雾冷却，直至完全凝固。

二次冷却方式有水冷却、气—水冷却和干式冷却。小方坯喷水冷却，大断面的方坯、板坯可用气—水冷却，此外有些钢种需用干式冷却。

练 习 题

1. 连铸二冷区对铸坯起支撑、导向作用，但不影响铸坯质量。（　　）×
2. 连铸二冷区继续对铸坯冷却，使其快速完全凝固。（　　）√

7.3.2.1　铸坯在二冷区冷却特点

铸坯的液相穴长，从结晶器液面至完全凝固液芯长度从十几米到几十米，有些大板坯液相穴长约30～40m。

出结晶器的铸坯其坯壳厚度只有8～15mm，容易发生鼓肚变形。铸坯是在二冷区夹辊的支撑中边运行、边冷却、边凝固，因而铸坯无论纵向还是横向均存在着温度的不均匀性。

铸坯表面的温度处于周期性下降、回升的变化中，温降速度约390℃/m，而温度回升速度在120℃/m左右，这种周期性变化在二冷区内高达数百次之多。温度变化引起热应力、相变的组织应力、拉应力等作用下的铸坯有可能产生裂纹，并且裂纹还会扩展加大。

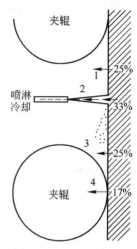

铸坯在二冷区既要迅速凝固，又要均匀冷却，避免出现各种缺陷，确保铸坯质量。所以，铸坯表面纵向最大温降速度限制在200℃/m以下，最大回升温度限制在100℃/m以内。

目前二冷区主要是喷水冷却或气水雾冷却，雾化水滴以一定速度喷射到铸坯表面，大约有20%的水滴被汽化，这部分蒸发带走的热量约占33%；其余水滴在吸收铸坯热量后流离铸坯，其带走热量约占25%；铸坯辐射散热占25%左右；铸坯与夹辊间的传导散热约占17%；从以上分析来看，铸坯约有一半热量是由冷却水带走的。图7-2是铸坯在二冷区散热的方式示意图。

图 7-2　铸坯在二冷区散热方式示意图
1—辐射；2—水的蒸发；3—水的加热；4—传导

7.3.2.2　冷却水量的分配

铸坯在凝固过程中，其内部的热量随凝固壳厚度的增加而减少，因此二冷区的供水量是沿连铸机长度方向，从上到下逐渐减少，即：

$$Q \propto \frac{1}{\sqrt{t}} \qquad (7-1)$$

式中　Q——冷却水量；

　　　t——铸坯凝固时间。

生产上真正做到供水量连续均匀逐渐递减是困难的，所以将二冷区分为若干个冷却段，每个段供水量相同。小方坯一般分为2~3个冷却段；大方坯、板坯的断面较大，则分为5~9个或更多冷却段，冷却水按比例分配到各段，如图7-3所示。为控制方便起见，各冷却段可由一个或几个独立循环水路供水。

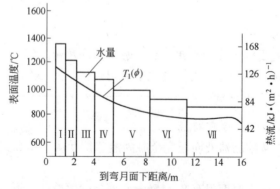

图 7-3　二冷区分段供水示意图

二冷区冷却强度也称做比给水量，即单位质量铸坯的给水量，主要取决于冶金技术要求、钢种在高温状态下力学性能和铸坯断面尺寸。

在生产中,根据钢种的不同,浇注温度与拉坯速度的变化,二冷区的比给水量也相应做调整;对于裂纹敏感性强的钢种如低碳钢,管线钢等比给水量少些;对于铝镇静钢、深冲钢种等,冷却强度可大些。

普通钢、低合金钢的比给水量一般为 1.0~1.2L/kg 钢;中、高碳钢,合金钢为 0.6~0.8L/kg 钢;对那些热裂纹敏感性强的钢种为 0.4~0.8L/kg 钢;高速钢为 0.1~0.3L/kg 钢。在应用热送和直接轧制技术的今天,普遍采用弱冷却,以提高铸坯的热送温度。

喷嘴结构不同,冷却效率也不一样。如用压力喷嘴冷却,铸坯的表面回升温度在 150~200℃/m;而气—水喷嘴冷却,铸坯表面回升温度可控制在 50~80℃/m。各种冷却方式对铸坯表面温度的影响如图 7-4 所示。

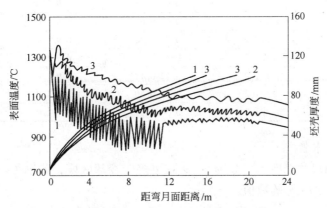

图 7-4 冷却方式不同对铸坯表面温度的影响

(铸坯断面尺寸为 200mm×2050mm)

1—水喷嘴,0.7L/kg 钢,拉速 1.0m/min;

2—气—水喷嘴,0.2L/kg 钢,拉速 1.0m/min;3—干式冷却,拉速 0.8m/min

A　小方坯的配水

小方坯的断面小,冷却速度快。经验认为,一段是足辊区,给水量占总水量的 40%~45%,二段区的给水量占 50%~60%。小方坯冷却区配水量可参考表 7-6。

表 7-6　小方坯冷却区配水量(参考数值)

断面/mm	拉速 /m·min⁻¹	注速 /kg·(min·流)⁻¹	水压/MPa	比水量 /L·kg⁻¹	给水量/L·min⁻¹	
					Ⅰ 段	Ⅱ 段
120×120	2.2	247.1	0.4~0.5	0.9~1.2	89~119	133~184
	2.4	269.5			97~129	146~194
	2.6	292.0			105~140	158~210
	2.8	314.4			113~151	170~230
150×160	1.2	210.6	0.4~0.5	0.9~1.2	76~101	114~152
	1.4	245.7			88~118	133~177
	1.6	280.8			104~135	152~202
	1.8	315.9			114~152	170~227

B 方坯的给水量

各钢种不同断面的给水量参考表7-7数值。

表7-7 方坯不同断面各钢种的给水量参考值

钢　种	断面/mm			
	180×180		200×200	
	拉速/m·min⁻¹	比给水量/L·kg⁻¹	拉速/m·min⁻¹	比给水量/L·kg⁻¹
低碳结构钢	1.3/1.5	0.79/0.81	1.2/1.3	1.67/0.69
中碳结构钢	1.3/1.5	0.45/0.46	1.2/1.3	0.39/0.39
NiCr 低碳结构钢	1.1/1.2	0.68/0.68	0.9/1.0	0.52/0.53
30CrMnSiA	1.1/1.2	0.63/0.63	0.9/1.0	0.46/0.47
40Cr	1.1/1.2	0.63/0.63	0.9/1.0	0.46/0.47
Mn、B 结构钢	1.1/1.2	0.63/0.63	0.9/1.0	0.46/0.47
高碳锰结构钢	1.1/1.2	0.31/0.30	0.9/1.0	0.20/0.18
60Si2Mn	1.1/1.2	0.17/0.17	0.9/1.0	0.14/0.14
马氏体 Cr 不锈钢	1.1/1.2	0.12/0.12	0.9/1.0	0.14/0.14
1Cr18Ni9Ti	1.1/1.2	0.57/0.55	0.9/1.0	0.45/0.46
00Cr18Ni10	1.1/1.2	0.68/0.69	0.9/1.0	0.51/0.51

C 板坯的给水量

根据板坯断面尺寸二冷区可分为5~9或更多个冷却区段，各钢种不同断面的给水量可参考表7-8和表7-9的数值。

表7-8 板坯不同断面、各钢种的给水量参考值

钢　种		铁素体钢	奥氏体钢	硅　钢	
				[Si]>1.5%	[Si]<1.5%
铸坯尺寸/mm		150×1600	150×1600	150×1600	150×1600
拉速/m·min⁻¹		1.0	1.2	0.8	1.0
给水量	L/kg	1.0	1.3	0.7	1.0
	m³/h	112	175	63	112

低碳结构钢板坯的给水量参考数值见表7-9。

表7-9 低碳结构钢板坯不同断面、不同拉速的给水量参考数值

断面尺寸/mm	拉速/m·min⁻¹	二冷区配水量/L·min⁻¹					结晶器配水/L·min⁻¹	
		Ⅰ	Ⅱ	Ⅲ	Ⅳ	Ⅴ	宽面	窄面
250×1600	0.3	460	380	210			2150×2	340×2
	0.4	290	380	210				
	0.5	540	400	210				
	0.6	650	440	230				
	0.7	730	550	300				
	0.8	800	660	380	220	90		

断面尺寸 /mm	拉速 /m·min⁻¹	二冷区配水量/L·min⁻¹					结晶器配水/L·min⁻¹	
		I	II	III	IV	V	宽面	窄面
170×1000	0.3	656	280	180			1750×2	230×2
	0.4	290	280	189				
	0.8~0.9	990~1010	280	180				
	1.0~1.1	980~1070	340~360	210~240				
	1.2~1.3	1140~1240	420~460	210~340	140~180	50~650		
	1.4~1.5	1350~1470	480~500	370~490	250~350	100~140		
	1.6	1570	530	520	410	180		
250×1300	0.3	490	400	270			1750×2	340×2
	0.4	290	400	270				
	0.6	710	400	340				
	0.7	780	540	470	230			
	0.8	860	600	510	250	90		
	0.9	960	740	48	280	110		
	1.0	1050	900	590	350	120		
210×1200	0.3	370	420	270			1750×2	285×2
	0.4	290	420	270				
	0.6~0.8	870	480	310	200			
	0.9	820	540	380	280			
	1.0	800	620	450	330	90		
	1.1	860	800	480	400	130		
	1.2~1.3	1100~1130	900~1040	470~710	490~580	160~180		
210×1550	0.3	470	460	270	220		2160×2	285×2
	0.4	290	460	270	220			
	0.5	590	540	360	240	90		
	0.6	670	600	420	300	120		
	0.7	870	380	470	380	140		
	0.9	820	440	530	420	160		
	1.0	940	560	610	460	180		

　　图 7 - 5 为某台板坯连铸机二冷区分段及循环水路的实例。整个二冷区分为 9 个冷却段，17 个循环水路，各水路单独配水，独立控制。

　　对弧形连铸机而言，铸坯内外弧面的冷却条件不同，供水量也应有所区别。铸坯刚出结晶器下口为垂直段，内外弧面冷却水量的分配可以相同。铸坯继续下行，随之形成弧形并逐渐过渡趋于水平，此时喷射到铸坯外弧侧的冷却水滴，由于重力作用，水滴在到达铸坯表面的瞬间就会即刻脱离而下落。可是在内弧表面尚未蒸发的水滴停留在铸坯表面滚动，并被夹辊挤向铸坯的两边角部，继续起冷却作用，因而铸坯的内、外弧面的冷却条件就有了差别，冷却不均匀。为此冷却水量的分配应考虑这一特点，内弧面与外弧面的给水量比一般为 1∶(1.1~1.5)。

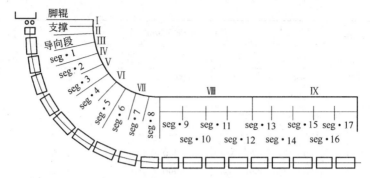

图7-5 板坯连铸机二冷区各冷却段范围示意图

段号	I		II		III		IV		V	
位置	1~2号辊		3~7号辊		8~14号辊		1号扇形段		2~3号扇形段	
冷却范围	内/外弧	侧部	内/外弧		内弧	外弧	内弧	外弧	内弧	外弧
水路	1	2	3		4	5	6	7	8	9

段号	VI		VII		VIII		IX	
位置	4~5号扇形段		6~8号扇形段		9~12号扇形段		13~17号扇形段	
冷却范围	内弧	外弧	内弧	外弧	内弧	外弧	内弧	外弧
水路	10	11	12	13	14	15	16	17

练 习 题

1. 比水量是指（   ）。A
   A. 单位时间冷却水的消耗量/通过二冷区铸坯的质量
   B. 单位时间冷却水的消耗量/通过二冷区铸坯的长度
   C. 单位时间通过二冷区铸坯的质量/冷却水的消耗量
   D. 单位时间通过二冷区铸坯的长度/冷却水的消耗量

2. 有关冷却强度说法正确的是（   ）。B
   A. 连铸的二次冷却强度越大，铸坯的中心等轴晶越发达，而柱状晶越窄
   B. 同样条件下，冷却强度越大，拉坯速度越快
   C. 铸坯内部质量与冷却强度无关
   D. 连铸二冷区冷却强度越小，越易出现穿晶组织

3. 中高碳钢的二次冷却强度在（   ）之间。B
   A. 1.0~1.2L/kg   B. 0.6~0.8L/kg   C. 0.4~0.6L/kg   D. 0.1~0.3L/kg

4. （多选）二次冷却强度跟下列（   ）因素有关。ABCD
   A. 钢种   B. 铸坯断面尺寸   C. 铸机类型   D. 拉坯速度

5. 二次冷却强度主要取决于（   ）。ABC
   A. 冶金技术要求   B. 钢种在高温状态下的力学性能
   C. 铸坯断面尺寸   D. 铸坯拉速

6. （多选）有关比水量的说法正确的是（　　）。ABCD

　　A. 二冷区冷却强度　　　　　　　　　　B. 也称冷却比或者比给水量

　　C. 单位质量铸坯的给水量　　　　　　　D. 单位是 L/kg

7. （多选）有关冷却强度说法正确的有（　　）。AC

　　A. 连铸二冷区冷却强度越大，越易出现穿晶组织

　　B. 连铸二冷区冷却强度越小，越易出现偏析

　　C. 冷却强度越大，钢的晶粒越小

　　D. 单位时间内单位长度的铸坯被带走的热量称为结晶器的冷却强度

8. 低合金钢的二次冷却强度一般为 1.0～1.2L/kg 之间。（　　）√

9. 比水量指的是单位时间冷却水的消耗量/通过二冷区铸坯的质量。（　　）√

10. 二次冷却区的冷却强度一般用比水量来表示。即在单位时间内消耗的冷却水量与通过
　　二次冷却区的铸坯重量的比值。（　　）√

11. 裂纹敏感性强的钢的二次冷却强度一般在 0.4～0.6L/kg 之间。（　　）√

12. 二冷配水的水量分配原则是从上至下（　　）。A

　　A. 逐渐减少　　　　B. 逐渐增加　　　　C. 成倍递减　　　　D. 成倍递增

13. 板坯连铸机内弧面与外弧面的给水量一般为（　　）。C

　　A.1:1　　　　　　B.1:1.5　　　　　　C.1:(1.1～1.5)　　　D.1.1:1

14. 二次冷却水分配不均匀，可能造成的铸坯缺陷是（　　）。C

　　A. 气泡　　　　　　B. 结疤　　　　　　C. 弯曲　　　　　　D. 夹渣

15. （多选）二次冷却方式有（　　）。ABD

　　A. 水冷却　　　　　B. 气—水冷却　　　C. 气冷却　　　　　D. 干式冷却

16. （多选）实际生产中对二冷水量的分配方案有（　　）。ACD

　　A. 等表面温度变负荷给水　　　　　　　B. 变表面温度变负荷给水

　　C. 分段按比例递减给水量　　　　　　　D. 等负荷给水

17. 二次冷却方式有水冷却、气水冷却和干式冷却。（　　）√

18. 选择合适的二次冷却水量是防止小方坯铸坯弯曲变形的合理措施。（　　）√

19. 二次冷却水不均匀可能会造成方坯纵裂漏钢。（　　）√

20. 二冷采用的压力喷嘴与气水喷嘴相比，具有冷却均匀、冷却效率高的优点。（　　）×

21. 二冷区喷水量随铸坯表面热流从上而下逐渐增加。（　　）×

22. 二冷区各段喷嘴出水是否均匀会影响铸坯内部组织的均匀性。（　　）√

23. 二冷区内喷嘴必须对正铸坯且出水正常。（　　）√

24. 二冷水冷却不均匀容易产生夹杂。（　　）×

25. 二冷水冷却不均匀容易产生扭曲。（　　）√

26. 二冷水冷却强度不均匀，容易造成脱方。（　　）√

27. 二冷水量分布的基本原则：当拉速一定时，沿铸机高度从上向下水量是逐渐递减的；
　　当拉速升高时，二冷总喷水量是降低的。（　　）×

28. 连铸二冷水量的分配原则是指铸机高度从上到下逐渐减少。（　　）√

29. 在整个二冷区应当采取从上到下冷却强度递减的原则。（　　）√

30. 铸坯在铸机内温度由上到下逐渐降低，故二冷区的水量从上到下应该增加。（　　）×

31. 一般二冷室内铸坯表面冷却速度应为（　　）。C

   A. 小于50℃/m　　　　B. 小于100℃/m　　　　C. 小于200℃/m　　　　D. 大于300℃/m

32. 连铸采用二冷自动配水系统以后，各段冷却强度原则是：从上至下（　　）。B

   A. 冷却强度越来越强　　　　　　　　　　　B. 冷却强度越来越弱

   C. 忽大忽小　　　　　　　　　　　　　　　D. 不做要求

33. （多选）二次冷却控制的主要内容包括（　　）。ABCD

   A. 冷却方式的选择　　　　　　　　　　　　B. 冷却强度确定

   C. 冷却水量的分配　　　　　　　　　　　　D. 二冷控制方法

34. （多选）干式冷却主要的冷却方式是（　　）。AB

   A. 空气辐射　　　　　B. 密排辊的热传递　　　　C. 油冷　　　　　D. 水冷

35. （多选）连铸采用二冷自动配水系统以后，二冷配水有（　　）方式。AB

   A. 自动　　　　　　B. 手动　　　　　　C. 只能自动　　　　　D. 只能手动

36. （多选）连铸采用二冷自动配水系统以后，各段流量分配说法正确的是（　　）。BCD

   A. 冷却强度越来越强　　　　　　　　　　　B. 冷却强度越来越弱

   C. 二段比一段流量小　　　　　　　　　　　D. 三段比二段流量小

37. （多选）影响二次冷却的主要因素有（　　）。ABCD

   A. 铸坯表面温度　　　　　　　　　　　　　B. 水流密度

   C. 水滴雾化程度　　　　　　　　　　　　　D. 喷嘴使用效果

38. （多选）正常生产过程中，监控二冷水系统的主要参数是（　　）。ABC

   A. 进水压力　　　　　B. 进水温度　　　　　C. 事故水位高度　　　　D. 铸坯温度

39. 干式冷却是靠辐射、传导传热，不用水冷却。（　　）√

40. 有关冷却强度说法正确的是（　　）。B

   A. 连铸的二次冷却强度越大，铸坯的中心等轴晶越发达，而柱状晶越窄

   B. 同样条件下，冷却强度越大，拉坯速度越快

   C. 铸坯内部质量与冷却强度无关

   D. 连铸二冷区冷却强度越小，越易出现穿晶组织

41. 结晶器冷却水量的确定原则是（　　）。B

   A. 铸坯出结晶器下口时的表面温度　　　　B. 根据铸坯断面尺寸而定

   C. 根据结晶器进出水温差而定　　　　　　D. 根据钢水温度而定

42. （多选）有关结晶器冷却的说法中正确的有（　　）。ABC

   A. 结晶器冷却又称一次冷却

   B. 结晶器用冷却水是经过处理的软水

   C. 小方坯结晶是按铸坯周边长度供冷却水的

   D. 结晶器冷却水的温差越大表明冷却效果越好

7.3.2.3　二次冷却制度

　　钢种的高温力学性能与铸坯裂纹有直接关系。通过热模拟试验机测定的低碳钢高温延性曲线如图7-6所示。

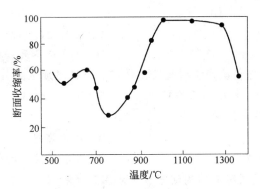

图 7 - 6 钢的高温脆性曲线

从图 7 - 6 可以看出，钢的高温延性可分为三个区域，即：

（1）高温区，也称熔点脆化区。钢水温度降到液相线开始结晶；温度降到固相线以上 20~30℃时，树枝晶彼此连接，有微弱的强度约 1~3MPa，能承受微小拉伸应力的作用；温度继续下降，钢的强度在逐渐缓慢增加，可是表征塑性的断面收缩率仍然为零；当温度到达固相线以下 30~50℃，固体的延性开始上升。

（2）中温区，也称最大塑性区。温度在 1300~1000℃，此区域内钢的高温强度和塑性达到最高值，这也是常规的热加工区；钢种不同温度范围也有区别，如 C - Mn 钢延性最好的区域为 1300~900℃。

钢在这个温度范围内是处于奥氏体相区，它的强度取决于晶界析出的硫化物、氧化物数量和形状；当磷、硫偏析严重时，加剧了晶界断裂敏感性。研究指出，$[Mn]/[S] < 30$ 称为贫延性；$[Mn]/[S] > 40$ 为良好延性；所以，降低钢中 P、S 含量，保持合适的 $[Mn]/[S]$，对预防裂纹是非常重要的。

（3）低温区，又称二次脆化区。该区相当于钢由 $\gamma \rightarrow \alpha$ 相变温度区；当温度低于 1000~900℃时，塑性降低；温度到达 700℃左右，塑性最低。变形率越小，脆性也越严重，是铸坯产生横裂纹的根源。在 700~900℃钢的延性最低，是脆性"口袋区"，铸坯若在此温度范围内矫直，内弧面又承受拉应力的作用，必然产生裂纹。

每个钢种都有一条相应的脆性曲线，只不过"口袋区"因钢种不同有移动而已；因此无论碳素钢，还是合金钢，铸坯的矫直温度都应避开脆性"口袋区"，选择延性最好的温度区。

基于以上原因，二冷区的冷却制度分为"热行"和"冷行"：

（1）热行，也称软冷却或弱冷却。在矫直前铸坯表面温度达到 900℃以上；采用弱冷却制度，二次冷却比给水量一般在 0.5~1.0L/kg 钢。

（2）冷行，又称硬冷却，即强冷却。铸坯维持在 700℃到 650℃，待奥氏体完全转变后再矫直，避开脆性"口袋区"；冷却水量相应要高一些，一般为 2.0~2.5L/kg 钢。

✏️ **练 习 题**

1. 一般情况下，二次冷却强度采用（　　）较好。B

　A. 强冷　　　　　B. 弱冷　　　　　C. 混冷　　　　　D. 干冷

2. 二冷水水温要求（　　）。C

    A. 越低越好　　　　　　　　　　　　　B. 越高越好

    C. 适宜的温度　　　　　　　　　　　　D. 夏天与冬天一样

3. 铸坯在脆性温度区矫直容易产生横裂纹，铸坯的脆性温度区为（　　）。B

    A. 600～700℃　　　　B. 700～900℃　　　　B. 900～1000℃　　　　D. 1000～1200℃

4. （多选）二冷装置常见故障包括（　　）。ABCD

    A. 喷嘴堵塞　　　　　　　　　　　　　B. 喷嘴缺失

    C. 自动调节阀不能调节　　　　　　　　D. 进水总管压力低

5. （多选）二冷装置常见故障有喷嘴堵塞、进水温度高和（　　）。BCD

    A. 钢种与配水曲线不符　　　　　　　　B. 喷嘴缺失

    C. 自动调节阀不能调节　　　　　　　　D. 进水总管压力低

6. （多选）二冷装置检查内容（　　）。ABCD

    A. 喷嘴是否堵塞　　　　　　　　　　　B. 喷嘴是否缺失

    C. 自动调节阀能否自动调节　　　　　　D. 进水总管压力、温度

7. 二冷水水质对二冷效果影响不大。（　　）×

8. 二冷系统中，冷却喷嘴堵塞、冷却水管漏水是常见的二冷室问题。（　　）√

9. 二冷装置中，二冷事故水系统可有可无。（　　）×

学习重点与难点

学习重点：初级工要求掌握连铸工艺制度种类、操作要求、工艺参数，中高级工能根据钢种、设备选择工艺参数，保证质量，稳定生产。

学习难点：灵活运用连铸工艺制度进行生产操作，避免事故。

思考与分析

1. 二次冷却与铸坯质量有什么关系？

2. 结晶器在线停机调宽、调锥度装置进行调宽、调锥度、锁定作业时，应当遵循哪些操作要点？

3. 结合本厂实际，谈一谈保证高效铸机的正常水平发挥技术措施有哪些？

4. 为适应市场需求，某钢厂开发了一个新钢种，其主要化学成分如下：$[C] = 0.10\% \sim 0.15\%$、$[Si] \leqslant 0.50\%$、$[Mn] = 1.00\% \sim 1.60\%$、$[Al] = 0.020\% \sim 0.06\%$、$[Nb] = 0.020\% \sim 0.04\%$、$[P] \leqslant 0.030\%$、$[S] \leqslant 0.25\%$。请根据上述化学成分条件，为保证铸坯的表面质量，为其制定合理的工艺措施，并说明采用这些措施的理由（假设可以给你提供所有条件）。

8 操作事故

连铸生产过程中，由于设备、操作本身或耐火材料质量不佳等方面的原因，会引起一些操作的异常或事故，这不仅打乱了正常的生产秩序，造成设备的损坏，甚至还会危及操作人员的人身安全。

生产应该是安全第一，预防为主；万一发生事故要及时有效地处理，将损失减少到最小。

✎ 练 习 题

1. 发现二冷立管漏水必须及时更换。（　　）√

2. 翻转冷床主要用于运送钢坯，使钢坯得到均匀的冷却，可少量调直钢坯的弯曲，并使四个面的氧化铁皮得到清理。（　　）√

3. 当喷嘴发生堵塞时，可以不做处理，继续生产。（　　）×

4. 当喷嘴发生堵塞时，冷却不均会影响铸坯内部质量。（　　）√

5. 当主动辊压力从引锭杆压力到热铸坯压力不切换，那么必须进行手动切换。（　　）√

6. 当主动辊压力额定值的波动不应该超过 ±10%，超过了设定值，必须消除液压系统的故障，否则停浇。（　　）√

7. 地脚松动或不正会造成拉矫机的电机、减速机震动大。（　　）√

8. 电磁搅拌冷却水流量低，严禁浇注。（　　）√

9. 电磁搅拌无冷却水，严禁浇注。（　　）√

10. 当二冷水发生声光报警时，应该（　　）。B
    A. 继续浇注　　　　　B. 立即停浇　　　　　C. 降速浇注　　　　　D. 提速浇注

11. 当发生结晶器冷却水发生声光报警时，应该（　　）。B
    A. 继续浇注　　　　　B. 立即停浇　　　　　C. 降速浇注　　　　　D. 提速浇注

12. 当喷嘴发生堵塞时，一般处理方法是（　　）。A
    A. 清理或更换喷嘴　　　　　　　　　　　B. 加大水流量
    C. 不做处理继续生产　　　　　　　　　　D. 增加压缩风压力

13. 当驱动辊压力额定值的波动不应该超过±10%，超过了设定值，如消除不了液压系统的故障，必须（　　　）。B

A. 继续浇注　　　　　B. 立即停浇　　　　　C. 降速浇注　　　　　D. 提速浇注

14. 当设备冷却水事故水箱中的水位下降，但没有达到要求的最小位置值时，可以（　　　）。A

A. 继续浇注　　　　　B. 立即停浇　　　　　C. 提速浇注

8.1　钢包故障

8.1.1　滑动水口不能自动开浇

滑动水口不能自动开浇的原因很多：（1）引流砂填充松散，钢水渗入烧结；（2）引流砂潮湿，接触钢水后，水分蒸发，钢水渗入烧结；（3）填砂过于密实，钢水接触表面烧结；（4）引流砂的材质不合适、粒度不均匀且非球形；（5）钢水在钢包内滞留时间过长温度偏低在水口处冷凝；（6）烘包时包壁上的残钢残渣熔化流入座砖形成渣壳，开浇时钢水的静压力不能冲破渣壳等，都会引发水口不能自动开浇。

水口不能自动开浇的应急办法是烧氧引流，烧氧引流容易损坏水口内孔孔型，影响注流形状，所以根本的办法是选择配料合适的引流砂，烘烤干燥，填充适当。钢包烘烤达到规定要求，或"红包"受钢，或选用质量良好的透气砖，实现包底吹氩等措施来提高钢包的自动开浇率。

8.1.2　钢包注流失控

钢包注流失控可能是：（1）滑板某处有钢水渗漏；（2）滑动水口无法关闭；（3）滑动水口耐火材料质量不好；（4）滑板安装间隙过大；（5）浇注时间过长；（6）液压机构事故等因素所致。

倘若强制关闭水口仍有注流，但注流不大，在不损坏设备和保障人身安全的前提下，可通过中间包向溢渣盘溢流来平衡拉速，用以维持本炉钢浇注完毕，否则立即旋转钢包离开浇注位置停止浇注。

📝 练 习 题

1. 当钢包不能自开需要引流时，烧氧管弯曲部分的长度应（　　　）。A

A. 不小于750mm　　　B. 不小于200mm　　　C. 不小于300mm　　　D. 不小于400mm

2. 当钢包不能自开需要引流时，烧氧管弯曲部分的长度应大于等于750mm。（　　　）√

3. （多选）钢包水口不能自开时，（　　　）。ABD

A. 首先确认钢包液压油缸已完全到位　　　　　B. 然后立即烧氧引流

C. 烧氧管必须水平插入水口

D. 烧氧成功后，滑动水口试滑几次再正常浇注

4. （多选）钢包支撑臂升降有噪声的主要原因有（　　　）。AB

A. 连杆关节轴承无油抱死　　　　　　B. 支撑壁球面轴承缺油或损坏

C. 操作台按钮接触不良　　　　　　　D. 控制回路故障

5. （多选）钢包注流失控的原因可能有（　　）。ABCD

A. 滑板某处有钢水渗漏　　　　　　　B. 滑动水口无法关闭

C. 滑动水口耐火材料质量不好　　　　D. 滑板安装间隙过大

8.2 中间包故障

8.2.1 塞棒失控

浇注过程中注流控制不住，可能是：（1）塞头与水口间有异物；（2）开闭机构失灵；（3）钢水温度偏低，水口附近有凝钢；（4）浇注时间过长，塞头蚀损变形等，都能造成注流失控。

处理措施：可以采取瞬时高拉速；关闭钢包水口；多次启闭塞棒；通过降低中间包液面来减小钢水静压力，维持结晶器正常液面高度，将本炉钢浇注完毕；倘若以上办法都不能奏效，可关闭闸板截住注流，停浇此流；不然只能将中间包小车开出浇注位置停浇，以防结晶器溢钢。

8.2.2 浸入式水口穿孔或部分裂开

浸入式水口穿孔和部分裂开是由于耐火材料质量不佳，或者浇注时间过长等原因。可以快速更换水口，若达不到预期效果，只能停浇此流。

8.2.3 水口"套眼"

水口"套眼"，也称缩径。可能有结瘤或有凝钢，影响注流的形状。

结瘤部位有两个。一是在浸入式口侧孔的上方，另一是塞棒座砖的周围，如图 8-1 所示。

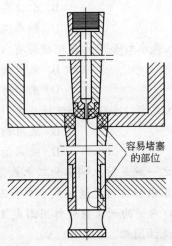

容易堵塞的部位

图 8-1　水口堵塞部位示意图

水口结瘤的原因有两种情况：（1）由于水口附近钢水温度偏低，水口内有冷钢堵塞；敞开式浇注可用氧气冲烧水口，或水口全开，保持一段时间待冷钢自然熔化，再转为正常浇注。（2）钢水中有较高 Al_2O_3 等高熔点化合物沉积、聚集所致。

预防水口结瘤的措施：

（1）严格的保护浇注措施。对于高铝钢的浇注，严格的保护浇注措施是保证生产顺利进行的关键，包括：钢包到中间包从开浇就采用保护套管并在接缝保证严格密封，中间包充氩气后再开浇，并将包盖上塞棒孔、钢流孔、包盖包体接缝全面密封，中间包到结晶器采用浸入式水口并加强水口接缝处的密封，将连铸过程钢水接触空气的可能性降到极低。

（2）控制铝含量。Al_2O_3 来自脱氧产物或二次氧化产物。为了防止水口结瘤，对于铝含量不做要求的钢种即硅锰镇静钢，钢水 [C] < 0.2% 时，$[Al]_总 \leqslant 0.007\%$；当 [C] > 0.2% 时，$[Al]_总 \leqslant 0.004\%$。对于 Al 镇静钢，钢水需进行钙处理，喂入钙线控制 (CaO)/(Al_2O_3) = 0.1 ~ 0.15，使串簇状 Al_2O_3 转化为 $12CaO \cdot 7Al_2O_3$ $(C_{12}A_7)$，这种铝酸钙的熔点大约在 1400℃ 左右，浇注过程中呈液态，可以避免水口结瘤。倘若钙加入量不足，Al_2O_3 不能转化为 $12CaO \cdot 7Al_2O_3$；钙加入量过多，且钢水又含有一定量的硫，会形成高熔点的 CaS，其熔点在 2450℃，都不能消除水口结瘤。

（3）可选用吹氩塞棒，或用气洗水口。通过氩气的吹扫，避免了水口内壁夹杂物沉积聚集。

（4）采用过滤技术，滤去钢水中 Al_2O_3 等夹杂物。

（5）控制钢水有合适的过热度。

最根本的办法是炼钢控制钢水终点氧含量、选择合理的脱氧制度、必要的精炼手段、全封闭的保护浇注，降低钢中 Al_2O_3 等夹杂物含量，改善夹杂物的形态，提高钢水的纯净度，确保连铸顺行。

✐ 练习题

1.（多选）当钢包开浇后，钢水随即从中间包流出，产生的原因可能为（　　）。AB
   A. 塞棒与水口配合不严　　　　　　　　　B. 水口有异物
   C. 钢水温度高　　　　　　　　　　　　　D. 钢水温度低

2.（多选）避免浇注过程中浸入式水口套眼的合理措施有（　　）。CD
   A. 不使用钢包套管　　　　　　　　　　　B. 采用结晶器电磁搅拌技术
   C. 避免钢水二次氧化　　　　　　　　　　D. 采用防套眼水口

3.（多选）避免浇注过程中浸入式水口套眼的合理措施有（　　）。AB
   A. 使用钢包套管　　　　　　　　　　　　B. 采用钢包套管吹氩技术
   C. 不使用钢包套管　　　　　　　　　　　D. 采用结晶器电磁搅拌技术

4. 避免浸入式水口套眼的措施之一就是防止钢水的二次氧化。（　　）√

5. 不使用钢包套管吹氩技术可以很好地避免浸入式水口套眼。（　　）×

6. 钢中的 Al_2O_3 夹杂物能与水口内壁的耐火材料作用形成复杂化合物，并沉积在内壁上而造成水口结瘤或堵塞，造成浇注困难。（　　）√

7. 当发生塞棒失控时，应马上组织停浇，把中间包车开走。（　　）√

8. 垫棒的原因有棒头处粘有冷钢、有异物或者棒跑了。（　　）√

9. 当一个流的浸入式水口套眼时，应该（　　）。C

    A. 铸机停浇   B. 关闭该流结晶器水

    C. 组织更换该流水口   D. 关闭该流二冷水

10. 当中间包水口套眼时应该（　　）。B

    A. 铸机立刻停浇   B. 可烧眼或更换浸入式水口

    C. 钢包停浇   D. 中间包停浇

8.3 溢钢、漏钢

练习题

1. 出现溢钢时，立即停机，处理冒出钢水后可低速启车浇注。（　　）√

2. 大量溢钢无法处理时，应立即停浇。（　　）√

3. 出现拉漏必须立即关闭塞棒停机，将铸坯拉出。（　　）√

4. 敞开浇注，结晶器横断面凝固坯壳厚薄不均匀，最薄弱部位就是注流冲击点周边的区域。（　　）√

5. 出结晶器的坯壳必须要达到安全的厚度，以防铸坯在失去铜壁支撑之后而发生变形或漏钢。（　　）√

6. 出结晶器后连铸坯壳只要求坯壳厚度生长均匀。（　　）×

7. （多选）出现溢钢时，应该（　　）。ABCD

    A. 立即停机，处理溢出钢水   B. 处理完溢出钢水后可低速启车

    C. 立即停止该流浇注，等停浇后再处理溢钢   D. 大量溢钢无法处理时，立即停浇

    漏钢是连铸生产中的恶性事故。漏钢会造成被迫停机，钢水回炉，带来生产秩序的混乱，增加工人劳动强度；严重时还会损坏设备，伤害人身安全。

    产生漏钢的根本原因是结晶器内坯壳薄且不均匀，当铸坯出结晶器下口后，承受不住钢水静压力及其他应力的综合作用，坯壳的薄弱部位被撕裂，钢水流出，造成漏钢。诱发漏钢有以下几种情况。

8.3.1 开浇漏钢

    开浇漏钢的产生原因有：

（1）引锭头周围石棉绳松动。

（2）开浇前引锭杆下滑没有发现。

（3）撒入的铁屑未能覆盖住石棉绳，钢水注入直接冲击石棉绳，引锭头松动。

（4）保护渣加入过早，一次加入量过多堆积而造成坯壳卷渣。

（5）开浇起步过早。

（6）结晶器与二冷区首段不对弧。

（7）钢水温度过高。

根据开浇漏钢产生原因，避免开浇漏钢的措施有：

（1）充分做好浇注前设备检查和开浇前的准备工作。

（2）根据所浇钢种、断面与温度，控制好开浇的起步时间、起步拉速，并按技术要求增加拉速，保持结晶器液面稳定，避免卷渣。

练习题

1. 避免开浇漏钢的措施中不正确的有（   ）。B

    A. 引锭头周围石棉绳塞紧

    B. 开浇前向结晶器内加入保护渣

    C. 根据所浇钢种和温度，控制好开浇的起步时间和拉速

    D. 充分做好浇注前设备检查

2. （多选）产生开浇漏钢的原因有（   ）。ABC

    A. 钢水温度低，棒头结冷钢　　　　　　B. 浇钢工操作不当

    C. 塞棒断　　　　　　　　　　　　　　D. 温度过高

3. 发生结晶器开浇漏钢后，双流铸机必须停止浇注，将引锭杆撤离铸机。（   ）×

4. 根据所浇钢种与断面，控制好开浇的起步时间、起步拉速，并按技术要求增加拉速，保持结晶器的液面稳定避免卷渣，可有效降低开浇拉漏率。（   ）√

8.3.2 注中漏钢

浇注过程中引起漏钢的因素是多方面的：

（1）结晶器过度磨损变形，锥度变小，造成铸坯严重脱方；注流与结晶器不对中；结晶器与二冷区对弧不准；铸坯出结晶器冷却强度不够等均会影响铸坯坯壳厚薄不均，极易引起漏钢。

（2）长时间浇注，浸入式水口底部蚀穿，或者半边剥落，结晶器内热中心下移，液面可能结冷钢，严重时形成悬挂，撕裂坯壳漏钢。

（3）浇注温度过高，拉速过快，或拉速突然变化，都会使铸坯坯壳过薄而引发漏钢。

（4）保护渣性能不佳，或形成渣条渣圈未及时处理，或敞开浇注没能及时捞渣，被凝固壳捕捉，而形成夹渣漏钢。

总之，针对发生漏钢的可能性，在浇注前应仔细检查设备，准确对弧，更换不符合技术要求的部件；根据技术要求控制好注温、拉速及冷却强度；选用性能良好的保护渣，避免事故，保证质量。

8.3.3 黏结漏钢

黏结漏钢是浇注过程中主要漏钢事故。据统计，在诸多漏钢事故中黏结漏钢占50%以上。

黏结是由于结晶器液面不稳定，弯月面处润滑不良，凝固壳与结晶器壁之间发生黏结，拉坯摩擦阻力增大，黏结处坯壳被拉裂，铸坯下行裂纹向两侧扩展，形成"∧"破裂线；钢水从裂口流出，形成薄薄的新凝固壳；当结晶器上升，铸坯继续下移，新凝固壳有可能又被拉裂，钢水再次流出，又一次次形成新凝固壳；结晶器每振动一次，就会重复上述过程。随着铸坯的向下运行，当铸坯凝固壳的破裂位置移出结晶器时，就产生了漏钢。

板坯宽面内弧侧发生黏结漏钢的几率比外弧侧高，大断面板坯容易发生在宽面中部，小断面则发生在靠近窄面的区域，铝镇静钢比铝硅镇静钢发生漏钢的几率高。

产生黏结漏钢的原因主要是：

（1）结晶器润滑不良或无润滑。

（2）保护渣液渣黏度较高，或液渣层较薄，润滑不够充分。

（3）钢中合金元素含量高，坯壳的高温强度较低。

（4）结晶器冷却强度不足。

（5）结晶器内壁不平滑。

（6）钢水液面波动大。

为避免黏结漏钢，应采取以下措施：

（1）加强钢水管理，给连铸提供温度、成分合格的钢水。

（2）确保润滑，选用性能良好的保护渣，并保持足够的液渣层厚度。目前许多研究表明钢水中夹杂物，尤其是 Al_2O_3，被保护渣过多的吸附就会恶化保护渣的性能。

（3）定期检测振动参数，确保合适的负滑脱时间。

（4）安装漏钢监测预报设施，及时预报。操作中发现有漏钢征兆时，可减小拉速或停机 30s 左右，待形成的新坯壳具有一定厚度后再起步拉坯，可避免拉漏。

8.3.4 小方坯角裂漏钢

小方坯产生角裂漏钢者较多，据某厂统计角裂漏钢占所有漏钢的 68% 左右；产生角裂漏钢与操作有关，如图 8-2 所示。

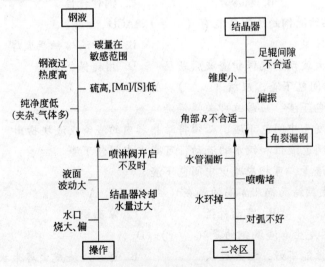

图 8-2 角裂漏钢与操作因素关系示意图

为减少角裂漏钢可采取以下措施：

（1）降低钢水硫含量，并保持合适的［Mn］/［S］值。

（2）降低钢水的过热度。

（3）结晶器采用"弱冷"，对120mm×120mm小方坯结晶器冷却水量在90m³/h以下，进出口水温差在10℃以下，热流稳定，坯壳均匀增厚，角裂减少，因而漏钢也可避免。

（4）提高结晶器的倒锥度，小方坯结晶器倒锥度从0.4~0.6%/m提高到0.7%/m时，角部纵裂得到明显改善，因而由此所引发的漏钢事故也随之减少了。或者改用抛物线形结晶器、钻石结晶器等均有利于坯壳的均匀生长。

（5）二冷区要严格对弧，特别是第一段的对弧更为重要；同时要均匀冷却，尤其是角部的冷却。

练 习 题

1.（多选）防止连铸发生黏结漏钢的措施有（　　　）。BCD
　A. 提高浇注温度，促进保护渣熔化　　　B. 使用低黏度保护渣
　C. 确保合适的负滑脱率　　　D. 加强钢水管理，提供合格钢水

2.（多选）防止连铸过程发生漏钢的有效措施有（　　　）等。BC
　A. 加大二冷水量　　　B. 低过热度浇钢
　C. 合理正确的加入结晶器保护渣　　　D. 多加润滑油

3.（多选）防止连铸过程发生漏钢的有效措施有（　　　）等。BC
　A. 加大二冷水量　　B. 低过热度浇钢　　C. 勤加结晶器保护渣　D. 多加润滑油

4.（多选）防止发生渣漏的有效措施主要有（　　　）。AB
　A. 钢水吹氩搅拌　　B. 钢水钙处理　　C. 结晶器电磁搅拌　　D. 保护浇注

5.（多选）除保护渣、结晶器镀层因素外，影响黏结漏钢的因素还有（　　　）。CD
　A. 二冷水　　　B. 机冷水　　　C. 钢种特性　　　D. 结晶器振动

6.（多选）发生黏结漏钢的原因可能有（　　　）。ACD
　A. 保护渣润滑不良　　　B. 保护渣熔融层太厚
　C. 钢液面的过大波动引起保护渣液膜断层　　　D. 用错保护渣

7.（多选）发生中间包下渣，应该（　　　）。ABCD
　A. 停浇时中间包下渣，应该立即关棒停浇
　B. 浇注过程中发生中间包下渣，必须将结晶器内的渣条或渣块捞出
　C. 合理控制中间包液位和钢水的流动，可减少中间包下渣
　D. 减少钢包下渣量，可相应减少中间包下渣

8. 板坯连铸机发生黏结漏钢几率高的是在（　　　）侧。A
　A. 宽面内弧　　　B. 宽面外弧　　　C. 窄面中部　　　D. 角部

9. 不会造成结晶器发生卷渣漏钢的是（　　　）。D
　A. 保护渣熔化性能不好，熔点过高　　　B. 保护渣渣皮太厚未挑出
　C. 拉速过快　　　D. 钢水温度低

10. 发生结晶器拉漏时应该（　　）。B
   A. 立即停止该流浇注，铸坯等停浇后处理　　B. 将铸坯以最大拉速拉出
   C. 立即将二次冷却水开到最大　　　　　　　D. 立即组织钢包停浇

11. 发生坯壳局部悬挂可用撬棍处理或氧枪烧，跨角悬挂可停机处理，待钢水熔化悬挂坯壳后，低速启车。（　　）√

12. 发生异常炉次时必须立即停浇，没有必要取样。（　　）×

13. 发生异常炉次要加强取样工作，在一炉开浇后取第1个样，停浇前取最后1个样，在两者之间均匀分配取5个样。（　　）√

14. 发现结晶器内壁有划痕可能是因上引锭杆时划伤造成。（　　）√

15. 方坯角部纵裂漏钢与浇钢操作有关。（　　）√

16. 当板坯发生卧坯事故时，若铸坯较长，则需要在铸机内充分冷却，分段切割，水平段的铸坯从出坯方向出来，直线段、弧形段从结晶器上方分段吊出。（　　）√

17. 当板坯发生卧坯事故时，若铸坯较短，在铸机内充分冷却后，可直接从结晶器上方吊出。（　　）√

18. 钢水中的渣子熔点高，比钢水先凝固并嵌在坯壳处形成热阻，使坯壳变薄，因此，不及时捞渣会发生渣漏。（　　）√

19. 温强度低和液相温度低的钢种易出现黏结性漏钢。（　　）√

学习重点与难点

学习重点：初级工只要求中间包故障和溢钢、漏钢事故。其他等级学习重点是掌握连铸事故的产生原因、处理手段和预防措施。

学习难点：灵活运用连铸工艺制度进行生产操作，保证生产稳定性和铸坯质量，避免事故。

思考与分析

1. 连铸生产Q215钢时，较易发生纵向裂纹漏钢，试分析应如何着手解决？

2. 某台铸机连浇过程中，结晶器下口处出现四面漏钢，结晶器内残留坯壳，如何分析这种漏钢事故，预防措施有哪些？

3. 请说出4种拉漏类型，并简要说出原因。

4. 黏结漏钢的主要原因是什么，如何防止？

5. 在连铸生产过程中发现结晶器内坯壳与结晶器壁黏结并发生漏钢现象，试问这种漏钢的原因和处理方法是什么？

6. 某台300mm×300mm断面连铸机浇注过程中，浇钢人员发现结晶器液面直线下降，即使塞棒全打开无效，试问该流发生了什么事情，如何处理？

7. 某台方坯连铸机浇注过程中结晶器液面突然上升，水口关闭后检查未发现漏钢，试问发生了什么问题，应如何进行处理操作？

9　保护浇注

精炼后成分、温度、质量都合格的洁净钢水，从钢包→中间包→结晶器的传递过程中，又与大气、耐火材料、熔渣相接触，仍然会发生物理化学作用，钢水二次氧化重新被污染，使精炼效果前功尽弃。为此，钢水在各个传递阶段，均应严格加以控制管理，减少重新污染的可能，以确保钢水的纯净度，达到钢种质量的要求。

9.1　浇注过程中的二次氧化

注流与空气接触直接吸氧，钢包、中间包钢液面与空气直接相互作用，钢水与耐火材料、保护渣相互作用，卷入的渣滴与钢水相互作用等都属于二次氧化。

9.1.1　注流与空气相互作用

敞开浇注钢包的注流以一定速度注入中间包，在注流周围形成一个负压区，将四周的空气卷入注流带入中间包熔池，其状况如图 9 - 1 所示，造成钢水的二次氧化。其二次氧化的程度与注流的形状即注流的比表面积有关。

水口直径越小，比表面越大；注流粗糙、松散，比表面积也大，二次氧化也越严重。如钢包水口直径一般在 $\phi 50 \sim 60\,mm$，小方坯中间包定径水口直径在 $\phi 14 \sim 16\,mm$，而且是多流浇注，那么中间包注流的比表面积比钢包注流增加了许多倍，二次氧化程度比钢包注流也要严重得多。此外注流的比表面积还受注流形态的影响。注流圆滑、致密、连续时具有最小的比表面积，因而与空气接触界面小，据估计注流从空气中吸氧量约 0.7ppm。水口形状也会影响注流的形态，如水口有结瘤或凝钢注流会发散，当注流呈波浪形或散流又不连续时，比表面积大大增加，因而吸氧量

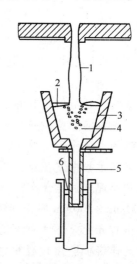

图 9 - 1　浇注过程钢水二次氧化示意图
1—钢/大气；2—渣/钢；3—包衬/钢；4—卷入气泡和炉渣质点；5—耐火材料/钢；6—保护渣/钢

也相应增多，估计在 20~40ppm。那么后者是前者的近 30~60 倍。

注流冲击中间包液面，熔池液面不断地被更新，此时钢水的吸氧量比静止状态要严重得多。例如中间包的液面为 1000mm×5000mm（即 5m²），熔池深为 700mm。由于注流的冲击，引起中间包钢水的运动，液面裸露而更新。据理论计算，每 1.15s 液面就更新一次，1min 内液面更新达 52 次之多，液面裸露更新总面积约 5m²×52＝260m²。由此可见，被注流冲击引起液面裸露更新而造成的二次氧化是多么严重。

中间包注流注入结晶器引起钢水的循环运动，液面也在不断更新。据计算，结晶器液面与空气接触的时间是：断面为 180mm×400mm，接触的时间是 1.8s；断面为 200mm×1200，接触的时间是 7.56s。可见，中间包和结晶器液面与空气接触造成二次氧化是相当严重的。在小方坯结晶器液面上出现的浮渣就是钢水二次氧化的产物。若钢水中含有 Al、Ti、Si、Cr 等易氧化元素，液面更易形成浮渣和氧化渣皮，如果不及时捞出浮渣渣皮，可能被卷入凝固坯壳而形成铸坯表面夹渣，严重时还会引发漏钢事故。

液面氧化渣皮的厚度可用以下公式计算：

$$\delta = KC_{O_2}t \tag{9-1}$$

式中　δ——氧化渣皮厚度；

　　　C_{O_2}——大气中氧气浓度；

　　　K——氧化速度常数；

　　　t——钢水与大气接触时间。

液面氧化渣皮的增长速度与液面上气氛中氧的浓度及钢水成分有关。氧的浓度越高，二次氧化渣皮厚度增长速度也越快。倘若只考虑液面气氛中氧浓度的影响，大气中氧的浓度为 21%，保护浇注其液面氧的浓度小于 1%，那么：

$$\frac{\delta}{\delta_H} = \frac{KC_{O_2}t}{KC_{O_2}^H t} = \frac{21}{1} = 21$$

敞开浇注与保护浇注相比二次氧化渣皮的厚度相差 20 倍。保护浇注产生氧化渣皮少多了，即使产生氧化物夹杂也有可能被保护渣所吸附、溶解，危害也就小得多。

9.1.2　钢水与耐火材料相互作用

浇注过程钢水与钢包、中间包、水口、塞棒等耐火材料接触，它们的相互作用包括化学侵蚀及机械冲刷等。耐火衬砖表面和砖缝受高温作用软化，软化层被冲刷进入钢水中，来不及上浮滞留于钢中成为夹杂，其组成与耐火材料原始成分基本相近。

耐火材料中 ZrO_2 较稳定。Al 对碱性耐火材料的作用也差些。目前钢包和中间包内衬、水口、塞棒材质多用高铝质、锆质耐火材料，从而提高了抗化学侵蚀能力。

用熔融石英水口浇注含铝钢和高锰钢时，会发生下列反应：

$$4[Al] + 3(SiO_2) \Longrightarrow 3[Si] + 2(Al_2O_3)$$
$$2[Mn] + (SiO_2) \Longrightarrow [Si] + 2(MnO)$$
$$(MnO) + (SiO_2) \Longrightarrow (MnO \cdot SiO_2)$$

生产实践表明，熔融石英浸入式水口在浇注高锰钢（如 16Mn），水口蚀损速度达 6~10mm/h；而浇注普通碳素钢蚀损速度则为 1~1.5mm/h，因而 Al 和 Mn 是熔融石英水口的腐蚀剂。在水口内壁形成熔融层，其厚度约 100~300μm，它的组成是（MnO）＝33%~42%、

（Al_2O_3）= 19% ~ 21%、（SiO_2）= 32% ~ 37%、（FeO）= 2% ~ 7%，熔点在1200℃左右。当熔融层达到一定厚度时形成液滴，再加上钢流的冲刷而脱落，进入钢中成为外来夹杂。

钢水中 Al 和 Mn 与 Al_2O_3 不发生化学反应，因此可用刚玉或高铝质水口。刚玉是纯 Al_2O_3 价格较贵。但高铝质材料热稳定性稍差，易崩裂，可添加适量石墨以改善耐火材料的强度和热稳定性，所以连铸上都用高铝石墨浸入式水口，还在水口表面喷一层涂料，高温下形成釉层，提高了高铝石墨浸入式水口抗氧化能力。

中间包保持正常液位，避免液位过低，不然会引起卷渣。主要是由于注流的冲击，沿中间包钢—渣界面产生剪切力将渣卷入内部。再加上注流冲击引起的波浪运动，尤其当钢水液位降低至临界高度时，这种剪切力和波浪运动以及涡流造成的卷渣更为严重。

9.1.3 钢水与溶渣相互作用

出钢过程高 FeO 熔渣被钢水携带到钢包内，悬浮的渣滴与钢水中 Si、Al、Mn 等元素发生反应；吹氩气过程部分产物黏附于氩气泡表面随之上浮分离，另一部分进入结晶器成为钢中外来夹杂物。渣中 FeO 含量越高，铸坯中夹杂物也越严重；包内熔渣的不稳定氧化物（FeO + MnO）越高，钢中总氧含量也越高；若钢中总氧含量控制在 20ppm 以下，那么钢渣中（FeO + MnO）应小于 1%；所以要挡渣出钢，钢包绝对不能下渣到中间包，且中间包应添加性能良好的覆盖剂，以减轻氧的传递。

9.1.4 渣相与耐火材料相互作用

残留在钢液中二次氧化产物及卷入的熔渣，与钢包和中间包内衬、塞棒相接触，渣中氧化铁对耐火材料有腐蚀作用。因此出钢挡渣，降低渣中（FeO + MnO）的含量；出钢后向钢包添加覆盖剂、改质剂，中间包加双层渣覆盖剂，是绝对必要的，以减轻由于耐火材料带来的大型夹杂物。

练习题

1. 不属于保护浇注的措施的是（　　）。A
   A. 转炉底吹系统　　　　　　　　　　　　B. 钢包套管吹氩系统
   C. 采用浸入式水口　　　　　　　　　　　D. 采用结晶器保护渣
2. 连铸机保护浇注的主要目的是（　　）。C
   A. 防止钢水中铁与氧的接触，造成铁元素损耗
   B. 防止钢水吸氢
   C. 防止钢水被二次氧化，影响铸坯质量　　D. 为保护钢铁厂环境
3. （多选）连铸机保护浇注的目的有（　　）。ABCD
   A. 防止钢水吸氮，影响铸坯质量　　　　　B. 减少高温钢水对人体的辐射
   C. 防止钢水被二次氧化，影响铸坯质量　　D. 生产高质量钢铁产品
4. 连铸机采用保护浇注主要为改善钢铁工人的劳动条件，属迫不得已的行为。（　　）×

9.2 保护浇注措施

钢包→中间包→结晶器采用全程保护浇注是避免钢水二次氧化的有效措施。

9.2.1 保护介质的工艺功能

作为保护介质应具有如下工艺功能：

(1) 钢水与空气隔绝避免二次氧化；

(2) 减少中间包和结晶器钢水液面的热损失，防止表面结壳；

(3) 能吸收从钢液中上浮的夹杂物；

(4) 在结晶器器壁与凝固坯壳之间起润滑作用。

除此之外还应有良好的物理性能。

保护介质有气体保护剂、液体保护剂和固体保护剂等。

保护浇注就是对钢水传递全过程的保护，如图9-2所示。

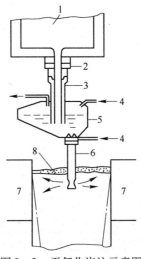

图9-2 无氧化浇注示意图

1—钢包；2—滑动水口；3—长水口；4—氩气；
5—中间包；6—浸入式水口；7—结晶器；8—保护渣

📝 **练 习 题**

1. 不属于保护浇注的措施的是（　　）。A
   A. 转炉底吹系统　　　　　　　　B. 钢包套管吹氩系统
   C. 采用浸入式水口　　　　　　　D. 采用结晶器保护渣
2. （多选）全保护浇注的措施有（　　）。ABCD
   A. 钢包套管吹氩系统　　　　　　B. 使用中间包覆盖剂
   C. 采用浸入式水口　　　　　　　D. 采用结晶器保护渣
3. 中间包在浇注过程中，为了温度需要，可在中间包充入一定量的氧气。（　　）×

9.2.2 钢包→中间包注流的保护

9.2.2.1 长水口

钢包→中间包注流用长水口，又称保护套管。在钢包滑动水口的下水口安装长水口，并在中间包钢液面加覆盖渣剂。这样就可以使钢水注流和中间包液面完全与空气隔绝，既能保温，又可避免吸收空气。长水口接口结构如图9-3所示。在水口的上口嵌镶有弥散透气环，氩气通过透气环形成气幕保持正压密封防止吸入空气。

长水口下部插入中间包液面以下100mm左右。钢包→中间包的注流处于密封状态，也改善了中间包内钢水流动状态，完全避免了卷渣的可能性。

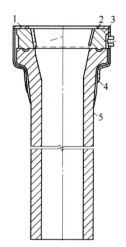

图 9-3 带弥散透气环的长水口结构示意图

1—钢压环；2—纤维环；3—透气砖；4—铁套；5—本体

9.2.2.2 长水口与钢包水口接口密封方式

长水口与钢包滑动水口下水口的接口，若密封不严会吸入空气，同样污染钢水。由于长水口内孔的孔径比滑动水口内径大，钢流不能充满水口内孔通道，就好像一个抽气泵，从缝隙源源不断地吸入空气。图 9-4 表明了长水口与钢包滑动水口接口密封材料和方式不同所吸入的 N_2 数量；通过吸入的 N_2 数量也相应说明了空气的吸入量。

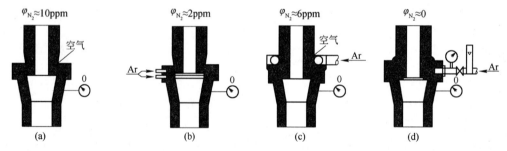

图 9-4 长水口与钢包滑动水口的连接

从图 9-4 可见：

（1）滑动水口与长水口的接口处是用耐火纤维密封圈封住；由于耐火纤维不够致密，再加上受高温作用而变形，所以密封不严，吸氮 φ_{N_2} 约 10ppm；

（2）用金属环并通氩气密封，吸氮 φ_{N_2} 约 2ppm；

（3）接口直接通氩气密封，吸氮 φ_{N_2} 约 6ppm；

（4）接口密封处通氩气，在长水口上口区域形成正压（约 0.7Pa）区，通过仪表监测，完全避免 N_2 的吸入，效果很好。

此外，也可以用气体保护注流。在注流周围形成惰性气体氩的气幕，对注流密封保护。

-+-

📝 练 习 题

1. 钢包吹氩套管主要是为了减少气体。（　　）✓

2. 吹氩套管的氩气流量和压力可以超出规定范围但不能小于规定范围。( ) ×

3. 吹氩套管的氩气流量和压力要调节合适，过小不能起到保护作用，过大则钢水容易裸露被二次氧化。( ) √

4. 钢包吹氩套管流量正常控制在 30~100L/min。( ) √

5. 钢包保护套管吹氩气压力一般在 0.1~0.4MPa 范围之内调节。( ) √

6. 采用钢包套管吹氩系统，并且选择合适的吹氩流量和压力，能很好地减少铸坯的增氮，有利于改善铸坯的质量。( ) √

7. 连铸机保护套管机械手是固定在转台上一动不动的。( ) ×

8. 连铸机上的保护套管在使用前必须经过检查，不能有磕碰和裂纹。( ) √

9. 连铸机上所有的保护套管在使用前都必须经过高温烘烤，否则严禁投入使用。( ) ×

10. 注流进入中间包除对中间包有冲击作用外，注流还卷入大量空气，使中间包内钢水的流动较为复杂。( ) √

11. (多选) 在保护浇注铸机上，开浇前保护套管吹氩气系统应检查的项目有( )。ABCD
   A. 氩气压力　　　　　　　　　B. 氩气流量
   C. 管路是否有漏气　　　　　　D. 管路设备是否符合要求

12. (多选) 以下有关保护套管的说法不正确的是 ( )。ACD
   A. 所有保护套管都是免烘烤的　　　B. 保护套管又称作长水口
   C. 保护套管材质对浇注过程几乎无影响
   D. 保护套管可以有小于 3mm 的小裂纹，但不能有大裂纹

13. (多选) 钢水称重 200t 的钢包，转台底吹氩的氩气压力一般在 ( )，底吹氩的氩气流量一般在 ( )。BC
   A. 0.01~0.02MPa　　B. 0.2~0.4MPa　　C. 30~50L/min　　D. 300~500L/min

14. (多选) 钢水称重 200t 的钢包，转台底吹氩的氩气压力一般在 ( ) MPa，吹氩套管的氩气压力一般在 0.2~0.4MPa，并且要 ( )。BC
   A. 0.01~0.02　　　B. 0.2~0.4　　　C. 先上套管后开浇　D. 先开浇后上套管

15. (多选) 钢水称重 200t 的钢包，转台底吹氩的氩气流量一般在 ( ) L/min，钢包套管吹氩流量在 ( ) L/min。BD
   A. 3~5　　　B. 30~50　　　C. 10~30　　　D. 30~100

16. (多选) 钢包保护套管吹氩参数一般包括 ( )。AC
   A. 流量　　　B. 湿度　　　C. 压力　　　D. 温度

17. (多选) 以下有关保护套管机械手的说法正确的是 ( )。BCD
   A. 机械手是固定的不动的　　　　B. 机械手应转动灵活
   C. 转轴和滑道内发现粘钢要及时清理　D. 保护套管吹气系统应无泄漏

18. 在保护浇注铸机上，钢包保护套管中充入的用于保护钢水不被二次氧化的气体一般是 ( )。C
   A. 氮气　　　B. 氢气　　　C. 氩气　　　D. 二氧化碳气

19. 在保护浇注铸机上，开浇前保护套管吹氩气系统应检查的项目有 ( )。D
   A. 氩气压力　　B. 氩气流量　　C. 管路是否有漏气　D. 以上三项全是

20. 以下有关保护套管的说法正确的是 ( )。B

    A. 所有保护套管都是免烘烤的   B. 保护套管又称作长水口

    C. 保护套管材质对浇注过程几乎无影响

    D. 保护套管可以有小于1mm 的小裂纹，但不能有大裂纹

21. 以下有关保护套管机械手的说法不正确的是 （   ）。A

    A. 机械手是固定的不动的   B. 机械手应转动灵活

    C. 转轴和滑道内发现粘钢要及时清理   D. 保护套管吹气系统应无泄漏

9.2.3   中间包→结晶器注流的保护

9.2.3.1   浸入式水口

    大方坯和板坯均采用浸入式水口 + 保护渣的保护浇注。浸入式水口的基本结构形式可见图 3-28。浸入式水口的出口位置及倾角对结晶器内钢水流股的冲击深度和流动状态有直接关系。单孔直筒式水口流股的冲击深度最长；而箱形双侧孔结构的水口流股冲击深度最短，当拉速达到一定值后，继续提高拉速，冲击深度不再加长。因此浇注较小断面的方坯和矩形坯用单孔直筒式水口；大方坯和板坯的浇注普遍使用双侧孔的浸入式水口。使用浸入式水口后，除了防止钢水的二次氧化外，还可以控制结晶器内钢水的流动状态，减小注流流股冲击深度，促进夹杂物上浮，并利于热量的均匀分布，坯壳得以均匀生长。

练 习 题

1. 浸入式水口安装分两种方式，一种是外装式，另一种是（   ）。A

    A. 内装式   B. 正装式   C. 斜装式   D. 平装式

2. 浸入式水口的水口倾角合适的范围在（   ）。B

    A. 5°~10°   B. 15°~25°   C. 45°~50°   D. 55°~70°

3. 浸入式水口的水口倾角增加，会带来的影响是（   ）。A

    A. 延缓了窄面凝固坯壳的生长   B. 加速了窄面凝固坯壳的生长

    C. 有利于夹杂物的上浮去除   D. 对结晶器内钢水流动影响不大

4. 浸入式水口浸入钢液面的深度一般在（   ）mm 较为合适。D

    A. 10~20   B. 20~30   C. 30~50   D. 120~130

5. 浸入式水口浸入钢液面以下位置较浅时，就会发生（   ）质量问题。B

    A. 保护渣熔化不好   B. 钢水卷渣   C. 脱方   D. 扭转

6. 浸入式水口渣线位置的主要成分为（   ）。C

    A. 氧化铁   B. 氧化镁   C. 氧化锆   D. 二氧化碳

7. 有关浸入式水口浸入钢液面深度说法正确的是（   ）。C

    A. 浸入越深越好   B. 浸入越浅越好   C. 保持适当的深度   D. 以上均不可取

8. 在安装浸入式水口时，以下说法正确的是（   ）。C

    A. 水口可以有小裂纹   B. 水口可以歪斜   C. 水口要保持垂直   D. 水口可以不烘烤

9. 连铸在开浇之前必须检查确认各个吹氩管路的畅通情况。（   ）√

10. 使用浸入式水口后，结晶器内钢水的流动得到了控制，流注对宽面的冲刷和热对流作用减缓了，凝固坯壳得以均匀生长。（　　）√

11. 为了避免结晶器钢水流动过大造成卷渣，浸入式水口浸入深度越深越好。（　　）×

12. 浸入式水口浸入钢液面以下位置越浅对保护渣熔化越有利，但容易造成卷渣，产生铸坯质量缺陷。（　　）√

13. 浸入式水口浸入钢液面以下越深钢液面波动越小，但会不利于保护渣熔化。（　　）√

14. 浸入式水口套眼会导致中间包水口关不上。（　　）×

15. 浸入式水口要保持垂直状态，并保证在结晶器的中心位置，偏差不能大于5mm。（　　）√

16. 浸入式水口要垂直安装在中间包下水口上，并压紧压实。（　　）√

17. 浸入式水口要求无潮湿裂纹。（　　）√

18. 浸入式水口安装分两种方式，一种是外装式，另一种是内装式。（　　）√

19. 浸入式水口安装好以后，水口内孔有杂物不用清理。（　　）×

20. 浸入式水口浸入钢液面的深度一般在120～130mm较为合适。（　　）√

21. （多选）浸入式水口的水口倾角增加，会带来的影响正确的说法有（　　）。AD
　　A. 延缓了窄面凝固坯壳的生长　　　　B. 加速了窄面凝固坯壳的生长
　　C. 有利于夹杂物的上浮去除
　　D. 冲击流股将夹杂物带到液相穴深处，上浮困难

22. （多选）浸入式水口在浇注过程中最常见的问题有（　　）。ABCD
　　A. 水口和中间包下水口配合不好　　　B. 断裂
　　C. 逐渐堵塞　　　　　　　　　　　　D. 突然堵塞

23. （多选）在安装浸入式水口时，以下说法正确的是（　　）。BCD
　　A. 水口可以有小裂纹　　　　　　　　B. 水口不可以歪斜
　　C. 水口要在结晶器的中心　　　　　　D. 水口必须经过烘烤

24. （多选）有关浸入式水口浸入钢液面深度说法正确的是（　　）。CD
　　A. 浸入越深越好　　　　　　　　　　B. 浸入越浅越好
　　C. 保持适当的深度　　　　　　　　　D. 深度一般在120～130mm较为合适

9.2.3.2　其他保护

A　气体保护

小断面铸坯的浇注不能用浸入式水口，可以用惰性气体在注流四周围形成惰性气体气幕保护注流，但实施比较麻烦。

B　液体保护剂

液体保护剂实际上是指敞开浇注时使用的润滑剂。润滑剂可用植物油、矿物油或混合油；混合油是矿物油的混合物；油质润滑剂均为碳氢化合物。由于结晶器的振动，润滑油沿器壁四周被带入钢水液面以下，在坯壳与结晶器壁之间形成0.025～0.050mm的油膜和油气膜，可以减小铸坯的运行阻力，防止坯壳与结晶器器壁的黏结；同时润滑油在高温作用下裂解燃烧形成还原性气体，在弯月面处起到隔绝空气防止二次氧化作用；同时还原性气体将浮渣推向液面中心，也可以避免坯壳粘渣。目前小方坯连铸机敞开浇注工艺，广泛

使用植物油中的菜籽油做润滑剂。在此要特别提醒，润滑油对注流能起到有限的保护作用。此外还应注意润滑油使用不当还会造成铸坯的皮下气泡，裂解后生成的气体对环境有污染，对人身健康也有影响。

练 习 题

1. 结晶器润滑油有严格的成分要求。（   ）√
2. 润滑油的作用是在正滑动时防止新生成的坯壳与结晶器壁之间的粘连。（   ）√
3. 结晶器润滑油最重要的参数是（   ）。C
   A. 黏度   B. 凝固温度   C. 沸点   D. 流动性

9.3 保护渣

连铸工艺普遍应用了浸入式水口＋保护渣的保护浇注技术。这对于改善铸坯质量，推动连铸技术的发展起到了重要作用。

9.3.1 保护渣类型

结晶器所用固体保护渣有两种类型，发热型保护渣和绝热型保护渣。当前用绝热型保护渣者居多。发热型保护渣作为开浇渣使用。

固体保护渣是多种原材料的机械混合物。绝热型保护渣可制成粉状、颗粒状或空心颗粒状。

粉状保护渣保温性能好，成本低，有一些钢种仍然使用粉状保护渣。颗粒状保护渣是在粉状保护渣的基础上，加入适量的结合剂后，再加工成小米粒样的颗粒渣，或空心颗粒渣。这种颗粒状保护渣较好地解决了粉渣在运输、储存和使用过程中对环境的污染，对于保护渣组分的偏析和分熔等问题也有所改进，成本有所增加，在连铸生产上根据需要选用。

此外，还有预熔型保护渣，即将配制好的保护渣原料熔化后冷却，再破碎磨细，并配加适量熔速调节剂，制成粉状或颗粒状均可，它具有成渣均匀的优点，但工艺复杂成本高，使用者甚少。

9.3.2 保护渣作用

9.3.2.1 绝热保温

向结晶器液面加固体保护渣覆盖，减少钢水热损失。由于保护渣的四层结构，钢水通过保护渣的散热量，比裸露状态的散热量要小10倍左右，从而避免了钢水液面的冷凝结壳。尤其是浸入式水口外壁四周覆盖了一层保护渣，减少了相应位置冷钢的聚集。

9.3.2.2 隔绝空气，防止钢水的二次氧化

保护渣均匀地覆盖在结晶器钢水液面，阻止了空气与钢水的直接接触，再加上保护渣中炭粉的氧化产物和碳酸盐受热分解溢出的气体，可驱赶弯月面处的空气，有效地避免了

钢水的二次氧化。

9.3.2.3 吸收非金属夹杂物，净化钢水

加入的保护渣在钢水液面上形成的液渣层，不仅保护钢水不受二次氧化，还具有良好的吸附和溶解从钢水中上浮的夹杂物，起到清洁钢水的作用。若保护渣（CaO)/(SiO$_2$）高或（Al$_2$O$_3$）低是可以提高吸收 Al$_2$O$_3$ 能力；黏度低有利于捕捉和溶解上浮的夹杂物，但会加剧对浸入式水口的侵蚀。液渣层还可以阻止钢水液面增碳，避免板坯粘钢引起的漏钢事故。

9.3.2.4 在铸坯凝固坯壳与结晶器内壁间形成润滑渣膜

在结晶器的弯月面处有保护渣液渣的存在，通过结晶器的振动，结晶器壁与坯壳间气隙的毛细管作用，将液渣吸入填充于气隙之中，形成渣膜。在正常情况下，与坯壳接触的一侧，由于温度高渣膜仍然是液态，保持足够的流动性，在结晶器壁与坯壳之间起着良好的润滑作用，避免了铸坯与结晶器壁的黏结；减小了拉坯阻力；液渣膜厚度一般约在 300μm。

9.3.2.5 改善了结晶器器壁与坯壳间的传热条件

结晶器内钢水由于凝固产生收缩，铸坯凝固壳脱离结晶器壁出现了气隙，使热阻陡然增大，影响铸坯的散热。保护渣的液渣均匀的填充气隙之内形成渣膜，减小了气隙的热阻。据实测，气隙中充满空气的导热系数仅为 0.09W/(m·K)，而充入渣膜后的导热系数为 1.2W/(m·K)，由此可见，渣膜的导热系数是气隙的 13 倍之多。液态渣膜起到润滑作用；固态渣膜厚度约 600μm，它可以调节传往结晶器的热流，使传热均匀化，明显地改善了结晶器的传热条件，使坯壳得以均匀生长。但是保护渣的化学成分不同，固态渣膜中的结晶质膜的厚度也不同，因而导出的热流也有区别。

✎ 练 习 题

1. （多选）保护渣的主要作用有（　　　　）。ABCD
   A. 隔绝空气　　　　　　　B. 防止氧化　　　　　C. 吸收夹杂　　　　　　　D. 润滑
2. （多选）连铸使用的保护渣具有的功能有（　　　　）。ABCD
   A. 绝热保温　　　　　　　　　　　　　B. 隔绝空气，防止二次氧化
   C. 吸收非金属夹杂物，净化钢水　　　　D. 形成润滑渣膜，改善传热效果
3. （多选）连铸使用的保护渣不具有的功能有（　　　　）。CD
   A. 绝热保温　　　　　　　　　　　　　B. 隔绝空气，防止二次氧化
   C. 调节钢水成分　　　　　　　　　　　D. 促进树枝状晶体的发展
4. 连铸使用的保护渣具有防止二次氧化的功能。（　　　）√
5. 连铸使用的保护渣具有吸收非金属夹杂物，净化钢水的功能。（　　　）√

9.3.3 保护渣的结构

9.3.3.1 保护渣的结构组成

图 9-5 是保护渣熔化过程的结构示意图，由四层结构组成，即液渣层、半熔融层、

烧结层、原渣层等。也有将烧结层与半熔融层归为一层，认为是三层结构。无论粉渣，还是颗粒渣都是由这四层或三层组成。

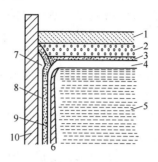

图 9 - 5　保护渣结构示意图

1—原渣层；2—烧结层；3—半熔融层；4—液渣层；5—钢液；
6—凝固坯壳；7—渣圈；8—玻璃质渣膜；9—结晶质渣膜；10—结晶器

9.3.3.2　保护渣结构的形成过程

当固体粉状或粒状保护渣加入结晶器后与钢液面直接接触，钢水液面温度约1530℃左右，由于保护渣的熔点只有 1050 ~ 1100℃，因而依靠钢水提供的热量部分保护渣熔化，形成液渣覆盖层。这个液渣覆盖层厚度一般在 10 ~ 15mm，它保护钢水不被氧化，又减缓了沿保护渣厚度方向的散热。在拉坯过程中，结晶器上下振动，铸坯向下运行，由于存在负滑脱，钢水表面形成的液渣被吸入结晶器器壁与铸坯坯壳之间的气隙之中形成渣膜，起到润滑和均匀传热的作用。

在液渣层上面的保护渣温度可达1000℃左右，保护渣虽然不能完全熔化，但部分熔点低的组分熔化，呈软化半熔融状态；与其相邻的是像浆糊状的烧结层；倘若液渣层厚度低于一定数值，烧结层又过分发达，沿结晶器内壁周边就会形成渣圈，弯月面液渣下流的通道可能被堵塞，液渣难以进入器壁与坯壳之间的气隙中，影响铸坯的润滑和传热，铸坯表面还可能产生纵裂纹；形成渣圈也说明保护渣的性能欠佳；操作上必须及时处理，保持渣道的畅通，确保铸坯的正常润滑和传热。

在烧结层上面是固态粉状或粒状的原渣层。沿保护渣厚度方向存在着较大的温度梯度，原渣层的温度大约在 400 ~ 500℃。保护渣的粒度细小，粉状保护渣粒度小于 100 目（0.147mm），其中绝大部分是 200 目（0.074mm）的；粒状保护渣的粒度一般为 0.5 ~ 1mm。这些颗粒细小松散的保护渣，与烧结层共同起到了隔热保温作用。

液渣层不断被消耗，半熔融层下移并受热熔化补充进入液渣层，烧结层成为半熔融层，与烧结层相邻的原渣受热后补充烧结层。因此生产中要连续、均匀的添加补充新的保护渣，以保持原渣层的厚度在 25 ~ 35mm，这样才能维持液渣层的正常厚度。结晶器液面为自动控制，适合用颗粒保护渣，原渣层可适当厚些。在保护渣总厚度不变的情况下，各层厚度处于动平衡状态，达到生产上要求的层状结构。

生产上保持液渣层的稳定很重要。液渣层太薄，液渣量少，不能均匀填充坯壳与器壁间的气隙，容易引起板坯黏结漏钢事故，或者由于产生纵向裂纹和角纵裂的漏钢事故。

液渣层厚度应大于结晶器液面起伏的最大高度，这样既保证了润滑又可防止裹渣。例如韩国广阳钢厂推荐，浇注低碳铝镇静钢板坯，拉速在 1.0 ~ 1.6m/min 时，液渣层最佳厚度为 10～15mm，保护渣的消耗量在 0.3～0.5kg/t 钢；而美国内陆钢厂则认为，浇注相同钢种板坯，拉速 1.0～1.7m/min，液渣层最佳厚度为（1.3～1.5）S（结晶器振幅）mm，其保护渣消耗量大于 0.35kg/t 钢，可以避免铸坯的黏结和液面裹渣。我国有的厂家认为浇注板坯液渣层厚度控制在 10mm 以上，保护渣消耗量约为 0.5～0.6kg/t 钢。

影响液渣层厚度的因素有保护渣的碳成分、拉坯速度及液渣的黏度；保护渣过分增加碳含量，熔化速度减慢，液渣层变薄；加大拉坯速度会增厚液渣层；降低液渣黏度，液渣层变薄。

液渣层的厚度可以直接测定，其方法很简单，用铝—铜—钢三种金属丝同时插入结晶器钢液面以下停留 2～3s，取出后即测量出液渣层厚度，如图 9-6 所示。板坯结晶器较宽，其边缘与中心浸入式水口周边温度有些差异，可以在不同位置测量液渣层的厚度，以便控制保护渣处于正常层状结构。

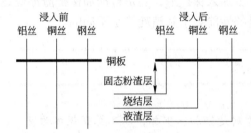

图 9-6　用三丝法测定保护渣各层厚度

采用铝丝和钢丝也可以近似测量保护渣层结构，烧结层在钢丝表面粘有渣子。

9.3.3.3　保护渣膜的结构与作用

保护渣的液渣被吸入结晶器器壁与坯壳之间的气隙之内形成了渣膜，渣膜为 3 层结构，即液态渣膜及固态渣膜，而固态渣膜由玻璃质膜和结晶质膜组成。玻璃质膜利于润滑，而结晶质膜利于调节热流。与铸坯相邻是液态渣膜，与结晶器器壁相邻是固态渣膜；这 3 层的厚度各约 0.3mm。

固态渣膜对传热有影响，它是在浇注初期形成的，随结晶器一起上下运行，其中玻璃质渣膜的厚度在多炉连浇时变化不大，开浇渣有助于形成厚度适当的固态渣膜，固态渣膜的厚度随保护渣黏度的上升而加厚。玻璃质膜主要组成是钠、钙硅酸盐，结晶质膜是由硅灰石，钠、钙黄长石和枪晶石等矿物组成。液态渣膜主要起润滑作用，并随铸坯下行。

练习题

1. （多选）保护渣的四层结构包括（　　）。ABCD

　　A. 固态层　　　　B. 烧结层　　　　C. 半熔化层　　　　D. 熔化层

2. （多选）一般钢种结晶器保护渣分为（　　）层。ACD

　　A. 原渣层　　　　B. 半熔层　　　　C. 烧结层　　　　D. 液渣层

3. 结晶器保护渣的液渣层通常为 5～8mm。（　　）×

4. 液渣层厚度太高，形成的渣圈大，板坯容易黏结漏钢。（　　）√

5. 选择性能良好的结晶器保护渣，并保持足够的（　　）厚度，可以防止黏结漏钢。A

A. 液渣层　　　　　　B. 粉渣层　　　　　　C. 烧结层　　　　　　D. 渣圈

6. 为保证结晶器能有良好的润滑，防止粘连漏钢的发生，正常状况下，结晶器液面必须保持（　　）mm 厚度的液渣层。B
   A. 3～6　　　　　　B. 10～15　　　　　C. 30～50　　　　　D. 60～100

9.3.4　保护渣加入原则

　　为了保证起到保护浇注、润滑坯壳、改善传热、吸收夹杂的作用，保护渣应形成适合浇注品种和浇注方式的三层或四层结构，这就决定了保护渣的加入要求是：少加、勤加、钢液面不漏红。无论是人工加入保护渣，还是自动加保护渣都应达到这一要求。对于不同钢种、不同拉速，保护渣的性能要求和消耗量是不同的。

练 习 题

1. 连铸用保护渣加入的原则是勤加、少加，以不暴露钢水为宜。（　　）√
2. 连铸用保护渣加入的原则是越多越好。（　　）×
3. 保护渣加入可以一次加够。（　　）×
4. 浇注过程中为保证结晶器的润滑效果，保护渣应该大量加入，越多越好。（　　）×
5. 属于连铸用保护渣加入的原则有（　　）。A
   A. 勤加、少加，以不暴露钢水为宜　　　　B. 越少越好
   C. 视钢水量多少加　　　　　　　　　　　D. 越多越好
6. 浇注过程中结晶器保护渣应（　　）。B
   A. 勤加，多加　　　　　　　　　　　　　B. 勤加，少加，保证液面不露红
   C. 一次性加满　　　　　　　　　　　　　D. 越少加越好，节约成本
7. 浇注过程中，保护渣加入不及时，容易（　　）。C
   A. 脱方　　　　　　　　　　　　　　　　B. 扭转
   C. 化渣不良加大拉坯阻力　　　　　　　　D. 缩孔
8. （多选）不属于连铸用保护渣加入的原则有（　　）。BD
   A. 勤加、少加　　　　　　　　　　　　　B. 越少越好
   C. 以不暴露钢水为宜　　　　　　　　　　D. 越多越好
9. 手动加结晶器保护渣的操作要求是：少加、勤加，液渣层加粉渣层厚度控制（　　）。C
   A. 不大于15mm　　B. 不大于35mm　　C. 不大于50mm　　D. 不少于50mm

9.3.5　保护渣性能

9.3.5.1　熔化特性
保护渣的熔化特性包括熔化温度、熔化速度和熔化的均匀性等。

A 熔化温度

保护渣是由多组元组成的机械混合物，没有固定的熔点，而是从开始软化到完全熔化的温度范围，通常将熔渣具有一定流动性时的温度定为保护渣的熔点。保护渣的液渣形成渣膜起润滑作用，因此保护渣的熔化温度应低于坯壳温度；出结晶器下口铸坯温度为 1250℃左右，当然这与结晶器的长度、拉坯速度、冷却水的耗量等因素有关；所以保护渣的熔化温度应低于 1200℃。保护渣的熔化温度与保护渣基料的组成和化学成分，配加助熔剂的种类、成分以及渣料的粒度等因素有关。

B 熔化速度

保护渣的熔化速度关系到液渣层的厚度及保护渣的消耗量。熔化速度过快，粉渣层不易保持，影响保温，液渣会结壳，很可能造成铸坯夹渣；熔化速度过慢，液渣层过薄。熔化速度过快、过慢，都会导致液渣层的厚薄不均匀，最终影响铸坯坯壳生长的均匀性。

保护渣通过配入的碳成分来调节熔化速度。炭质材料与保护渣基料间的界面张力较大，基料熔化后，对炭质材料不润湿，不吸收。相反，由于炭质粉料的存在，分散于基料颗粒的周围，它可阻止基料颗粒的彼此接触、融合，从而抑制了保护渣的熔化速度。

用保护渣完全熔化所需要时间来表示熔化速度。测定方法是用一定量的保护渣试棒，在一定温度下完全熔化所需时间，如 1300℃，20s。

配入的炭质材料可用炭黑或石墨碳，还可以用焦炭粉、木炭粉等，材料不同效果也不完全一样。具体配入方法为：

（1）配加炭黑。炭黑是无定型结构，含碳量高，颗粒细，在保护渣中分散度大，吸附力强，对熔体流动和聚合的阻滞力强；但是炭黑的氧化温度较低，氧化速度快，因而炭黑在温度较低的区域内，能有效地控制保护渣的熔化速度，但在高温区域的控制效率大大降低，即使增加炭黑的配入量，对熔化速度的改善也有限。由于炭黑的燃烧性好，可使渣面活跃，能改善保护渣的铺展性。炭黑的配加量一般小于 1.5%。

（2）配加石墨。石墨为晶体结构，呈片状，颗粒比较粗大，阻滞作用稍差于炭黑；可是石墨的熔点高，氧化速度慢，有明显的骨架作用，在高温区控制保护渣熔化速度的能力较强。保护渣中配入 2%~5% 的石墨就可以使保护渣形成 3 层结构，半熔融层不够明显。

（3）复合配炭。如果配加 2%~5% 石墨 + 0.5%~1.0% 炭黑，保护渣将形成粉渣层—烧结层—半熔层—液渣层的 4 层结构；由于半熔层的存在，补充液渣能力较强，有利于保持液渣层的稳定，可适应高拉速的浇注。

根据所浇钢种的需要，还可以在保护渣中配入 1% 炭黑 +（3%~5%）焦粉，或配入（6%~9%）焦粉效果也较好。

C 熔化均匀性

保护渣加入后，能够铺展到整个结晶器液面，形成的液渣沿四周均匀地流入结晶器壁与坯壳之间。由于保护渣是机械混合物，各组元的熔化速度有差异。为此对保护渣基料的化学成分要选择得当，最好选用接近液渣矿相共晶线的成分；渣料的粒度要细；应有足够的研磨时间和充分搅拌，达到混合均匀。当然预熔型保护渣的成渣均匀性就优于机械混合物。

9.3.5.2 黏度

黏度是指保护渣所形成液渣的流动性，也是保护渣的重要性质之一。黏度的单位是 $Pa \cdot s$。液渣过黏或过稀都会造成坯壳表面渣膜的厚薄不均匀，致使润滑、传热不良，由此导致铸坯的裂纹。为此保护渣应保持合适的黏度值，随浇注的钢种、断面、拉速、注温等因素综合而定。通常在 1300℃ 时，黏度小于 $0.14Pa \cdot s$；目前国内所用保护渣在 1250 ~ 1400℃ 时，黏度多在 $0.1 ~ 1Pa \cdot s$ 的范围。保护渣的黏度取决于化学成分，可以通过改变碱度 $(CaO)/(SiO_2)$ 来调节黏度。连铸用保护渣碱度一般在 0.60 ~ 1.10。酸性渣具有较大的硅氧复合离子团，能够形成"长渣"或稳定性渣。这种渣在冷却到液相线温度时，其流动性变化滞后于温度变化，较为缓和。所以连铸用保护渣为酸性或中性偏酸渣。

保护渣中适当的增加 CaF_2 或 $(Na_2O + K_2O)$ 的成分，可以在不改变碱度的情况下改善保护渣的流动性。但数量不宜过多，否则也会影响液渣流动性。此外，还要注意保护渣中 Al_2O_3 的含量，当 $Al_2O_3 > 20\%$ 时，就会析出高熔点化合物，导致不均匀相的出现，影响保护渣的流动性。由于结晶器内液渣还要吸收从钢水中上浮的 Al_2O_3 等夹杂物，因此对保护渣中 Al_2O_3 原始含量要倍加注意，不能高。

9.3.5.3 界面特性

无论是敞开浇注还是保护浇注，钢水—空气，钢水—液渣存在着界面张力的差别。因而对结晶器内弯月面曲率半径的大小、钢与渣的分离、夹杂物的吸收、渣膜的厚薄都有不同程度的影响。熔渣的表面张力和钢—渣界面张力是研究钢—渣界面现象、界面反应的重要参数。保护渣的表面张力 σ_s 可由实验测定，也可通过经验公式计算得出。一般要求保护渣的表面张力不大于 $350 \times 10^{-3} N/m$。保护渣中 CaF_2、SiO_2、Na_2O、K_2O、FeO 等组元为表面活性物质，随其含量的增加，可降低熔渣的表面张力；而随着 CaO、Al_2O_3、MgO 含量的增加，熔渣的表面张力增大。降低熔渣表面张力，可以增大钢—渣的界面张力，有利于钢与渣的分离，也有利于夹杂物从钢水中分离上浮排除。

结晶器内钢水由于表面张力的作用形成弯月面，弯月面半径为：

$$r = 5.43 \times 10^{-1} \sqrt{\frac{\sigma_m}{\rho_m}}$$

钢水液面上有无液渣覆盖，弯月面的曲率半径不同；有保护渣覆盖，弯月面的曲率半径计算公式为：

$$r_s = 5.43 \times 10^{-1} \sqrt{\frac{\sigma_{m-s}}{\rho_m - \rho_s}} \tag{9-2}$$

$$\sigma_{m-s} = \sigma_m - \sigma_s \cos\theta \tag{9-3}$$

式中　r, r_s——弯月面半径，m；

　　σ_m, σ_s——分别为钢水、熔渣的表面张力，N/m；

　　ρ_m, ρ_s——分别为钢水、熔渣的密度，kg/m^3；

　　　　θ——保护渣对钢水的润湿角。

通过实例可以计算有保护渣覆盖时弯月面半径。

例如，弯月面处钢水温度 1500℃，取 $\sigma_m = 1.4N/m$，$\sigma_s = 0.4N/m$，$\rho_m = 7000kg/m^3$，$\rho_s = 2400kg/m^3$，$\theta = 30°$，分别代入式（9-2）和式（9-3），计算结果如下：

$$\sigma_{m-s} = 1.4 - 0.4 \times \cos 30° = 1.054 \text{N/m}$$

$$r = 5.43 \times 10^{-1} \times \sqrt{\frac{1.4}{7000}} = 0.0077 \text{m} = 7.7 \text{mm}$$

$$r_s = 5.43 \times 10^{-1} \times \sqrt{\frac{1.054}{7000 - 2400}} = 0.0082 \text{m} = 8.2 \text{mm}$$

可见，有保护渣覆盖弯月面曲率半径比敞开浇注时要大，曲率半径大有利于弯月面坯壳向结晶器壁铺展变形，也不易产生裂纹。

9.3.5.4 吸收溶解夹杂物的能力

保护渣应具有良好地吸收夹杂物的能力，尤其是在浇注铝镇静钢种时，溶解吸收 Al_2O_3 的能力更为重要。

从热力学角度讲，凡是到达钢—渣界面的夹杂物，一般均能被保护渣所溶解吸收，但其溶解的速度受保护渣物性（如黏度）的制约。

保护渣一般多属硅酸盐渣系，是酸性或中性偏酸渣，这种渣系在钢—渣界面处有吸收 Al_2O_3、MgO、MnO、FeO 等夹杂物的能力。研究还指出，随保护渣碱度 $(CaO)/(SiO_2)$ 的增加，吸收溶解 Al_2O_3 的速率有所增大；当 $(CaO)/(SiO_2) > 1.10$ 时，吸收溶解 Al_2O_3 能力又有下降；当保护渣液渣中 Al_2O_3 富集到一定程度后，就有高熔点铝方柱石或刚玉的析出，保护渣的性质变坏，液渣吸收溶解 Al_2O_3 的速率下降。为此保护渣碱度 $(CaO)/(SiO_2)$ 在 $0.60 \sim 1.10$ 时，Al_2O_3 原始含量要尽量低。

9.3.5.5 保护渣水分

保护渣的水分包括吸附水和结晶水。保护渣的基料中有苏打、固体水玻璃等材料，这些材料吸附水的能力极强，颗粒越细，吸附的水分也容易增多。吸附了水分的保护渣很容易结团，质量性能变坏，影响铸坯质量，也给连铸操作带来麻烦，因此要求保护渣的水分要小于0.5%。

配制保护渣的原料需要烘烤，温度不低于110℃，以去除吸附水；对用于钢种质量要求高的保护渣，原料烘烤温度应达200~500℃脱除结晶水，有的矿物要加热到600℃以上才能脱除材料中的结晶水。烘烤后的原料应及时配料混匀，配制好的保护渣粉要及时封装以备使用。

+-+

📝 练习题

1. （多选）保护渣主要有（　　　）指标。ABCD
   A. 熔点　　　　　　　　B. 黏度　　　　　　　　C. 干燥程度　　　　　　　　D. 熔化速度
2. 保护渣的熔化温度偏高或熔化速度偏低会造成黏结漏钢。（　　　）√
3. 保护渣熔点过高会出现化渣不良，容易卷渣。（　　　）√

+-+

9.3.6 保护渣配置

9.3.6.1 保护渣的基本渣系

图 9-7 是 $CaO - SiO_2 - Al_2O_3$ 系状态图也是保护渣的基本组成渣系。

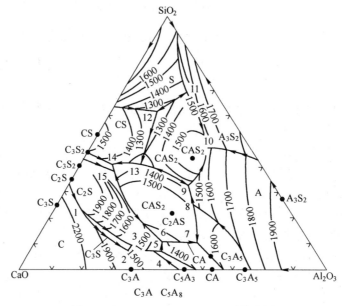

图 9 - 7 $CaO - SiO_2 - Al_2O_3$ 三元状态图

由图可知，有以硅灰石（$CaO \cdot SiO_2$）形态存在的低熔点区，此区域组成范围较宽，成分为（CaO）=30% ~50% 、（SiO_2）=40% ~65% 、（Al_2O_3）≤20% ；其熔化温度在 1300 ~ 1500℃。具体选择在（CaO）/（SiO_2）= 0.60 ~ 1.10，（Al_2O_3）< 10%，属于酸性渣或中性偏酸渣，熔化温度在 1400℃ 的范围较为合适。

9.3.6.2 保护渣的原材料

保护渣基本化学成分确定之后，就是选择配制的原材料，包括以下三部分。

A 基础原料

基础原料仅用一种材料很难符合要求，所以用人工合成的方法配制，达到基础原料的要求。选择的原则是：

（1）原料的化学成分尽量稳定并接近保护渣的成分；

（2）材料的种类不宜过多便于调整渣的性能；

（3）原料来源广泛，价格便宜。

常用的原料有天然矿物、工业原料和工业废料。天然矿物有硅灰石、珍珠岩、石灰石、石英石等。工业原料是水泥、水泥熟料。工业废料包括玻璃、烟道灰、高炉渣、电炉白渣、石墨尾矿等。

B 助熔剂

助熔剂有苏打、萤石、冰晶石、硼砂、固体水玻璃、蛭石等。用以调节保护渣的熔化温度，使其在 1200℃ 以下；加入量一般不超过 10% 。

C 熔化速度调节剂

调节保护渣熔化速度，用石墨和炭黑者居多，也有用焦炭粉的，加入的数量一般在 1.0% ~8.0% 。加入炭质材料也可改善保护渣的隔热保温作用及其铺展性。

常用保护渣基本化学成分见表 9 - 1。

表9-1　化学成分的范围

项　目	成分/%	项　目	成分/%
CaO	25~44	MgO	0~10
SiO$_2$	30~44	Na$_2$O	3~16
Al$_2$O$_3$	2~8	Fe$_2$O$_3$	0~3（原料带入）
F	5~15	BaO	0~4
Li$_2$O	0~1.5	MnO	0~4

✎ **练 习 题**

1. 保护渣中加入碳是为了调节成分。（　　）×
2. 保护渣中加入碳是为了调节熔化速度。（　　）√

9.3.7　保护渣对铸坯质量的影响

保护渣性能对连铸生产的顺行和铸坯质量有着至关重要的影响。尤其是铸坯表面缺陷，基本上都是在结晶器内形成的，与保护渣有直接关系。保护渣的影响主要有：

（1）表面纵裂纹。这一缺陷产生于结晶器内，由于保护渣的熔化特性选择不当，液渣流动性欠佳，渣膜厚薄不一，由此导致铸坯坯壳生长不均匀，造成应力集中，薄弱部位产生纵裂纹。排除设备和操作因素外，铸坯产生纵裂纹与液渣黏度 η_{1300} 和拉坯速度 v_c 乘积有关，研究认为浇注板坯 $\eta_{1300}v$ 值控制在 0.20~0.35Pa·s·m/min 较为合适，此时液渣渗入量稳定，热流和温度的波动也小，利于坯壳均匀生长；小方坯 $\eta v = 0.5$Pa·s·m/min 为宜。

（2）黏结性漏钢。生产实践表明，保护渣性能不佳，致使液渣层过薄或过厚，由此引发结晶器内润滑不良导致黏结，这是大方坯和板坯连铸漏钢的主要原因之一。

（3）表面横裂纹。铸坯的横裂纹多发生在振痕的波谷部位，保护渣性能影响振痕的深浅，改善保护渣性能可以使振痕变浅而圆滑，从而减轻发生横裂纹的可能性。

（4）夹渣。夹渣包括表面夹渣和皮下夹渣，卷渣是造成铸坯夹渣的主要原因；熔渣的剥离性能不好会卷渣。

（5）表面增碳。表面增碳是由于保护渣的熔化性能不良，钢水与保护渣的富碳层，或与碳含量高的保护渣直接接触引起铸坯表面增碳，这对低碳和超低碳钢种危害极大。

综上所述，选择合适的保护渣至关重要。所用保护渣的好坏，除了正常理化性能检验外，还可以用简单的直观方法辅助判断，如通过测量液渣层厚度和保护渣的消耗量来评价。保护渣的吨钢消耗量在 0.3~0.5kg 较为合适；浇注过程保持保护渣合理的层状结构，尽量少形成渣圈和渣条，发现后及时处理，达到操作稳定和铸坯质量的基本要求。

✎ **练 习 题**

1. 保护渣的有效期一般为（　　）。C

    A. 一周   B. 一个月   C. 一年   D. 五年

2. （多选）如果结晶器保护渣的性能不良，则（   ）会造成铸坯夹渣漏钢。AB

    A. 熔点高   B. 易形成渣条   C. 黏度小   D. 液渣层薄

3. （多选）下列（   ）不会影响连铸保护渣使用的性能。CD

    A. 硬化   B. 潮湿   C. 大小   D. 数量

4. （多选）结晶器发生卷渣漏钢的原因是（   ）。AB

    A. 保护渣熔化性能不好，熔点过高   B. 保护渣渣皮太厚未挑出

    C. 拉速太低   D. 钢水温度低

5. （多选）下列（   ）会影响连铸保护渣使用的性能。ABC

    A. 硬化   B. 潮湿   C. 粒化   D. 数量

6. 板坯结晶器保护渣的选择不是非常严格的，只要钢水成分相近，不同型号的保护渣可以混用。（   ）×

7. 保护渣受潮对连铸保护渣使用的性能有影响。（   ）√

8. 结晶器保护渣受潮或者水分大是造成铸坯皮下气泡的可能原因。（   ）√

9. 结晶器保护渣有水严禁使用。（   ）√

10. 保护渣硬化不会对连铸保护渣使用的性能有影响。（   ）×

11. 保护渣渣圈未及时挑出容易造成结晶器卷渣漏钢。（   ）√

12. 连铸生产过程中，如果加入结晶器保护渣不及时，则容易造成黏结漏钢。（   ）√

9.3.8 保护渣的选择

9.3.8.1 保护渣的选择依据

随着连铸品种的不断扩大、质量要求的日益严格，保护渣的研究应用也在深入发展。当然不可能一种保护渣适用于全部钢种，也不可能每一种浇注条件就必须配有一种特定的保护渣。就是说连铸用保护渣既要有使用条件的通用性，又有某种的特殊性。

根据浇注钢种、铸坯断面、浇注温度、拉坯速度及结晶器振动特性等工艺参数和设备条件等综合因素来选择保护渣。

保护渣凝固性能包括黏度 η_{1300}、凝固温度 T_S 和结晶温度 T_C，三者合理搭配才能获得适用的保护渣，既可得到良好的润滑性又可调节热流。

例如从钢种的碳含量考虑，浇注 [C] > 0.40% 的高碳钢种，板坯容易发生黏结，这与弯月面初生坯壳线收缩量较小，润滑不良有关；降低保护渣 (CaO)/(SiO₂)，适当配加 B_2O_3 成分，有助于降低渣膜的凝固温度，固态渣膜中玻璃质膜厚度所占比例增大，甚至只有玻璃质膜，非常有利于润滑，这种保护渣适合于浇注高碳钢。

中、低碳钢的板坯初生坯壳发生包晶反应，线收缩量很大，容易产生表面裂纹，尤其是在高拉速情况下更为严重；适当提高保护渣的凝固温度和结晶温度，这种保护渣固态渣膜中的结晶质膜厚，利于控制热流，适于浇注中、低碳钢种。倘若保护渣 (CaO)/(SiO₂) > 1.2 结晶温度升高，固态渣膜中可能是 100% 的结晶质膜，这种保护渣的润滑性较差。

9.3.8.2 保护渣的选用

A 低碳铝镇静钢用保护渣

低碳铝镇静钢的特点是钢中碳含量低，铝含量较高。如深冲钢 [Al] = 0.02% ~ 0.07%。为了确保钢板深冲性能和表面质量，铸坯中的 Al_2O_3 夹杂物含量要降到最低。因此最好选用碱度稍高些，黏度稍低些，Al_2O_3 原始含量低的保护渣。并适当增加保护渣的消耗量，以使液渣层较快地更新，增强吸收溶解 Al_2O_3 的能力。如美国内陆钢厂浇注低碳铝镇静钢板坯用保护渣见表 9 – 2。

表 9 – 2 内陆钢厂试验用保护渣化学成分

保护渣	化学成分/%					$(CaO)/(SiO_2)$	黏度 η_{1300} /Pa·s
	C	SiO_2	CaO	Al_2O_3	Na_2O		
A	2.9	30.0	30.0	7.5	15.2	1.00	0.11
B	5.0	25.4	31.1	5.4	0.7	1.23	0.15

浇注 LCAK 钢，[Al] = 0.015% ~ 0.06%，保护渣液渣的最佳黏度 η_{1300} = 0.20 ~ 0.25Pa·s；使用了堆密度低的粉状保护渣，或者用发热型保护渣，减少铸坯针孔缺陷。

浇注 MCAK 钢，使用了凝固温度 T_s > 1140℃，高碱度（CaO)/(SiO_2) > 1.0 的保护渣。MCAK 钢 [Al] = 0.08% ~ 0.18%，凝固线收缩量大，因而初生坯壳不均匀，铸坯容易产生表面纵裂纹。为此，应用了发热型保护渣，效果非常好。在整个浇注过程中，弯月面的温度较高，渣道畅通，润滑良好，避免了黏结，消除了纵裂纹。

浇注上述两个钢种，在高拉速 1.0 ~ 1.7m/min 的情况下，保护渣不仅要减少热流而且还要提高其润滑能力；保护渣添加适量 MnO 之后，得到低黏度、高碱度，良好润滑性的保护渣；不仅适应高拉速浇注，也改善了铸坯表面质量。但是这种保护渣对浸入式水口的渣线部位侵蚀比较严重。通过降低氟的成分，添加适量的 ZrO_2 得到改进，但保护渣黏度有增加。

再如韩国浦项钢厂浇注铝镇静钢也使用了发热型保护渣；发热型保护渣中有碳和 Fe – Si 粉，碳在 400℃时放热，Fe – Si 粉在 700 ~ 1000℃燃烧；放热量高，降低了板坯窄面针孔指数。

韩国浦项钢厂浇注 MCAK 钢，[Al] = 0.08% ~ 0.14%，拉速在 1.0 ~ 1.2m/min，选用了高碱度（CaO)/(SiO_2) > 1.2(≤1.5)、（F) > 5%、（MgO) < 5%、（Al_2O_3) < 5%、（B_2O_3) < 2% 的保护渣。这种保护渣的特点是渣膜中结晶比高达 83.6%，减少了铸坯的纵裂纹缺陷。

结晶比（%） = $\dfrac{渣膜中结晶质膜厚度}{渣膜总厚度}$ ×100% ；比值大，说明渣膜中结晶质膜厚，保护渣控制热流的性能好，可以降低铸坯的表面裂纹。

还有我国某厂浇注低碳铝镇静钢使用的保护渣碱度（CaO)/(SiO_2) = 1.00 ± 0.02，（Al_2O_3) < 3.5%、（Li_2O) = 2.0%；（Na_2O) = 10%，熔化温度在 1100℃（半球点）；黏度 1300℃时为 0.1Pa·s，效果也不错。

B 硅钢用保护渣

硅钢是电工用钢，碳含量很低，[Si] = 1.0% ~ 4.5%，钢水的导热性较差。韩国浦项钢厂在浇注取向硅钢，其成分为 [C] = 0.04%， [Si] = 3.20%，试用保护渣的成分见表 9 – 3。

表 9 – 3 晶粒取向硅钢试用保护渣的成分（可作参考）

保护渣		类型 A	类型 B
		球形空心颗粒	球形空心颗粒
化学成分/%	CaO/SiO_2	0.91	0.95
	Al_2O_3	3.2	5.4
	Na_2O	13.2	12.5
	Li_2O		0.9
	F	6.0	7.0
	C	4.7	5.2
熔化温度/℃		1075	1015
η_{1300}/Pa·s		0.21	0.13
漏钢炉数		0.1	0.5
结晶器冷却水温升/℃		3.8 ± 0.2	4.5 ± 0.3

C 不锈钢用保护渣

不锈钢中有 Cr、Ti 和 Al 等易氧化元素，其氧化产物 Cr_2O_3、TiO_2 和 Al_2O_3 等均为高熔点氧化物，使钢水发黏；当保护渣吸收溶解这些夹杂物达到一定程度后，就会析出硅灰石（$CaO·SiO_2$）和铬酸钙（$CaCrO_4$）等高熔点晶体，此时破坏了液渣的玻璃态，导致保护渣熔点明显升高，液渣随之变稠而容易结壳，影响铸坯的表面质量。TiO_2 对保护渣的影响不像 Cr_2O_3 那么明显。浇注不锈钢用保护渣应具有净化钢中 Cr_2O_3 和 TiO_2 等夹杂物的能力，在吸收溶解这些夹杂物后仍能保持保护渣性能的稳定。

浇注含铬不锈钢可用 $CaO – SiO_2 – Al_2O_3 – Na_2O – CaF_2$ 系的保护渣，并配入适量的 B_2O_3，可以降低液渣的黏度，并能使凝渣恢复玻璃态，不再析晶。消除了 Cr_2O_3 的不利影响，保持了保护渣的良好性能。若保护渣中有 4% 的 Cr_2O_3，再配入 4% 的 B_2O_3，液渣的流动性可大大改善；与未配加 B_2O_3 相比，在 η_{1400} 时熔渣黏度降低了 40%。

含钛不锈钢连铸最大的问题是结晶器钢渣界面有结块，主要是高熔点 TiN 和 TiN·TiC 夹杂物的聚集所致，容易引起铸坯表面夹渣；含钛不锈钢生成的 TiN 和 TiN·TiC 夹杂物，现有的保护渣对其很难吸收溶解。只有采用有效地保护浇注，最大限度地降低钢中氮含量，减少 TiN 等夹杂物的形成；因此当前含钛不锈钢是连铸较难浇的钢种，有的厂曾使用过如下成分的保护渣，见表 9 – 4。

表 9 – 4 含钛不锈钢用保护渣化学成分和性能

化学成分/%										(CaO)/	熔化温度	η_{1400}
CaO	SiO_2	MgO	Al_2O_3	Na_2O	K_2O	Fe_2O_3	C	F	CO_2	(SiO_2)	/℃	/Pa·s
34.9 ~ 36.9	30.4 ~ 32.4	0.5 ~ 1.0	6.7 ~ 7.7	7.0 ~ 8.0	0.3 ~ 0.9	0.8 ~ 1.4	3.6 ~ 4.6	7.0 ~ 8.0	3.6 ~ 4.6	1.09 ~ 1.19	约 1097	0.4

牌号304的奥氏体不锈钢板坯容易出现横向凹陷,有时也容易出现纵向凹陷,凹陷部位都伴随有裂纹,有时凹陷部位有浮渣裹入。据韩国浦项钢厂研究认为,纵向凹陷与结晶器液面起伏过大、保护渣耗量不合适有关;液面起伏受塞头变形,浸入式水口插入深度不当的影响;当其更换了塞头材质,调整了浸入式水口的浸入深度后,采用了如下成分的保护渣,见表9-5,304不锈钢板坯的纵向凹陷指数由0.9以上降到0.2左右。

表9-5 试验用保护渣成分、性能

化学成分/%		$(CaO)/(SiO_2)$	黏度 η_{1300}/Pa·s	熔点/℃
Al_2O_3	Na_2O			
6.8	9	1.27	1.1	1047

D 超低碳钢用保护渣

超低碳钢种的 $[C] \leq 0.03\%$。倘若保护渣中配入炭质材料的种类和数量不当铸坯表面会增碳。因而浇注超低碳钢的保护渣,应配入易氧化的活性炭质材料,并严格控制其配加量;也可以配入适量的 MnO_2,它是氧化剂,能够抑制富炭层的形成,并降低其碳含量,还可起到助熔剂的作用,促进液渣的形成,保持液渣层厚度。用无碳保护渣更好,在保护渣中配入 BN 粒子取代碳粒子,BN 粒子还能成为控制保护渣结构的骨架材料。

E 高拉速板坯用保护渣

使用普通常规保护渣时,其液渣层随拉速的提高而变薄,倘若成渣速度再跟不上,那么液渣来不及补充,影响铸坯的润滑;由此铸坯会出现纵裂纹缺陷,或者由于铸坯黏结而漏钢等。所以要配制适合于高拉速连铸用保护渣。增加 Li_2O、MgO、MnO 等成分都可降低保护渣的黏度和凝固温度,保持液渣层的厚度;不同拉速板坯用保护渣见表9-6。

表9-6 高拉速板坯用保护渣

保护渣		A	B	C	D
v_c/m·min^{-1}		2		1.78	2.5
$(CaO)/(SiO_2)$		0.93	0.82 低	0.98	1.07 高
化学成分/%	Al_2O_3	5.3 高	3.3	5.0	2.4
	$Na_2O + Li_2O$	14.5	11.6	9.6	15.2
	F	7.8 低	7.3 低	11.1	9.8
	$C_{总}$	4.9	4.4	3.5	4.3
凝固温度 T_S/℃		980 低	1020	1060	1000 低
η_{1300}/Pa·s		0.08 低	0.1	0.12	0.05 极低
熔化温度 T_M/℃		980	950	1080	1080
结构		玻璃质	玻璃质		
热导出/kJ·kg^{-1}			65(v_c=2m/min)	60.6	61(v_c=2.2m/min)
保护渣耗量/mm		约0.5	0.58(v_c=1.65m/min)	>0.35	
液渣层厚度/mm		约20			
熔化时间/min		4.7	5.4	4.4	3.4

[C] =0.08% ~0.16% 的碳钢，拉速在 1.4 ~2.0m/min 板坯用保护渣可参考表 9 -7。

表 9 -7　高拉速中碳钢用保护渣

保　护　渣		A	B	C
化学成分/%	（CaO)/(SiO₂)	1. 42	1. 47	1. 46
	Al₂O₃	3. 5	3. 5	3. 1
	MgO	1. 7	2. 6	0. 8
	Li₂O	3. 0	3. 0	3. 1
η_{1300}/Pa · s		0. 05	0. 06	0. 05
软化温度/℃		1030	895	895
结晶温度 T_c/℃		1142	1125	1145

高碳钢的浇注温度比一般钢约低 50℃ 左右。为了避免黏结漏钢，要求选用黏度低的保护渣，耗量不得低于 0.4kg/t。由于浇注温度较低，选择绝热性能好的保护渣，以防钢水凝结。

F　薄板坯用保护渣

薄板坯连铸的拉速比传统板坯连铸要高得多，如 CSP 薄板连铸机拉速可达 4 ~5m/min。在大幅度提高拉速的情况下，传统保护渣已不适用。薄板铸坯厚度在 50 ~100mm。由于结晶器冷却速度快，热流密度大，拉速又高，一旦润滑不良，导热不均匀，不仅增大拉坯阻力，铸坯出结晶器后还会产生裂纹甚至拉漏。因此用于薄板铸坯的保护渣，最好是熔点更低、流动性更好、熔化速度更快的中空颗粒保护渣利于控制热流。

与传统板坯相比，薄板坯的表面积大，保护渣消耗量相应要多些，但是结晶器的容积却小得多，液面面积只是传统板坯的 1/4 ~1/2，所以保护渣实际熔化速度慢。因而在开浇 2 ~5min 采用发热型保护渣，用 Fe₂O₃ 使 Ca - Si 粉燃烧放出热量，以快速形成液渣层。例如墨西哥希尔萨钢厂认为开浇渣加入量，以铸坯每 100mm 宽度加 0.3 ~0.5kg 较为合适。该厂浇注低碳钢和硅钢薄板铸坯保护渣的化学成分见表 9 -8，所用发热型开浇渣和正常浇注保护渣成分和性能见表 9 -9 和表 9 -10。

表 9 -8　希尔萨钢厂生产的钢种和拉速

钢　种	化学成分/%				拉坯速度 v_c/m · min⁻¹	保护渣类型
	C	Mn	Si	Nb/V		
低碳钢	0. 03 ~0. 07	0. 40 ~1. 30	0. 03	有	3. 0 ~5. 5	A + B
硅钢	0. 03 ~0. 06	0. 20 ~0. 60	0. 40 ~1. 20	无	3. 0 ~5. 0	A

表 9 -9　发热型开浇渣化学成分

化学成分/%							凝固温度 T_M/℃	黏度 η_{1300}/Pa · s
SiO₂	CaO	Al₂O₃	Na₂O	Fe₂O₃	F	C自由		
42. 5	35. 0	4. 0	9. 0	15. 5	11. 0	1. 0	1100	0. 09

表 9 – 10　薄板铸坯用保护渣成分和性能

| 保护渣类型 | (CaO)/(SiO₂) | 化学成分/% | | | 黏度 η_{1300}/Pa·s | 熔化温度 T_M/℃ | 凝固温度 T_S/℃ | DTA 结晶温度/℃ | 晶体相/% |
		Al_2O_3	$Na_2O + K_2O + Li_2O$	F					
A	0.89	3.6	16.0	6.5	0.12	1060	1096	1070	60
B	0.86	8.0	12.0	6.5	0.18	1030	1077	1060	40

目前还没有可靠的方法能够测量薄板坯结晶器壁与坯壳之间渣膜厚度，但是可以通过保护渣的消耗量来衡量熔化速度，如果消耗量合适，可以认为结晶器壁与坯壳之间渣膜厚度就有保障。希尔萨钢厂薄板坯保护渣的平均消耗量在 0.4 ~ 0.6kg/t 钢。据报道美国纽柯 – 贝克莱厂用保护渣的消耗量约为 0.6kg/t 钢；意大利柯里莫那的阿尔维迪厂 ISP 薄板坯用颗粒保护渣的消耗量为 0.5 ~ 0.8kg/t 钢。

日本住友公司还在保护渣中加入了适量的 ZrO_2，用以降低保护渣的导热性能，避免薄板坯产生纵裂纹。

G　方坯用保护渣

保护渣的消耗量除了与钢种、拉坯速度、保护渣的性质、结晶器的振动特性有关外，还与铸坯断面尺寸有关。方坯与板坯不同。

根据乔治斯玛丽厂和法·斯托尔泊格保护渣厂用于 165mm × 165mm 小方坯和 200mm × 240mm 大方坯保护渣的成分和性能与适用的钢种见表 9 – 11。

表 9 – 11　方坯用保护渣性能

	保护渣类型	①	②	③	④	⑤	⑥	⑦	⑧
化学成分/%	SiO_2	28.63	32.5	33.41	33.5	26.84	27.30	31.5	33.3
	CaO	28.57	32.5	20.18	21.1	22.92	17.10	31.4	20.1
	碱度	1.00	1.00	0.60	0.63	0.85	0.63	1.0	0.6
	MgO	0.37	0.4	1.73	1.29	0.80	8.45	0.4	1.6
	Al_2O_3	4.78	4.8	4.66	5.13	10.38	3.60	4.7	4.7
	TiO_2	0.07	0.1	0.07	0.10	0.48	0.08	0.1	0.2
	Fe_2O_3	0.96	0.9	0.48	0.85	4.0	0.55	0.5	0.4
	MnO	0.02	0.0	0.05	0.02	0.10	0.07	0.0	0.0
	Na_2O	5.98	5.9	9.49	11.1	2.60	11.45	6.2	9.5
	K_2O	0.28	0.3	0.41	0.55	0.81	0.29	0.1	0.1
	F	5.20	5.2	5.91	5.22	7.10	0.0	5.7	5.9
	B_2O_3	0.0	0.0	0.0	0.0	0.0	3.4	0.0	0.0
	$C_{自由}$	13.33	5.2	14.10	14.5	20.78	14.68	13.4	14.0
	CO_2	10.61	11.2	9.63	8.1	1.42	10.70	5.8	9.7
	$C_{总}$	16.23	8.2	16.73	16.7	21.17	17.60	15.0	16.7
软化温度/℃		1075	1090	1085	1000	1110	980	1110	1070
熔化温度/℃		1090	1110	1110	1080	1120	1040	1140	1100
流动温度/℃		1105	1130	1120	1120	1150	1060	1160	1130

保护渣类型	①	②	③	④	⑤	⑥	⑦	⑧
堆密度/kg·dm⁻³	0.87	0.66	0.66	0.77	0.68	0.65	0.78	0.55
黏度 η_{1300}/Pa·s	0.31	0.36	0.45	0.41	1.10	0.49	0.30	0.48
适用钢种	软钢 (C<0.25%)	软钢	硬钢 (C>0.25%)	硬钢	硬钢	硬钢	软钢	硬钢
保护渣形态	粉渣	粉渣	粉渣	粉渣	粉渣 (含烟道灰)	颗粒 (不含F)	粉渣 (相当于①)	颗粒渣 (相当于③)

用上述保护渣浇注时,其液渣层厚度为 3~5.5mm;浇注过程中吸收 Al_2O_3 的能力为 $\Delta Al_2O_3 = 1.5\% ~ 2.0\%$。

保护渣的消耗量取决于钢种、拉速、结晶器振动特性、保护渣性质、铸坯的断面等因素。

保护渣消耗量是:大方坯高于小方坯;包晶钢高于其他钢种;大方坯包晶钢保护渣的消耗量最高,约为 $1.1kg/t$ 钢或 $0.4kg/m^2$。为此,浇注大方坯包晶钢应选用熔化速度快、黏度低的保护渣;由于小方坯的拉速比大方坯高,所以小方坯保护渣的消耗量要少些。为了减少包晶钢方坯的表面裂纹,可以减少碳含量,降低黏度,增加碱度。

减少碳含量可以提高保护渣的熔化速度;降低黏度利于液渣向结晶器与坯壳之间渗入;增加碱度提高了渣膜结晶温度传热均匀。

如果想增加液渣层厚度,可以提高少许黏度,从而提高保护渣熔化速度与液渣渗入速度的比值。

颗粒保护渣适用于浇注大方坯,软钢、硬钢。

表 9 – 11 中保护渣⑤,不适宜浇注软钢。同是浇注包晶钢,方坯与板坯不同,两者结晶器内表面积/体积的比值不同、拉速不同,容易产生的缺陷也不同;前者要满足高消耗量的要求,后者要考虑如何减少纵裂纹的问题。

9.3.9　中间包用渣

中间包用保护渣也称中间包用渣或中间包覆盖渣。加炭化稻壳覆盖,有保温作用,但不能阻止空气中氧传入钢水。中间包用渣的功能与结晶器用保护渣有些相近,起到隔热保温,减少热损失;隔绝空气,防止钢水的二次氧化;吸收溶解上浮的夹杂物纯净钢水等作用。但中间包用渣与结晶器不同,不能随时更换。因此要求中间包用渣在吸收溶解夹杂物之后仍然能够保持性能稳定;除此之外,保护渣对包衬、水口、塞棒等耐火材料的侵蚀量要最小,蚀损物不得进入结晶器;它还要接受钢包水口流入的填砂,经过 10 炉流砂后中间包用渣仍然保持液态。

中间包使用碱性渣。根据钢种的不同中间包用渣也应有所区别,用 $CaO - Al_2O_3 - SiO_2$ 系或 $CaO - Al_2O_3 - SiO_2 - MgO$ 系均可。可以是粉状、粒状、块状,但粒度要大些。适用于中间包长时间连浇用保护渣的成分和性能仍有待于进一步完善。表 9 – 12 是中间包用保护渣类型,供参考。

表9-12 中间包用保护渣类型 （%）

成 分	绝热型	熔剂型
CaO	20 ~ 60	40 ~ 70
MgO	20 ~ 90	5 ~ 30
Al_2O_3	1 ~ 10	5 ~ 30

碱性渣熔化温度和结晶温度都较高容易结壳。适当的调整成分之后熔化温度最好在1400℃以下。初始渣的$(CaO)/(Al_2O_3) = 1.4$，$(SiO_2) < 1\%$、$(MgO) > 20\%$,, 适当增加$Li_2O + TiO_3$成分，保护渣的熔化温度、结晶温度都可以降低，减少了结壳。

练习题

1. （多选）常用的中间包覆盖剂有（　　）。ABCD
   A. 无碳　　　　　B. 低碳　　　　　C. 高碱　　　　　D. 低碳高碱

2. （多选）不属于连铸用覆盖剂加入的原则有（　　）。CD
   A. 按炉定量加入
   B. 温度较差情况下多加，测温等以后及时补加
   C. 越少越好　　　　　D. 越多越好

3. （多选）连铸使用的覆盖剂具有的作用有（　　）。AB
   A. 吸附包内钢水夹杂　　　　　B. 减少包内钢水温降
   C. 调节钢水成分　　　　　D. 加快包内钢水的循环

4. （多选）中间包覆盖剂常用的指标有（　　）。AB
   A. 熔化速度　　　　B. 铺展性　　　　C. 含水量　　　　D. 含碳量

5. （多选）中间包覆盖剂的主要作用是（　　）。AB
   A. 保温　　　　B. 吸附夹杂　　　　C. 成分微调　　　　D. 加热钢水

6. （多选）有关钢包覆盖剂的加入不正确的说法是（　　）。ABC
   A. 覆盖剂加入越多越好　　　　　B. 覆盖剂加入越少越好，节约成本
   C. 钢包覆盖剂可以加入中间包中　　　　　D. 钢包覆盖剂不可以加入中间包中

7. （多选）有关钢包覆盖剂和中间包覆盖剂的说法不正确的是（　　）。ABD
   A. 两者可以混用　　　　　B. 钢包覆盖剂可以加入中间包中使用
   C. 中间包覆盖剂有多种类型　　　　　D. 中间包覆盖剂只有一种类型

8. 连铸使用的覆盖剂具有减少包内钢水温降的作用，还可（　　）。B
   A. 增加钢水的二次氧化　　　　　B. 吸附包内钢水夹杂
   C. 调节钢水成分　　　　　D. 加快包内钢水的循环

9. 中间包覆盖剂必须保持干燥。（　　）√

10. 中间包覆盖剂应该（　　）。B
    A. 一次加入　　　　　B. 开始加入适量，及时补加
    C. 在冲击区域直接加入　　　　　D. 以上说法都正确

11. 中间包覆盖剂的选择依据是（　　）。D

    A. 钢水温度   B. 钢水重量   C. 浇注液面   D. 钢种

12. 浇注任何钢种时均可以用同种覆盖剂。（　　）×

13. 连铸使用的覆盖剂会污染钢水。（　　）×

14. 连铸使用的覆盖剂具有减少包内钢水温降的作用。（　　）√

15. 在开浇或者连浇正常后，一次性向钢包内加入足量的保温稻壳，中途不得揭盖补加。（　　）√

16. 中间包覆盖剂加入应一次加入，中间不得补加。（　　）√

17. 中间包覆盖剂有水可以使用。（　　）×

18. 中间包覆盖剂与液面自动投入与否关系密切。（　　）×

19. 中间包用覆盖剂主要由浇注钢种决定。（　　）√

20. 中间包在浇注过程中，为了防止钢水二次氧化，需在中间包加一定量的覆盖剂。（　　）√

21. 严禁将钢包保温稻壳加入中间包中。（　　）√

学习重点与难点

学习重点：说出二次氧化的类型；掌握保护渣的作用、成分与应用；高级工理解保护渣熔化特性对铸坯质量影响，按钢种选择保护渣。

学习难点：三元状态图的应用；保护渣的性能。

思考与分析

1. 结晶器保护渣的作用是什么，手工加保护渣的操作步骤和注意事项都有哪些？

2. 结晶器为什么要润滑，当选用液体油类作为润滑剂时，对润滑剂（油）有哪些要求，油润滑的原理是什么？叙述结晶器加润滑油的操作。

3. 欲生产良好的滚珠轴承钢，应采用哪些技术措施？

4. 连铸钢水二次氧化的来源有哪些？

5. 结晶器保护渣的作用是什么，手工加保护渣的操作步骤和注意事项都有哪些？

6. 结晶器为什么要润滑，当选用液体油类作为润滑剂时，对润滑剂（油）有哪些要求，油润滑的原理是什么？叙述结晶器加润滑油的操作。

10 中间包冶金

教学目的与要求

叙述中间包冶金的作用和手段。

中间包是钢包与结晶器之间的过渡性容器，起到减小注流在结晶器内冲击动量、稳定浇注速度、分配钢水注流、上浮夹杂、储存钢水保持连浇等作用。

随着钢品种质量需求的日益提高，开发应用了许多精炼技术净化钢水；但是较纯净的钢水注入中间包后可能重新被污染，仍然影响钢的质量；为此将部分精炼技术移植到中间包内实施，进一步净化钢水，这就是中间包冶金。可见，中间包已不再是单纯的过渡性容器，而成为一个连续冶金反应器。

中间包冶金功能如下：

(1) 冶金净化功能。防止钢水的二次氧化；保温和微调温度；改善钢水的流动状态；延长钢水在中间包内停留时间，促进夹杂物的上浮等。

(2) 精炼功能。采用附加冶金工艺完成钢水成分微调；改善夹杂物性态；实现对钢水温度、成分的精确控制等。

10.1 中间包钢水流动的控制

10.1.1 中间包钢水的流动

表征钢水流动特性的是雷诺数 Re，公式如下：

$$Re = \frac{vd}{\gamma} \qquad (10-1)$$

式中　v——液体流动速度；

　　　d——流股水力学直径；

　　　γ——流体的运动黏度。

当 $Re < 2000$，流体为层流；$Re > 2000$ 时，流体为湍流。钢包水口注流流速约 3.2m/s，$Re = 2.6 \times 10^5$，属于高度湍流；中间包水口流出的注流 $Re = 1.2 \times 10^5$，也是高度湍流；中间包内液体流动速度一般在 $1 \sim 2$m/s，$Re \approx 10^4$，属于中等的湍流。所以在整个浇注过程中，钢水的流动为湍流。

中间包内钢水的流动状况直接影响着钢水中夹杂物上浮和注流在结晶器内的流动状态。注流注入中间包除对中间包有冲击作用外，注流还卷入大量空气，使中间包内钢水的流动更为复杂，其流动状况如图 10-1 所示。

钢包的注流状态不仅影响中间包内钢水的运动，也影响结晶器内钢水的运动。图 10 - 2 是中间包注流状况对结晶器内钢水流动的影响。

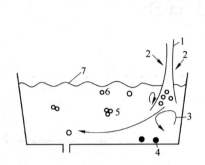

图 10 - 1　中间包内钢水流动示意图

1—注流；2—卷入的空气；3—涡流；4—夹杂物下沉；
5—夹杂物聚合；6—大颗粒夹杂物上浮；7—表面流

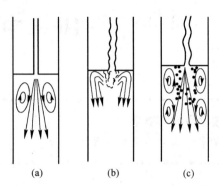

图 10 - 2　中间包注流对结晶器钢水流动的影响
（a）圆滑注流；（b）粗糙注流；（c）麻花注流

注流卷入的空气量很难准确估算，当注流圆滑、致密、连续比表面积小，卷入的空气量肯定要少；散流或成麻花状注流比表面积会增大若干倍，有些研究表明，注流分散成滴状卷入的空气量比圆滑连续注流要多 60 倍以上。

中间包液面升高或降低，或者注流状态有变化，都会引起钢水流动的不稳定从而引发液面波动，进而扩展导致中间包内钢—渣界面搅动有卷渣的危险，对钢质量极为不利。

当中间包钢水液面降低到临界高度时，水口的上方会出现旋涡，旋涡会使注流卷入浮渣和空气，并带进结晶器内，搅乱了钢水的正常流动，大大影响钢质量。图 10 - 3 为形成旋涡情况。

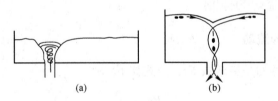

图 10 - 3　中间包旋涡形成示意图
（a）旋涡形成；（b）有旋涡时流动形态

10.1.2　中间包钢流的控制

10.1.2.1　中间包加砌挡墙和坝

敞开浇注，钢包的注流注入中间包时必然卷入空气，引起液面波动，图 10 - 1 就说明了这一点，会加剧钢水的二次氧化；同时在中间包底部还存在着钢水停滞区，温度也不均匀，其流动状况如图 10 - 4 所示。

改善中间包内钢水流动，延长其停留时间，消除包底钢水停滞区，可以在中间包内宽度方向加砌一个露出液面的挡墙，钢水从挡墙底部通过再注入结晶器如图 10 - 5 所示。

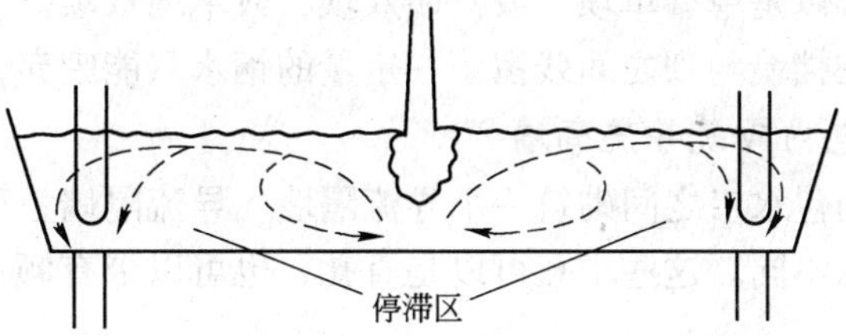

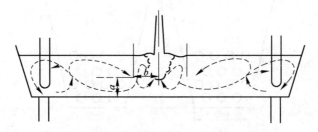

图 10 - 4　中间包内钢水无控制流动示意图

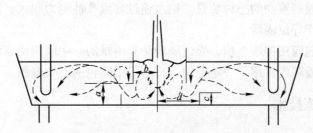

图 10 - 5　中间包砌有挡墙后钢水流动示意图

从挡墙底部流过的钢水分裂成两个流股，一股沿中间包顶端回流，另一股沿中间包边墙流向水口；这种流动模式加速了钢水的循环，有利夹杂物的上浮，也利于消除包底钢水停滞区。挡墙的位置，即距包底高度 a 和距钢包注流中心的距离 b 两个参数，对控制钢水在包内合理流动和延长钢水在中间包内停留时间有着重要的作用，要选择得当。

除此之外，还可以在中间包底部宽度方向加砌一定高度的坝，坝有不同形式和结构。挡墙和坝联合使用，实现了钢水的控制流动。减少了死区，钢水平均停留时间比单用挡墙增加了 2 倍，比不设挡墙增加了 4 倍，促进了夹杂物从钢水中分离。挡墙和坝联合使用钢水流动模式如图 10 - 6 所示。

图 10 - 6　中间包挡墙和坝联合使用钢水流动示意图

图 10 - 6 中的 a、b、c、d 是确定挡墙和坝合理位置的 4 个参数，对钢水流动模式有重要影响。砌筑挡墙和坝是目前中间包普遍应用的技术措施，也确实大大改善了铸坯表面质量；在其他工艺条件一定时，中间包只用挡墙比不用挡墙，板坯表面夹杂由 2.7% 降到 2.1%；若挡墙和坝联合使用后，夹杂物由 2.1% 降至 0.3%，提高了钢的纯净度。

加砌挡墙后，注流冲击引起的湍流阻隔在挡墙以内的冲击区，使得挡墙以外的下游区域钢水流动稳定，还可以阻止钢液面的回流；砌筑坝的作用是阻挡钢水沿包底流动，使其流动方向向上，为此有的厂家将挡墙砌于坝的下游，钢水更为稳定，也更利于结晶器注流的稳定。

挡墙和坝的组合可以是单墙单坝，或双墙双坝，或单墙双坝等。采用挡墙和坝的中间包，浇注完毕，包底在挡墙与坝之间残留了一定量的钢水只能废弃，降低了钢水收得率。

10.1.2.2　中间包内砌筑导流隔墙

在钢包注流与中间包水口之间砌筑一个导流隔墙。导流隔墙上开有若干个小孔，小孔孔径可以相同，也可以不同。这些小孔可以是直孔，也可以带有倾角，图10-7两种简单的导流隔墙。

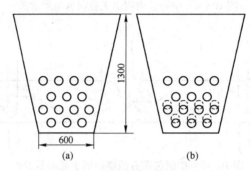

图10-7　两种简单的导流隔墙示意图
（a）水平导流孔；（b）部分导流孔带有向上倾角

导流隔墙上导流孔的大小和倾角决定了钢水的流速和方向。导流隔墙封闭了钢包注流区，对稳定钢水流动和夹杂的分离十分有利。当前许多钢厂用导流隔墙代替挡墙和坝控制钢水流动。

还有将导流隔墙与坝或挡墙联合使用，只要组合得当更利于改善中间包内钢水的流场。

此外，如果在导流隔墙的小孔内装上过滤器，钢水从过滤器流过，不仅能够吸附夹杂物，同时也是有效控制流动的一种装置。钢水通过导流孔冲刷力很大，所以必须采用性能良好的耐火材料制作导流隔墙。

对于多流中间包应用挡墙、坝、导流隔墙是有困难的。中间包的容积本来就有限，加砌了挡墙、坝和导流隔墙占用了一定空间，减小了中间包的有效容积。

10.2　中间包精炼技术

10.2.1　中间包内夹杂物的上浮与排除

10.2.1.1　夹杂物的上浮

中间包冶金任务之一是促进夹杂物上浮，进一步净化钢水；倘若液体是静止状态，根据斯托克斯公式可以计算出夹杂物质点上浮速度：

斯托克斯公式：
$$u = \frac{2(\rho_L - \rho_i)g}{9\eta}r^2 \qquad (10-2)$$

式中　u——夹杂物上浮速度，cm/min；

$\quad\quad$ r——夹杂物质点半径，cm；

$\quad\quad$ ρ_L——钢液密度，一般取 7.0g/cm³；

ρ_i——夹杂物密度，一般取 $3.5g/cm^3$；

g——重力加速度，$980cm/s^2$；

η——钢水黏度，1600℃时 $\eta = 0.05g/(cm \cdot s^2)$。

例如，中间包容量50t，熔池深度为1m，夹杂物上浮速度和夹杂物从包底上浮到液面所需时间见表10-1。若铸坯的尺寸为250mm×1300mm，拉速为1.2m/min，钢水在中间包内平均停留是9min。计算结果表明，大于70μm的夹杂物基本都能上浮，而小于70μm的夹杂物上浮比较困难。但是实际上中间包内钢水不是静止的，由于钢水湍流的作用会促进夹杂物相互碰撞聚合，能加快上浮速度，利于夹杂物上浮和排除。为此当前有加大中间包的容量、加深熔池的趋势。

表10-1 夹杂物上浮速度和上浮时间

夹杂物半径/μm	上浮速度/cm·min⁻¹	上浮时间/min
100	22.87	4.37
70	11.20	8.93
20	0.92	109.60

钢水在中间包内平均停留时间 t_Z 可用式（10-3）或式（10-4）计算：

$$t_Z = \frac{Q}{q} \tag{10-3}$$

式中 Q——中间包容量，t；

q——钢水流量，也是浇注速度，t/min。

$$t_Z = \frac{V}{q_t} \tag{10-4}$$

式中 V——中间包内钢水体积，m^3；

q_t——中间包钢水体积流量，m^3/min。

10.2.1.2 大容量深熔池中间包的特点

A 大容量中间包的作用

加大中间包容量可以：

（1）延长钢水在包内停留时间，利于夹杂物上浮，提高钢水的纯净度，利于生产洁净钢。

（2）钢水的储存数量增多了，更换钢包可以不减拉速，有利于保持连浇，并能改善换包过渡铸坯质量。例如，英国某钢铁厂的实践证明了这一点，将中间包容量由25t增大到45t后，不仅减少了 Al_2O_3 夹杂物的数量，而且在铸坯内弧侧夹杂物聚集状态得到明显改善。

（3）大容量中间包更适用于高拉速铸机，能保持钢水在包内停留时间。

中间包的最大容量现已达100t。

B 深熔池中间包的特点

深熔池中间包的特点有：

（1）钢水液面波动较小，可减轻钢水二次氧化。

（2）减小了液面流速和湍流强度，相应降低了水口部位钢水流速和湍流强度，利于注流稳定。

（3）降低产生涡流的可能。

文献指出，中间包熔池加深钢水流动稳定，可以改善钢的超声波探伤缺陷和裂纹缺陷。

中间包熔池深度一般在 $800 \sim 1000mm$，最深达 $1200mm$。

C　中间包内耐火材料与夹杂物的关系

学者研究指出，各种尺寸的夹杂物与包内耐火材料接触后，将会黏附于耐火材料的表面而脱离钢水。通过包内拆下的残砖反应层中 Al_2O_3 成分的变化证明了这一点。原砖中 $Al_2O_3 = 0.80\% \sim 0.84\%$，而反应层 Al_2O_3 为 $6.33\% \sim 7.70\%$；挡墙和坝表面的 Al_2O_3 也由 $62.0\% \sim 64.3\%$ 增长到 $71.2\% \sim 73.0\%$。可见钢水中 Al_2O_3 夹杂已经黏附于衬砖表面上。研究还认为无论计算还是实测，中间包夹杂物总去除率约在 60%，其中黏附去除率占 23% 左右，包壁黏附去除 Al_2O_3 夹杂的作用值得重视。

10.2.2　中间包加双层覆盖剂

中间包液面加碳化稻壳覆盖能够绝热保温，防止钢水二次氧化，减少钢水吸入氧、氮等有害气体，但不能吸附上浮夹杂物；如果在中间包钢液面加一层 $CaO - CaF_2 - MgO$ 系的混合渣，形成液渣层，具有吸附上浮夹杂物的功能；在液渣层上面再加一层覆盖剂，这就是双层渣覆盖剂。试用结果表明，板坯表面渣斑发生率降低 85%。

10.2.3　中间包吹氩气

中间包吹氩气可以：

（1）能够改善钢水流动状况。

（2）促进夹杂物碰撞、聚合、长大而上浮。氩气泡能黏附捕捉夹杂物携带其一起上浮，从而加大微小颗粒夹杂物的上浮速度和数量，净化钢水。

（3）在钢水液面形成惰性气体保护层。

中间包吹氩有包底吹氩、通过塞棒吹氩。

在中间包永久层与工作层之间嵌入多孔的管状气体分配器，结构如图 10 - 8 所示。微小 Ar 气泡上浮，均匀穿过中间包熔池净化钢水；有的钢厂曾在 30t 中间包上装砌了此种结构，浇注大方坯在持续 6h 之后，钢中夹杂物减少 25%，提高了钢水的纯净度。再如中间包的挡墙用多孔砖砌筑，吹氩气试验表明，降低了镀锡板 Al_2O_3 夹杂物的含量。

又如日本住友金属鹿岛厂在 $60 \sim 80t$ 中间包底部安装多孔砖，孔径为 $200\mu m$，并在多孔砖的上游加砌了挡墙，如图 10 - 9 所示。

从底部上升的氩气泡流，还有控制钢水沿包底流动的作用，试验表明，显著地改善了 API - X60 管线钢材的抗氢脆裂敏感性（HIC 值）。

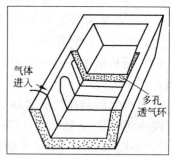

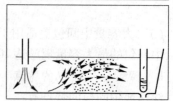

图 10 - 8　中间包嵌装
多孔透气环示意图

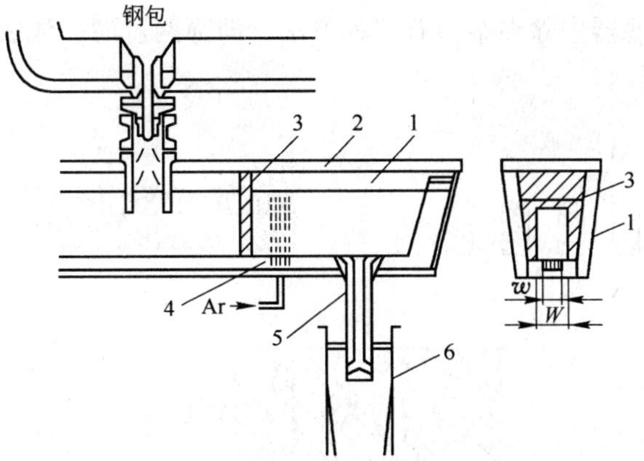

图 10 – 9　中间包多孔砖吹氩示意图
1—中间包；2—中间包盖；3—隧道式挡墙；4—多孔透气砖；5—浸入式水口；6—结晶器

10.2.4　中间包塞棒吹氩

通过中间包塞棒中心的芯管 – 浸入式水口吹入氩气，氩气随钢流进入结晶器后上浮逸出。实践表明，能够有效地预防水口结瘤；吹氩气管接口必须密封，否则会吸入空气反而加重钢水的二次氧化；应特别注意吹入氩气的流量，过大，氩气泡排出速度快，引起结晶器液面波动，对铸坯的质量不利，导致铸坯缺陷；若部分细小的氩气泡来不及排出，滞留于凝固前沿，造成铸坯和钢板皮下气泡，危及质量。

10.3　中间包过滤技术

通过一系列炉外精炼措施净化钢水，钢水中大于 $50\mu m$ 的大颗粒夹杂物得以分离排除，但小于 $50\mu m$ 的夹杂物难以去除。为此，近些年来在连铸生产中开发应用了过滤技术。

对钢水过滤器要求：

（1）耐高温。在 1600℃ 高温下能正常工作，并在钢水流经过滤器时能够承受热应力和机械冲击应力的作用。

（2）耐化学侵蚀。浇注过程中能够抵抗熔渣的化学侵蚀，其寿命尽可能做到与中间包内衬同步。

（3）对钢水流动的阻力要小。既要有效的去除夹杂物完成过滤任务，对钢水流动的阻力又要小。

（4）保持温度的稳定性。钢水流经过滤器温降要小。

（5）安装方便，价格便宜。

10.3.1　过滤机理

过滤有别于其他方法，是一种强制分离夹杂物的方式。夹杂物随钢水通过多孔介质时，夹杂物沉淀、滞留、黏附或烧结于过滤介质微孔的表面上，钢水可以自由流过，夹杂物得以分离，净化了钢水。

冶金熔体通过过滤器去除夹杂物有三种方法，即筛网过滤、滤饼过滤、深层或深床过滤等，如图 10 - 10 所示。

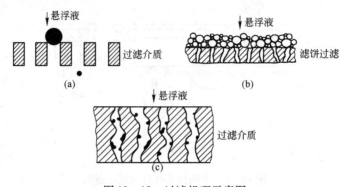

图 10 - 10 过滤机理示意图
(a) 筛网过滤；(b) 滤饼过滤；(c) 深层或深床过滤

10.3.1.1　筛网过滤

筛网过滤如图 10 - 10(a) 所示，它的过滤纯属物理过程。当钢水流过时，凡是粒径大于网孔孔径的夹杂物均被阻隔而滞留下来；那些粒径小于网孔孔径的夹杂物随钢水一起流过。它只能去除大颗粒外来夹杂物。

10.3.1.2　滤饼过滤

滤饼过滤如图 10 - 10(b) 所示。悬浮于钢水中的夹杂物在通过多孔介质时被截留，逐渐沉积于过滤介质的表面层，时间一长就形成了夹杂物的滤饼。这个滤饼层是有效的过滤介质，钢水通过夹杂物就会被滤饼截留而去除。

10.3.1.3　深层或深床过滤

深层过滤如图 10 - 10(c) 所示。它与筛网过滤和滤饼过滤不同，能够滤去粒径细小的夹杂物。粒径细小的夹杂物随同钢水一起进入过滤介质微孔，夹杂物黏附或烧结于微孔的内表面，钢水流过夹杂被去除。

相对于深层过滤而言，前两种过滤方法又称为表面过滤。

10.3.2　过滤器类型及效果

目前过滤器形式有直通孔型和泡沫型。

10.3.2.1　直通孔型过滤器

直通孔型过滤器形状如图 10 - 11 所示。将 CaO 材质做成厚度 100mm 的过滤器，两层叠加合成砌筑在厚 200mm 的挡墙之内，形成上游为 $\phi 50mm$ 下游是 $\phi 40mm$ 带锥度的直通流道，钢水通过流道，夹杂物被过滤器吸附从钢水中分离。安装在挡墙内的直通孔型过滤器，对钢水流兼有导向作用。直通孔型过滤器的孔径一般在 $\phi 10 \sim 50mm$，由于孔径大对钢水流动的阻力较小，所以钢水具有比较理想的通过速度，因此直通孔型过滤器一般能用于正常生产。然而正是由于过滤器孔径大，空隙的迷宫度小，因而去除夹杂物效率就差些。

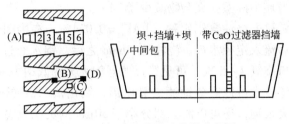

图 10-11　直通孔型过滤器示意图

10.3.2.2　泡沫型过滤器

泡沫型过滤器为深层过滤器，是陶瓷材质制成微孔结构，疏松度高，比表面积大，每 $1cm^3$ 的材料具有 $10000cm^2$ 的表面积；当钢水从过滤器流过时，被分割成许多细小的钢流，加大了与过滤介质的接触界面和接触机会，由于夹杂物与过滤介质表面的润湿性超过了钢水与夹杂物的润湿作用，夹杂物有自发脱离钢水的趋势，再加上过滤介质微孔表面凹凸不平对夹杂物有很好的吸附和截留作用；钢水得到净化；泡沫过滤器它不同于上浮分离的方法，过滤也不是简单的物理分离过程而是一个流体的传递过程。泡沫型过滤器性能见表 10-2。图 10-12 是中间包装砌过滤器示意图。

表 10-2　几种泡沫型过滤器的性能

过滤器材质	制造单位	孔径/μm	体积密度/$g \cdot cm^{-3}$	气隙度/%	抗弯强度/MPa
均有部分稳定	北京科技大学高温合金实验室	0.5~1.0	0.59	80~83	1.068
氧化锆	美国 HITEC 公司	1.0	0.74	85	1.450

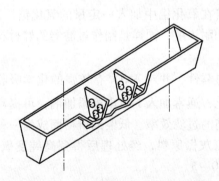

图 10-12　带过滤器中间包结构示意图

10.3.2.3　过滤效果

试验表明，泡沫型过滤器的过滤效果非常明显。

例如，经感应炉熔化，碳含量约 0.38%，经脱氧的钢水通过过滤器后，钢中 $[Al_2O_3]$ 平均从 0.067% 降低到 0.008%，清除夹杂物的效率近 90%。平均总氧含量由 340ppm 降到 38.3ppm，去除氧的效率在 88.7%。过滤后有的炉次总氧达到 10ppm，甚至更低。金相观察指出，被过滤的夹杂物几乎全部为 Al_2O_3。钢中总氧含量的降低主要是 Al_2O_3 排除的结果。

另外通过对比试验也说明过滤效果。在双流大方坯连铸机上浇注 304 不锈钢，其中一个中间包砌挡墙和坝，另一个中间包安装了两个直径为 $\phi200mm$、厚 38mm 的泡沫过滤器。

结果表明，经过滤的方坯中硅酸盐夹杂物减少了74%。

再如在小方坯连铸机上浇注含铝钢种，[Al] = 0.024%。在中间包的一侧1流安装了过滤器，钢水经过滤后流入定径水口。浇注约90min之后，钢水经过滤器的定径水口只烧氧1次，而其余各水口烧氧4~5次。可见，过滤器能大大降低钢中 Al_2O_3 含量。

试验还表明，过滤技术可以有效地滤去氧化铝、氮化钛、铝酸钙、硅酸锰等夹杂物。不仅能够去除大颗粒夹杂物，还可以滤去部分小于50μm的夹杂物，这为高纯度钢种的生产提供了条件。

过滤器使用时间过长，沉积物过多，也会失去过滤作用。

10.3.3 过滤器材质

过滤器长时间浸泡在高温钢水中，其材质应具有以下特性：（1）耐高温；（2）高疏松度，既能吸附夹杂物，对钢水流动的阻力又小；（3）能够承受热应力和机械冲击应力的作用；（4）抗钢水与熔渣的侵蚀冲刷。

当前使用的耐火材料有莫来石、氧化铝、稳定氧化锆等；还可以用氧化铝 + 氧化锆、氧化钙等。过滤器材质主要从过滤器的高温性能、成本及夹杂物去除率等综合考虑选择。

目前，泡沫型过滤器多用锆铝质耐火材料制作。

10.3.3.1 氧化锆

氧化锆具有良好耐高温、耐化学侵蚀性能，但抗热冲击性能稍差些，所以可添加少量 CaO 或 MgO，用以改善抗热震性。在氧化锆中添加35%的 Al_2O_3 制成的过滤器，具有极好的抗热震性和高耐火度。若在氧化铝中加入一定量的氧化锆，也可以形成锆强化氧化铝，能改善氧化铝的热冲击性和耐火度，同样是制作过滤器的好材料。

10.3.3.2 氧化钙

氧化钙具有极好的抗热震性，并对 Al_2O_3 有较强的化学吸收作用，是一种钢水理想的过滤材料，但氧化钙易水化；通常加入 Fe_2O_3 等添加剂，可提高氧化钙稳定性。采用防水化措施后，氧化钙将以较高的过滤效率、低廉的价格而成为一种理想的过滤材料。

CaO 质过滤器是用生石灰做原料，经处理后得到高纯度氧化钙（CaO）>98%。氧化钙质过滤器理化指标见表 10-3。

表 10-3 氧化钙质过滤器理化指标

化学成分/%					显气孔率 /%	体积密度 /g·cm^{-3}	常温耐压强度 /MPa
CaO	MgO	SiO$_2$	Al$_2$O$_3$	Fe$_2$O$_3$			
>98.00	<0.70	<0.10	<0.50	<0.10	27~30	2.40~2.42	>20

10.3.3.3 莫来石

莫来石是硅酸铝质耐火材料，自然界很少见，主要是人工合成莫来石晶体。它具有耐高温、良好的抗热震性，也是一种制作过滤器不错的材料。

选择过滤器材质应与中间包包衬，特别是与挡墙、坝、导流板等材质相匹配。常用泡沫陶瓷材料的性能见表 10-4。

表10-4　常用泡沫陶瓷材料的性能

材　质	莫来石	氧化铝	稳定 ZrO_2	$Al_2O_3 + ZrO_2$
分子式或化学成分	$3Al_2O_3 \cdot 2SiO_2$	$Al_2O_3 \geqslant 99\%$	$ZrO_2 + CaO(MgO)$	$Al_2O_3 = 35\%$; $ZrO_2 = 65\%$
最高使用温度/℃	1538	1649	1760	1704
抗热震性	很好	较好	好	很好

10.4　中间包加热技术

中间包钢水温度控制的目标是保持合适、稳定的过热度，这也是连铸工艺稳定顺行和铸坯质量的基础。为此应依照优化能量损失原则进行目标管理，即严格按照各工序温度损失决定出钢温度，在精炼过程钢水既不降温也不加热，就可以达到中间包温度目标值。所以，要求从出钢到连铸全过程的各个工序点、各工序之间温度损失都要严格管理，同时计算机应根据生产过程的实际时间节奏以及其他影响因素进行在线计算，准确地确定出钢温度和各阶段的温降值。

10.4.1　中间包钢水温度分布情况

实际的浇注过程，中间包钢水温度是处于不稳定的状态，尤其是在多炉连浇、多水口浇注的情况下钢水温度差就更大些。

学者研究认为，在浇注过程中，中间包的上部钢水温度波动较小，比较均匀，可以看作是等温区；底部存在钢水低温区，钢水的高、低温区温度相差20℃左右；顶部液面由于散热较多，也是低温区，但与有无覆盖剂、覆盖剂的材料有关。研究还认为，在多流中间包内，距钢包注流近的水口与远的水口相比，温度相差约 8~10℃。此外，中间包包衬材质也影响钢水温度的分布。

现以 7t 中间包钢水温度变化测定实例说明，如图 10-13 所示。

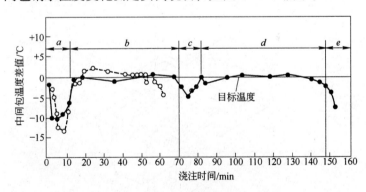

图 10-13　中间包钢水温度变化情况

从图 10-13 可知：

a 段为开浇期，由于中间包内衬吸热，钢水温度降低 10~15℃。

b 段为正常浇注期。经过 10~15min，包衬吸热基本上达到饱和，同时又有钢水不断地注入，保持钢液面稳定；此时钢水散热量约 0.3~0.5℃/min；注入中间包钢水带人的热量与包衬散出的热量基本相当，钢水温度稳定于目标数值。

c 段是连浇更换钢包。由于中间包钢液面降低，钢水温度相应降低约 5～10℃。

d 段与 *b* 段相同为正常浇注期。

e 段为钢包浇注结束后中间包剩余钢水继续浇注，此时钢水温度降低 10～15℃。

可见，中间包开浇、更换钢包和浇注结束钢水温度都有波动，较大地偏离了温度目标值，钢水温度处于不稳定状态，其坏处为：

（1）开浇钢水温度降低过多，容易造成水口凝钢，甚至开浇失败。为了顺利开浇，势必提高中间包钢水目标温度，从而提高出钢温度。

（2）由于中间包钢水温度不稳定，必然会加重结晶器内坯壳生长的不均匀性，严重者导致拉漏。

（3）不利于夹杂物的上浮排除。

（4）不利于拉速的稳定，难以实现高速连铸作业。

（5）影响结晶器保护渣液渣层厚度的稳定，从而导致铸坯表面夹渣或黏结。

10.4.2　中间包加热技术

近年来国内外对中间包加热技术都很关注，为了精确控制浇注温度，包与包温度差最好控制在 ±2℃，为此应用中间包加热技术，补偿钢水温度的降低，以使中间包钢水温度始终稳定在目标值。这不仅操作稳定，也有利于铸坯质量。即便在正常浇注期也可以适当加热补偿中间包的自然温降。中间包加热方式有感应加热、等离子加热等。

10.4.2.1　感应加热技术

感应加热的原理与感应电炉相同。感应加热分为有芯感应加热和无芯感应加热，应用有芯感应加热者居多。图 10-14 是 13t 中间包 1000kW 有芯加热的示意图。由图可见，铁芯上绕有线圈是加热器的初级回路，隔墙 7 开有通道 11 为钢水加热通道，通道内的钢水是加热器的次级回路；初级回路使次级回路产生感应电流，加热了通道内钢水，这是感应加热的原理。

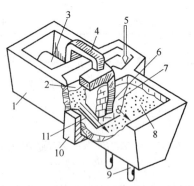

图 10-14　电磁感应加热示意图

1—中间包；2，8—熔池；3—鼓风；4—风道；5—注入钢水；6—线圈；7—隔墙；9—水口；10—铁芯；11—通道

感应加热在钢水内产生一定的电磁力可以搅动钢水，再加上由于温度差钢水的自然对流，在两者共同作用下被加热的钢水从通道流出后，带动包内钢水向上流动，不仅传递热量加热钢水，还可促进夹杂物的上浮排除。

感应加热是在钢水内进行的电—热能量转换，所以热效率高达 80%～90%；包衬热损失约 5% ~7%；电系统功率因数及冷却损失约 5% ~13%。据新日铁室兰厂的有芯感应加热实践表明，浇注 120min 以内，钢水温度的波动保持在 ±2.5℃。

感应加热存在的问题是：

(1) 在浇注开始及终了，钢水量少到不能充满加热通道时，无法进行感应加热；尤其在钢包换包期间，中间包内温度损失较大，更需要补充热量，此时不能及时补充热量。

(2) 加热通道耐火材料的工作环境恶劣，容易损坏。

(3) 感应加热电源系统体积较大，已建成的感应加热电源系统不能远离中间包。

10.4.2.2　等离子加热

等离子体被称为物质的第四态，是气体在强电场作用下解离生成正、负离子数目相等的物质状态。在常压下，等离子弧具有 3000 ~5000℃ 极高的温度，可做热源。

等离子弧有转移型和非转移型两类。非转移弧的正、负两个电极都装在等离子枪内，使用方便，但加热效率低些；转移弧的负电极位于离子枪内，加热的钢水为正极，加热效率高，但在包衬中必须装砌导电电极。

目前国内外已应用等离子枪对钢包与中间包钢水加热。等离子枪可用直流电源也可用交流电源。等离子枪是具有高能量密度的电热转换设备，很小的等离子枪就能产生高功率，所以小等离子枪安装在中间包上，不需改装包体，非常方便；再有当钢水液面较低时，就可以开始加热，这对于在钢包更换期间保持钢水温度稳定极为有效。

在中间包上方安装一个或多个等离子枪均可，在等离子枪的下方形成等离子高温区；高温的离子气体通过辐射、对流和分子复合把能量转换为钢水的热量。图 10－15 为中间包直流转移型等离子弧加热设备，图 10－16 为中间包非转移型等离子弧加热示意图。

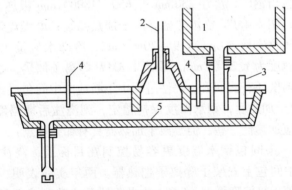

图 10－15　直流转移型等离子弧加热中间包示意图
1—钢包；2—等离子枪（负极）；3—正极；4—热电偶；5—吹氩元件

中间包钢水的流动行为对等离子加热效率、钢水温度和成分的均匀性有重要影响。为此，等离子枪可以安装在注流冲击区或两挡墙之间的合适位置，利用注流动能搅拌钢水，使等离子加热区充分混合，把热量均匀地分配到各注流。等离子加热的效率一般为 80% 左右。热损失主要是中间包的吸热，废气和冷却水带走的热量。

如日本新日铁广畑钢厂在 14t 中间包，安装直流转移型等离子弧加热，最大功率为 1000kW；加热室位于中间包中心，包衬是高铝浇筑料，加热面积 0.81m²，加热室中充满氩气；正极用铁质单电极，位于钢水注入部位附近侧墙区。弧电流为 4500A，功率为

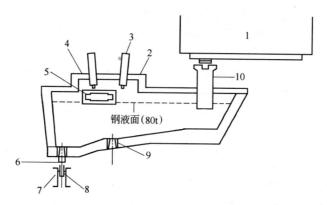

图 10 - 16   非转移型等离子弧加热中间包示意图

1—钢包；2—拱顶；3—等离子枪；4—包盖；5—溢渣口；6—滑动阀；

7—结晶器；8—浸入式水口；9—多孔塞砖；10—保护套管

760kW，功率分配见表 10 - 5。

表 10 - 5   新日铁广畑厂 14t 中间包应用直流转移弧加热功率分配

项 目	正极冷却水带走	离子枪冷却水带走	废气带走	耐火材料吸热及向外散热	加热室墙面 1800℃时对钢水辐射	等离子枪辐射	正极转移过程直接加热
功率/kW	8	63	15	67	324	108	约 175
所占比例/%	1	8	2	9	42	14	24

再如日本神户加古川钢厂，浇注 230mm × (650 ~ 1800) mm 板坯，在 80t 的中间包上安装了等离子加热枪，用 2.4MW 单相交流等离子加热系统；电弧电流最大 7.5kA，电弧电压最大 350kV，氩气的流量（标态） 9 ~ 20m³/min，冷却水流量 30m³/h。不连续供热时，中间包钢水降温速度为 1.25℃/min。采用 1.8MW 等离子加热，中间包钢水温度可保持不变，到浇注后期温度还有些回升。浇注过程中不断地向中间包供给钢水，降温速度为 0.3℃/min。采用等离子加热后，钢水温度保持稳定，到浇注后期温度不降低。等离子加热的热效率虽然比感应加热低一些，但等离子加热器具有如下优点：

（1）加热速度快，中间包钢水温度更容易控制在目标值，浇注温度稳定。如纽柯（Nucor）公司在 15t 中间包上安装了等离子加热器。两年实践表明，提高了温度控制精度，由原来偏离目标值 ±11℃ 降低到 ±5℃。由此钢水的过热度降低了 10℃，由于过热度的降低，连铸拉速提高 10%，也减轻了铸坯的中心偏析。

（2）等离子加热可以单独给某 1 个注流加热，其他各流不加热。

（3）据报道，中间包热状态下可重复使用 200 次，降低了耐火材料的消耗，增加了产量。

（4）促进了钢水中夹杂物的上浮，有利于提高钢质量。

等离子弧加热消耗氩气量较大。

此外，还在研究开发其他加热方法，如电阻加热、电渣加热、石墨电极电弧加热以及氮气流加热等。

根据钢种的需要，将上述各种精炼方式可以单独使用，也可以组合应用，提高钢的纯净度，改善铸坯质量。

学习重点与难点

学习重点：高级工以上级别重点是中间包冶金的定义、作用，采用中间包冶金技术改善铸坯质量、保证连铸生产顺利进行。

学习难点：非岗位所属设备的结构和工艺。

思考与分析

1. 中间包的作用是什么？
2. "中间包冶金"的含义是什么？
3. 中间包钢水停留时间的定义及其意义是什么？
4. 中间包加挡墙和坝的目的何在？
5. 连铸使用大型中间包的优点有哪些？
6. 什么叫中间包钢水临界液面高度？
7. 中间包钢水流动的特点是什么？
8. 中间包覆盖剂的作用有哪些？
9. 敞开浇注和长水口浇注对中间包钢水流动有何影响？
10. 中间包吹氩的作用是什么？
11. 中间包钢水喂线目的是什么？
12. 中间包采用过滤器的目的有哪些？
13. 过滤器为什么能够降低钢水中的夹杂物？
14. 对过滤器材质有何要求？
15. 中间包使用过滤器的效果如何？
16. 中间包钢水为什么要加热？
17. 中间包加热有哪些方法？

11 铸坯质量控制

教学目的与要求

1. 进行缺陷判识，分析连铸坯质量缺陷的成因和相关的预防措施、解决途径。
2. 具有质量意识，具有参与品种开发能力。
3. 组织或参加本工序操作，达到先进的技术指标。
4. 分析夹杂物的危害、来源与操作关系。
5. 说出纵裂、横裂、角裂、星裂、鼓肚概念。
6. 思考拉速波动水口状况对铸坯质量的影响。
7. 思考结晶器拉矫机二冷扇形段开口度对铸坯质量影响。

11.1 连铸坯质量的整体评价

连铸坯质量决定着最终产品的质量。连铸坯存在的缺陷在允许范围以内，是合格产品。从以下几方面评价连铸坯质量：

（1）连续坯的纯净度：指钢中夹杂物的含量，形态和分布。这主要取决于钢水的原始状态，即进入结晶器之前钢水是否"干净"；当然钢水在传递过程中还会被污染。为此应选择合适的精炼方式，采用全过程的保护浇注，尽可能降低钢中夹杂物含量。

（2）连铸坯的表面质量：指连铸坯表面是否存在裂纹、夹渣及皮下气泡等缺陷。连铸坯这些表面缺陷主要是钢水在结晶器内坯壳形成生长过程中产生的；与浇注温度、拉坯速度、保护渣性能、浸入式水口的参数，结晶器振动以及结晶器液面的稳定等因素有关。因此，要严格控制影响铸坯表面质量的各参数在合理的目标之内，以达到生产无缺陷铸坯，这也是铸坯热送和直接轧制的前提。

（3）连铸坯的内部质量：指连铸坯是否具有正确的凝固结构，等轴晶与柱状晶的比例，以及裂纹、偏析、疏松等缺陷的程度。二冷区冷却水的合理分配、支撑系统的严格对中是保证铸坯质量的关键。倘若采用电磁搅拌技术还会进一步改善连铸坯内部质量。

（4）连铸坯的外观形状：指连铸坯的形状是否规矩，尺寸误差是否符合规定要求。与结晶器内腔尺寸、表面状态及冷却的均匀性有关。

图 11-1 是铸坯质量控制示意图，连铸坯出现的缺陷综合列表见表 11-1。

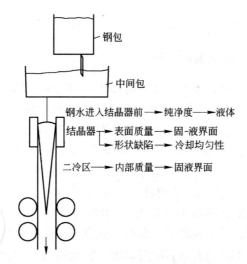

图 11 - 1　铸坯质量控制示意图

表 11 - 1　连铸坯缺陷分类

分　类	连铸坯缺陷
纯净度	非金属夹杂物
表面缺陷	表面裂纹：表面纵裂纹 　　　　　角部纵裂纹 　　　　　表面横裂纹 　　　　　星状裂纹 皮下气孔和气泡 表面夹渣 凹坑和重皮
内部缺陷	内部裂纹和偏析条纹：皮下裂纹 　　　　　　　　　中间裂纹 　　　　　　　　　矫直和压下裂纹 　　　　　　　　　中心星状裂纹 中心疏松 中心偏析
形状缺陷	菱形变形 鼓肚变形 椭圆变形

✐ **练 习 题**

1. (多选) 板坯主要缺陷包括 (　　)。ABCD

　 A. 表面缺陷　　　　　 B. 内部缺陷　　　　　 C. 形状缺陷　　　　　 D. 尺寸不合

2. (多选) 废品坯不包含 (　　)。AB

　 A. 切头　　　　　 B. 切尾　　　　　 C. 切割豁口　　　　　 D. 短尺

11.2 连铸坯的纯净度

11.2.1 连铸坯纯净度与产品质量的关系

与模铸相比，连铸的工序环节多，浇注时间长，因而夹杂物的来源范围广，组成也较为复杂。夹杂物从液相穴内上浮比较困难，尤其是高拉速的小方坯夹杂物更难于排除。

夹杂物的存在破坏了钢基体的连续性。凡是存在大于 $50\mu m$ 大型夹杂物的部位几乎都伴有裂纹，造成连铸坯低倍结构不合格；夹杂也会造成板材分层，损坏冷轧钢板的表面等，对钢危害很大。夹杂物的大小、形态和分布对钢质量的影响也不同，如果夹杂物细小，呈球形，弥散分布，对钢质量的影响比夹杂物集中存在要小；当夹杂物颗粒大，呈偶然性分布，数量虽少对钢质量的危害也较大。例如，从深冲钢板冲裂废品的检验中发现，裂纹部位都存在着 $100 \sim 300\mu m$ 不规则的 $CaO \cdot Al_2O_3$ 和 Al_2O_3 的大型夹杂物。

再如，由于连铸坯皮下存在有 Al_2O_3 夹杂物，轧成的汽车薄板表面出现黑线缺陷，导致薄板表面涂层不良。还有用于包装的镀锡板，除了要求较高的冷成型性能外，对夹杂物的尺寸和数量也有相应要求。国外生产厂家指出，对于厚度为 $0.3mm$ 的薄钢板，在 $1m^2$ 面积内，粒径小于 $50\mu m$ 的夹杂物应少于 5 个，这样才能达到废品率在 0.05% 以下，即深冲 2000 个 DI 罐，平均不到 1 个废品。可见减少连铸坯夹杂物数量对提高深冲薄板钢质量的重要性。又如极细的钢丝，其直径为 $0.10 \sim 0.25mm$ 的轮胎钢丝、厚度为 $0.25mm$ 极薄的镀锡钢板，其所含夹杂物尺寸的要求就可想而知了。此外，夹杂物的尺寸和数量对钢质量的影响还与铸坯的比表面积有关。一般板坯和方坯单位长度的表面积（S）与体积（V）之比在 $0.2 \sim 0.8$。随着薄板与薄带技术的开发与应用，S/V 可达 $10 \sim 50$，若钢中的夹杂物含量相同情况下，对薄板、薄带钢材而言，就意味着夹杂物更接近铸坯表面，对生产薄板材质量的危害也更大。所以降低钢中夹杂物就更为重要了。轧制中厚板材或棒材时，连铸坯的缺陷对钢质量仍存在着潜在的危害性。表 11-2 是夹杂物组成、尺寸对最终产品的影响。

表 11-2 夹杂物组成、尺寸对最终产品的影响

产 品	缺陷类型	夹杂物尺寸/μm	组 成
深冲镀锡板	凸缘裂纹	50	$CaO \cdot Al_2O_3$
电阻焊管	超声波探伤缺陷	150	$CaO \cdot Al_2O_3$；Al_2O_3 群；$MnO - SiO_2 - Al_2O_3$
UOE 管	超声波探伤缺陷	200	Al_2O_3 群；$CaO \cdot Al_2O_3$
冷轧薄板	冲压缺陷	250	$CaO - SiO_2 - Al_2O_3$
轮胎钢丝	冷拔断裂	30	Al_2O_3；$Al_2O_3 \cdot SiO_2$
弹簧钢丝	冷拔断裂	30	$Al_2O_3 - MnO - CaO$；Al_2O_3

练 习 题

1. 造成汽车薄板表面黑线缺陷的主要原因是（   ）。D

　A. 保护渣　　　　　B. 氩气泡　　　　　C. 裂纹　　　　　D. Al_2O_3 夹杂

11.2.2　连铸坯内夹杂物

连铸机的机型对铸坯内夹杂物的数量和分布有着重要影响。不同机型的铸坯内夹杂物的分布有很大差别。就弧形结晶器而言，注流对坯壳的冲击是不对称的，上浮的夹杂物容易被内弧侧固、液相界面所捕捉，因而在连铸坯内弧侧距表面约 10mm 处，就聚集了 Al_2O_3 的夹杂物；大型夹杂物也多集中于连铸坯内弧侧 1/5 ~ 1/4 厚度的部位，如图 11 – 2（b）所示。由此可见，弧形结晶器的铸坯夹杂物分布很不均匀，偏析于内弧侧；倘若是直结晶器，注流冲击是对称的，液相穴内部分夹杂物得到上浮，同时夹杂物分布也比较均匀，如图 11 –2(a) 和图 11 –3 所示。

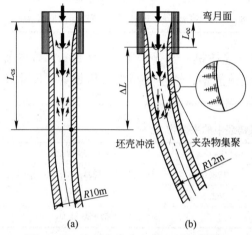

图 11 – 2　液相穴内夹杂物上浮示意图

（a）带垂直段立弯式连铸机；（b）弧形连铸机

L_{cs}—垂直段临界高度；L_{cc}—弧形结晶器直线临界高度

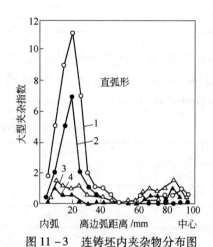

图 11 – 3　连铸坯内夹杂物分布图

1—弧形连铸机：低温浇注；2—弧形连铸机：高温浇注；

3—立弯式连铸机：低温浇注；4—立弯式连铸机：高温浇注

铸坯夹杂物聚集的机理表明，液相穴内利于夹杂物上浮的有效垂直长度不应小于 2m；因此，只有建设带有 2 ~ 3m 垂直线段的弧形连铸机，夹杂物得到充分上浮，才可能消除连铸坯内弧侧夹杂物的聚集。

连铸机的机型对连铸坯内夹杂物数量的影响有明显的差异。如立式连铸机铸坯夹杂物的平均数量为 0.43mg/10kg 钢；立弯式连铸机铸坯为 4.6mg/10kg 钢；全弧形连铸机铸坯是 17.5mg/10kg 钢。图 11 – 4 为不同机型对铸坯内大型夹杂物数量的影响。

由图 11 – 4 可知，在浇注 AP1 – X65 钢的对比试验中，铸坯内弧侧大于 $100\mu m$ 夹杂物含量，全弧形连铸机是直结晶器弧形连铸机的 8 倍；拉速增加，夹杂物含量也随之增多；如果拉速提高到

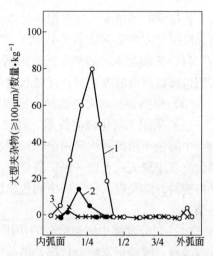

图 11 – 4　连铸机机型对大型夹杂物的影响

（钢种：AP1 – X65；拉速：1m/min；

钢水过热度：25℃）1—弧形连铸机；

2—直结晶器的弧形连铸机；3—立式连铸机

1.4m/min 时，弧形铸机的板坯中大于 $250\mu m$ 的大型夹杂物含量急剧增多。

根据研究，浇注板坯的实例，圆弧半径 $R=10.5m$ 的弧形连铸机，浇注断面为 $250mm \times 2100mm$ 的硅铝镇静钢，铸坯中大型夹杂物数量、尺寸和基本组成见表 11−3。

表 11−3 弧形连铸机铸坯中的夹杂物

地点	夹杂物粒度/μm	平均含量/$mg \cdot (10kg)^{-1}$	夹杂物组成
钢包	$149 \sim 210$	12.2	>50% 有 SiO_2，析出的硅锰酸盐夹杂物
中间包	$149 \sim 210$	30.3	
铸坯	$297 \sim 710$	4.7	$CaO \cdot Al_2O_3$；$CaO - SiO_2 - Al_2O_3$ 夹杂物中（Al_2O_3）= 50% ～80%，夹杂物坚硬，热加工时不易变形而形成裂纹

对具有 2.5m 垂直线段的弧形（也称立弯式）连铸机，圆弧半径 $R=9.55m$，铸坯断面为 $250mm \times 1300mm$，钢水经 CAS 处理，浇注铝镇静钢，铸坯大型夹杂物数量、尺寸及基本组成列于表 11−4。

表 11−4 立弯式连铸机铸坯中的夹杂物

地　点	夹杂物粒度/μm	平均含量/$mg \cdot (10kg)^{-1}$	夹杂物组成
钢包	$140 \sim 300$	178.0	相当于 $CaO \cdot Al_2O_3$；铁铝氧
中间包	$80 \sim 300$	262.5	化物和串状 Al_2O_3
铸坯	$80 \sim 100$	7.5	群状和块状 Al_2O_3

通过以上数据说明，经钢包→中间包→铸坯夹杂物的数量可以去除一部分。

11.2.3 提高连铸坯纯净度的措施

提高钢的纯净度就应在钢水进入结晶器之前，从各工序着手尽量减少钢水的污染，并最大限度促进夹杂物从钢水中排除。为此应采取以下措施：

（1）无渣出钢。转炉应挡渣出钢；电炉采用偏心炉底出钢，阻止氧化渣进入钢包。加入钢包覆盖剂或渣改质剂，保温和避免钢水的二次氧化。

（2）根据钢种的需要选择合适的精炼方式纯净钢水，改变夹杂物的性态。

（3）采用无氧化浇注技术。经过精炼处理后的钢水氧含量已降到 20ppm 以下；在钢包→中间包→结晶器均采用全保护浇注。钢包→中间包用长水口，中间包→结晶器，板坯和大方坯用浸入式水口 + 保护渣浇注。对小方坯来说，最好用气体保护注流。各个接口要严格密封，避免吸入空气。中间包使用双层渣覆盖剂，避免钢水的二次氧化，吸附上浮的夹杂。

（4）充分发挥中间包冶金的作用。吹氩气搅拌，在中间包内砌筑挡墙、坝、导流板、或过滤器，改善钢水流动状况，消除中间包钢水滞留区。加大中间包容量和加深熔池，延长钢水在中间包停留时间，促进夹杂物上浮，进一步净化钢水。图 11−5 是中间包容量对铸坯厚度方向纯净度的影响。由于加大了中间包的容量大幅度降低夹杂物的含量。

（5）连铸系统要选用优质耐火材料，以减少钢中外来夹杂物。

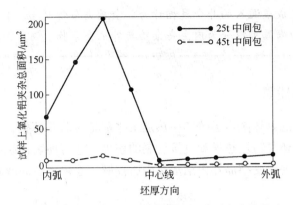

图 11 - 5   中间包容量对铸坯厚度方向纯净度的影响

（6）充分发挥结晶器钢水净化器和铸坯表面质量控制器等冶金作用。浸入式水口参数应合理，控制注流的运动，促进夹杂物的上浮分离；并辅以性能良好的保护渣，吸收溶解上浮夹杂净化钢水。另外，还可以向结晶器内喂入合金包芯线，实现结晶器内微合金化，这不仅提高了合金的吸收率，而且能精确控制钢水成分，调整凝固结构，改善夹杂物性态，利于钢的质量。

（7）采用电磁搅拌技术，控制注流的运动。液相穴内注流流股冲击区域夹杂物上浮是有困难的。有部分夹杂物很可能被凝固的树枝晶所捕捉。实际上在铸坯表皮以下 10 ~ 20mm 部位有夹杂物的聚集。结晶器安装电磁制动器（EMB），可以抑制注流的冲击运动，有利于夹杂物上浮，提高钢水的纯净度。

✎ **练 习 题**

1. 全弧形铸机的铸坯，夹杂物多集中于铸坯内弧侧厚度 1/4 处（   ）。√
2. 带入结晶器液相穴的夹杂物能否顺利上浮，主要取决于（   ）。B
   A. 保护渣的吸附夹渣能力   B. 钢水流股的穿透深度
   C. 结晶器钢水的温度   D. 结晶器的冷却水流量
3. 钢中的宏观夹杂物尺寸一般大于（   ）μm。D
   A. 10   B. 30   C. 40   D. 50
4. 钢包烧眼时间过长容易造成脱方。（   ）×
5. 钢中的宏观夹杂物尺寸一般小于 50μm。（   ）×
6. （多选）带入结晶器液相穴的夹杂物（   ）。BC
   A. 绝大部分随环流向水平方向流动到达钢—渣界面被保护渣吸附
   B. 一部分随环流向水平方向流动到达钢—渣界面被保护渣吸附
   C. 另一部分随冲击流股进入液相穴深处，能否顺利上浮，取决于钢水流股的穿透深度
   D. 绝大部分随冲击流股进入液相穴深处不能上浮
7. （多选）钢中的夹杂物可分为（   ）。ABC
   A. 超显微夹杂   B. 显微夹杂   C. 宏观夹杂   D. 气泡

8. 炼钢、浇注过程生成或混入的非金属相称为非金属夹杂物（　　）。✓

9. 钢中根据夹杂物的来源可以分为内生夹杂物与外来夹杂物（　　）。✓

11.3　连铸坯表面质量

连铸坯表面质量的好坏决定了铸坯在热加工之前是否需要精整，也是影响金属收得率和成本的重要因素，还是铸坯热送和直接轧制的前提。连铸坯表面缺陷形成的原因较为复杂，但总体来讲，主要是受结晶器内钢水凝固所控制。连铸坯表面缺陷如图 11-6 所示。

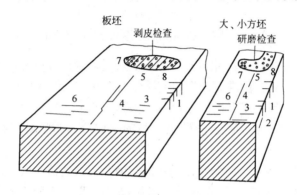

图 11-6　连铸坯表面缺陷示意图

1—角部横裂纹；2—角部纵向裂纹；3—表面横向裂纹；4—宽面纵裂纹；

5—星状裂纹；6—振痕；7—气孔；8—大型夹杂物

练 习 题

1. （　　）容易产生白点缺陷。A

　　A. 氢　　　　　　　　B. 氧　　　　　　　　C. 氮　　　　　　　　D. 磷

2. （多选）出发坯精整过程中，发现铸坯有划伤，造成划伤的原因有（　　）。AB

　　A. 切割辊道有冷钢　　B. 二冷区有冷钢　　C. 拉速过快　　　　　D. 液面波动大

11.3.1　表面裂纹

表面裂纹就其出现的方向和部位，可以分为面部纵裂纹与横裂纹、角部纵裂纹与横裂纹、星状裂纹等。

练 习 题

1. （多选）板坯表面裂纹主要包括（　　）。ABC

A. 横向裂纹　　　　B. 纵向裂纹　　　　C. 星状裂纹　　　　D. 鼓肚

11.3.1.1　纵向裂纹

在板坯宽面的中央部位容易出现纵向裂纹，还有一些长度在10mm以下深度小于5mm的纵向短裂纹。方坯多发生在棱角附近与棱角相平行的纵向裂纹。圆坯也会产生纵裂纹等。

表面纵裂纹直接影响钢材质量。若板坯表面存在深度为2.5mm，长度为300mm的裂纹，轧成板材后就会形成1125mm的分层缺陷。严重的裂纹深度达10mm以上，将造成漏钢事故或废品。其实早在结晶器内坯壳表面就已经存在细小裂纹，铸坯进入二冷区后，微小裂纹继续扩展形成明显裂纹。

由于结晶器弯月面导出的热量不均匀，初生坯壳厚度也不均匀，其承受的应力超过了坯壳高温强度，在薄弱部位产生应力集中导致纵向裂纹。理论上坯壳承受的应力包括：

（1）由于坯壳内外、上下存在温度差而产生的热应力。

（2）钢水静压力阻碍坯壳凝固收缩而产生的应力。

（3）坯壳与结晶器壁不均匀接触而产生的摩擦力。

（4）由于产生气隙板坯宽面凝固收缩受到窄面的制约而使坯壳承受的应力。

以上这些应力的（1）与（4）为最大。

坯壳厚度不均匀还会使小方坯发生脱方，圆坯表面产生凹陷，这些均是形成纵裂纹的决定因素。影响坯壳生长不均匀的原因很多，但关键仍然是弯月面初生坯壳生长的均匀性。

A　影响纵裂纹的因素

（1）铸坯的宽度。板坯越宽，由于钢水静压力阻碍坯壳收缩的应力就越大，产生裂纹的可能性也就大。试验指出，抗拉强度为400MPa级的厚板，宽度是1890mm、宽厚比为7的板坯，纵裂纹发生率是宽度为1520mm板坯的2倍以上，即宽厚比越大产生纵裂纹的可能性也越大。小方坯的断面宽度窄不容易产生纵裂纹。

（2）钢水成分。具体影响如下：

1）碳含量。钢中［C］=0.10%左右时，由于凝固处于$L+\delta \rightarrow \gamma$包晶区，此时温度在固相线以下20~50℃，钢的线收缩量最大，操作稍有不当极易出现纵裂纹。此时，结晶器弯月面刚凝固的坯壳随温度降低发生着$\delta \rightarrow \gamma$转变，并伴有较大的线收缩；坯壳脱离结晶器器壁而产生气隙，热阻陡升，导出的热流锐减，此处坯壳最薄，坯壳表面会形成凹陷，凹陷部位的冷却不均匀；凹陷越深，坯壳不均匀性越严重，对裂纹敏感性强，在应力和钢水静压力作用下，薄弱部位会形成应力集中，由此引发表面纵裂纹的几率增大。当钢中［C］>0.20%时，产生纵裂纹的几率减小。根据60万吨板坯钢的统计得出钢中碳含量与纵裂纹的关系，如图11-7所示。由图可知，钢中［C］=0.10%左右时，铸坯厚度不同，拉速不同，出现裂纹的严重程度也不相同；且随铸坯厚度的减小（宽厚比增大）、拉速的提高纵裂纹有加重的趋势。

2）磷、硫含量。钢中［P］>0.015%，［S］>0.015%时，钢的强度与塑性降低较多，容易产生纵裂纹。因此一般钢种熔炼成分［S］控制在0.020%以下，［Mn］／［S］>20时，裂纹明显减少；有的生产厂家将［P］与［S］控制在0.005%以下。此外，随Sn、Zn、Cu、Pb、As等元素含量的增加，钢的热裂纹也有增加的趋势。

（3）浸入式水口插入的深度。插入太浅，液面波动大，容易发生纵裂纹，尤其是浇注宽板铸坯时，纵裂纹更为严重。试验指出，浸入式水口插入深度波动大于 40mm，发生纵裂的几率约占 20%；插入太深，热中心下移，纵裂纹也增多。液面稳定与多种因素有关，较为复杂。

（4）保护渣的性能。保护渣的熔化速度过快或过慢，液渣层过厚或过薄，或液渣较黏，在结晶器壁与坯壳间形成的渣膜厚薄不一，由此引起传热不均匀，直接影响坯壳生长的均匀性。由于坯壳厚薄不均匀，也会产生纵裂纹。试验指出，保护渣液渣层厚度小于 10mm，纵裂纹增加，如图 11-8 所示。

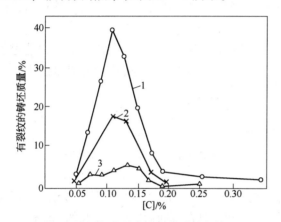

图 11-7　钢中碳含量与纵裂纹的关系

1—180mm×1830mm，$v_c = 1.05$m/min；2—230mm×1830mm，$v_c = 0.85$m/min；3—305mm×1525mm，$v_c = 0.65$m/min

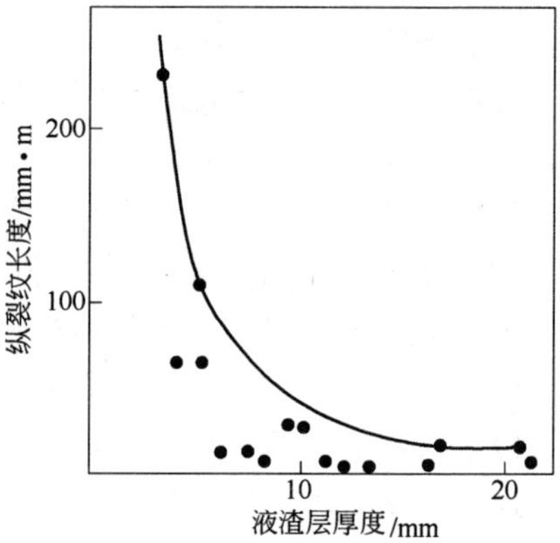

图 11-8　液渣层厚度对铸坯纵裂纹的影响

影响铸坯宽面产生纵裂纹的因素见表 11-5。

表 11-5　影响板坯宽面产生纵裂纹的因素

影 响 因 素		纵 裂 纹
板坯宽度	宽	↑（增加）
钢中含锰量	高	↑
钢中含碳量/%	0.10~0.14	↑
钢中磷、硫、砷	低	↓（降低）
$\eta_{1300}v$/Pa·s·m·min^{-1}	0.1~0.35	↓
保护渣耗量、液渣层厚度	在最佳范围	↓
η_{1300}、T_S、T_c、熔化类型	小	↓
结晶器液面波动	大	↑
负滑动时间（t_n）/s	0.2~0.3 或 0.25	↓
浸入式水口插入深度/mm	100~150	↓
结晶器冷却水温差/℃	小	↓
结晶器下口二冷水密度	小	↑
中间包钢水过热温度	高	↑

B　预防纵裂纹的措施

预防纵裂纹可采用以下措施：

（1）结晶器合理的倒锥度。坯壳表面与器壁接触良好，冷却均匀，可以避免产生裂纹和发生拉漏。有的研究表明，结晶器倒锥度的很小变化，就会引起坯壳上形成 0.5mm 或更大的裂纹开口。因此要根据钢种来确定结晶器的倒锥度，而且还要经常检查，保持结晶器的正常倒锥度。最理想的是选用多锥度结晶器取代单锥度的结晶器，管式结晶器内腔可以选用钻石型或抛物线型，使铸坯坯壳得以均匀生长，避免发生裂纹。如浇注 ϕ388mm 圆铸坯，结晶器长度为 700mm，其锥度 1.5%/m；或者结晶器上部长 250mm 为大锥度。再如浇注板坯 220mm×（700~1600）mm，结晶器锥度 1.3%/m，消除了角部纵裂纹。

（2）结晶器、足辊、零段要准确对弧。

（3）选用性能良好的保护渣。在保护渣的特性中黏度对铸坯表面裂纹影响最大，高黏度保护渣渣膜厚度不均匀，润滑、传热均欠佳，纵裂纹增加。因而要控制保护渣的黏度 η 与熔化时间 t 的比值。如浇注 [Al] > 0.02% 的铝钢，保护渣的 $\eta/t < 2$，可以明显减轻纵裂纹和夹渣的产生。所以根据所浇钢种选用合适的保护渣，保持液渣层厚度在 10mm 以上。

（4）浸入式水口的参数要合理，插入深度要合适，并严格对中。结晶器内钢水保持正常流动，液面稳定，避免了注流对坯壳的不对称冲刷，使其能均匀生长，防止发生纵裂纹。

（5）合适的浇注温度及拉坯速度。根据所浇钢种确定钢水的过热度，过热度每升高 10℃，结晶器内由于高温钢水的流动就会使凝固坯壳被熔融 2mm。对于线收缩量大、导热性能差的钢种，除了控制合适的浇注温度和拉坯速度外，还要注意均匀冷却。

（6）保持结晶器液面稳定。如果液面波动区间由 ±5mm 增加到 ±20mm 时，纵裂纹指数从 0 增加到 2.0。由此可见，结晶器液面波动区间应该控制在 ±5mm 以内。

（7）钢的化学成分应控制在合适的范围。对于钢中裂纹敏感的元素要严加控制，避免铸坯出现纵裂纹。

（8）采用热顶结晶器。使结晶器弯月面处的热流密度减小 50%~70%，延缓坯壳的收缩，减轻铸坯表面的凹陷，从而减少了纵裂纹发生几率。

（9）板坯、大方坯二冷区用气—水喷嘴，利于铸坯的冷却均匀。表 11-6 是不同冷却方式对纵裂纹的影响。

表 11-6　不同冷却方式对纵裂纹的影响

二冷区冷却方式	（小裂纹 + 中裂纹）指数	大裂纹指数
喷水强冷	18.48	0.30
喷水缓冷	5.97	0.09
气水喷雾冷却	1.00	0.03

注：裂纹指数 = 裂纹的长度/铸坯的总长度。

练习题

1. 稳定结晶器液面能有效预防表面纵裂纹。（　　）✓
2. 表面纵裂起源于（　　）凝固坯壳的不均匀。A

    A. 结晶器内   B. 结晶器下口   C. 结晶器足辊   D. 二冷区

3. 表面纵裂纹产生的实质是 (　　)。D

    A. 结晶器内液面波动大

    B. 水口与结晶器不对中而产生偏流冲刷凝固坯壳

    C. 保护渣熔化性能不良，造成坯壳厚度不均匀

    D. 作用于坯壳的拉应力超过坯壳的允许强度

4. 表面纵裂纹发源于 (　　)。A

    A. 结晶器   B. 结晶器足辊   C. 二冷段

5. 表面纵裂纹是 (　　) 缺陷。A

    A. 表面   B. 内部   C. 形状   D. 外部

6. (多选) 表面纵裂纹产生的原因有 (　　)。ACD

    A. 结晶器内液面波动大   B. 中间包烘烤温度低

    C. 保护渣熔化性能不良   D. 水口与结晶器不对中

7. (多选) 产生纵裂纹的主要原因有 (　　)。ABCD

    A. 结晶器液面波动大   B. 钢水过热度高

    C. 拉速波动   D. 结晶器锥度不适合

8. (多选) 防止表面纵裂产生的措施有 (　　)。ABCD

    A. 保护渣合适   B. C 含量避开包晶区

    C. 合适的保护渣   D. 均匀的二次冷却

9. 表面凹陷为形状缺陷。(　　) ×

10. 对铸坯进行检查时，发现铸坯表面有连续不断的横向凹陷，可能产生凹陷的原因有 (　　)。A

    A. 振动机构磨损严重   B. 拉速过快

    C. 液面波动   D. 保护浇注效果不好

11. 方坯纵向凹陷通常是由于 (　　) 所引起的。C

    A. 纵向裂纹   B. 角部裂纹   C. 菱形变形   D. 结晶器振动不好

12. (多选) 对铸坯进行检查时，发现铸坯表面有连续不断的横向凹陷，可能产生凹陷的原因有 (　　)。AD

    A. 振动机构磨损严重   B. 拉速过快

    C. 液面波动   D. 振动异常

11.3.1.2　角部纵裂纹

　　角部纵裂纹常常发生在铸坯偏离棱角 10 ~ 15mm 处。有的发生在棱角上，板坯常出现在宽面与窄面交界棱角附近部位。

　　铸坯的角部是二维传热，因而角部钢水凝固速度较其他部位要快，初生坯壳收缩较早，从凝固一开始就形成了不均匀气隙，热阻增加，影响坯壳均匀生长，其薄弱处承受不住应力作用而形成角部纵裂纹。

　　角部纵裂纹产生关键在结晶器的窄面，要有合适的锥度和形状。倘若将结晶器窄面铜

板内壁加工成凹面，呈弧线状，这样在结晶器 1/2 高度上，角部坯壳被强制与结晶器壁密切接触，此时窄面中心热流变化不大，但角部热流却增加了 70%，提高了坯壳生长均匀性，因而避免了铸坯凹陷和角部纵裂纹；从另一个侧面也证明了这一点，当板坯宽面出现鼓肚变形时，若铸坯窄面能随之呈微凹时，没有出现角部纵裂纹；这可能是由于窄面的凹下缓解了宽面凸起时对角部的拉应力。提高拉速会加剧裂纹的发生。

小方坯的脱方会引起角部纵裂纹。为此结晶器水缝内冷却水流分布要均匀，保持结晶器内腔的正规形状、正确尺寸、合理倒锥度和圆角半径及规范的操作工艺，可以避免发生角部裂纹。

11.3.1.3 横向裂纹

横向裂纹多出现在铸坯的内弧侧振痕波谷部位，通常不容易发现。经金相检验指出，裂纹深 7mm，宽 0.2mm，处于铁素体网状区，也正好是初生奥氏体的晶界。倘若晶界上还有 AlN 或 Nb(CN) 质点的沉淀，降低了晶界的结合力，从而诱发了横裂纹的形成。奥氏体晶界沉淀质点粗大，分布稀疏，板坯由于横裂纹产生的废品减少。

铸坯矫直内弧侧受拉应力作用，由于振痕缺陷效应而产生应力集中，如果正值 700 ~ 900℃ 脆化温度区，促成了振痕波谷形成横裂纹。

铸坯表面若存在星状龟裂纹时，由于受矫直应力的作用，以这些细小的裂纹为缺口扩展成横裂纹；若细小龟裂纹位于角部，还会形成角部横裂纹。

浇注高碳钢或高磷硫钢种时，结晶器润滑不良，摩擦力稍有增加也会导致坯壳产生横裂纹。

可从以下几方面减少横裂纹：

(1) 选择合适的结晶器振动参数。正弦振动应采用高频率，小振幅振动；振动频率在 200 ~ 400 次/min，振幅 2 ~ 4mm；负滑脱时间在 0.25s 以下，利于减小振痕深度，可降低横裂纹的发生几率。结晶器最好选用非正弦振动，这样结晶器在一个振动周期内，正滑脱时间大于负滑脱时间，振痕变浅，不仅可以提高拉速还能避免板坯出现横裂纹。

(2) 根据所浇钢种确定二冷区的冷却制度，铸坯矫直时表面温度要高于质点沉淀温度，或高于 $\gamma \to \alpha$ 转变温度，避开低延性区。

(3) 降低钢中 S、O、N 等元素的含量，或加入适量的 Ti、Zr、Ca 等元素，抑制碳化物、氮化物和硫化物在晶界的析出，或使碳化物、碳氮化物的质点变相，以改善奥氏体晶粒热延性，减少或消除裂纹。

(4) 选用性能良好的保护渣，保持结晶器液面的稳定。

(5) 气—水喷嘴参数要合理，板坯冷却均匀降低裂纹的发生。

(6) 应用多点矫直技术、连续矫直技术或压缩浇注技术等，均可避免产生横裂纹。

(7) 横裂纹往往沿着铸坯表皮下粗大奥氏体晶界分布，因此可通过二次冷却使铸坯表面层奥氏体晶粒细化，降低对裂纹的敏感性，从而减少横裂纹的形成。

✎ **练 习 题**

1. 表面横裂纹多发生在振痕的波峰处。（　　）×

2. 钢水成分不合适也能产生横向裂纹。(　　)　√

3. 钢水的成分与表面的横裂纹关系不大。(　　)　×

4. (多选)防止横裂发生的措施有(　　)。BCD

　　A. 振动采用低频率大振幅　　　　　　B. 矫直区温度大于900℃

　　C. 结晶器液面稳定　　　　　　　　　D. 拉速恒定

5. (　　)异常是表面横向裂纹生产的最常见的原因。D

　　A. 结晶器冷却　　　B. 钢水成分　　　C. 钢水温度　　　D. 结晶器振动

11.3.1.4　星状裂纹

星状裂纹也叫网状裂纹,是发生在晶间的细小裂纹,呈星状或网状,故称星状裂纹。通常是隐藏在氧化铁皮之下表观难于发现,经酸洗或喷丸处理之后在铸坯表面才可显露出来。这是由于铜渗透于铸坯表面层的晶界,或者有 AlN、BN 或硫化物在晶界沉淀,降低晶界的强度,引起晶界的脆化,从而导致出现裂纹。

减少铸坯表面星状裂纹的措施:

(1) 结晶器铜板表面最好有镀铬或镀镍,减少铜的渗透。

(2) 精选入炉原料,降低 Cu、Sn 等元素的原始含量,以控制钢中残余成分 [Cu] <0.20%。

(3) 降低钢中硫含量,并控制 [Mn]/[S] 比,有可能消除星状裂纹。

(4) 控制钢中的 Al、N 含量;选择合适的二次冷却制度。

11.3.2　表面夹渣

表面夹渣是指在铸坯表皮下 2~10mm 内镶嵌有大块的渣子,因而也称皮下夹渣。就其夹渣的组成来看,Mn-Si 酸盐系夹杂物的外观颗粒大而浅,Al_2O_3 系夹杂物细小而深。若不清除会造成成品钢材的表面缺陷,增加制品的废品率。夹渣的导热性低于钢,致使夹渣处坯壳生长缓慢,凝固壳薄弱,往往是拉漏的起因。

11.3.2.1　影响表面夹渣的因素

(1) 浇注方式。敞开浇注钢水裸露,由于二次氧化严重,结晶器液面浮渣较多,操作不当容易造成铸坯表面夹渣。

(2) 浮渣的性质。一般而言,渣子的熔点高易形成表面夹渣。浮渣的熔点、流动性、与钢水的浸润性,都与浮渣的组成有直接关系。

对硅镇静钢来说,浮渣的组成与钢中的 [Mn]/[Si] 有关;当 [Mn]/[Si] 低时,形成浮渣的熔点高,容易在弯月面处冷凝结壳,产生夹渣的几率较高,因此钢中的 [Mn]/[Si] ≥2.5 最好。对于铝镇静钢,铝线喂入数量也影响夹渣的性质,对钢水加铝量若大于200g/t 钢,浮渣中 Al_2O_3 增多,熔点升高,致使铸坯表面夹渣猛增。所以喂铝量应该是:

[C]=0.15%~0.30% 的低锰钢,加铝量 70~120g/t 钢;

[C]<0.20% 时,最佳加铝量为 50~100g/t。

此外,可以加入能够软化和吸收浮渣的材料,改善浮渣的流动性,以减少铸坯的表面夹渣。

（3）结晶器液面的稳定。用保护渣浇注，夹渣的根本原因是由于结晶器液面不稳定所致。因此浸入式水口出孔的形状、尺寸、倾角、插入深度、吹入氩气流量、塞棒失控以及拉速突然变化等均会引起结晶器液面的波动，严重时导致夹渣。就其夹渣的内容来看，有未熔的粉状保护渣，也有保护渣的液渣，还有吸收溶解了过量 Al_2O_3 的保护渣等。结晶器液面波动对卷渣的影响是：

液面波动区间为 ±20mm，皮下夹渣深度小于 2mm；

液面波动区间为 ±40mm，皮下夹渣深度小于 4mm；

液面波动区间大于 40mm，皮下夹渣深度小于 7mm。

皮下夹渣深度小于 2mm，铸坯在轧制前加热过程中可以消除；皮下夹杂深度在 2～5mm 时，热加工前铸坯必须进行表面精整。

11.3.2.2　消除铸坯表面夹渣的措施

消除铸坯表面夹渣，应该采取的措施：

（1）减小结晶器液面波动保持液面稳定，控制波动在 5mm 以内，最好应用液面自动控制技术。

（2）浸入式水口插入深度应控制在 125mm±25mm 的最佳范围。

（3）浸入式水口出孔的倾角要选择得当，尤其是向上倾角不能过大，以出口流股不搅动弯月面渣层为原则。

（4）中间包塞棒控制合适的吹氩气流量，防止气泡上浮对钢渣界面强烈搅动和翻腾。

（5）选用性能良好的保护渣，并且要降低原始 Al_2O_3 含量。浇注一般钢种，（Al_2O_3）<10%；浇注铝镇静钢种保护渣的（Al_2O_3）<5%；液渣层厚度控制在合适的范围。

-+-

练习题

1. （多选）表面夹渣的主要原因有（　　　）。ABCD

　　A. 耐火材料质量差，造成侵蚀　　　　B. 浇钢过程中捞渣不及时

　　C. 结晶器液面不稳定　　　　　　　　D. 拉速过慢

2. （多选）（　　　）不会造成铸坯表面夹渣。ABCD

　　A. 合适的拉速　　　　　　　　　　　B. 合适的过热度

　　C. 液面波动小　　　　　　　　　　　D. 黏度合适的保护渣

3. （多选）防止表面夹渣，可以采取（　　　）措施。ABD

　　A. 采用保护浇注　　　　　　　　　　B. 及时捞渣

　　C. 降低拉速　　　　　　　　　　　　D. 结晶器液面稳定

4. 表面夹渣与钢水的 Al 成分含量（　　　）。B

　　A. 没有关系　　　　　B. 有关系　　　　　C. 不一定

5. 表面夹渣是指在铸坯表皮下 2～10mm 内镶有大块的渣子，因而也称皮下夹渣。（　　　）√

-+-

11.3.3 皮下气泡与气孔

在铸坯表皮以下存在有直径约 1mm，长度为 10mm 左右，沿柱状晶生长方向分布的气泡，称为皮下气泡。这些气泡若裸露于铸坯表面称其为表面气泡。小而密集的小孔叫皮下气孔，也叫皮下针孔。

存在上述缺陷的铸坯，在加热炉内皮下气泡表面被氧化，轧制过程气泡不能焊合，成品材也会存在裂纹。如果气泡埋藏的较深，在轧后钢材上可能形成细小裂纹。钢水中氧、氢含量高是形成气泡的重要原因，敞开浇注润滑油用量不当也会形成皮下气泡。为此要采取以下措施：

（1）强化脱氧。如钢中溶解 [Al] > 0.008%，消除了生成 CO 气泡的可能，避免形成皮下气泡。

（2）入炉的一切材料，与钢水直接接触所有耐火材料，如钢包、中间包、塞棒、水口等及保护渣、覆盖剂等必须干燥，以减少氢的来源。如不锈钢中含氢量大于 6ppm，铸坯的皮下气泡数量骤然大增。

（3）全程保护浇注。若用油作润滑剂，应控制合适的给油量，以免润滑油裂解增加钢中氢含量。

（4）选用合适的精炼方式降低钢中气体含量。

（5）控制合适的中间包塞棒的吹氩气量，吹气量过大也会形成皮下气泡。

+·+

📝 练 习 题

1. 钢水脱氧不完全容易造成（　　）。A
   A. 皮下气泡　　　　　B. 脱方　　　　　　C. 扭转　　　　　　D. 弯曲
2. 表面清除的深度，两相对面清除深度之和不得大于连铸坯厚度的（　　）。C
   A. 8%　　　　　　　　B. 10%　　　　　　C. 15%　　　　　　D. 20%
3. 表面小裂纹的处理方法是（　　）。A
   A. 烧损　　　　　　　B. 覆盖　　　　　　C. 不做处理　　　　D. 回炉
4. 表面缺陷的清理方法有火焰清理和砂轮清理。（　　）✓
5. （多选）表面小裂纹的处理方法是（　　）。AD
   A. 烧损　　　　　　　B. 覆盖　　　　　　C. 不做处理　　　　D. 机械处理
6. （多选）对于 HRB335 钢种，连铸坯表面不得有肉眼可见的（　　）。ABC
   A. 结疤　　　　　　　B. 夹杂　　　　　　C. 重接　　　　　　D. 气孔
7. （多选）对于 HRB335 钢种，连铸坯表面不得有肉眼可见的（　　）。ABCD
   A. 结疤　　　　　　　　　　　　　　　　B. 夹杂
   C. 重接　　　　　　　　　　　　　　　　D. 深度大于 3mm 的气孔

+·+

11.3.4 铸坯精整

铸坯精整的定义是：通过修磨清理，去除表面缺陷，达到提高金属收得率的目的。

铸坯精整的方法有：

（1）砂轮修磨无热影响区，适用于中、高合金钢；

（2）风铲修磨无热影响区，但钢的硬度不能大，适用于低碳钢、低合金钢；

（3）火焰清理有热影响区，可是清理速度快，适用于低碳钢、低合金钢。

铸坯精整规定：

（1）方坯要求不得有：肉眼可见的结疤、夹杂、翻皮、重接、裂纹、缩孔，大于1mm深发纹，大于2mm气孔、皱纹、横向振痕，大于3mm划痕、压痕、冷溅、凸块、凹坑；清除要求：宽度大于深度6倍，长度大于深度10倍，无棱角，单面小于铸坯边长8%，两面深度和小于厚度12%；

（2）板坯要求与方坯接近：不得有肉眼可见的结疤、夹杂、翻皮、重接、裂纹、缩孔，大于2mm深发纹，大于3mm气孔、皱纹、横向振痕，大于3mm划痕、压痕、冷溅、凸块、凹坑；清除要求：宽度大于深度6倍，长度大于深度10倍，无棱角，单面小于铸坯边长15%，两面深度和小于厚度20%。

练习题

1. 板坯铸坯的所有缺陷都可以通过火焰清理的方法修复。（　　）×

2. 板坯铸坯火焰清理部位的深度、宽度、长度比要求是（　　）。A
   A. 约为1:6:10　　　B. 约为1:2:3　　　C. 约为1:3:1　　　D. 约为1:2:1

3. （多选）板坯铸坯火焰清理部位要求是（　　）。ABCD
   A. 铸坯火焰清理部位的深度、宽度、长度比约为1:6:10
   B. 每个清理部位不允许一侧平坦，另一侧呈陡坎状
   C. 清理后表面应平滑呈鱼鳞状，不得有深坑和沟槽
   D. 清理造成的残余渣钢和飞边要清理干净

4. （多选）单面清理深度要求（　　）。ABC
   A. 厚度<220mm，钢坯清理深度≤30mm
   B. 厚度≥220mm，钢坯清理深度≤35mm
   C. 角部横裂、纵裂清理深度≤20mm

5. 对于铸坯的表面缺陷，必须经过处理，符合标准后，才可以发给客户。（　　）√

6. 对于铸坯的表面缺陷，不用做处理，可直接发给客户。（　　）×

7. 连铸板坯不得有裂纹、重接、翻皮、结疤、夹杂、深度或高度大于3mm的划痕、压痕、擦伤、气孔、冷溅、皱纹和深度大于2mm的发纹。（　　）√

8. （多选）连铸板坯横截面不允许有（　　）。ABCD
   A. 毛刺　　　　B. 中心裂纹　　　　C. 三角区裂纹　　　　D. 缩孔

9. （多选）连铸板坯横截面不允许有（　　）。BCD
   A. 毛刺缩孔　　　B. 中心裂纹　　　　C. 三角区裂纹　　　　D. 缩孔

10. （多选）连铸板坯有必须清理的缺陷，清理时要求（　　）。ABC
    A. 沿轧制方向清除，清除应圆滑无棱角　　　B. 清理宽度不得小于深度的6倍

C. 长度不得小于深度的 10 倍　　　　　　　　D. 肉眼看不出明显缺陷

11. 连铸方坯不得有裂纹、重接、翻皮、结疤、夹杂、深度或高度大于 5mm 的划痕、压痕、擦伤、气孔、冷溅、皱纹和深度大于 3mm 的发纹。（　　）×

12. （多选）连铸方坯有必须清理的缺陷，清理时应做到（　　）。ABC

A. 沿纵向清除，清除应圆滑无棱角　　　　B. 清理宽度不得小于深度的 6 倍

C. 长度不得小于深度的 8 倍　　　　　　　　D. 肉眼看不出明显缺陷

13. （多选）能够进行清理的缺陷有（　　）。ACD

A. 板坯纵裂　　　　B. 中心偏析　　　　C. 角部纵裂　　　　D. 角部横裂

14. 清理连铸方坯时，表面清除的深度，单面不得大于铸坯厚度的 10%，两相对面清除深度之和不得大于（　　）。A

A. 15%　　　　　　B. 20%　　　　　　C. 25%　　　　　　D. 80%

15. 清理造成的残余渣钢和飞边不必清理干净。（　　）×

11.4　连铸坯内部质量

铸坯的内部质量是指铸坯是否具有正确的凝固结构、偏析程度、内部裂纹、夹杂物含量及分布状况等。

凝固结构是铸坯的低倍组织，即铸坯中等轴晶与柱状晶的比例。铸坯的内部质量与二冷区的冷却制度及支撑系统是密切相关的。铸坯的内部缺陷如图 11-9 所示。

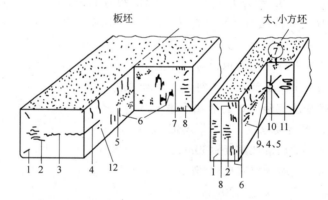

图 11-9　铸坯内部缺陷示意图

1—内部角裂；2—侧面中间裂纹；3—中心线裂纹；4—中心线偏析；

5—疏松；6—中间裂纹；7—非金属夹杂物；8—皮下鬼线；

9—缩孔；10—中心星状裂纹对角线裂纹；11—针孔；12—宏观偏析

练习题

1. （多选）方坯内部缺陷主要包括（　　）等。BC

A. 角部横裂纹　　　　B. 中间裂纹　　　　C. 中心偏析　　　　D. 表面气泡

11.4.1　中心偏析

钢水在凝固过程中，由于选择结晶形成了铸坯化学成分的不均匀性，这就是偏析。偏析有显微偏析和宏观偏析。显微偏析限于 $1\sim3\mu m$ 范围内、树枝晶的晶枝与晶干间的成分差异；中心偏析是宏观偏析，也称区域偏析；铸坯中心部位 [C]、[P]、[S] 明显高于边缘等其他部位，如图 11-10 所示。中心碳的含量是原始含量的 2.2 倍，硫、磷是原始含量的 5 倍；中心偏析往往是与中心疏松和缩孔相伴存在的，从而恶化了钢的力学性能，降低了钢的韧性和耐蚀性，严重的影响产品质量。偏析的形成在第 2 章中已有讲述。

11.4.1.1　形成中心偏析的原因

（1）由于铸坯凝固末期收缩引起富集溶质元素的母液流动，所以凝固结构中加大了成分的差异。

（2）连铸坯的柱状晶比较发达，由于冷却的不均匀性，凝固过程常发生"搭桥"现象，见图 2-5；由于"搭桥"钢水补充收缩受阻，铸坯中心形成疏松、缩孔，而加大中心偏析。

（3）板坯发生鼓肚变形，引起液相穴内富集溶质元素的钢水流动，使得铸坯中心部位的溶质元素含量与其他部位有了差别，从而形成中心偏析。铸坯的纵向剖面的中心等轴区偏析呈"V"形分布，如图 11-11 所示。从表 11-7 所列数字可以看出，富集溶质元素母液的流动是加剧中心偏析的重要原因。

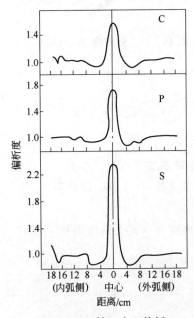

图 11-10　铸坯中心偏析

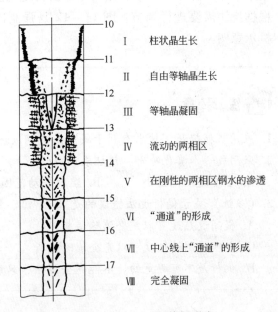

I	柱状晶生长
II	自由等轴晶生长
III	等轴晶凝固
IV	流动的两相区
V	在刚性的两相区钢水的渗透
VI	"通道"的形成
VII	中心线上"通道"的形成
VIII	完全凝固

图 11-11　"V"偏析形成

表 11-7　偏析与铸坯鼓肚变形和凝固搭桥的关系

取样位置	鼓肚偏析		凝固桥偏析	
	无鼓肚	有鼓肚	无凝固桥	有凝固桥
板坯边缘 [C]/%	0.203	0.203	0.138	0.002
板坯中心 [C]/%	0.194	0.269	0.138	0.013

11.4.1.2　铸坯中心偏析的控制措施

减轻铸坯中心偏析的措施有：

（1）降低钢中易偏析元素 P、S 的含量。采用铁水预处理工艺，渣洗、精炼深脱硫，[S] 可以降低到 0.01% 以下。

（2）低过热度的浇注，减小柱状晶带的宽度，从而达到控制铸坯的凝固结构，并减轻中心偏析。

（3）应用电磁搅拌技术，消除柱状晶"搭桥"，增大中心等轴晶区宽度，达到减轻中心偏析，改善铸坯质量。

（4）避免铸坯发生鼓肚变形，为此二冷区夹辊要严格对弧。宽板坯的夹辊最好选用多节辊，避免夹辊变形，及时更换二冷区变形夹辊。

（5）在铸坯的凝固末端采用轻压下技术，来补偿铸坯最后凝固的收缩，从而抑制残余钢水的流动，减轻中心偏析。轻压下要适度，尤其是板坯如果操作不当，有可能加大角部区域的偏析。

（6）在铸坯的凝固末端设置强制冷却区。可以防止鼓肚，增加中心等轴晶区，中心偏析大为减轻，效果不亚于轻压下技术。强制冷却区长度与供水量可根据浇注需要进行调节。图 11 – 12 是强制冷却连铸机示意图。

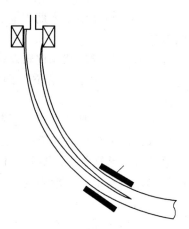

图 11 – 12　强制冷却的连铸机

练 习 题

1. 采用机械轻压下技术有利于减少高碳钢板坯中心偏析。（　　）✓

2. 采用气—水雾化冷却，铸坯表面（　　），因此，对改善铸坯质量有利。A

　　A. 温度波动范围小　　　　B. 温度波动范围大　　　　C. 温度低　　　　D. 温度高

3. （多选）关于偏析说法错误的是（　　）。ABC

　　A. 提高过热度可以完全消除偏析　　　　　　B. 降低过热度可以完全消除偏析

　　C. 合理控制过热度可以完全消除偏析

　　D. 偏析是不可避免的，不能完全消除，只能减小

11.4.2　中心疏松

在铸坯的断面上分布有细微的孔隙，这些孔隙称为疏松。分散分布于整个断面的孔隙称为一般疏松，在树枝晶间的小孔隙称为枝晶疏松；铸坯中心线部位的疏松即中心疏松。

存在疏松钢的致密度就差；疏松与柱状晶的比例有关，一般疏松和枝晶疏松在轧制过

程中均能焊合；唯有中心疏松伴有明显的偏析，轧制后，完全不能焊合，还可能使板材产生分层。如不锈钢其断面压缩比虽已达 16:1，仍然不能消除中心疏松缺陷。若中心疏松和中心偏析严重还会导致中心线裂纹；在方坯上还会产生中心星状裂纹。中心疏松还影响着铸坯的致密度。

根据钢种的需要控制合适的过热度和拉坯速度；二冷区采用弱冷却制度和电磁搅拌技术，可以促进柱状晶向等轴晶转化，是减轻中心疏松和改善铸坯致密度的有效措施，从而提高铸坯质量。

✎ **练 习 题**

1. 等轴晶发达是中心疏松的根本原因。（　　　）×
2. 采取扩大铸坯等轴晶的各种措施，均可减轻中心疏松。（　　　）√
3. 采取扩大铸坯（　　　）的各种措施，均可减轻中心疏松。A
    A. 等轴晶 　　　　　 B. 柱状晶 　　　　　 C. 晶粒度

11.4.3　内部裂纹

铸坯从表皮下到中心出现的裂纹都是内部裂纹，由于是在凝固过程中产生的裂纹，也叫凝固裂纹。从结晶器下口拉出带液芯的铸坯，在弯曲、矫直和夹辊的压力作用下，凝固前沿于固、液相界面薄弱部位，沿一次树枝晶或等轴晶界裂开，富集溶质元素的母液流入裂缝中，因此这种裂纹往往伴有偏析线，也称其为"偏析条纹"。在热加工过程中"偏析条纹"是不能消除的，在最终产品上必然留下条状缺陷，尤其对横向性能危害最大。

11.4.3.1　内部裂纹特征

A　皮下裂纹

在板坯的宽面、窄面、角部都有可能产生细小的裂纹，离铸坯表皮的距离不等，宽面距表皮 3~10mm，窄面在 20~30mm，与表面相垂直的细小裂纹，都称其为皮下裂纹。主要是由于二冷水不均匀，导致坯壳生长不均匀，其厚薄不一；或者铸坯表面层温度反复回升而引起多次相变，沿两相组织的交界面细小裂纹扩展而形成的。

B　矫直（弯曲）裂纹

带液芯的铸坯进入弯曲区。铸坯的外弧侧受拉应力作用；在矫直区，铸坯的内弧表面也受拉应力作用，支撑辊压力过大，铸坯受压面垂直方向变形率超过了凝固前沿固、液相界面的临界允许值，从晶间裂开形成裂纹。裂纹多集中在内弧侧（外弧侧）柱状晶区；由于出现裂纹，富集溶质元素的母液充满于裂纹内。

C　压下裂纹

铸坯带液芯矫直压下力过大，在凝固前沿与拉辊压下方向相平行形成的裂纹为压下裂纹，并伴有偏析线。拉速太快，或者矫直温度不当，容易产生压下裂纹；如果压下力过大，即使铸坯完全凝固也有可能形成裂纹。

    D   中心星状裂纹

在方坯断面中心出现呈放射状的裂纹为中心星状裂纹。是由于凝固末期液相穴内残余钢水凝固收缩，而周围的固体阻碍其收缩产生拉应力，中心钢水凝固放出潜热又加热周围的固体而使其膨胀，在这两者应力综合作用下，致使中心区受到破坏而导致放射性裂纹。

    E   中间裂纹

铸坯表面与中心之间部位所产生的裂纹。由于二冷区冷却不均匀，坯壳温度反复回升，且回升温度过大；或者是夹辊对弧不准，或夹辊变形，铸坯发生鼓肚变形，凝固前沿受到的张应力超过了坯壳的高温强度极限，在固、液相界面出现裂纹，并沿柱状晶薄弱处扩展，直到坯壳的高温强度能够承受应力的作用为止；在裂纹中吸入了富集溶质元素 P、S 的母液，所以在低倍检验硫印图上出现黑线裂纹，黑线裂纹内有链状硫化物夹杂。这对钢材危害很大。

    F   菱变裂纹

小方坯发生菱变，沿对角线形成的裂纹为菱变裂纹，也称对角线裂纹。主要是结晶器冷却不均匀；或者结晶器变形；或二冷区继续冷却不均匀，裂纹扩展加剧而成。

11.4.3.2   产生裂纹的条件

铸坯在凝固冷却过程是否产生裂纹取决于：

（1）坯壳高温塑性。铸坯固、液相界面由于承受外部应力作用而引起塑性变形，其变形量若超过高温强度临界值和应变极限值，就形成了树枝晶间裂纹。如铁素体不锈钢比奥氏体不锈钢高温塑性低，铁素体不锈钢就容易产生裂纹。

（2）铸坯凝固结构。铸坯的柱状晶粗而长会促进裂纹扩展，铬系不锈钢的柱状晶发达容易产生裂纹。

（3）偏析元素含量。如钢中偏析元素 P、S 含量要低于 0.02%，产生裂纹的几率减小。

11.4.3.3   预防铸坯内部裂纹的措施：

（1）对板坯连铸机可采用压缩浇注技术，或者应用多点矫直技术、连续矫直技术等；或者建设带有直线段的多点弯曲、多点矫直连铸机；均能避免铸坯发生内部裂纹。

（2）二冷区夹辊辊距要合适，对弧要准确，误差要小于 0.5mm；支撑辊间隙要符合技术要求，误差应小于 1mm。

（3）二冷区冷却水分配要适当，保持铸坯表面温度分布均匀。

（4）矫直温度要避开钢的"脆性口袋"区，拉辊的压下量要合适，最好用液压控制机构。

✎ 练 习 题

1. 产生内部裂纹的主要原因是铸坯在冷却、弯曲和矫直过程中，其内部变形率超过该钢种的允许变形率。(   ) √

11.5 连铸坯形状缺陷

练习题

1. 按照方坯产生弯曲的原因分析，处理方坯弯曲的措施是（　　）。C
　　A. 降低过热度　　　　B. 控制拉速　　　　C. 提高冷却均匀性　　　　D. 提高过热度
2. 关于扭转的产生说法正确的是（　　）。D
　　A. 过热度高　　　　　　　　　　B. 保护渣不匹配
　　C. 中间包液面波动大　　　　　　D. 拉矫机上下辊不在水平面
3. 方坯弯曲的主要原因是拉辊不平。（　　）×
4. 方坯弯曲的主要原因是冷却不均。（　　）√

11.5.1 鼓肚变形

带液芯的铸坯在运行过程中，高温坯壳在钢水静压力作用下，于两支撑辊之间发生鼓胀成凸面的现象，称为鼓肚变形，如图 11-13 所示。

大方坯、板坯宽面容易出现鼓肚变形，铸坯中心凸起的厚度与边缘厚度之差叫鼓肚量，用以衡量铸坯鼓肚变形程度。

高碳钢在浇注大、小方坯时，于结晶器下口侧面有时

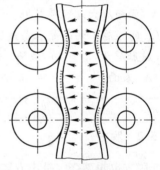

图 11-13　铸坯鼓肚变形示意图

会出现鼓肚变形，同时还可能引起角部附近的皮下晶间裂纹。板坯鼓肚会引起液穴内富集溶质元素钢水的流动，从而加重铸坯的中心偏析；也有可能形成内部裂纹，给铸坯质量带来危害。

鼓肚量的大小与钢水静压力、夹辊间距、冷却强度等因素有密切关系。铸坯液相穴高度越高，钢水的静压越大，出现鼓肚的可能性也越大。鼓肚量随辊间距的 4 次方而增加，随坯壳厚度的 3 次方而减小，即：

$$鼓肚量 \propto \frac{(辊间距)^4}{(铸坯厚度)^3} \tag{11-1}$$

为减少鼓肚应采取以下措施：

（1）降低连铸机的高度，也就是降低了液相穴高度，减小了钢水对坯壳的静压力；

（2）二冷区采用小辊距密排列；铸机从上到下辊距应由密到疏布置；

（3）支撑辊要严格对弧；

（4）加大二冷区冷却强度，以增加坯壳厚度和坯壳的高温强度；

（5）防止支撑辊的变形，板坯的支撑辊最好选用多节辊，并及时更换变形辊。

练习题

1. 板坯的厚度应在离开端面200～300mm处避开圆角测量。（　　）√
2. 板坯鼓肚主要是拉矫机压力过大造成。（　　）×
3. 板坯鼓肚主要是坯壳太薄，钢水静压力大造成。（　　）√
4. 板坯内部缺陷是由于铸坯鼓肚、带液芯弯曲和矫直、板坯表面温度回升出现的热应力，及过剩富集溶质充填树枝晶的间隙等原因造成的。（　　）√
5. 当铸坯鼓肚时，往往会导致中心偏析和角部裂纹等缺陷的形成，会使轧钢收得率降低。（　　）√
6. 鼓肚的铸坯中心偏析加重，并易形成中心一字形的裂纹。（　　）√
7. 鼓肚量随着钢水静压力和辊间距的增大而增大，随着坯壳厚度的增加而减少。（　　）√
8. 板坯若坯壳较薄，易出现（　　）。C

　　A. 脱方　　　　　　　　B. 弯曲　　　　　　　C. 鼓肚　　　　　　　D. 夹杂
9. 鼓肚量与辊间距的关系是（　　）。A

　　A. 间距越大越容易鼓肚　　　　　　　　　　B. 间距越小越容易鼓肚
　　C. 间距越不均匀越容易鼓肚　　　　　　　　D. 没有关系
10. 鼓肚属于（　　）缺陷。C

　　A. 表面　　　　　　　　B. 内部　　　　　　　C. 形状　　　　　　　D. 外部

11.5.2　脱方

脱方也叫菱变。是小方坯特有的缺陷。脱方是指铸坯横断面的两条对角线不相等，即一对角为锐角，另一对角为钝角，如图11-14所示。

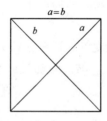 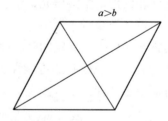

图11-14　小方坯脱方示意图

脱方的程度可用两对角线长度之差 $a-b$，或用 R 来衡量。

$$R = \frac{a-b}{\frac{a+b}{2}} \times 100\% \qquad (11-2)$$

式中　$a-b$——两对角线长度之差，mm；

　　　$\dfrac{a+b}{2}$——对角线平均长度，mm。

　　小方坯的脱方是由于冷却不均匀，钝角处导出的热量少，角部温度高，坯壳较薄，在拉力的作用下可能会引起对角线裂纹。

11.5.2.1　影响脱方的因素

　　(1) 钢的化学成分。试验指出如 [C] =0.08% ~0.12% 的低碳管钢，如果 R =2% ~4%，随碳含量的增加菱变趋于缓和；[Mn]/[S] >30，有利于减少菱变；倘若钢中 [C] =1.0%，[Cr] =1.5% 时，即使很小的脱方也会形成对角线裂纹，即脱方与裂纹同时产生；是否产生裂纹还与钢的高温塑性有关。当 R >6% 时，铸坯在加热炉内推钢会发生堆钢现象，或者轧制时咬入困难，易产生折叠缺陷。因此根据钢种的不同控制铸坯的脱方量。

　　(2) 结晶器冷却。结晶器四壁冷却不均匀，因而形成的坯壳厚度不均匀，必然引起收缩的不均匀，这一系列的不均匀导致了铸坯的菱变。

　　实际上脱方在弯月面以下约50mm处就开始形成。从结晶器到二冷区，铸坯的脱方还会定期轮换方向，即在一定周期内由原来的钝角转换成锐角，锐角转换成钝角；到距弯月面2m处完成一个转换周期。这一现象已被生产实践所证实。

　　引起结晶器冷却不均匀的因素较多，如冷却水质的好坏、流速的大小、进出水温度差、结晶器的几何形状和倒锥度等，都影响着结晶器冷却的均匀性。

　　(3) 二冷的均匀性。在结晶器内已经形成了脱方，由于器壁的限制铸坯仍然能保持方形，可一旦出了结晶器，如果二次冷却仍然不够均匀，支撑又不够充分，那么铸坯的脱方会进一步地发展变得更严重。即便是二冷区能够均匀冷却，由于坯壳厚度的不均匀造成的温度不一致，坯壳的收缩仍然是不均匀的。菱变也会有发展。

11.5.2.2　预防脱方的措施

　　脱方是在结晶器内就已形成，因此在生产上要注意以下问题：

　　(1) 选用多锥度的结晶器取代单锥度结晶器。结晶器上部用大锥度，约 2.0%/m 或2.7%/m，结晶器下部锥度可小些约 0.8%/m；最理想的是抛物线型或钻石型结晶器。目前许多厂家已经应用了钻石型结晶器。

　　(2) 结晶器最好用软水冷却。水质好没有水垢，导热均匀；结晶器采用窄水缝、高流速。水速达到10m/s以上，冷却水进出口温差在10℃以下为宜。

　　(3) 保持结晶器内腔正方尺寸。以使凝固坯壳为规规正正的形状；根据技术要求及时更换不合格的结晶器。

　　(4) 中间包注流圆滑，与结晶器对中，以减少液面起伏；润滑油的给油量要适量、均匀分布，保持坯壳的均匀冷却。

　　(5) 二冷区的冷却水要分布均匀。铸坯刚出结晶器下口要有足够的支撑，喷淋水要覆盖满铸坯表面，而后可只喷淋铸坯面部，这样铸坯的角部与面部坯壳厚度趋于一致，有利于减少脱方。

·-·+·-·

练习题

1. 采用合适的单锥度、双锥度或抛物线形的结晶器，是防止铸坯菱变的措施有效措施。
　　(　　) √

2. 采用热顶结晶器可以提高结晶器内坯壳生长的均匀性。（　　）√

3. 当铸坯脱方量大于3%时，在铸坯钝角处常出现裂纹。（　　）√

4. 当铸坯脱方量大于3%时，则会由于加热炉内堆钢和不能咬入孔型而对轧钢造成困难。（　　）×

5. 防止铸坯菱变可以防止对角线裂纹。（　　）√

6. 防止铸坯菱变的措施中不包括的是（　　）。C
   A. 采用合适的单锥度、双锥度或抛物线形的结晶器
   B. 二冷区喷淋水覆盖铸坯面部，而角部不喷水
   C. 结晶器以下2600mm距离准确对弧
   D. 强化冷却，消除结晶器间歇性沸腾

7. 防止铸坯产生脱方的措施不包括（　　）。C
   A. 采用镀铬结晶器，增强结晶器的耐磨性尽量保持其倒锥度
   B. 合理布置二冷区喷嘴，保证喷水畅通，在结晶下口加设足辊或冷却格栅，可以控制铸坯形状，使坯壳均匀冷却
   C. 采用高过热度浇注，尽量提高拉坯速度
   D. 采用浸入式水口保护渣工艺，缓和及均匀坯壳的冷却效果

8. （多选）防止铸坯产生脱方的措施有（　　）。ABCD
   A. 采用镀铬结晶器，增强结晶器的耐磨性尽量保持其倒锥度
   B. 合理布置二冷区喷嘴，保证喷水畅通，在结晶下口加设足辊或冷却格栅，可以控制铸坯形状，使坯壳均匀冷却
   C. 控制钢液的过热度不超过规定的要求，尽量稳定拉坯速度
   D. 采用浸入式水口保护渣工艺，缓和及均匀坯壳的冷却效果

9. （多选）防止铸坯菱变的措施有（　　）。ABCD
   A. 采用合适的单锥度、双锥度或抛物线形的结晶器
   B. 二冷区喷淋水覆盖铸坯面部，而角部不喷水
   C. 结晶器以下600mm距离准确对弧
   D. 强化冷却，消除结晶器间歇性沸腾

10. （多选）采取以下措施，可以有效防止脱方的发生（　　）。ABCD
   A. 合理的倒锥度　　B. 液面自控好　　C. 合理的过热度　　D. 均匀的二次冷却

11.5.3 圆坯变形

圆坯变形成椭圆形，或变成不规则多边形。圆坯直径越大，变成椭圆的倾向越严重。形成椭圆变形的原因有：

（1）圆形结晶器内腔变形，或冷却不均匀；

（2）二冷区冷却不均匀，或支撑辊变形与圆形铸坯的弧度不相符；

（3）连铸机下部对弧不准；

（4）拉矫辊的夹紧力调整不当，过分压下。

针对以上形成变形的原因可采取相应措施，及时更换变形的结晶器、二冷支撑辊；连铸机要严格对弧；二冷区均匀冷却；也可适当降低拉速，以增加坯壳强度，避免变形。

学习重点与难点

学习重点：各等级学习重点是会进行铸坯缺陷判读，初级工掌握缺陷概念，中高级工掌握缺陷产生原因和预防措施。

学习难点：原因、预防措施错综复杂。

思考与分析

1. 评价连铸坯质量应从哪几方面考虑？
2. 连铸坯中心偏析的产生原因及解决措施是什么？
3. 连铸 HRB335 钢时，最易产生的铸坯质量缺陷是什么，应如何防止？
4. 某厂使用 120mm×120mm 80 号钢连铸坯轧制成的 ϕ10mm 盘条，在拉拔过程中出现拉拔脆断，断口呈现"子弹头"状空腔，那么，问题可能出在哪个生产环节，应如何解决？
5. 某厂铸坯质量废品中有两类主要缺陷：一类是铸坯表皮下 2~10mm 处镶嵌有大块的渣子；另一类是铸坯皮下有针孔和气泡，那么应采取哪些技术措施进行防范？
6. 请说出连铸坯纵裂产生的原因及防止措施。
7. 试述减少或防止铸坯脱方的主要措施。
8. 铸坯在浇注过程中发生横向裂纹，说明横裂产生的原因并结合生产实际分析。
9. 星形裂纹产生的原因及防止措施？
10. 偏析对铸坯质量的影响，如何减少连铸坯的偏析？
11. 铸坯质量的含义，如何提高连铸坯的质量？
12. 板坯连铸机生产过程中发现铸坯中部凸起，试问这是哪种问题，如何分析解决？
13. 连铸坯中心偏析是常见质量缺陷，什么叫中心偏析，如何发生，有何危害以及如何预防？
14. 某厂生产 180mm×200mm 断面连铸坯在入库检验时发现铸坯宽面上存在沿铸坯轴向扩展的裂纹，试分析该种问题生产的可能因素，应采用哪些预防措施？
15. 浇注操作对铸坯表面和内部质量有什么影响，或者说哪些浇注操作（因素）会对铸坯表面和内部质量产生影响？
16. 为什么要控制钢中的 [Mn]/[Si]，[Mn]/[Si] 是如何确定的？
17. 某炼钢厂连铸生产断面为 130mm×130mm 的 80 号钢连铸坯接到轧钢用户质量反馈：盘条在拉拔过程中出现脆断，断口处有白色块状物，试问这种质量问题属于哪类缺陷，应如何防止？

12 特殊钢连铸

教学目的与要求

具有制定特殊钢连铸工艺、设备措施的能力。

12.1 合金钢的凝固特性

特殊钢是指生产质量要求高，连铸过程容易出现质量缺陷或者生产过程容易出现事故的钢种，例如包晶钢、含铌钢，更多的是合金钢。

所谓合金钢即钢中合金元素含量较高，有的还含有贵重元素，是合金元素总量在10%以上的高合金钢。

由于合金钢的合金元素含量高，因此合金钢的凝固特性、凝固结构、物理性能、高温力学性能等与普通碳素钢不同，再加上合金钢多用于制造重要零部件，质量要求极为严格苛刻。

合金钢凝固特性与普通碳素钢有所不同，所以在连铸工艺中必须给予充分的注意。

12.1.1 钢中含有活泼元素

活泼元素与氧、氮有较大的亲和力，其产物可能成为夹杂物，影响钢的纯净度和钢水的可浇性，如不锈钢中的 Cr、Al、Ti 等元素，极易与氧和氮化合生成 Cr_2O_3、Al_2O_3、TiO_2、TiN、$Ti(CN)$、$(CrAl)_2O_3$、$(MnTi)_2O_4$ 等高熔点复杂化合物，悬浮于钢水之中，既影响了钢水的可浇性，又给铸坯质量带来一些危害。合金钢一般用铝脱氧的细晶粒钢，因而悬浮于钢水中的 Al_2O_3 不仅影响钢水的流动性，还容易使水口结瘤。此外，形成的 AlN 沉淀于晶界，铸坯在弯曲、矫直等应力作用下还容易产生横向裂纹。

12.1.2 凝固温度区间的变化

钢中碳和合金元素含量较高，其固相线与液相线温度区间变化较大，例如 [C] = 18% ~ 20%、[Ni] = 8% ~ 10% 的奥氏体不锈钢，其液相线温度为 $T_L = 1449℃$，固相线温度 $T_S = 1393℃$，液—固相线温度区间 $\Delta T = T_L - T_S = 1449 - 1393 = 56℃$；再如 [Cr] = 10% ~ 11% 的铁素体不锈钢，$T_L = 1507℃$，$T_S = 1482℃$，$\Delta T = 25℃$；钢中碳含量由 0.20% 增加到 0.50% 时，ΔT 由 30℃ 增加到 60℃。随着钢中碳和合金元素含量的变化，其凝固温度区间存差异；因此，在确定出钢温度、选择钢水过热度、二冷区的给水量和水的分配时必须考虑这一特点。

12.1.3 凝固组织

铸坯的凝固组织对产品质量有直接影响，而钢中的合金元素及其含量的不同会形成不同的凝固组织。钢的凝固有三种类型：

(1) 钢水凝固形成 δ 相或 γ 相，初生树枝晶和二次晶晶界完全重合，如铁素体铬钢和奥氏体铬–镍钢就是这类单相组织；

(2) 钢水凝固首先形成 δ 相，然后转变为 γ 相，初生树枝晶与二次晶晶界分明，如含有 δ 相的铬镍奥氏体钢；

(3) 钢水首先凝固成 δ 相，然后发生 δ→γ→α 的转变，δ、γ、α 相之间的晶界分明，如 [C] < 0.53% 的低合金钢等。

初生晶为 δ 相与 γ 相的铸坯，其显微偏析有很大的差别。溶质元素在 δ 相中的扩散速度比在 γ 相中快 100 倍，因而在 γ 相中显微偏析严重。如硫在 γ 相晶界的偏析，就加大了钢的裂纹敏感性。

树枝晶二次枝晶间的距离是显微偏析程度的量度。在冷却条件相同的情况下，随着钢中一些合金元素含量的增加，二次枝晶间距离有所减小，显微偏析也随之减轻。

12.1.4 热物理性能

一些合金钢的热导率 λ、线膨胀系数 α 等热物理性能列于表 12–1。

表 12–1 钢的热物理性能

钢 种	收缩量/%	0~500℃线膨胀系数 α/℃$^{-1}$	热导率 λ/W·(m·K)$^{-1}$	
			800℃	1000℃
不锈钢（Cr、Ni）	7.5	1.836×10^{-5}	22.8	25.4
碳素钢	3~4	1.170×10^{-5}	39.2	30.0
纯铁			43.3	32.8

由表 12–1 可知，不锈钢的热导率比碳素钢小，而凝固收缩量比碳素钢大。在二冷区内铸坯的凝固是通过坯壳散发热量，而坯壳的散热主要取决于钢的热导率。由于钢种不同，其热导率也有差别，所以钢的凝固速度也存在明显差异。如厚度在 152mm 的碳素钢板坯，完全凝固大约需要 6min；而相同厚度的不锈钢板坯，则需 18min 左右，可见钢的凝固速度与热导率是成正比的。为此，浇注合金钢，其二冷区的冷却强度必须考虑这些特点。

由于钢的热导率不同，凝固结构也有区别，如铁素体不锈钢比奥氏体不锈钢热导率大 20%~50%，因而铁素体不锈钢完全凝固后形成柱状晶+等轴晶的结构，而奥氏体不锈钢的凝固结构则是贯穿的柱状晶，在热加工过程中容易出现裂纹缺陷。

12.1.5 钢的高温性能

钢的高温力学性能好，裂纹敏感性就差些。例如，奥氏体不锈钢的高温强度较高，1300℃时抗拉强度约为 0.12MPa，因而可采取高拉速浇注；而 [Cr] = 16%~18% 的铁素体不锈钢和 [Cr] = 12%~14% 的马氏体不锈钢高温强度较低，同样在 1300℃ 其抗拉强度只有 0.0245MPa，极易产生裂纹，必须低拉速浇注。

合金元素对钢的热延性曲线的脆性"口袋"温度有重要影响。因而必须根据所浇钢种实际所测的脆性温度范围来确定二冷区的冷却强度及配水制度。

12.1.6　裂纹敏感性

从本质上讲，裂纹敏感性取决于所浇的钢种，当然与钢液质量、冷却制度、凝固结构、铸坯承受的应力等因素也有关系。简言之，铸坯裂纹的形成是综合因素作用的结果。如镍铬不锈钢最终组织为奥氏体，显微偏析较为严重，裂纹敏感性就强些；而铬不锈钢的凝固组织为铁素体，显微偏析程度较奥氏体轻些，裂纹敏感性也差些。

上述特性对不同钢种所表现的程度各有差别，在浇注合金钢时必须考虑这些特性，才能使得连铸工艺顺行，获得优质的铸坯。

12.2　对合金钢连铸工艺及设备的要求

12.2.1　合金钢连铸工艺的要求

合金钢连铸工艺的要求如下：

（1）精确控制钢水成分、温度以达到目标管理值。根据所浇钢种的需要，选择相适应的精炼路线，以实现钢水温度、成分的精确控制，提高钢水的纯净度。精炼设施更是合金钢连浇工艺顺行和确保铸坯质量必不可少的环节。

（2）合适的结晶器振动参数。

（3）选用合适的、性能良好的保护渣。

（4）合适的拉速和二冷制度。

（5）使用大容量、深熔池的中间包，充分发挥中间包冶金的功能。

（6）连铸系统选用优质适合于合金钢浇注的耐火材料。

（7）应用结晶器液面自动控制技术和漏钢预报技术等。

总而言之，为了合金钢连铸坯质量达到要求，严格工艺操作，使其标准化、规范化，必须应用自动化控制及铸坯质量的自动跟踪管理体系等。

12.2.2　合金钢对连铸设备的要求

合金钢对连铸设备的要求如下：

（1）选择合适的连铸机机型。对于板坯、合金钢的浇注，现在多用带直线段、多点弯曲、多点矫直的弧形连铸机，也有称为立弯式连铸机，并应用轻压下技术或压缩浇注（铸轧）技术这样能减少夹杂物的聚集，减轻中心疏松，避免产生内部裂纹的，有利于改善铸坯质量。

（2）应用电磁搅拌技术（EMS）。根据钢种质量的需要，在连铸机的不同部位安装电磁搅拌装置以改善铸坯质量。

研究表明，当搅拌作业区与铸坯液相穴中心钢水过热度消失区相重合时，等轴晶带厚度增加最多，搅拌效果最佳。关于电磁搅拌技术在本书的连铸设备有关章节都有讲述。电磁搅拌前后铸坯凝固结构的不同可见图 2-6。

（3）二冷区采用小辊径密排列的支撑辊。根据钢种选择二冷区的冷却方式、气—水冷却或干式冷却，并确定合理的参数，保证铸坯的均匀冷却、以防铸坯发生鼓肚变形和产生内裂。

（4）实施连铸过程参数自动检测，以实现管理的自动化，达到优质、高产、高效、低耗。

（5）根据所浇钢种的需要，设置必要的缓冷设施或配备热装直接轧制的设备。

12.3　合金钢钢种的连铸

12.3.1　不锈钢

钢的不锈性是指钢抵抗大气和水蒸气腐蚀的能力。钢的耐酸性是指钢在某些化学介质（如酸、碱、盐溶液）中具有良好的抗腐蚀能力。不锈钢不一定具备耐酸侵蚀的能力，而耐酸钢却具有不锈的性能。

12.3.1.1　合金元素对钢性能的影响

合金元素对钢性能有以下几种影响：

（1）铬（Cr）是不锈耐酸钢的主要合金成分。由于铬先于铁与氧化合，在钢件的表面向形成一层与基体结合很牢固、致密的氧化物（$Fe-Cr)_2O_3$ 薄膜，起到保护作用。钢中铬含量高于12% 才有耐腐蚀能力，否则铬的氧化膜不足以抵抗外界介质的侵入。铬含量越高，钢的耐腐蚀性能越好。

（2）镍（Ni）、钼（Mo）、锰（Mn）等元素能提高钢在某些酸中的耐蚀性，尤其是镍含量高可大大提高钢的耐蚀能力，所以镍也是不锈耐酸钢的重要元素之一。

（3）碳是降低不锈耐酸钢耐蚀性的元素，因为碳与铬形成铬含量很高的铬碳化合物 Cr_2C_3，这样固溶于铁素体或奥氏体基体中的铬含量相应减少了，所以降低了钢的耐蚀性。但是碳可提高钢的力学性能，因此在某些不锈钢中碳仍然是必要的元素。

各牌号的不锈耐酸钢都属于高合金钢。合金元素对铁的同素异晶转变、钢的显微组织、使用性能有着重要影响。不锈耐酸钢究其纤维组织可以分为马氏体铬不锈钢、铁素体铬不锈钢、奥氏体铬镍不锈钢和奥氏体—铁素体双相不锈钢等。

12.3.1.2　不锈钢的连铸

目前几乎所有不锈钢种均可用连铸工艺生产。不锈钢在凝固冷却过程中有三个脆性区域：

（1）在钢水凝固温度附近的脆性区，主要是树枝晶的生长而使偏析元素及夹杂物向未凝的母液中推移、富集，致使晶界强度降低，形成晶界脆性。

奥氏体单相钢在凝固过程中，虽然没有第二相的析出，但是由于固—液相温度范围宽，晶粒粗大，促使低熔点夹杂物在晶界聚集，再加上本身导热性能较差，应力大，容易引发裂纹。

铁素体铬不锈钢 ［C］= 0.08% ~ 0.58%，置于包晶反应区。包晶反应的体积收缩，铁素体不锈钢的抗拉强度仅为单相奥氏体不锈钢的1/5，其裂纹敏感性比奥氏体不锈钢要强。

（2）铸坯冷却到1200 ~ 900℃的脆性区，主要是由于加工硬化来不及再结晶而产生的脆性。当铸坯变形速度小于再结晶速度时，脆性就缓和些。因此，为控制铸坯鼓肚变形，当弯曲、矫直的变形速度在 $10^{-4} \sim 10^{-2}$ mm/s 时，即使在脆性区也不会引发裂纹。

（3）铸坯冷却到 900 ~ 700℃的脆性区，在这个区域内如果奥氏体晶界有硫化物、碳化物和氮化物析出，以及奥氏体向珠光体或铁素体转变，则会引起铸坯表面和皮下裂纹。此外，奥氏体钢的导热系数小，线膨胀系数大，也是造成奥氏体不锈钢裂纹敏感的因素。

马氏体不锈钢冷却到 300 ~ 200℃时，由于产生马氏体相变、体积膨胀引起组织应力而形成铸坯的脆性，因此铸坯在二冷区内要均匀冷却，尤其要避免角部过冷。铸坯输出后必须进行缓冷，以防止发生纵裂纹。

不锈钢的凝固结构特点是具有比较发达的粗大柱状晶带，甚至形成穿晶结构，因而可能形成比较严重的中心偏析、中心疏松和中心裂纹等缺陷。倘若有铜渗入铸坯，铸坯表面有可能形成放射状（星状）裂纹。

含钛不锈钢，由于形成 TiN 和 TiO_2 等化合物，结晶器保护渣易结壳，严重影响了铸坯表面质量，几乎全部铸坯表面都需要进行修磨处理。根据以上特点，不锈钢的工艺路线为：

（1）电炉冶炼→氩氧炉（AOD）→真空脱碳炉（VOD）→连铸→缓冷→铸坯修磨→热送热装或直接轧制。

（2）转炉复合吹炼→氩氧炉冶炼→真空处理→连铸→缓冷→铸坯修磨→热送热装或直接轧制。

不锈钢连铸应该注意以下几点：

（1）为连铸提供优质钢水。

（2）钢水的过热度要高些，在 35 ~ 40℃，以利于中间包内夹杂物上浮。

（3）全程保护浇注，防止钢水从空气中吸入氮和氧。

（4）选用低碱度、黏度稍高些的保护渣，可参考相关保护渣的数据。

（5）浸入式水口侧孔向上倾角最好在 5° ~ 10°，以免钢水液面保护渣结壳，有利于液渣吸收夹杂。

（6）结晶器应采用弱冷却、选择合适的结晶器振动参数，防止铸坯表面产生凹坑缺陷。

（7）由于奥氏体不锈钢的高温强度和延性较好，可采用稍高拉速。这是因为热膨胀系数和导热系数较大，二冷区冷却强度可以稍大些，比给水量可控制在 1.3L/kg。而铁素体不锈钢的高温强度较低，铸坯易产生裂纹，拉速要低些；其导热系数较小，二冷区采用弱冷却制度，比给水量应小于 1L/kg。

（8）火焰切割需向火焰中喷射铁粉，以提高切割效率。切割所产生的烟尘，要有除尘净化设施给予处理，避免污染环境。

（9）根据需要对铸坯进行缓冷或表面修磨。

12.3.2 圆坯连铸

圆连铸坯是用来生产不同口径的无缝钢管。无缝钢管的生产是圆铸坯边旋转边向棒芯端部顶头推进而穿孔，圆坯是依靠两个倾斜辊子进行旋转。被穿孔的内表面成为无缝钢管的内壁；这是一种很苛刻的加工方法，因而对圆铸坯质量要求很严格。

（1）铸坯应有良好的凝固结构和中心致密度。倘若圆铸坯中心有疏松、裂纹等缺陷，穿孔后钢管内壁会留下裂纹的痕迹；圆铸坯的中心疏松区的致密度与表面密度的差别，中心的密度在 $0.003 \sim 0.005 g/cm^3$ 时，穿孔就容易产生内裂折叠废品。

（2）圆铸坯应有良好的表面质量，如果铸坯有皮下针孔或皮下夹渣缺陷，穿孔时容易产生撕裂，而引起裂纹并扩展到表面。

（3）圆铸坯的纯净度要高，无论是圆铸坯皮下 13mm 以内存在有夹杂物，还是内部有大颗粒的夹杂物，都是引起穿孔裂纹的主要原因。铸坯中夹杂物若控制在 0.035% 以下，穿孔废品则明显减少。

（4）圆铸坯内部裂纹严重时，穿孔时裂纹不能焊合。

（5）注意圆铸坯的椭圆度，由于冷却不均匀而引起坯壳收缩不均匀，导致圆铸坯的椭圆变形。与方铸坯相比，圆坯结晶器无角部先期凝固；必须保持结晶器和二冷区的均匀冷却，坯壳均匀收缩，防止产生表面裂纹和椭圆变形。但是，圆铸坯结晶器比相应方铸坯散热面积要小一些。

根据圆铸坯特点，连铸时应注意：

（1）圆铸坯的拉坯速度应适当低些。

（2）充分发挥中间包的冶金功能。

（3）全程保护浇注，选用合适的保护渣。

（4）控制二冷区均匀冷却。

（5）控制结晶器液面稳定，最好采用液面自动控制装置。

（6）采用电磁搅拌技术，以减轻中心偏析，消除中心疏松和裂纹。

学习重点与难点

学习重点：高级工以上级别了解特殊钢、合金钢凝固特征和连铸生产的工艺、设备特点。

学习难点：非岗位所属工艺与设备。

思考与分析

1. 特殊钢凝固有哪些特点？

2. 不锈钢连铸特点？

3. 欲生产良好的滚珠轴承钢，试问应采用哪些技术措施？

4. 连铸圆坯质量有何特点？

13　连铸新技术

教学目的与要求

1. 跟踪国内外连铸最新技术的进展和发展方向。
2. 说出热装热送、连铸连轧工艺的设备特点及工艺要求。
3. 说出近终形连铸技术的种类和特点。

　　连铸技术已成为当今世界冶金领域经济合理的生产工艺。为了进一步节能降耗，改善铸坯质量，扩大品种，提高经济效益，近 30 年来连铸技术又有新的发展。如连铸坯的热送热装技术、直接轧制技术、无缺陷铸坯生产技术、高温铸坯生产技术、铸坯质量在线判定技术、板坯结晶器在线调宽技术等的开发和应用，以及对接近成品断面尺寸—近终形连铸技术的研究开发，都取得成效。其中，薄板、薄带连铸机在全世界已建和在建的达 75 个以上，这也是钢铁工业技术革命的重要组成部分。

13.1　连铸坯热送热装和直接轧制技术

　　传统工艺是：铸坯切割（或剪切）成定尺→冷却至常温→经质量检验和表面精整→合格的冷坯→轧钢厂装入加热炉重新加热到轧制温度→轧制加工成各种钢材。

　　热送热装或直接轧制工艺则是：铸坯切割（或剪切）成定尺，仍具有一定高温的铸坯→直接运往轧钢厂稍加补充热量便可达到轧制温度→轧制成各种钢材。

13.1.1　连铸坯热送热装和直接轧制技术类型

　　由于热铸坯的温度不同，直接轧制与热送热装类型也不同，共分为五种情况，其分类如图 13 - 1 所示。

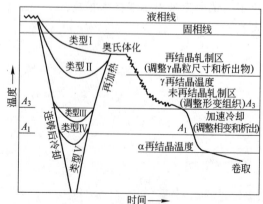

图 13 - 1　连铸坯热送热装和直接轧制分类示意图

13.1.1.1　直接轧制技术

由图 13－1 可见，根据温度不同铸坯的直接轧制有两类：

第 I 类直接轧制技术，简称 CC－DR。铸坯的温度在 1100℃ 条件下，不需进入加热炉加热，只是在运输过程中对铸坯的边棱部位进行补热，直接送到轧机轧制，铸坯在轧制之前没有经过 $\gamma \rightarrow \alpha \rightarrow \gamma$ 的相变再结晶过程，仍然保持原铸态粗大的奥氏体结构；通过轧制工艺得到细晶粒组织的钢材。

第 II 类直接轧制技术，简称为 CC－HDR。铸坯的温度处于 1100℃ 以下，Fe－C 相图中 A_3 线以上，铸坯的温度比第 I 类稍低些，同样不需加热，只是边棱补热或均热即可直接轧制；但是铸坯组织仅有少量微量元素的析出再溶解。

以上两类直接轧制技术要求铸坯的温度较高，一般连铸机与轧钢机的距离较远，铸坯很难保持 1100℃ 的高温，所以在生产中真正实施直接轧制是有难度的，实现热坯直接轧制的钢厂也有限。现在有些新建厂将连铸机脱离炼钢厂而布置在轧钢机的附近，铸坯出连铸机的温度较高，通过辊道输送，对铸坯的边棱稍加补热，有望实现直接轧制。

13.1.1.2　连铸坯的热送热装技术

第 III 类为连铸坯的直接热装技术，简称为 CC－DHCR。铸坯的温度处于 Fe－C 相图中 A_3 线以下 A_1 线以上，可以直接送入加热炉内加热，达到轧制温度后进行轧制；铸坯的组织为 $\gamma + \alpha$ 的两相区，部分经过 $\gamma \rightarrow \alpha \rightarrow \gamma$ 的相变再结晶过程；铸坯既有原始粗大的奥氏体晶粒，又有经相变再结晶后的细化了奥氏体晶粒，因此也称为混晶组织；微量元素有程度不同的析出和溶解，所以需相应的轧制工艺来克服上述问题，以便获得质量优良的钢材；尤其要注意一些低合金钢种，中、高碳钢种，其氮含量较高，由于氮化物的析出，致使铸坯可能形成表面裂纹，导致铸坯不能热装。

第 IV 类也是热送热装技术，简称 CC－HCR。当铸坯的温度在 A_1 线以下 400℃ 以上时，送入保温设备中保温，然后再经加热炉加热后轧制。铸坯的组织与常规冷装状态基本相同。

保温设备有保温坑、保温车、保温箱等；保温设备在连铸机与加热炉之间还起到协调和缓冲作用。

以上两种铸坯的热装技术在比较多的工厂内得到应用。

400℃ 为铸坯热装的最低温度线，铸坯在 400℃ 以下节能效果不明显，不再称其为热装。

13.1.1.3　铸坯冷装加热后轧制

铸坯冷装加热后轧制是第 V 类，这是常规工艺，简称 CC－CCR。连铸坯冷却到室温再入加热炉加热后进行轧制。

13.1.2　连铸坯的热送热装和直接轧制技术的优势

由于连铸坯的热送热装和直接轧制技术的开发应用，使得冶炼—精炼—连铸—轧钢成为一体化优化生产体系；与冷装常规生产相比显示了极大的优越性。

13.1.2.1　节约能源

热送热装和直接轧制无疑是利用了铸坯冷却过程的显热，由于铸坯的入炉温度高，缩短了加热时间，节约了能源。

冷装工艺，从加热到轧成卷材，铸坯在加热炉约150min以上，能源消耗约为1.25~1.67GJ/t钢；一般热送工艺，能耗降低到0.84~1.05GJ/t钢；直接热装能耗降低到0.42~0.65GJ/t钢；直接轧制，能耗可降到0.33~0.42GJ/t钢；与冷装工艺相比能耗分别降低了35%、65%、75%~80%。铸坯的温度越高，节能也越多。

据资料介绍，日本连铸坯的热能消耗分别是：冷装1134~1680MJ/t钢；直接热装420~630MJ/t钢；热装630~1092MJ/t钢；直接轧制160~210MJ/t钢。

13.1.2.2　缩短生产周期

生产周期与铸坯从连铸机—轧机的运送方式有关；倘若连铸坯选择辊道输送，与冷装相比较，将各个工序之间的距离、时间、温度、铸坯厚度等参数列于表13-1。

表13-1　板坯连铸机—热带连轧机流程对比表

类型	流程	连铸	切坯	送坯	精整堆坯	加热	粗轧	传送	精轧	成卷	合计
CCR	距离/m	22~40	10	50	100	50	150	130	35	150	715
	时间/min	20	3	1	600~1440	150~300	6	2	2	1	约1775
	温度/℃	1560~1050	900	800	700~20	20~1200	1150	1050	900	200	
	厚度/mm	250	250	250	250	250	250~30	30	1.5	1.5	
HCR	距离/m	22~40	10	50	30	50	150	135	35	150	645
	时间/min	20	3	1	5	100~150	6	2	2	1	约190
	温度/℃	1560~1050	900	800	700~450	400~1200	1150	1050	900	200	
	厚度/mm	250	250	250	250	250	250~30	30	1.5	1.5	
DHCR	距离/m	22~40	10	50		50	150	130	35	150	615
	时间/min	20	3	1		60~100	6	2	2	1	约135
	温度/℃	1560~1050	1000	900		800~1200	1150	1050	900	200	
	厚度/mm	250	250	250		250	250~30	30	1.5	1.5	250~1.5
HDR	距离/m	22~40	10	50		8~35	150	130	35	150	600
	时间/min	10	3	1		3~15	6	2	2	1	50
	温度/℃	1560~1050	1050	1000		900~1200	1150	1100	1050	200	
	厚度/mm	250	250	250		250	250~30	30	1.5	1.5	250~1.5

从表13-1可知，冷装工艺所有铸坯都要离线冷却、检查、精整，然后再运送到轧钢厂，就是顺利也要15~30h；若热送热装工艺，简化了生产流程，生产周期缩短到2~4h左右；若是直接轧制，从浇注到轧成板卷不到1h，大大缩短了整个生产周期。

13.1.2.3　提高金属收得率，降低金属损耗

向轧机提供了无缺陷铸坯，钢材表面质量优于常规工艺生产的产品，改善了产品质量，由此降低了废品率；如镀锡板的平均缺陷率由常规工艺的1%~3%降至0.5%左右；轧制收得率提高1%。

与此同时，减少了氧化铁皮的损耗。以全铁计算，由于生产无缺陷铸坯，免去了精整工序，就这一项提高收得率约2%；出坯传输过程氧化铁皮损耗0.2%~0.3%，加热和轧

制过程损耗约 1.5%；在加热炉中氧化铁皮的损耗最多，约占 0.6%~1.0%。热装和直接轧制大大提高了金属收得率。

13.1.2.4 降低生产成本

热装方式不同，生产费用也不一样。据资料记载，1984 年欧洲某厂曾经对板坯轧成板卷生产费用进行计算，根据热装方式的不同进行无量纲比较，在设定条件下计算结果如图 13-2 所示。在这里我们不必探究其所设定的计算条件，通过计算结果的对比，从中了解生产成本降低的幅度。

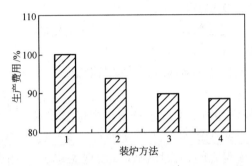

图 13-2　生产费用比较（3/4 宽带钢连轧机组年产 380 万吨）
1—100% CCR；2—80% HCR；3—60% DR+40% CCR；4—60% DR+20% HCR+20% CCR

由图 13-2 可见，传统冷装工艺轧制的生产费用为 100%；当热装率达 80%，生产费用降低 6%；直接轧制率 60%、冷装率 40%，生产费用降低 10%；直接轧制率 60%，冷装、热装各为 20%，生产费用降低 11%；显而易见，经济效益相当可观。创造条件提高热装率和直接轧制率势在必行。

13.1.3　实现热送热装和直接轧制的保障技术

实现热送热装和直接轧制，炼钢—连铸—热轧为一体化体系，这是一个系统工程，各个工序的技术和管理都要一体化，最终达到产品优质、高产、低耗、高效益的目标。

13.1.3.1　提供无缺陷铸坯

由于直接热装或直接轧制，铸坯只是稍加补热或均热，便直接送至热轧机轧制，为此必须实施铸坯无缺陷生产技术。

无缺陷即铸坯的形状、表面质量与内部质量达到要求；铸坯表面不应有需要清理精整的缺陷；铸坯夹杂物、气体等含量低、偏析小，基本消除内部裂纹；这也是热送热装和直接轧制的前提。提供无缺陷铸坯的生产要常规化、稳定化。所以，必须设有铸坯质量在线检验判定装置，剔除不合格的铸坯，确保钢材的质量。

13.1.3.2　高温出坯

直接热装和直接轧制铸坯的温度要高，必须控制连铸机内铸坯的冷却强度，在确保不出现缺陷的条件下，尽量提高出坯的温度。高温铸坯的生产技术主要包括：

（1）高拉速。提高浇注速度，缩短铸坯在铸机内的停留时间，减少铸坯显热损失；

（2）采取一切措施确保铸坯的均匀冷却；

（3）二冷区采用弱冷却制度，保持铸坯的高温。

为此，应采用结晶器液面自动控制技术、漏钢预报技术、电磁搅拌技术、选用性能良好的保护渣等相关技术，以确保提供高质量、高温铸坯。

13.1.3.3 铸坯在输送过程的保温技术

实现热送热装和直接轧制，铸坯在运输过程中的保温是非常重要的，运输方式不同保温设施也不一样。铸坯的运送途径有：

（1）辊道输送→炼钢厂内冷铸坯码垛→车辆运送冷坯→热轧厂入加热炉→轧制。此路线无需保温。

（2）辊道输送→车辆运送热铸坯→热轧厂码垛→入加热炉→轧制。

（3）辊道输送→车辆运送热铸坯→热轧厂保温坑→入加热炉→轧制。

（4）辊道运送→高温铸坯经边棱加热→直接轧制。

板坯热送热装和直接轧制，在运输过程的保温设施。

A　连铸机内铸坯的保温

CC-HDR工艺中，板坯连铸机上应用连铸机内保温技术。二冷区除采用弱冷却制度外，在尾部降低冷却强度，减少供水量或停止喷水，通过铸坯的表面回温加热和均匀温度；具体方法在上、下支撑辊之间，板坯侧面安装保温罩，减少降温，保持铸坯的高温；保温罩的结构如图13-3所示。

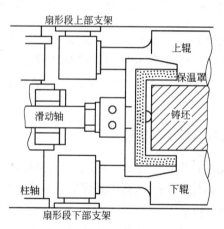

图13-3　机内保温罩结构示意图

保温罩装在铸坯的两侧，将支撑辊之间的空隙封闭起来，更有效的阻止对流和辐射散热；据日本某厂实测数据得知，当板坯与保温罩内表面相距30mm以内，此时平均传热系数 $k = 40.7 W/(m^2 \cdot \text{℃})$，板坯两侧都不喷水只靠保温罩保温，板坯两侧边棱部位温度可升高165℃；保温罩可以横向移动以适应铸坯宽度变化；板坯与保温罩之间所留间隙要考虑铸坯鼓肚变形量，以免由于铸坯的鼓肚将保温罩碰坏。

B　切割区域保温与加热

为了减少切割过程中铸坯的散热，在切割前的辊道和切割辊道上安装保温和加热装置，对铸坯保温、边棱加热，对于CC-HDR工艺更是需要；切割过程铸坯与切割装置同步运行，安装的保温装置也要与其同步，所以切割与保温两套装置要装在同一个台车上，通过液压动力夹紧铸坯，做到台车和铸坯同步运行。保温加热装置种类很多，图13-4为其中一种结构。

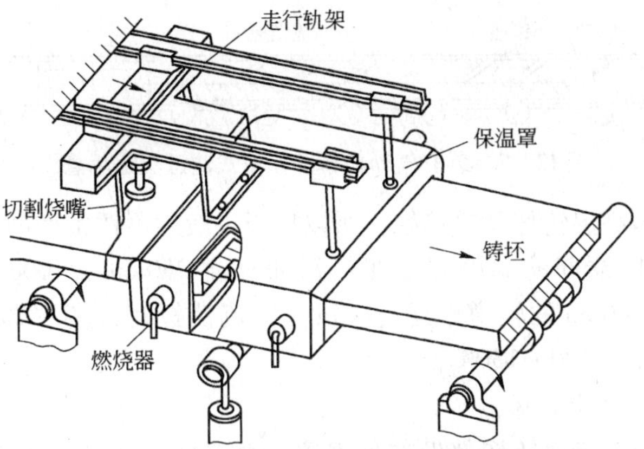

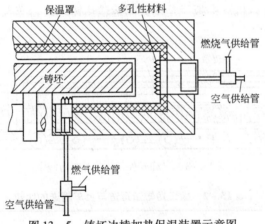

图 13 – 4　切割区保温加热装置示意图

保温罩内衬是隔热保温材料，在板坯的两侧各设有若干个燃烧器，在保温罩的内表面与铸坯之间空隙形成了燃烧加热室，对板坯边棱加热，如图 13 – 5 所示。

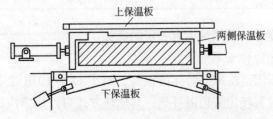

图 13 – 5　铸坯边棱加热保温装置示意图

C　输送辊道的保温

CC – HDR 工艺采用辊道输送铸坯，需加保温罩保温。它是由上、下和两侧保温板组成，如图 13 – 6 所示。下保温板能够倾动，随时卸掉其上面积渣和氧化铁皮；两侧保温板可以移动，随铸坯的宽度变化而调宽；这种保温设施对板坯的端面没有遮挡，铸坯有温降散热；为此沿辊道铸坯的出坯方向安装了气流挡板，也叫栅条，其结构如图 13 – 7 所示；挡板的下端可以摆动，当铸坯通过时挡板下端与铸坯上表面接触，形成了一个个封闭的保温空间，从而提高了保温效果。

图 13 – 6　保温式输送辊道装置结构示意图

图 13 - 7 装有气动挡板的保温式输送辊道示意图

由于气流挡板与高温铸坯频繁接触，所以挡板一般用不锈钢或耐火陶瓷制作。与不用气流挡板相比，铸坯端部的温降减小了；例如浇注 250mm × 1000mm 的板坯，拉速为 1.6m/min，在长度约 60m 的辊道中运行，没有气流挡板时铸坯端部温降约 200 ~ 250℃，加气流挡板之后温降为 100 ~ 150℃。

D 火车或汽车运输的保温

无论火车还是汽车运送铸坯都设有保温罩，两者的区别是火车有轨道。通常的做法是，首先吊下保温罩，将热铸坯迅速装车，再吊上保温罩；一般铸坯温度可保持在 600℃ 左右；也可以改为自卸式保温车，这能节省时间，有利于保温。图 13 - 8 是自卸式保温汽车结构示意图。新日铁八幡厂连铸机—热轧机相距 1000m 以上，就是使用这种运输方式运送热铸坯，我国邯钢连铸机—中板厂是用火车运输热铸坯。台车与辊道输送相比较列于表 13 - 2。

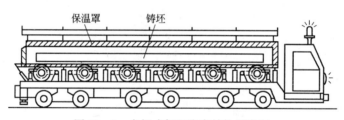

图 13 - 8 自卸式保温汽车结构示意图

表 13 - 2 板坯用辊道运送与台车输送的比较

项 目	辊 道	台车（汽车或火车）
输送速度/m·min⁻¹	最大 90 平均 70	最大 250 平均 200
距离/m	1000	1000
时间/min	14.5	5
保温效果/W·(m²·℃)⁻¹	平均 94.2	平均 11.63
离板坯边部 40mm 板坯切割端面的温度变化/℃	平均 180 大	平均 4 小
AlN 析出	有	无

台车运送铸坯速度快，散热少，有一定的优势。

E 轧制前的铸坯边棱加热

虽然采用了各种保温措施减少铸坯的温降，对于 CC - HDR 工艺，即便连铸机—热轧机距离很近，轧制前对铸坯边棱仍需补热；其加热方式可以用感应加热或者燃气加热，图 13 - 9 为加热设施结构示意图。

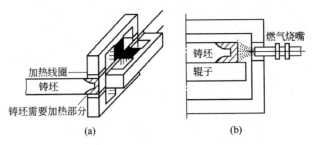

图 13-9 HDR 工艺轧前铸坯边棱加热装置结构示意图
(a) 感应加热装置；(b) 煤气加热装置

两种加热装置对比列于表 13-3。

表 13-3 感应加热与煤气加热比较

项 目	感应加热	煤气加热
设备费	高（1）	低（1/2）
加热时间	短时加热	高温加热时间稍长
加热方式控制	由铁芯排列，电力控制	燃气控制
板坯宽度变化的适应性	必须控制位置	不需控制位置
切割端面有无加热	无	有
维修	线圈	耐火材料
安全污染	无	使用低 NO_2 喷嘴无污染
均热程度	稍许不足	良好
自动停止简便程度	简单迅速	稍许复杂

从对比来看，煤气加热装置可以加热铸坯端面，设备费用低，对于远距离的 CC-HDR 工艺还是有利的。

13.1.3.4 实施炼钢—连铸—热轧生产一体化管理

建立炼钢—连铸—热轧生产一体化管理体系。炼钢—轧制一体化必须考虑：

（1）连铸机与热轧机生产能力相匹配。

（2）铸坯的规格与轧钢机轧材的规格相一致；一般铸坯的厚度是固定的，或有 2~3 种的变动，不宜过多；铸坯的最大宽度应略小于轧机的最大宽度。

（3）连铸机台数与轧钢机组也要匹配；连铸机的布置要尽量靠近轧机。

（4）炼钢、连铸与轧钢计划管理要同步。

（5）应用计算机与信息网络技术。

（6）炼钢—连铸—轧制生产计划的同步一体化。

13.1.4 连铸坯—棒线材的热送热装技术模式

方坯热送热装或直接轧制成棒线材，与板坯的热送热装同样可以取得优质、高产、低能耗、高效益的效果；对于特殊钢优势更为显著，据承德钢厂的数据表明，由于热装轧制棒线材，金属收得率提高了约2%。

小断面铸坯与板坯相比，铸坯的比表面积大于板坯，散热面积大，铸坯的保温更为重要；典型的连铸—轧机热送热装工艺布置，如图13-10所示。

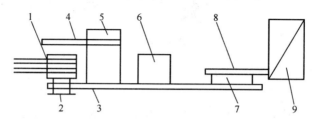

图 13-10 典型的连铸—轧机热送热装工艺布置图

1—连铸机冷床；2—取料机；3—单根坯运输辊道；4—多根坯运输辊道；
5—缓冲保温室；6—冷装台架；7—提升机；8—装料辊道；9—加热炉

热送热装工艺有：

（1）正常热装。热铸坯经冷床由取料机逐根取出，送到单根铸坯输送辊道上，输送到加热炉附近经测长、检验，剔除不合格的铸坯；合格的铸坯提升后落入装料辊道，称重后进入加热炉，加热后送入轧机轧制。

（2）间接热装。由于轧机换辊等原因暂时停轧，连铸机仍在生产，此时热铸坯则从另一组多根坯输送辊道送到缓冲保温区暂存；由保温室的移送机将铸坯移向保温室的出口附近，当轧机再次运转时，暂存的热铸坯由辊道逐根输出，经测长、提升、称重后入加热炉；同时从连铸机冷床送来的热铸坯，沿同一辊道送入加热炉；此时加热炉与轧机以高于常规的小时产量生产，直到缓冲保温室内的热铸坯全部出空，轧机恢复常规轧制状态。由于铸坯不是直接由连铸机提供，而是经保温室进入加热炉的，称为间接热装。

（3）冷装。连铸机甩下的冷坯及经清理的冷铸坯，由吊车从坯料场成排吊到冷装台架上；铸坯到达台架端部时，逐根被拨入运输辊道，然后测长、提升、称重入加热炉。

（4）混合热装。有些规格，轧机小时生产能力大于连铸机，铸机不能提供原计划规格的铸坯，可以采用混合热装方式。其过程如下：

连铸机送来的热铸坯，沿多根坯输送辊道进入缓冲保温室暂存；同时将所需规格的冷铸坯装入加热炉，轧机按常规生产速度轧制；当缓冲保温室冷坯装满后停装冷坯料，改为连铸机与保温室共同向加热炉提供热铸坯；此时轧机的小时产量要高于连铸机；当缓冲室内铸坯全部出空后，热铸坯又转向缓冲室，同时改用冷坯装加热炉。

（5）延迟热装。有些钢种采用热装轧制后钢材表面容易出现裂纹缺陷，为了避免发生裂纹，需要将铸坯从900℃以上的温度，快速冷却到550℃左右再装加热炉，这种方式称为迟缓热装。

13.1.5 我国连铸坯应用热送热装技术概况

热送热装和直接轧制技术始于20世纪70年代。钢铁工业是能源消耗大户，在世界两次石油危机之后，节约能源是摆在钢铁工业面前的重要课题，1973年日本钢管鹤见厂首先进行了连铸坯热装的尝试，随后住友鹿岛厂、川崎水岛厂、神户加古川厂、新日铁大分和堺厂相继开发了热送热装技术；其中堺厂于1981年7月成为世界上第一个实现直接轧制的钢厂。热送热装技术在日本得到迅速的发展，1983年日本全国连铸热送热装比例已达到

58%，高的达到 70% ~85%；平均热装温度 500 ~600℃，高的达 800℃；到了 1995 年热装率和直接轧制率就超过了 70%。

20 世纪的 70 年代末 80 年代初，世界许多国家也相继应用热送热装技术。如德国的克勒克纳公司不莱梅厂在 1981 年开始实践，1984 年初热装量达到了 200 多万吨。法国索拉克厂两台板坯连铸机 1981 年开始热送，1983 年热送率达到 25%，1988 年直接轧制率实现了 80%。自 20 世纪 80 年代中期，热送热装技术在德国、法国、比利时、奥地利、美国等国家得到迅速的发展。

我国应用热送热装技术最早是武钢第二炼钢厂—热轧厂，用于硅钢的热送热装，到 1984 年热送率扩大到 85%。

近年来，热送热装技术有不同程度的发展。如鞍钢热送率较高，热送温度在 600℃ 以上；宝钢、上钢三厂、上钢五厂、韶钢、济钢、三明钢厂、莱钢、首钢京唐、首钢迁钢等，还有一些小的特殊钢厂也都应用了热送热装技术。总而言之，我国的热送热装技术正在研究开发之中，存在于管理方面的问题也有待解决。以下介绍几个实例。

13.1.5.1 宝钢一炼钢板坯—2050mm 热轧板的热送热装工艺

宝钢一炼钢厂有公称容量 300t×3 顶底复吹转炉，并配有 RH 真空处理、钢包喷粉 KIP 和 CAS-OB 设备，2 台双流宽板连铸机与 2050mm 热轧板机组相匹配；通过辊道热送铸坯，其热装方式为 CC-HCR 和 CC-DHCR 两种。热轧厂有 4 座步进梁式加热炉加热板坯。

CC-HCR 工艺是通过保温坑热装，热铸坯的温度平均在 400℃ 左右，最高 600℃ 左右。铸坯温度较低，节能效果不够明显。

CC-DHCR 工艺是直接热装，平均热装温度为 800℃ 左右，最高约为 1000℃，节能比较明显。由于热轧机的小时生产能力高于连铸机 20%，因此直接热装铸坯供应不足，还要用保温坑的铸坯来补充，以保装炉的连续性，所以直接热装率有所降低。热装比约 60%，热装温度在 600℃ 左右。

13.1.5.2 韶钢连铸方坯—线材热送热装工艺

韶钢有公称容量 12t×4 的小转炉，3 台 7 流小方坯铸机和 1 台板坯铸机，与（550mm×3）+（450mm×4）七连轧机组的复二重半连续式线材轧机一套相匹配；线材的规格为 ϕ6.5mm 和 ϕ8mm。

汽车保温运送热铸坯；切割后铸坯的表面温度在 850 ~1000℃，平均温度 900 ~950℃，送入加热炉铸坯的温度一般可达 550 ~700℃，最高能到 800℃；到 1999 年热装率已近 94%。

13.1.5.3 三明钢厂连铸—棒材热送热轧工艺

三明钢厂有容量 15t×3 的小转炉，平均出钢量为 25t；4 台 12 流小方坯连铸机，其规格是 120mm×120mm ~150mm×150mm；与 320mm 小型连轧机组匹配，产品规格是 ϕ12 ~40mm 的光面圆钢和螺纹钢筋。连铸热坯通过辊道输送。

连铸机转盘离加热炉 140m，其流程是：铸机出坯线与棒材轧制线相垂直，热铸坯经单根铸坯辊道—转盘—热送地坑辊道以 2m/s 速度送至棒材车间，提升、计数、称量—步进式加热炉均热；也可送入保温炉存储。

13.1.5.4　武钢第二炼钢厂硅钢热送热装工艺

生产工艺流程：铁水预处理—转炉炼钢—精炼—连铸机—热轧成卷—冷轧硅钢片。

热铸坯—保温车—热轧保温坑—加热炉—热连轧。

武钢二、三炼钢厂板坯供给第一热轧带钢厂；热送率达98%，热送温度在800℃以上，但热装率并不高，目前正在进行技术准备，届时将提高到一个新水平。

此外，还有一些小型特殊钢厂实施热送热装技术，流程是：超高功率电炉—钢包精炼炉—真空脱气装置—小方坯连铸—中型轧钢厂；轧制棒材、圆钢、六角钢、扁钢、T型钢、H型钢等；钢种有优质碳结钢、合结钢、轴承钢、弹簧钢等。

13.2　薄板坯连铸连轧技术

薄板坯连铸连轧属于近终形连铸技术。薄板坯连铸连轧技术自20世纪80年代开发，并于1989年在美国纽柯钢厂和1992年在意大利阿维迪钢厂投入生产以来，引起世界各国的特别关注。薄板坯连铸连轧技术经历了4代技术改进，在设备、工艺技术、控制系统等方面更加完备，趋于成熟；据不完全统计，目前投产或正在建设的薄板坯连铸连轧机带钢生产线（含中等厚度板坯热连轧带钢生产线）已达54条86流，其中我国珠钢、邯钢、包钢、鞍钢、唐钢、马钢、涟钢、本钢、通钢、济钢、酒钢、唐山国丰等已建成和正在建设的有20条、39流、4710万吨/年产能。我国是已建成和正在建设薄板坯连铸连轧带钢生产线最多的国家，年产能力达4710万吨，占全世界总能力10030万吨的47%，其中珠江钢厂CSP生产线已成为全球集装箱用薄板最大供应商；马钢CSP生产线将冷轧基料在热轧卷产量中的比例由2004年的30%提高到目前75%以上；唐钢、包钢、邯钢冷轧基料比例均超过41%；涟钢CSP生产线坚持应用半无头轧制技术批量生产薄规格产品，实现了269m长坯（切分7卷）生产0.78mm产品的历史性突破；鞍钢ASP生产线、唐钢FTSR生产线都达到和超过原设计生产能力，走在世界的前列。一年多来，我国薄板坯连铸生产技术的发展虽然成绩显著，但依然存在种种问题，如生产稳定性与技术管理不够扎实，薄规格热轧带材生产与应用技术推进不平衡，转炉冶炼制度还不够规范等。

我国13条薄板坯连铸连轧的生产线情况见表13-4。

表13-4　我国13条薄板坯连铸连轧的生产线情况

企业名称	生产线形式	连铸流数	铸坯厚度/mm	铸坯宽度/mm	主要生产钢种及牌号	主要产品规格（宽×厚）/mm	年产能估计/万吨
珠钢	CSP	2流	50~60	950~1350	SPA-H，ZJ330，ZJ400，X60，HP296，ZJ510L，ZJ550L	1100~1350×1.2~12.7	180
邯钢	CSP	2流	60~70	900~1680	SS400，SPHC，Q345A，H510L，SPA-H，CCSA	900~1680×1.2~21.0	260
包钢	CSP	2流	50~70	980~1560	SPHD，Q235B，Q345A，SS400，SS490，X60	1020~1530×1.0~12.0	280
鞍钢	ASP（1700）	2流	100~135	900~1620	SPCC，08Al，Q195，Q235B/C/D，Q345B/C/D，Q420B/C，Q460C，45，HP295，IF，SPCC，SPHC，X52~X70，45~70Mn	360~1520×1.6~12.0	280

企业名称	生产线形式	连铸流数	铸坯厚度/mm	铸坯宽度/mm	主要生产钢种及牌号	主要产品规格（宽×厚）/mm	年产能估计/万吨
鞍钢	ASP（2150）	4流	135~170	1000~1950			550
马钢	CSP	2流	90~65	900~1600	SS400，SPHC，SPHD，SPA-H，MGW540，MGW600，MGW800	900~1600×3.0~9.5	260
唐钢	FTSR	2流	90~70	850~1680	SS330，SS400，SS490，SPHD，Q345B，T510L	1235~1600×1.2~12.0	300
涟钢	CSP	2流	70~55	900~1600	Q195，Q235，Q345，SS400，SPHC，SPHD，08Al，SGCC，A36，X42，16MnL，SPA-H	900~1560×1.2~12.0	260
本钢	FTSR	2流	90~70	850~1680	IF（St16），ELC（St14，St12F），SS400，Q345A，Q235B，SS400P，HSLA，X46，X52，SPA-H，C45	1235~1600×1.2~12.0	260
通钢	FTSR	1流	90~70	950~1560			130
济钢	ASP（1700）	2流	135~150	900~1500			280
酒钢	CSP	2流	70~52	950~1680			260
唐山国丰	ZSP（1450）	2流	130~170	800~1300			200

鞍钢 ASP 生产线是仿 CONROLL 技术自行设计制造的。

13.2.1 薄板坯连铸技术优点

普通连铸工艺与薄板坯连铸连轧工艺流程如图 13-11 所示。

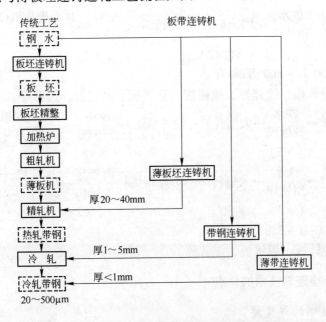

图 13-11 传统工艺与薄板带坯连铸机工艺对比

通过对比，可知：

（1）简化了板材的生产工序，取消了传统工艺中的再加热、粗轧和部分精轧机架，减少了设备；缩短了生产线，一般只有 200m 左右，也相应减少了厂房占地面积，降低单位造价；缩短了建设工期，能较快投产并发挥投资效益。

（2）生产周期短。从钢水冶炼到热轧板卷的输出仅用 1.5h，从而节约了流动资金，降低了生产成本。

（3）节约能源，提高成材率。由于实现了连铸连轧，可直接节能（标准煤）66kg/t，间接节能（标准煤）145kg/t；成材率提高约 11% ~13% 。

（4）由于铸坯厚度薄，凝固速度快，铸坯的组织细而致密，产品质量好。

我国已成为世界上薄板坯连铸连轧产能和产量最高的国家，目前仅国内的 13 条薄板坯连铸连轧生产线，总能力超过 3000 万吨/年，占世界总产能三分之一左右。

13.2.2　薄板坯连铸连轧生产流程

薄板坯连铸连轧生产流程分为电炉流程和大型联合企业两大类。

电炉流程：

以废钢、铁水 DRI
（HBI）为主要原料 →电炉冶炼→炉外精炼→薄板坯连铸机→连轧机
　　　　　　　　　（×2）　　　（×2）　　　　　　（×2）（×1，厚度 1~4mm）

合理规模为：160 万 ~220 万吨/年。

延伸钢种：冷轧板、镀锌板、焊管等。

大型联合企业分为两种情况：

（1）大型高炉 →铁水预处理→大型转炉→炉外精炼→薄板坯连铸机→连轧机（0.8~4mm，220 万~250 万吨/年）
　　　（2~3）　　　　　　　（×3）　　　　　　（×2）

大型高炉 →铁水预处理→大型转炉→炉外精炼→板坯连铸机→热宽带轧机（2~12.7/25.4mm，350 万~500 万吨/年）
　　（2~3）　　　　　　　（×2）　　　　　　（×2）

合理规模：600 万~800 万吨/年。

延伸产品：冷轧板、镀锌板、镀锡板、彩涂板、电工板、焊管等。

（2）大型高炉 →铁水预处理→大型转炉→炉外精炼→板坯连铸机→中厚板轧机(3300~3800mm，80 万~100 万吨/年)
　　（×2）　　（×3）　　　　　　　　　　　（×1）

大型高炉 →铁水预处理→大型转炉→炉外精炼→薄板坯连铸机→连轧机（0.8~4mm，220 万~250 万吨/年）
　　（×2）　　（×3）　　　　　　　　　　　（×2）

合理规模：300 万~350 万吨/年。

延伸产品：冷轧板、镀锌板、焊管等。

13.2.3　薄板坯连铸连轧技术的特点

13.2.3.1　板坯的厚度薄

早期薄板坯的厚度一般在 40~70mm 之间，考虑钢材质量有增大趋势，一般认为控制在 70~90mm，由此：

（1）钢水的浇注不能用传统的结晶器、浸入式水口，必须对其进行改造以适应钢水注入薄结晶器；由于拉坯速度快，出结晶器下口坯壳厚度薄，二冷区必须安装小辊径、密排列的导向支撑辊，以防铸坯出现鼓肚，确保铸坯质量。

（2）薄板坯的长度很长，如果在加热炉中加热，势必会大大超出常规加热炉的尺寸，这是不经济的；同时由于薄板坯的比表面积大，加热过程会加剧铁的烧损。所以，薄板坯只能采用连铸连轧工艺，因而必须生产无缺陷铸坯。

13.2.3.2 生产过程的连续性

薄板坯只能采用连铸—连轧工艺，使得整个生产连续化，由此：

（1）出坯温度高，温度的分布要均匀，以满足直接轧制的需要。

（2）由于是直接轧制，必须生产无缺陷铸坯。

（3）薄板坯连铸连轧工艺是系统工程，连铸机与轧钢机组有机衔接匹配，连铸连轧一体化。目前包钢 CSP 连浇炉数已达 35 炉以上。

13.2.3.3 薄板坯的凝固速度快

由于铸坯厚度薄，凝固速度快，晶粒细，扩大了球状等轴晶区；中心偏析小，提高了板坯的致密度，利于下步的轧制加工，可减少压缩比。

细晶粒可改善产品性能。表 13-5 是曼内斯曼-西马克公司对轧件进行试验的数据。

表 13-5　曼内斯曼-西马克公司轧件试验数据

试验项目	厚板坯	薄板坯	试验项目	厚板坯	薄板坯
铸坯厚度/mm	250	50	压缩比	115.7	4.4
钢　种	X70	X70	屈服强度 σ_s/MPa	482	510
轧成板材的厚度/mm	15.9	15.9	抗拉强度 σ_b/MPa	56550	590

由于铸坯薄，轧制道次少，压缩比小，残余组织粗化，对热处理后的产品力学性能和表面质量有些影响。

13.2.3.4 薄板坯的比表面积大

单位质量铸坯的表面积称比表面积。薄铸坯比表面积大，带来：

（1）生产相同吨位的铸坯，由于比表面积大，与结晶器铜板的接触面积增加了若干倍，加大了对结晶器壁的磨损，所以要提高结晶器铜板的耐磨性。

（2）对于薄板坯来讲，保持液面的稳定、控制结晶器内钢水的流场、结晶器的振动参数、保护渣的选择等更为重要，这是生产无缺陷薄板坯的基础。

（3）由于比表面积大，热量容易散失，所以生产高温铸坯的保温尤为重要。

13.2.3.5 薄板坯连铸的冶金长度短

由于薄板坯的凝固时间短，连铸机的冶金长度在 5~6m 左右，由此大大缩短了连铸机的长度，设备紧凑。

13.2.4 薄板坯连铸连轧的关键技术

13.2.4.1 薄板坯厚度的选择

连铸坯的厚度是各类连铸工艺特征的参数，对薄、中、厚板坯的厚度分别界定为：

40～60mm、90～150mm、200～300mm。三种连铸坯的主要特征列于表13-6。

表13-6　三种连铸坯的主要特征

连铸工艺	薄板坯连铸	中板坯连铸	厚板坯连铸
铸坯厚度/mm	40～70	90～150	200～300
结晶器形状	漏斗型	平行板型	平行板型
拉速/m·min^{-1}	高，最大6.0	中，最大5.0	低，最大2.5
轧制线主要设备	精轧机（4～6机架）	粗轧机（1～2机架）+卷取箱+精轧机（4～6机架）	粗轧机（1～3机架）+精轧机（7机架）
品种	以低碳钢为主	与传统工艺相当	多
质量	较低（特别是表面）	与传统工艺相当	高
投资	小	中	大

薄板坯厚度选择在多少合适，一直是争论的焦点；工艺不同，铸坯厚度也有区别。综合来讲，要与后道轧制产品的规格尺寸相适应，与整个生产过程所采用的相关技术有关；此外还要考虑市场销售情况。

13.2.4.2　结晶器的形状

薄板坯连铸机的结晶器虽然早期有区别，发展到今天其结构逐渐趋向接近；加大结晶器上口的面积，以利于浸入式水口的插入，保护渣的熔化，更有利于改善连铸坯的质量。图13-12为4种类型薄板坯连铸机结晶器的结构示意图。

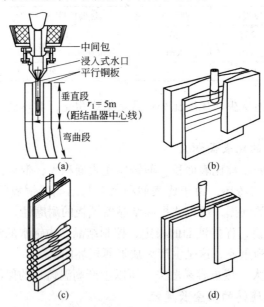

图13-12　4种类型薄板坯连铸机结晶器的结构示意图

（a）立弯式结晶器，德马格公司用于ISP工艺；（b）漏斗型结晶器，西马克公司用于CSP工艺；
（c）凸透镜式结晶器，达涅利公司用于FTSRQ（FTSC）工艺；（d）平行板型结晶器，奥钢联用于CONROLL工艺

从图13-12可知，结晶器基本为漏斗型和平行板型。

图13-12（a）为德马格公司ISP工艺第一代结晶器。立弯式，上部为垂直段，下部是弧形段；上口断面为矩形，侧板可调；其断面尺寸为（60～80）mm×（650～1330）mm。

生产实践表明，这种结晶器只能使用薄壁浸入式水口，插入结晶器后与结晶器壁只有 10~15mm 的间隙，因而在水口插入处的宽面侧，保护渣的熔化欠佳，保护渣很难得到要求的液渣层，影响了薄板坯的表面质量；为此，意大利阿维迪厂于 1993 年对结晶器进行了改进，由原来的平行板型改为小漏斗型，也称小橄榄球型；即结晶器上口宽边最大厚度为 $60+10\times2mm$，直到结晶器下口仍保持有 $1.5\times2mm$ 小鼓肚。近些年来，结晶器的鼓肚越改越大，目前使用的结晶器宽边最大厚度为 $60+25\times2mm$，结晶器的下口为 $60+5.0\times2mm$；虽然还是使用薄壁浸入式水口，相比之下还是大大增加了水口与器壁的间隙，从而改善了保护渣层状结构的状况，薄板坯的表面质量有了很大的提高。

图 13-12(b) 是西马克公司 CSP 工艺使用的漏斗型结晶器，上口宽边两侧有一平行段，而后与一圆弧相连接，上口断面较大；漏斗形状在结晶器内保持 700mm 长，结晶器出口相当铸坯的厚度为 50~70mm；结晶器长度是 1120mm；上口的漏斗形状有利于浸入式水口的插入，结晶器两宽壁之间在垂直方向可以形成带锥度的空间，漏斗区以外的侧壁仍然是平行的，其距离相当于铸坯的厚度；这种结晶器满足了浸入式水口的插入、保护渣的熔化及薄板坯厚度的要求；经多条生产线实践均收到良好效果；这种漏斗型结晶器的关键是漏斗区向平行段过渡圆弧的最佳半径；通过 CSP 生产线多年实践证实，此类结晶器已是成熟技术。

图 13-12(c) 是达涅利公司 FTSRQ(FTSC) 工艺开发的全鼓肚型结晶器，又称凸透镜式结晶器。该公司认为，漏斗型结晶器存在浸入式水口插入不便，薄板坯容易出现表面裂纹、结疤等缺陷，为此应用了全鼓肚的结晶器。其特点是：

(1) 鼓肚自上而下贯穿整个结晶器，并延伸至二冷的第Ⅰ段中部；也就是说与结晶器的出口相连接是一组带孔型的支撑辊以适应鼓肚铸坯，并对其进行矫平；这组设备比原来长了 2 倍，大大减轻了由于矫平坯壳所承受的应力。

(2) 另一个好处是增大了结晶器内部的容积，钢水量增多，更利于钢水流的稳定。

该公司认为，全鼓肚结晶器能够很好地控制铸坯初生坯壳的形成过程，铸坯质量良好；该结晶器的长度为 1200mm，宽度为 1220~1620mm，厚度有 55mm、60mm、65mm、70mm 等。结晶器下口配有两对足辊，与带孔型辊的扇形段相接。

图 13-12(d) 是奥钢联 CONROLL 工艺的平行板型结晶器。浸入式水口也是扁平状，双侧孔；结晶器的断面尺寸为 (70~125)mm×1500mm，这个尺寸实际上是属中板坯之类。奥钢联认为，铸坯的厚度在 70~90mm，生产能耗最省，加工成本较低，不必过分追求薄铸坯；奥钢联还认为，这种结晶器钢水凝固时不变形，保持液面平稳，利于夹杂物的上浮，保护渣的熔化，避免了铸坯表面夹渣、裂纹等缺陷，确保铸坯的质量。

13.2.4.3 浸入式水口

基于结晶器的形状不同，各工艺所用浸入式水口也不一样。CSP 工艺漏斗型结晶器用浸入式水口，其结构及在结晶器内位置如图 13-13 所示。

漏斗型结晶器上口的开口度较大，水口有足够插入空间，便于使用厚壁浸入式水口。水口的外部形状，决定了结晶器内上部钢水流动通道；水口的内部形状特别是开孔的形状，决定了钢水在结晶器内的流场，直接影响着温度的分布，坯壳的生长，夹杂的上浮。CSP 工艺用浸入式水口，经过了数代的改进，目前使用的是大十字出口的水口；它可以增大钢水流量，稳定拉速，尤其在高拉速情况下其优越性更为明显；使用寿命可达 11~12 炉。

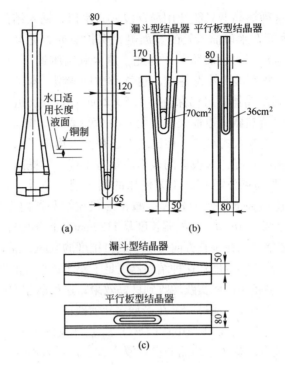

图 13 - 13　CSP 工艺用浸入式水口及其在结晶器中的位置示意图
（a）浸入式水口形状；（b）浸入式水口在漏斗型结晶器内位置纵向剖视图；
（c）浸入式水口在漏斗型和平行板型结晶器内的俯视图

　　平行板型结晶器只能用薄壁扁形浸入式水口。ISP 和 CONROLL 工艺所用水口就属此类。CONROLL 工艺是用双侧孔薄壁扁形浸入式水口，钢水从两侧孔注入结晶器。

　　ISP 工艺的薄壁扁形水口是单孔直筒式的，钢水从下口注入，下口的总厚度仅 30 ~ 35mm，其中钢水通道为 10 ~ 15mm，水口壁厚是 10mm，水口外形宽度是 250mm；图 13 - 14 为 ISP 工艺用浸入式水口模型示意图；此种水口寿命很低，迫使 ISP 工艺改进结晶器结构，在结晶器上口宽边加厚，演变为现在的橄榄形结晶器；虽然仍用扁形浸入式水口，但

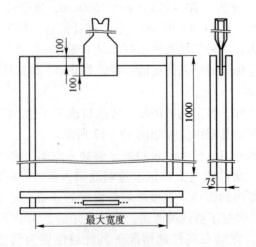

图 13 - 14　ISP 工艺用结晶器和浸入式水口模型示意图

其壁厚已增至 20mm，使用寿命有提高。

目前浸入式水口的材质趋向用 $Al_2O_3 - C$ 或 $Al_2O_3 - ZrO_2 - C$ 质耐火材料，等静压成型。

13.2.4.4 保护渣

保护渣的性能对薄板坯的质量尤为重要。保护渣不仅有隔热保温、防止钢水二次氧化、润滑、改善铸坯传热、吸附上浮夹杂等作用外，还须适应薄板坯连铸高拉速、凝固速度快、散热面积也相应增大、润滑表面积大的特点，所以用于薄板坯连铸的保护渣要具有熔点低、黏度小、熔化速度快、绝热性能和润滑性能好等特点。西马克公司开发了多种保护渣，并成功的用于 CSP 薄板坯连铸工艺。在传统保护渣的基础上，研制出可以满足 6m/min 的拉速薄板坯连铸特殊需要的、圆柱状保护渣。它具有极佳的化学稳定性，良好的流动性，环境保洁性。两种保护渣的化学成分与理化指标列于表 13 - 7，以供参考。

表 13 - 7　两种圆柱状保护渣的化学成分与理化指标

保护渣	A	B	保护渣	A	B
$m(CaO)/m(SiO_2)$	0.89	0.86	1300℃以下的黏度/Pa·s	0.12	0.18
$Al_2O_3/\%$	3.6	8.0	熔点/℃	1060	1030
$Na_2O + K_2O + Li_2O/\%$	15.0	12.0	结晶器/℃	1096	1077
F/%	6.5	6.5	DTA 结晶点[①]/℃	1070	1060

①DTA 结晶点 = 差热分析法测定的结晶点。

我国钢铁研究总院也开发了适用于薄板坯连铸的保护渣；大连重型机械集团公司研究开发了 4 号粉状保护渣，用于弧形板坯连铸，其铺展性良好；对于 2.0 ~ 3.5m/min 拉速下，熔化速度和黏度适中；液渣层厚度为 10 ~ 15mm，烧结层厚度约 2 ~ 4mm；用后铸坯表面光滑，没有发现表面夹渣等缺陷。

13.2.4.5 铸轧技术

铸轧技术的内涵包括液芯轻压下（也称软压下）和固液相轧制两个方面。

液芯轻压下是指带液芯的铸坯出结晶器下口后，通过支撑辊对坯壳实施挤压，铸坯内仍然是液芯。经二冷区铸坯液芯逐渐减小，直至铸坯完全凝固。轻压下原理如图 13 - 15 所示。

德马格公司首先在 ISP 生产线上应用了带液芯轻压下和液—固相铸轧技术。带液芯轻压下段的变形量不超过 20%，固相铸轧段可将铸坯的厚度减薄 60%。液芯铸轧细化晶粒效果明显，产品的韧性良好；固相轧制技术也为连铸机直接生产一般中板提供了条件。此外，应用铸轧技术减薄铸坯厚度，也可以减少精轧机架数。

当前，薄板坯连铸机普遍应用了铸轧技术，各工艺都有改进。如达涅利公司 FTSRQ 工艺，在二冷扇形段安有轻压下装置，铸坯带液芯铸轧，最大压下减薄厚度为 20mm。它与动态液芯长度控制系统配合操作，效果极佳，所生产的钢种中心偏析、疏松都达到了一级标准。

由于轻压下液芯内钢水产生流动，其好处是：

（1）轻压下引起钢水流动会使凝固前沿晶枝被冲刷、重熔，液芯偏析高的将与偏析低的钢水混合而被稀释，减轻偏析的程度。

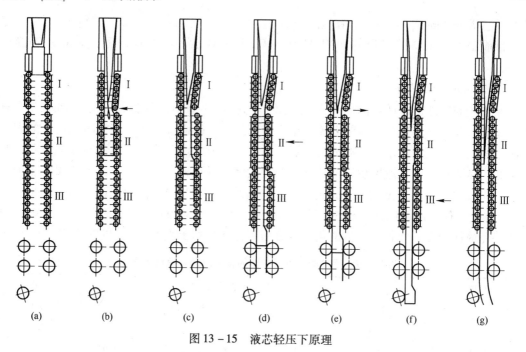

图 13 – 15 　液芯轻压下原理

（2）由于轻压下枝晶的端部碎裂，钢水流动被冲刷下来的晶枝，经流动钢水带到铸坯的中心，增加了晶核，有助于加快薄板坯液芯的凝固。

轻压下时间和位置直接关系到薄板坯的质量。变形曲线的最佳形状是由非固态数量决定的，因此限定相应凝固段的轻压下变形量是非常必要的。研究表明，非固态相同条件下，树枝晶内裂纹随着扇形段压下比率的增加而增多。为此，预先确定变形曲线，非固态数量与产生枝晶裂纹之间的关系，有助于最大限度的发挥轻压下改善薄板坯质量作用。

13.2.4.6　拉坯速度

拉速在多少为合理，才能达到高产、优质、低耗。薄板坯连铸工艺的特点之一是高拉速，但高拉速并不一定高产量。以厚度为 60mm 的薄板坯连铸与厚度为 300mm 传统板坯连铸相比较，薄板坯的拉速在 5m/min 或 6m/min，厚板坯的拉速在 1 ~ 2m/min，其产量后者是前者的 2 倍。因此，薄板坯连铸连轧技术的发展有两个问题需要考虑，一是薄板坯的厚度在多少合适；二是继续提高拉坯速度。

例如 CONROLL 工艺主张浇注中板坯合算。从已投产的生产线来看，实际拉速多数在 4.0 ~ 4.5 ~ 5.5m/min，没有一台能达到 6m/min；如果铸坯厚度为 200mm，拉坯速度在 4m/min，那么 1 台连铸机的年产量是 280 万吨；铸坯的厚度为 100mm，薄板坯连铸机的拉速必须保持在 6.5m/min 才能完成相同的产量；倘若生产厚度为 50mm 的薄板坯，拉速只有达到 8 ~ 9m/min 时，其产量才能与前两者相比。

此外，薄板坯的连铸—连轧生产线还要考虑连铸机与连轧机的匹配，所以在铸坯合适厚度情况下，尽量提高连铸机的拉速势在必行。为此：

（1）改进结晶器的传热。薄板坯的凝固时间大大短于传统铸坯，单位时间产生凝固的表面积又小于传统铸坯，热流密度是传统铸坯的 4 倍。所以，可考虑减薄结晶器铜板的厚度，加大冷却强度，控制保护渣呈薄膜状。

（2）二冷的支撑辊一定要小辊径密排列，在高拉速时铸坯不致发生鼓肚变形。

西马克公司为泰国设计的 CSP 生产线，连铸机的拉速是 7~8m/min；希克曼厂拟将扇形段加长 8m，再附加相应技术，拉速有望达到 7~8m/min。

13.2.4.7 冷却制度

要根据钢种、铸坯的温度、薄板坯的宽度、厚度、拉速，综合确定冷却方式和冷却强度，实施自动调节控制利于合理优化，确保薄板坯质量。

13.2.4.8 薄板坯的加热方式

薄板坯连铸除 ISP 工艺之外，其他工艺都沿用了均热炉的加热方式。

均热炉的长度为 160~200m，用天然气加热，炉内各段的温度差很小，比较均衡；通过计算机控制，要尽量减小均热炉自身的热损失，尽量提高均热炉的使用寿命。若两条生产线共用 1 组精轧机，均热炉可以建成平移式或摆动式，大大方便铸坯的加热和运输。

ISP 生产线采用了感应加热和克日莫那炉。感应加热区只有 18m，后接克日莫那炉，天然气加热保温。

13.2.4.9 精轧机组

薄板坯连铸连轧生产线由连铸机和连轧机组组合而成，连铸机向连轧机提供一定高温，厚度在 15~25mm 的铸坯。由于采用了液芯轻压下技术，铸轧减薄 20mm，又有固相铸轧机组铸坯再次轧薄，所以精轧机架数目就相应减少了。

13.2.5 典型薄板坯连铸连轧工艺

13.2.5.1 CSP 工艺

CSP 工艺也称紧凑式热带生产线。是由德国施罗曼 – 西马克（SMS）公司于 1982 年开发的，后移植美国纽柯公司克劳福维尔厂，并于 1989 年经技术改造建成第一台 CSP 连铸轧短流程。连铸设备为立弯型连铸机，CSP 工艺具有流程短、生产简便稳定、产品质量好、市场竞争力强等一系列突出优点，其典型工艺立面纵向布置如图 13 – 16 所示。

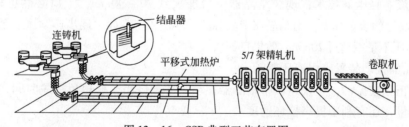

图 13 – 16 CSP 典型工艺布置图

A 工艺流程

转炉或电炉→钢包精炼炉→薄板坯连铸机→均热炉保温→热连轧机→层流冷却→地下卷取。

薄板坯从连铸机拉出时厚度为 50mm，剪切后的长度为 160m，经均热炉加热、保温，再由高压水除鳞后，通过 4~6 架精轧机轧成厚度为 1~1.25mm 的热轧带钢，冷却后成卷，卷重约 20t。此工艺流程从冶炼钢水到成品成卷输出离线仅需 1.5h。

B 工艺特点

a 不断完善的漏斗型结晶器

当前用的漏斗型结晶器比第一代有很大的改进，加大了结晶器上口的厚度为 70~

130mm，便于浸入式水口的插入，水口外壁与结晶器壁之间距不小于25mm，利于保护渣的熔化，确保钢水注入后不产生涡流，明显地改善了铸坯的表面质量。结晶器的长度加长到1100mm；结晶器能在线调宽。

此外，结晶器的水冷系统加强了自动控制，使其上部传热合理效果好。冷却水压在0.6MPa以上，水缝冷却水的流速大于10m/s；结晶器的使用寿命得到提高，一般可浇200～500炉，最高可达800炉。

b　浸入式水口的改进

浸入式水口的形状、结构，经不断改进也日趋完善；当前使用的水口为大十字出口，起到了增加钢水流量、稳定拉速的作用；其寿命也得到提高，可浇注11～12炉。CSP工艺用浸入式水口结构改进过程如图13－17所示。

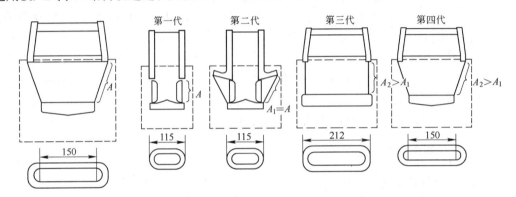

图13－17　CSP工艺用浸入式水口的改进

c　应用铸轧技术

早期的CSP工艺，出结晶器下口板坯厚度为50mm，没有实施液芯轻压下技术；当今由于应用了液芯轻压下技术；现今结晶器下口加大到70～90mm，上口必然也相应增大，使得整个结晶器的容量加大。出结晶器带液芯的铸坯进入二冷段，逐步连续压下至65～60～55mm，液芯压下量不超过20mm，效果良好。

d　结晶器振动装置应用液压驱动

选择非正弦波振动，可快速调整结晶器振动频率和振幅，缩短负滑脱时间，改善薄板坯的表面质量，还有利于提高拉坯速度。

e　在结晶器安装电磁闸

电磁闸也是电磁制动器。在结晶器上安装电磁闸后，形成的电磁力可以抑制钢水的流动，降低钢水面的波动。由此热中心上移，能够使钢水温度上升约10℃，利于保护渣的熔化，改善铸坯的润滑和传热，也利于上浮夹杂的吸附，避免表面夹渣；从而提高了铸坯表面质量。电磁闸对钢水流动的影响如图13－18所示。

无电磁闸时，钢水从浸入式水口两侧孔射出，冲击到结晶器窄面后约80%向下流动，20%向上流动；这两个流股均在来自器壁回流的冲击下分散，靠近下部窄边区域的钢水受静压力作用难以向上运动，受其影响夹杂物无法上浮。

安装电磁闸抑制钢水的流动，注流的流速降低了约1/4，钢流均匀分布，液面稳定，利于夹杂物的上浮，纯净了钢水。

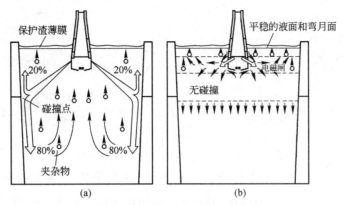

图 13 - 18　钢水在结晶器内的流动状况

（a）未装电磁闸；（b）装有电磁闸

f　新的高压水除鳞装置

从加热炉输出的薄板坯温度在 950～1050℃，其表面氧化铁皮厚度有 1～2mm，通过除鳞装置迅速除鳞。新除鳞机缩短了除鳞喷嘴与铸坯表面的距离，除鳞水压由 20MPa 提高到 40MPa，从而达到良好的除鳞效果，同时还有防止污水流到铸坯表面的设施。

g　辊底式均热炉

CSP 生产线采用辊底式均热炉，薄板坯进入均热炉后只需停留 15～20min，铸坯无论在宽度、厚度和长度方向，温度都可以达到绝对的均匀、稳定，因而轧制等其他生产作业均可采用恒速操作，带钢产品可以得到均匀的组织。

C　产品质量

由于以上的设施，生产线还设有 4 机架或 5 机架热精轧机，并采用了一系列先进技术，轧制成 2.8mm 的钢带。生产实践表明，CSP 的产品质量好，显微偏析小，无裂纹，优于传统工艺的产品。现已系统地生产 AISI/1005～1030mm 热轧带钢、硅钢、合金钢、含铜和含硫易切钢及微合金化的碳钢等，热轧带钢厚度有望达到 1.0mm 以下。

13.2.5.2　ISP 工艺

ISP 薄板坯连铸轧工艺，即在线热带钢生产工艺，也称 ISP 技术。是由德国曼内斯曼－德马格（MDS）公司于 1989 年开发的，之后在意大利、韩国、马来西亚等国相继建设了 ISP 生产线。

A　工艺流程

钢包车→中间包→薄壁浸入式水口→结晶器→铸轧段大压下量→粗轧机→剪切机→感应加热炉→克日莫那炉→精轧机→层流冷却→地下卷取。

图 13 - 19 为 1 流 ISP 工艺立面纵向布置图。

B　工艺特点

（1）小鼓肚型结晶器。早期是用立弯式结晶器，见图 13 - 12(a)。这种结晶器限制了浸入式水口的形状，水口的通钢量难以增加，而且寿命低；结晶器现已改为带小鼓肚的椭圆形，扁形浸入式水口壁厚也有所增加，水口为底部出钢，显著提高了寿命。

（2）ISP 生产线布置紧凑。铸坯用只有 18m 长的感应加热炉，从钢水到板卷只需 20～30min。

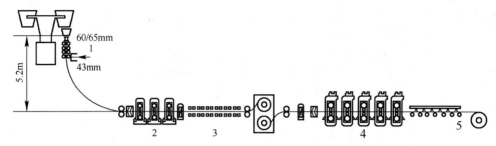

图 13-19　1 流 ISP 工艺生产线布置图

1—ISP 连铸机；2—压下装置；3—克日莫那炉；4—粗轧机；5—地下卷取机

（3）第一个采用液芯轻压下和固相铸轧技术的生产线。生产厚度为 15~25mm、宽度为 650~1330mm 的铸坯；如果不进精轧机，可以作为中板坯出售；二冷区用气雾冷却或干式冷却，有助于生产断面较薄、质量要求高的产品。

（4）感应加热炉长度短。铸坯在此区段加热和均热，操作灵活升温有效。克日莫那炉实际是一个双卷取机，通过气体燃料加热板坯，同时将板坯卷取送至精轧机。克日莫那炉可提供 9min 的缓冲时间。但是其设备复杂，维修困难。

C　铸轧技术

ISP 工艺是当今世界上诸多薄板坯连铸—连轧工艺中第一个在工业条件下应用固液铸轧技术，这也是被确认的无头轧制工艺。薄板坯在出连铸机、除鳞之后，以浇注速度进入粗轧机组的第一个机架。液芯和固液铸轧连续进行。

铸轧过程如下：薄板坯出结晶器下口厚度为 50mm，经二冷扇形段各支撑夹辊的辊缝逐渐变小，带液芯铸坯逐渐减薄，变形量不超过 20%，铸坯厚由 50mm 变为 40mm 左右；薄板坯完全凝固后经 3 机架（或 2 机架）粗轧机组再行轧制，铸坯厚度减薄 60%，得到 15mm 厚的薄板坯。其铸轧原理如图 13-20 所示。

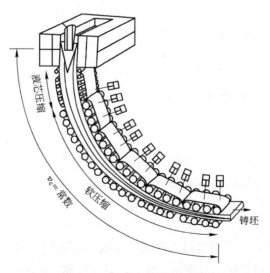

图 13-20　铸轧原理示意图

D　铸坯质量

经固相铸轧后的薄板坯，具有较高的冷却速率，成分及温度分布都均匀，与经电磁搅拌效果相类似。其中，低碳钢有相对细小的晶粒，较高的强度；奥氏体钢经过液芯铸轧后，薄板坯内部会出现特殊的奥氏体组织，降低了δ铁素体的含量比，使δ铁素体组织均匀化，并减小了枝晶的间距，细化了晶粒。这些特性一直保持到以后的热处理中。

生产不锈钢，生产线还需配备 MRP 精炼炉。MRP 炉与 AOD 炉相似，可以完成脱碳、保铬、净化钢水的任务。综上所述，ISP 工艺能耗低。

13.2.5.3 FTSRQ（FTSC）工艺

FTSRQ 工艺被称为生产高质量产品的灵活性薄板坯轧制工艺，是由意大利达涅利公司开发的薄板坯连铸连轧工艺。FTSRQ 技术可以提供表面和内部质量、力学性能、化学成分均优的汽车工业用热轧带卷。该技术具有相当的灵活性，它浇注的钢种范围很宽，包括包晶钢；板坯的厚度、宽度的可调范围也较宽；直接轧制，操作灵活；出现故障调整速度容易。

A 工艺流程

炼钢炉→精炼炉→薄板坯连铸机→旋转式除鳞机→隧道式加热炉→二次除鳞机→立辊轧机→粗轧机→保温辊道→三次除鳞装置→精轧机→输出辊道和带钢冷却段→地下卷取机。

图 13 - 21 为 FTSRQ 生产线立面纵向布置图。

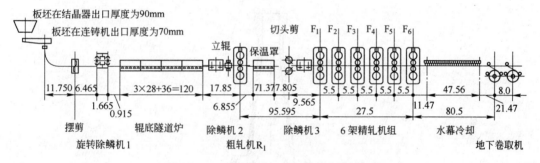

图 13 - 21 FTSRQ 生产线立面纵向布置图

B 工艺特点

a H² 结晶器

H² 结晶器是 1990 年开发研制的，其结构如图 13 - 22 所示。H² 结晶器是漏斗型，长度为 1200mm。铸坯在结晶器内由凸透镜形逐步过渡为矩形，从表皮到内部的张力也逐渐减小至零，铸坯断面尺寸 90mm × （800 ~ 2300）mm。浸入式水口插入后，结晶器上口器壁与水口壁相距 50 ~ 60mm，水口的出口与器壁相距 35 ~ 40mm。

结晶器的容量增大好处多多：（1）利于使用厚壁浸入式水口，提高了水口寿命；（2）注入的钢水流动易于控制，液面平稳；（3）利于夹杂物的上浮；（4）有利于保护渣的熔化。由此确保了铸坯的质量。

此外，结晶器还装有漏钢预报和预防粘连的装置、液面自动控制系统。

b SEN 浸入式水口

SEN 水口结构如图 13 - 23 所示。此水口的特点是增加了壁厚，钢水的通过流量大，在 1.0 ~ 5.1t/min，并且可以避免钢水散流，缓慢流向弯月面，从而结晶器液面波动较小。

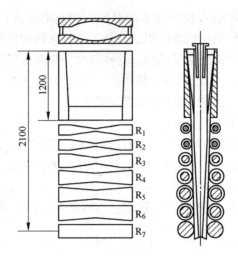

图 13 - 22 H² 结晶器结构示意图

由于浸入式水口的特殊形状，可以保证在任何拉速下，均能提供与其相适应的润滑，消除了坯壳重熔、搭桥的可能，也避免了铸坯的夹渣现象。水口连通管的作用是通过调整插入深度，使水口保持最佳工作状态，可以连续浇注 12h。

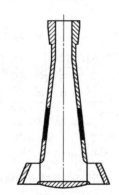

图 13 - 23 SEN 浸入式水口结构简图

c 动态轻压下（DSR）装置

结晶器下口铸坯厚度为 90mm，经连续轻压下后铸坯厚度是 70mm；在结晶器断面较厚的情况下，能够获得晶粒细小、轴相中心偏析和疏松都小的铸坯。所谓动态轻压下就是依据不同拉速、不同温度来调整轻压下量。

轻压下分为 4 段，每段可以单独压下；第 1 段只能转动压下，其余各段可平行，也可旋转压下。轻压下终止点的位置是根据钢的碳含量而定，同一钢种由于操作条件的变化，终止点的位置也有移动。例如，拉速由 6m/min 改为 4m/min 时，终止点上移；冷却条件变化，液芯长度改变，那么终止点也会移动。

d 三次除鳞

在二冷段出口处设有旋转式除鳞机，它是高压、低水量、闭式喷嘴的新式除鳞机，能够干净地清除原始氧化铁皮，并有效地控制二次氧化铁皮的形成。此外，在隧道炉的出口和进入精轧机之前还各设有 1 台除鳞机除鳞。

e 辊道式隧道加热炉

辊道式隧道加热炉可以有效地控制炉内铸坯表面的氧化。由于隧道加热炉有一定长度，加大了整条生产线的缓冲能力。如果将加热炉的第二段改为横移式，将更增大缓冲能力。

除以上特点之外，二冷段铸坯与设备是各自独立的冷却系统，拉速 2.5 ~ 6.0m/min 时，设备仍能正常工作；保温辊道设有保温罩；全液压宽度自动控制的轧机等设施保证产品的质量。

13.2.5.4 CONROLL 工艺

CONROLL 工艺与 CSP 工艺有相似之处，是奥钢联工程技术公司开发的，用以生产不同钢种高质量的热轧带卷。它具有生产率高、产品价格便宜的优势，美国阿姆科·曼斯菲尔德钢厂于 1995 年建成投入生产，其流程如图 13 - 24 所示，部分技术参数列于表 13 - 8。

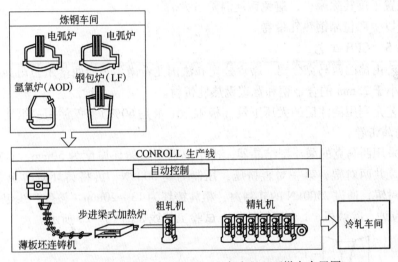

图 13 - 24 奥钢联 CONROLL 生产流程立面纵向布置图

表 13 - 8 CONROLL 生产流程主要参数

铸坯厚度	75 ~ 130mm
铸坯宽度	635 ~ 1283mm
直接装炉/轧制	100%
钢　种	低、中、高碳钢，高强度钢 铁素体不锈钢（409、430、434、435） 马氏体不锈钢（410、420） 硅钢（无晶粒取向）
生产能力	热轧卷 70 万吨/年

CONROLL 工艺的特点为：

（1）采用平行板型结晶器。他们认为只有这种结晶器对初生坯壳才不会产生应力，避免了变形。结晶器的冷却水缝形状，确保了铸坯在长度和宽度方向的均匀散热，坯壳均匀生长。结晶器可以自动调宽。结晶器采用带无磨损叶簧导向系统的液压驱动装置，能在线调节结晶器振动频率和振幅，进而控制保护渣的耗量。此外，还设有摩擦力的测定装置等。

（2）使用了与 FTSRQ 工艺相同的 SEN 新型浸入式水口（见图 13-23），可根据浇注速度和板坯宽度来控制水口的插入深度，从而保持液面的稳定。

（3）超低头弧形连铸机。其高度比立弯式连铸机低，圆弧半径 $R = 5m$；可以降低厂房高度，尤其是提高拉速后和浇注高强度钢优势就更为明显。

（4）二冷冷却系统应用了动态冷却模型，计算浇注过程铸坯温度的变化，由此来决定冷却强度，可减轻鼓肚，控制坯壳的生长，提高表面质量。在二冷段不同位置安装了比色高温计，用以测量进入二冷区后铸坯各段表面的温度；在二冷区的横梁上安有 6 个应力测量仪，通过铸坯内部受力情况得出液芯的终止位置。

（5）连铸机备有液芯轻压下 SLR 系统。

（6）设置了旋转除鳞机，避免铸坯温降过大。

（7）可以生产包晶钢热轧带卷。

13.2.5.5　CPR 工艺

CPR 工艺由德国西马克公司、蒂森公司和法国尤希诺尔·沙西洛尔公司共同开发，用于生产厚度小于 25mm 的合金钢和普碳钢热轧带材。

CPR 工艺是利用浇注后的大压下量（极限压下量是 60%），仅使用一组轧机，最终生产 6.0mm 的薄带卷。

此工艺采用西马克的漏斗型结晶器，出结晶器下口铸坯厚度为 50mm，直接进行液芯压铸和粗轧。共两对辊，第一对辊挤压，压制力是 500kN，可将铸坯减薄至 25~30mm。再进入第二对辊，通过 2500kN 的轧制力，粗轧铸坯为 13~20mm。该生产线包括 1 台连铸机、1 台感应炉、除鳞机、1 台四辊轧机，试验工艺线如图 13-25 所示。

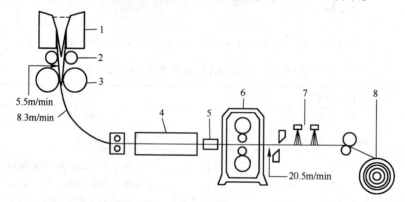

图 13-25　蒂森公司 CPR 试验线立面纵向布置示意图
1—结晶器；2—挤压辊；3—轧制辊；4—感应炉；5—除鳞区；6—轧机；7—冷却区；8—卷取机

几点说明：

（1）铸坯从铸机到轧机有较大的温降，用感应加热炉对其加热升温，保证在宽度方向温度的均匀。

（2）通过调整拉坯速度和轧制力，可以获得不同厚度的带钢。如拉速为 5m/min，轧制力为 2500kN，可以得到厚度为 15mm 的带钢；如拉坯速度提高到 6m/min，带钢的厚度为 13mm。

（3）由于只有 1 组轧机，它所允许的最大压下量限制了带钢最终产品的厚度。

现在 CPR 工艺已能生产 St14 带钢，厚度最薄为 6.0mm，力学性能符合要求，冷轧后性能均匀；也能生产其他钢种，如低碳钢、管线钢、铁素体和奥氏体不锈钢、高硅电工钢等。

13.3 薄带钢连铸技术

钢水直接浇注成厚度为 10mm 以下薄带作为成品的工艺称为薄带钢连铸工艺。

经铸轧机生产的产品可以直接作为热轧带材使用，或者作为冷轧带的坯料，进冷轧机轧成厚度为 1mm 的冷轧带钢材。

带钢连铸又进一步简化了生产工序。传统板坯连铸和薄板坯连铸工艺，铸坯经热轧、再冷轧，均可以生产出厚度小于 0.5mm 的带材。相比之下，薄带钢连铸工艺的设备投资费可省 40% ~50%，生产成本降低 10% ~20%，吨钢节能约 0.628GJ。因此，薄带钢连铸技术得到世界各国冶金工作者的重视、研究和开发，并取得了突破性的进展；从事这一技术研究开发的国家有日本、美国、德国、意大利、法国、英国、韩国、中国等；当前共有 20 多台薄带钢连铸机在进行研究试验、半工业规模的生产试验。

薄带连铸机的类型有单辊式、双辊式、辊带式及履带式等。这些都属于移动结晶器的连铸机。

13.3.1 单辊薄带连铸机

单辊薄带连铸机的结构如图 13-26 所示。

钢水浇注到高速旋转水冷辊面上，使其凝固成薄带。水冷旋转的辊子就是移动式结晶器。单辊式薄带连铸机有两种形式：（1）钢水平面流浇注，用此法已生产出 2mm×300mm 不锈钢薄带坯、1.5mm×75mm 的低碳钢薄带坯。（2）转动轮子从熔池拖带钢水成型法。调整轮子的转速和冷却强度可生产厚度 0.25~1.4mm、宽度 600mm 的薄带坯。

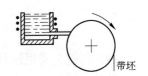

图 13-26 单辊式连铸机
结构示意图

单辊薄带连铸工艺的钢水注入、辊带控制技术较为复杂，虽然铸态组织得到改善，但表面质量不够稳定。

13.3.2 双辊式薄带连铸机

双辊式薄带连铸技术比较成熟。其结构有三种形式，即水平双辊式、倾斜双辊式和异径双辊式。

13.3.2.1 水平双辊式

水平双辊式薄带连铸机是使用最多的形式，意大利 CSM 公司开发的水平双辊式实验薄带连铸机结构如图 13-27 所示。

结晶器由两个相向转动的水冷辊 + 两个辊端侧面挡板组成，由两辊之间隙与挡板所围成的空间为结晶器的内腔，两辊之间距的尺寸为铸坯的可浇厚度，两侧挡板间的辊身长度为铸坯的宽度。旋转辊辊径在 $\phi400 \sim 450$mm，也有的为 $\phi1500$mm，辊内通高压软化水冷却。侧面挡板是用耐火材料或高温陶瓷制成，用弹簧将其与辊侧端面压紧。钢水通过浸入式水口注入结晶器，两辊旋转冷却形成薄带铸坯。可生产厚度为 1 ~ 10mm 的带钢坯料提供给冷轧用，拉速在 3 ~ 12m/min。

该公司共建成两台薄带连铸机，一台是宽度为 140mm 的实验机，另一台是宽度为 400mm 的工业用薄带连铸机。

水平双辊薄带连铸机具有结构简单、易于控制、双面结晶、铸坯内部质量良好等优点；但仍存在着液面稳定性较差、二次氧化比较严重、容易卷入浮渣影响质量、薄带边缘有飞刺等问题，有待解决。

13.3.2.2 倾斜双辊式

倾斜双辊式薄带连铸机，目前应用较为典型的是日本早稻田大学和神户制钢公司共同开发的实验机组，其结构如图 13 - 28 所示。

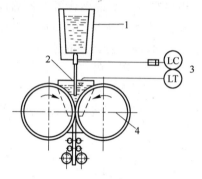
图 13 - 27 水平双辊式薄带连铸机结构示意图
1—中间包；2—水口；3—液位自动控制；
4—辊式结晶器中心线

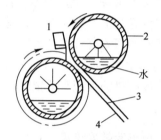
图 13 - 28 倾斜双辊式薄带连铸机结构示意图
1—钢包；2—水冷钢辊；3—薄带坯；
4—支撑板

神户制钢公司用该种连铸机浇注了厚度为 1 ~ 2mm、宽度为 300mm 的铸铁和高碳钢带，改善了材料的性能。浇注的成分为 [C] = 3.4%、[Si] = 2.4%、[Mn] = 0.12% 的带坯，经 850℃ 短时间退火处理，渗碳体转化为铁素体 + 石墨碳的结构，可塑性良好，可以直接轧制成 0.5mm 的带材。早稻田大学用同样的方法生产出可供冷轧用坯料，冷轧成厚 1.5mm、宽 100mm 的不锈钢薄带。

我国上海钢研所在"七五"期间开发了倾斜式双辊薄带连铸技术，并成功地浇注了厚度 2.5mm、宽度 200mm 的不锈钢薄带坯，冷轧成 0.6mm × 220mm 的薄钢带。

13.3.2.3 异径双辊式

异径双辊式薄带连铸机与以上两种铸机相比，它是用两个直径不等的辊子做结晶器，其结构如图 13 - 29 所示。此工艺是日本金属工业公司研究开发的。上辊辊径 φ200mm，材质为低碳钢；下辊辊径 φ1020mm，为不锈钢质；上辊与下辊倾斜大约 20°，辊内通水冷却；水口是刚玉—石墨材质，

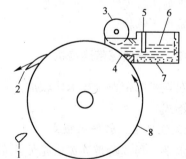
图 13 - 29 异径双辊式薄带实验连铸机
1—辐射式温度计；2—刮刀；3—上辊；
4—水口；5—热电偶；6—钢液面；
7—中间包；8—下辊

表面附以陶瓷涂层，其端部做成与下辊的曲面相一致的形状，并紧贴辊面浇注。

钢水浇注在上、下两个旋转辊之间的辊面上冷却凝固，以 10~40m/min 的速度连续浇注；钢带厚度为 1~4mm、宽度为 300mm；铸态钢带经刮刀从下辊辊面剔下，送入卷取机，钢带头无需牵引自动成卷。在这种连铸机上浇注 304 不锈钢已经获得成功，正在进行其他钢种的浇注试验。

这种工艺的设备简单；整个浇注系统封闭性好，无二次氧化；进入铸机钢液平稳；中间包有挡渣设施；结晶器侧封容易解决；中间包可以连续使用。但是，钢带是单面结晶，质量不够稳定。

13.3.3 辊带式薄带连铸机

辊带式薄带连铸机结构如图 13 – 30 所示。它集中了辊式与带式连铸机的优点，在水平单带上固定了一个旋转辊，曾于 1989 年成功地浇注了厚度为 5~10mm、宽度为 150mm 的薄钢带，表面质量良好。

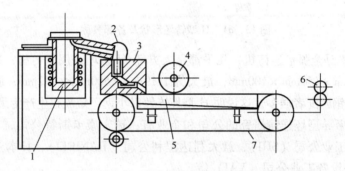

图 13 – 30　辊带式薄带连铸机结构示意图
1—熔炼炉；2—保护盖；3—中间包；4—上辊；5—冷却装置；6—拉坯装置；7—钢带

13.4　H 型坯连铸技术

H 型坯连铸属于异型坯连铸技术。所谓异型坯是指除了板坯、方坯、矩形坯、圆坯之外，断面形状复杂的连铸坯，如 H 型钢（工字钢）、正六边形、正八边形、中空圆坯等断面的连铸坯。直接浇注出所需钢材断面形状或接近成品钢材形状和尺寸的铸坯为异型连铸，异型坯连铸也属于近终形连铸技术。

早在 1961 年前苏联曾报道过异型钢连铸试验的信息。1964 年加拿大阿尔戈玛公司与英国钢铁研究协会签订了协议，共同研究开发 H 型（工字钢）坯连铸技术。随后，英国钢铁研究协会在谢菲尔德研究所的立式连铸机上试验浇注 H 型铸坯获得成功，其断面尺寸为 467mm×254mm×76mm，并将铸坯送往轧钢车间，以 6:1 断面压缩比轧制成工字钢或宽翼工字钢。经过对钢材力学性能检验表明，可以作为结构用钢材。据此，阿尔戈玛公司委托瑞士康卡斯特公司设计、并提供设备，与 100t 转炉匹配，于 1968 年 5 月建成投产了世界第一台 H 型坯（工字钢）连铸机，各国都在密切关注这台铸机的生产情况。随后于 1973 年、1979 年、1981 年在日本相继新建和改造成 H 型钢双流和 4 流方坯/H 型坯兼用连铸机投入生产。兼用型连铸机既能浇注大方坯，也能浇注 H 型铸坯。随着炼钢技术的进步、炉外精炼技术的广泛应用、连铸技术的完善，异型钢连铸也得到了发展，目前全球已有 20 多台异型坯连铸机。我国马鞍山钢铁公司引进建成了 H 型连铸机和轧钢机，已于1998 年投入生产。

H 型铸坯各部名称如图 13－31 所示。其断面尺寸的标注方法是腹高×翼缘宽×腹厚，即 460mm×400mm×120mm；根据需要断面尺寸可以变化。

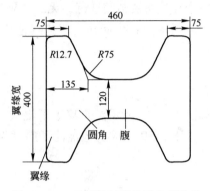

图 13－31 H 型铸坯形状及各部名称

H 型坯连铸机是全弧形连铸机，几乎都是大方坯/H 型坯兼用型铸机；H 型坯断面规格尺寸最小为 230mm×150mm×100mm；最大为 1119mm×500mm×132mm；腹板厚度最薄在50mm；与电炉炼钢匹配者居多，这说明 H 型坯连铸以小钢厂短流程生产为最佳方案。

目前世界从事异型坯连铸研究的公司和企业有：瑞士康卡斯特公司（CONCAST）、日本住友重型机械工业公司（SHI）、意大利达涅利公司（DANIELI）、日本三菱重工业公司（MDH）、奥钢联设备工业公司（VAI）等。

以下简单介绍 H 型坯（工字钢）连铸主要特点。

13. 4. 1 H 型结晶器

结晶器经过多次改进，由 4 块铜板组成，如图 13－32 所示。使用这种结晶器可以消除 H 型铸坯翼缘中央部位和翼缘端部的纵裂纹；使用寿命可达 800～1000 次。近些年又有改进，为管式 H 型坯结晶器，与小方坯相似，其结构如图 13－33 所示。

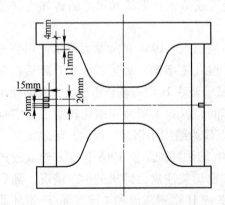

图 13－32 H 型坯 4 块组合式结晶器

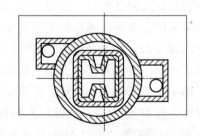

图 13－33 H 型坯管式结晶器

该结晶器为爆炸成型，其规格已达到 432mm×204mm×102mm。这种结晶器制造成本低、修复比较容易，可以制造出各种锥度的结晶器。

结晶器的内壁是用含磷脱氧铜板，表面附以 Cr + Ni 的复合镀层；先镀 Ni，加工到 0.3mm 厚，再在 Ni 镀层上面均匀镀 Cr，厚度为 0.05~0.1mm。

由于断面形状较复杂，结晶器的倒锥度真正完全符合铸坯的凝固收缩规律是非常困难的。结晶器的倒锥度可以是单锥度，也可以为多锥度，当然是多锥度好。两窄边侧翼的倒锥度最大为 0.8%~1.2%/m，其他各部位为 0.8%/m，腹板与翼板相交的圆弧面几乎没有锥度。

结晶器冷却水量不能过大，水温不能过低。结晶器用缓冷却，有利于坯壳均匀生长，减少应力，避免产生纵裂纹。

13.4.2　钢水注入结晶器的方式

H 型铸坯的浇注，每流可以用一个水口，也可以用两个水口；可以是浸入式水口 + 保护渣保护浇注，或者半敞开式 + 保护渣浇注；半敞开式浇注如图 13-34 所示。

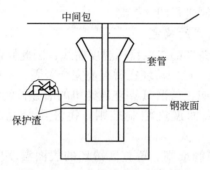

图 13-34　半敞开式浇注示意图

半敞开式浇注为浸入式水口 + 保护渣浇注，但是水口相当 1 个漏斗，与中间包包底有一定的距离；钢水通过漏斗注入结晶器，这样既能保证注流对中、减小注流对液面的冲击，又能使用保护渣。

有的研究认为，浸入式水口可有 3 个开孔。其中，两个为侧孔，孔径较小并带有倾角，向上不大于 30°，向下不大于 60°，钢流流向两翼缘侧面；中心开孔，孔径较两侧孔要大，钢水垂直向下流动。大、小孔径比率和侧孔的倾角要根据中间包熔池的深度、铸坯坯壳实际生长测定结果来调整。

13.4.2.1　两个水口浇注

H 型铸坯每流用两个水口浇注时，其两个水口在结晶器的位置如图 13-35 所示。采用半敞开式浇注，用单孔直筒形浸入式水口，注流流股容易充满翼缘端部，角部流动较强，改善了角部的凝固；但是注流向下的冲击动量较大，不利于夹杂物的上浮。

与单水口浇注相比，两个水口浇注钢水的流场还是比较均匀的。

13.4.2.2　一个水口浇注

水口位置在腹板的中央，见图 13-36。

一个水口浇注，水口处于腹板的中央，用浸入式水口 + 保护渣浇注；钢水从双侧孔射出很难充满翼板端部，角部钢水流动较弱凝固较快，坯壳生长不够均匀，容易产生裂纹。

水口双侧孔倾角、插入深度影响结晶器内钢水的流动状态，从而也影响着夹杂物的去除、保护渣的熔化、坯壳的均匀生长及铸坯的质量。

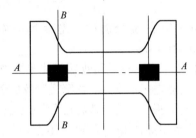 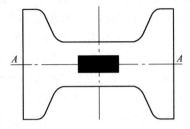

图 13-35　两个水口在 H 型结晶器内的位置　　　图 13-36　一个水口浇注水口在结晶器内位置

13.4.3　铸坯在二冷区冷却

由于 H 型铸坯形状复杂，实现二冷动态控制关系到铸坯的质量、产量，也是铸机生产的关键所在；采用闭环控制为最佳方案；连铸生产实际很难做到准确测定铸坯的表面温度，所以用模型计算代替实测进行闭环控制。

13.4.3.1　目标温度曲线的确定

实现动态控制是要确定铸坯的二冷目标温度曲线，因此要遵循以下冶金准则：

（1）冶金长度限制准则。控制铸坯在矫直前完全凝固，不能过早或过晚，以免凝固前沿产生裂纹和拉速过慢。例如，马钢 H 型坯连铸机的冶金长度为 7.1m。

（2）结晶器出口铸坯表面温度限制准则。铸坯出结晶器下口限制其表面温度低于 1150℃。

（3）矫直点表面温度限制准则。矫直区铸坯的表面温度应在 900℃ 以上，避开脆性区，以确保铸坯质量。

（4）铸坯长度方向表面温度回升与冷却速度限制准则。铸坯表面温度回升应小于 100℃/m；冷却速度应小于 200℃/m。

（5）二冷区铸坯表面温度限制准则。为了避免铸坯表面温度过高、过低、波动过大，二冷区铸坯表面温度限制在 850~1150℃。

影响因素有：

（1）拉坯速度。拉坯速度是影响铸坯表面温度的主要因素；在其他条件不变的情况下，拉坯速度加快铸坯表面温度明显升高，拉速每增加 0.1m/min，铸坯表面温度升高约 20~30℃。

（2）钢水过热度。钢水过热度对铸坯表面温度的影响并不明显；计算表明，拉速和比给水量不变的情况下，过热度每增加 10℃，铸坯矫直点表面温度升高 2~5℃；过热度对铸坯的凝固结构有影响；过热度增加坯壳会被重熔，坯壳厚度减薄，有拉漏的危险，为此限制钢水过热度。

（3）比给水量。比给水量每增加 0.11L/kg，矫直点铸坯表面温度降低 15~20℃。

根据以上准则，将钢种、铸坯断面、拉速、比给水量的数据，输入铸坯凝固传热数值模型中，计算出沿拉坯方向铸坯表面各点温度值；选择几个有代表特征点的温度值，作为动态控制的目标温度曲线。马钢计算的结果表明完全符合冶金准则。

13.4.3.2　二次冷却导向支撑装置

为了预防铸坯出结晶器下口发生鼓肚变形，在铸坯的翼缘端部和两侧面及腹部都装有支撑辊，其排列情况如图 13 - 37(a) 所示。二冷区导辊的排列不同对铸坯变形程度和减少内裂有重要的影响，如图 13 - 37(b) 所示。由图可见，支撑方式 C 对第 3 扇形段侧翼端部加长支撑辊长度，到第 4 段的侧翼加以限制，即使是在高拉速的条件下，铸坯的变形量也很小。

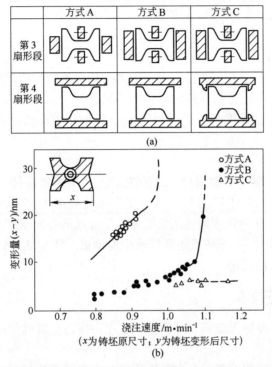

(a)

(b)

(x 为铸坯原尺寸；y 为铸坯变形后尺寸)

图 13 - 37　H 型铸坯的导向支撑装置及其与铸坯变形量的关系

(a) 铸坯导向支撑装置；(b) 不同支撑方式的铸坯变形量

二冷区一般采用气水喷雾冷却。为了铸坯快速冷却，防止鼓肚，出结晶器的足辊喷水强冷却，给水量约占总量的 20% 以上。第一扇形段喷嘴的排列如图 13 - 38 所示。

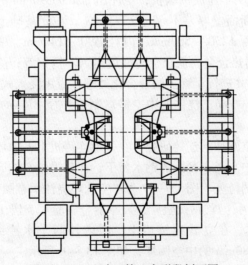

图 13 - 38　二冷区第一扇形段剖面图

铸坯四周安装的喷嘴应使铸坯各表面得到均匀冷却，以控制铸坯冷却收缩应力的不均匀性。H 型铸坯的腰部呈凹槽状，喷淋的雾化水未完全蒸发，残留部分沿铸坯腰部凹槽的内弧表面滚动下流，造成铸坯表面的局部过冷，恶化铸坯冷却的均匀性，从而影响铸坯质量。为此，内弧侧的给水量应低于外弧侧，同时安装了吹水装置，保持铸坯各表面的均匀冷却。二冷比给水量为 0.6~1.1L/kg 钢。

13.4.4 保护渣

选择适合于 H 型钢连铸用保护渣。与一般方坯用保护渣相比黏度稍高些，以便能均匀地流入铸坯的各个冷却面，起到良好的润滑和传热作用。日本水岛厂用保护渣碱度 CaO/SiO_2 = 0.9，1300℃时液渣黏度为 1.0~1.5Pa·s，他们认为比较合适。

13.4.5 工艺要点

用 H 型钢连铸坯轧制工字型钢材，比传统工艺（用普通连铸方坯或矩形坯轧制工字钢材）有很大优越性。目前生产的 H 型铸坯是用来轧制 400~500MPa 的普通碳素工字型钢产品；但是用于浇注 H 型钢连铸坯的结晶器，二冷区的导向支撑及冷却装置设备的结构却很复杂，所以均为 H 型钢/方坯或矩形坯兼用连铸机。H 型坯连铸机今后的发展还要看市场需要及综合经济效益而定。

13.5 中空圆坯连铸技术

用中空圆铸坯生产厚壁无缝钢管可以简化工序，提高金属收得率，从道理上讲经济效益可观。

早在 20 世纪 50 年代初，德国曼内斯曼公司对中空圆管连铸做过试浇，浇注出 $\phi300/\phi100$mm、$\phi450/\phi100$mm 长 7m 的中空圆管坯。后经 15 年的精心研究，曼内斯曼 - 米尔公司建成了世界第一台浇注空心圆铸坯的连铸机，于 1970 年 10 月投入生产；这台为双流立式铸机，浇注断面 $\phi400~750/\phi100~350$mm，与 50t 电炉相匹配。

据报道，苏联于 1969 年建成试验机，浇注出 $\phi265/\phi90$mm 的空心圆坯，质量非常满意；铸坯沿长度方向横断面壁厚差不超过 2%~4%。在此基础上建成一台新连铸机，与 80t 电炉匹配，浇注外径 $\phi250~560$mm、内径 $\phi90~140$mm、壁厚为 60mm；拉坯速度 4m/min；浇注的钢种有耐热合金、低合金高强度钢、不锈钢等；除此之外，还曾与平炉相配合，共试验了 23 炉，并进行了稀土微合金化处理；应用浸入式水口 + 保护渣保护浇注；拉坯速度在 0.35~0.40m/min；浇注的中空铸坯制成外径 $\phi114$mm、壁厚 10mm 的油井管和蒸汽导管。

奥地利也进行过中空圆坯的连铸研究，在弧形连铸机上，拉坯方向改为在经 180° 的位置将铸坯向上拉起，使中心尚未凝固的钢水留下，而获得中空的圆坯。通过调整拉坯速度而形成不同壁厚的中空圆铸坯。图 13-39 为中空圆坯浇注示意图。

20 世纪 70 年代初，我国首钢试验厂、天津冶金实验厂、唐山钢铁公司等单位均做过这方面的试验研究工作，在立式连铸机上，用内外两个水冷结晶器进行浇注外径为 $\phi150$mm、内径为 $\phi60~80$mm 的中空圆坯，如图 13-40 所示。

中空圆坯浇注难度较大，在结晶器内成型、出结晶器后铸坯的支撑冷却等方面，无论从设备还是工艺操作都存在着许多困难和问题，因而至今还无法应用于实际。但对于浇注高质量实心圆铸坯还是取得明显的成效，并已广泛应用于工业生产。

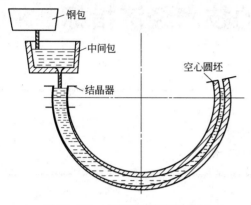

图13-39 中空圆坯浇注示意图

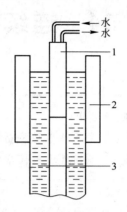

图13-40 我国浇注中空圆坯示意图
1—内结晶器；2—外结晶器；3—中空圆坯

学习重点与难点

学习重点：高级工以上了解国内外连铸最新技术的进展和发展方向；热装热送、连铸连轧工艺的设备特点及工艺要求；近终形连铸技术的一般知识。

学习难点：未采用新技术的局限性。

思考与分析

1. 结合本厂实际，谈一谈保证高效铸机的正常水平发挥技术措施有哪些？
2. 什么叫连铸坯热送热装，有何优点？
3. 什么叫连铸坯直接轧制，有何优点？
4. 实现连铸坯热送热装或直接轧制的前提条件是什么？
5. 提高连铸高温出坯技术有哪些？
6. 提高热送连铸坯温度的保温措施有哪些？
7. 连铸坯热补偿技术有哪些？
8. 什么叫接近最终产品形状（简称近终形）连铸技术？
9. 薄带连铸机有哪几种类型？
10. 什么叫喷雾成型技术？
11. 什么叫薄板坯连铸，有何优点？
12. 什么叫 CSP 薄板坯连铸技术？
13. 什么叫 ISP 薄板坯连铸技术？
14. 什么叫双带式薄板坯连铸技术？

14 连续铸钢的技术经济指标

教学目的与要求

1. 说出连铸主要技术经济指标的概念并会计算。
2. 跟踪当前国内外连铸技术经济指标的先进水平。

技术经济指标直接反映企业生产、技术、管理水平，连铸技术经济指标包括产量指标、质量指标、效益指标以及一些重要的工艺、设备参数指标。

14.1 产量指标

（1）连铸坯的产量。连铸坯产量是指在某一规定的时间内合格铸坯的产量。一般是以月、季、年为时间计算单位。计算公式为：

连铸坯产量(t) = 铸坯生产总量(t) − 检验废品量(t) − 轧后或用户退回废品(t)　　(14 − 1)

连铸坯必须按照国家标准或行业标准或按供货合同规定标准生产。

（2）连铸比。连铸比是炼钢生产工艺水平和效益的重要标志之一，也反映了企业连铸生产状况。计算公式为：

$$连铸比(\%) = \frac{合格连铸坯产量(t)}{合格连铸坯产量(t) + 合格钢锭产量(t)} \times 100\% \qquad (14 − 2)$$

式中，合格连铸坯产量与合格钢锭产量之和也是总合格钢产量，是按入库合格量计算。

（3）连铸机作业率。连铸机作业率反映连铸机实际生产能力。一般可以按月、季、年统计计算。计算公式为：

$$连铸机作业率(\%) = \frac{连铸机实际作业时间(h)}{日历时间(h)} \times 100\% \qquad (14 − 3)$$

连铸机实际作业时间为钢包开浇起至切割（剪切）完毕为止的时间、上引锭杆的时间和正常开浇等待的时间之和（≤10min）。

未拉成铸坯的上引锭杆时间计算为作业时间，设备只要开动一天，作业率即按全月考核。

提高连浇炉数，开发快速更换中间包技术、快速更换中间包水口技术和异钢种的连浇技术，缩短准备时间，提高设备诊断技术，减少连铸事故，缩短排除故障时间，加强备品备件供应等，均可提高连铸机作业率。

（4）连浇炉数。连浇炉数是指同浇次中的炉数，或者用装一次引锭杆所浇钢水的炉数。平均连浇炉数是指浇注钢水的炉数与连铸机开浇次数之比，它反映了连铸机作业能力。计算公式为：

$$平均连浇炉数(炉/次) = \frac{浇注钢水的炉数(炉)}{连铸机开浇次数(次)} \tag{14-4}$$

平均连浇时间体现连铸机连续作业的状况：

$$平均连浇时间(时/次) = \frac{连铸机实际作业时数(h)}{连铸机开浇次数(次)} \tag{14-5}$$

提高连浇炉数可减少准备工作和连铸机的停歇时间，从而增加连铸机的产量，提高连铸机作业率，降低消耗，提高经济效益。

练习题

1.（多选）连铸机的生产能力可以用（　　）表示。ABC
　A. 小时产量　　　B. 日产量　　　C. 平均年产量

2.（多选）连铸坯的平均年产量与（　　）有关。ABCD
　A. 断面　　　　B. 流数　　　　C. 拉速　　　　D. 作业率

3.（多选）下列产量不能算在合格连铸坯的是（　　）。ABC
　A. 模铸产量　　B. 脱方废品　　C. 客户退废

4. 连铸坯的平均日产量和小时产量关系正确的是（　　）。B
　A. W年 = 365 × W日　　　　　B. W日 = 24 × W时
　C. W日 = 24 × W时 × 作业率

5. 连铸坯的小时产量与（　　）无关。D
　A. 断面　　　　B. 流数　　　　C. 拉速　　　　D. 作业率

6. 模铸产量包含在合格连铸坯产量中（　　）×

7. 连铸比是指连铸合格坯产量占钢总产量的百分比（　　）。√

8. 连铸比的计算公式为（　　）。A
　A. 合格连铸坯产量/总合格钢产量　B. 合格连铸坯产量/总连铸坯产量
　C. 连铸坯产量/总钢产量　　　　　D. 合格连铸坯产量/总钢产量

9. 连铸比模铸成材率（　　）。A
　A. 高　　　　B. 低　　　　C. 相等　　　　D. 不一定

10. 某企业年产合格钢500万吨，合格连铸坯490万吨，则连铸比为（　　）。B
　A. 10%　　　B. 98%　　　C. 2%　　　D. 100%

14.2 质量指标

（1）连铸坯合格率。连铸坯合格率是产品质量标准。一般是以月、年为时间统计单位。计算公式为：

$$连铸坯合格率(\%) = \frac{合格连铸坯产量(t)}{连铸坯总检验量(t)} \times 100\% \tag{14-6}$$

连铸坯总检验量为连铸坯合格产量、冶炼废品量、浇注废品量和退废量之和。

注：连铸坯切头切尾、中间包更换接头量、中间包 300mm 以下高度的余钢量不计在废品之内。

（2）连铸坯成材率：

$$铸坯成材率(\%) = \frac{合格钢材产量(t)}{连铸坯消耗总量(t)} \times 100\% \qquad (14-7)$$

如果铸坯是两火成材时，可用分步成材率相乘积作为全过程的成材率。根据我国 16 个厂家统计，连铸比模铸成材率平均提高 9.6% ~ 12.42%，因而吨材成本也相应有所降低。

✎ **练 习 题**

1. 连铸坯合格率的计算公式为（　　）。B
   A. （连铸坯产量/连铸坯总检验量）×100%
   B. （合格连铸坯产量/连铸坯总检验量）×100%
   C. （合格连铸坯产量/（合格连铸坯产量 + 浇注废品连铸坯））×100%
   D. 合格连铸坯产量/（合格连铸坯产量 + 浇注废品连铸坯）
2. （多选）连铸坯总检验量包含（　　）。CD
   A. 切头切尾　　　　　　　　B. 连铸坯合格产量
   C. 浇注废品坯　　　　　　　D. 退废量
3. 连铸坯合格率是产品质量标准。（　　）√
4. 合格率的计算公式中的连铸坯总检验量不包括退废量。（　　）×

14.3　效益指标

（1）连铸坯收得率。连铸坯收得率也称为连铸坯的金属收得率，它比较精确地反映了连铸生产消耗和钢水收得情况。计算公式为：

$$连铸坯收得率(\%) = \frac{合格连铸坯产量(t)}{浇注连铸坯钢水总量(t)} \times 100\% \qquad (14-8)$$

浇注连铸坯钢水总量为连铸坯合格产量、废品量、中间包更换接头总量、中间包余钢总量、钢包开浇后回炉钢水总量、钢包注余钢水总量、引流溢出钢水总量、中间包粘钢总量、切头切尾总量、浇注过程及火焰切割时铸坯氧化损失的总量之和。

铸坯收得率与断面大小有关。铸坯断面小，收得率低些。一般连铸工艺较模铸开坯工艺的收得率高 8% ~ 14%，见表 14-1。

表 14-1　发达国家连铸工艺与模铸开坯工艺收得率的比较（1975 年数据）

项　目	板坯收得率/%	大方坯收得率/%	小方坯收得率/%
连铸工艺	94.74	95.87	95.57
钢锭开坯	84.28	82.93	81.29
两工艺相差百分点	10.46	12.94	14.28

（2）溢漏率。溢钢和漏钢是连铸生产过程的恶性事故，它不仅会损坏连铸机，打乱正常生产秩序，影响产量，还会降低连铸机作业率、达产率和连浇炉数。因此，溢漏率是衡量连铸机效益的关键性指标之一。用在某一时间内连铸机发生溢漏钢的流数占该段时间内该铸机浇注总流数的百分比。计算公式为：

$$溢漏率(\%) = \frac{溢漏钢流数的总和}{浇注总炉数 \times 连铸机流数} \times 100\% \qquad (14-9)$$

时间可以月、季、年为统计计算单位。

（3）断流率。用断流数占浇注流数的百分比来表示断流率，即：

$$断流率(\%) = \frac{断流数}{浇注流数} \times 100\% \qquad (14-10)$$

（4）浇成率。浇成率是表示连铸机浇注成功的指标。浇成率与作业率、溢漏率、达产率等有直接关系。计算公式为：

$$浇成率(\%) = \frac{连铸机完成浇注的流数}{连铸机开浇炉数 \times 连铸机的流数} \times 100\% \qquad (14-11)$$

我国许多钢厂的浇成率达到98%以上。

浇成率也有用浇注炉数来表示，即：

$$浇成率(\%) = \frac{浇注成功的炉数}{浇注的总炉数} \times 100\% \qquad (14-12)$$

注：浇注成功的炉数，一般1炉钢水至少有2/3浇成铸坯才能算做该炉浇注成功。

（5）连铸机达产率。连铸机的达产率是反映连铸机生产管理水平和经济效益的综合指标。达产率与作业率、连浇炉数，拉漏率等密切相关。计算公式为：

$$连铸机达产率(\%) = \frac{连铸机实际产量(万吨)}{连铸机设计产量(万吨)} \times 100\% \qquad (14-13)$$

据1997年统计，我国大型板坯连铸机达产率最高为135.33%，小板坯连铸机为277.00%，小方坯连铸机为249.42%。连铸机从投产到达产的时间有的需1年。

（6）连铸坯吨坯成本。冶金企业属于大批量，多工序生产，通常上一工序半成品的成本（或价格）随着半成品实物的转移，计入下一工序相应产品的原料费用中。计算公式为：

$$连铸坯吨坯成本(元/吨) = \frac{原料费 + 辅助费 + 燃料动力费 + 人工费 + 维修费 + 其他费用}{合格连铸坯产量(t)}$$

$$(14-14)$$

连铸坯的成本除受原材料涨价等外部因素外，还受钢种、钢水精炼处理方式、收得率、合格率、连浇炉数、管理水平等因素的影响。普通碳钢与高合金钢相比，成本就可能相差几倍甚至十几倍。有些因素是可以通过提高管理水平，主观努力得到改善，从而降低成本的。

（7）吨钢利润。连铸坯吨钢利润是连铸工序的吨坯利润，也是企业内部考核连铸工序经济效益的指标。计算公式为：

$$连铸坯吨坯利润(元/吨) = 连铸坯单价 - 连铸坯单位成本 \qquad (14-15)$$

各企业连铸坯价格不完全一致，因而吨坯利润是不太好比较的。

练习题

1. 等钢水时间算连铸机作业时间。（   ）√

2. 溢漏率是指在某一时间内连铸机发生溢漏钢的流数占该段时间内该机浇注总流数的百分比。（   ）√

3. 中间包烘烤时间不算连铸机作业时间。（   ）×

4. 铸坯收得率高则合格坯钢水消耗高。（   ）×

5. 铸坯收得率与合格坯钢水消耗无关。（   ）×

6. 铸坯是两火成材时可用分步成材率乘积作为全过程的成材率。（   ）√

7. 断流率的计算中，如果某一炉的某流断浇，则连浇炉次的该流均计入断浇流数。（   ）√

8. 断流率与溢漏率计算方法一样。（   ）×

9. 吨钢成本可以通过提高管理水平而降低。（   ）√

10. 吨钢利润的计算方法是：连铸坯单价 – 连铸坯单位成本。（   ）√

11. 计算溢漏率与连浇炉数无关。（   ）√

12. 浇成率可以用浇注炉数表示。（   ）√

13. 浇注成功的炉数是 1 炉钢水 100% 浇成铸坯。（   ）×

14. 连浇炉数越多，辅助材料的消耗越多（   ）×

15. 连浇炉数越多，金属收得率越高（   ）√

16. 提高成材率能降低吨材成本。（   ）√

17. 提高连浇炉数是提高连铸坯产量的重要措施，更换中间包是提高连浇炉数的重要手段。（   ）√

18. 提高作业率可以提高连铸机的产量。（   ）√

19. （多选）下列时间可计算为连铸机作业时间的是（   ）。BD

    A. 设备停工   B. 等钢水时间   C. 封机   D. 烤包时间

20. （多选）下列铸坯能计算为企业连铸坯产量的是（   ）。ABC

    A. 板坯产量   B. 方坯产量   C. 异型坯产量   D. 模铸产量

21. （多选）下面能提高连浇炉数的是（   ）。ABC

    A. 更换中间包   B. 减少漏钢事故   C. 提高塞棒质量   D. 结晶器的形状

22. （多选）溢钢和漏钢影响（   ）指标。ABCD

    A. 产量   B. 铸机作业率   C. 连浇炉数   D. 达产率

23. （多选）有关溢漏率的说法正确是（   ）。ABC

    A. 溢钢和漏钢都是连铸生产过程的恶性事故

    B. 溢漏率是衡量连铸机效益的关键性指标之一

    C. 溢漏率的计算时间可以以月、季和年为统计单位

    D. 溢漏率的计算时间只能以月为统计单位

24. （多选）断面大小确定的连铸机，计算浇注时间时主要考虑（   ）因素。ABC

    A. 拉速   B. 钢水重量   C. 流数   D. 断面大小

25. （多选）对连铸坯成材率的说法正确的是（   ）。AC
    A. 成材率＝（合格钢材产量/连铸坯消耗总量）×100%
    B. 成材率＝（连铸坯消耗总量/合格钢材产量）×100%
    C. 连铸比模铸成材率高   D. 模铸比连铸成材率高

26. （多选）对于浇成率的说法不正确的是（   ）。BD
    A. 浇成率是表示连铸机浇注成功的指标
    B. 浇成率与作业率、溢漏率和达产率等没有关系
    C. 浇成率也有用浇注炉数来表示的
    D. 我国大多数钢厂的浇成率都在88%以下

27. （多选）吨钢成本与（   ）有关。ABCD
    A. 钢种   B. 精炼处理方式   C. 合格率   D. 管理水平

28. （多选）关于吨钢利润的说法不正确的是（   ）。AC
    A. 连铸坯的吨钢利润是指整个钢铁公司的吨坯利润
    B. 连铸坯的吨钢利润是企业内部考核连铸工序经济效益的指标
    C. 不同企业的连铸坯吨钢利润有相同的比较评价标准
    D. 不同企业的连铸坯价格不完全一致，吨钢利润不太好统一比较

29. （多选）关于吨钢利润的说法正确的是（   ）。ABD
    A. 连铸坯的吨钢利润是连铸工序的吨坯利润
    B. 连铸坯的吨钢利润是企业内部考核连铸工序经济效益的指标
    C. 不同企业的连铸坯吨钢利润有相同的比较评价标准
    D. 不同企业的连铸坯价格不完全一致，吨钢利润不太好统一比较

30. （多选）关于连铸机达产率的说法正确的是（   ）。ABC
    A. 达产率是反映连铸机生产管理水平和经济效益的综合指标
    B. 达产率与作业率、溢漏率等有密切关系
    C. 连铸机从投产到达产大约需要1年的时间
    D. 连铸机从投产到达产大约需要10年的时间

31. （多选）关于连铸坯吨钢成本的说法正确的是（   ）。BC
    A. 原材料费和人工费一般不计入吨钢成本中
    B. 吨钢成本受原材料涨价等因素影响
    C. 钢种、钢水精炼处理方法影响吨钢成本
    D. 钢种区别不影响吨钢成本

32. （多选）合格坯钢水消耗的计算公式正确的是（   ）。AC
    A. 1000/铸坯收得率   B. 铸坯收得率/1000
    C. 浇注连铸坯钢水总量(kg)/合格连铸坯产量(t)
    D. 浇注合格连铸坯钢水总量(kg)/连铸坯总产量(t)

33. （多选）浇注连铸坯钢水总量包括（   ）。ABC
    A. 连铸坯合格产量   B. 废品量
    C. 钢包回炉量   D. 精炼处理时喷溅总量

34. （多选）浇注连铸坯钢水总量包括（   ）。ABCD

    A. 中间包注余量   B. 切头切尾量

    C. 中间包粘钢量   D. 氧化铁皮总量

35. （多选）浇注连铸坯钢水总量包括（　　）。ABCD

    A. 中间包注余量   B. 切头切尾量

    C. 连铸坯合格产量   D. 废品量

36. （多选）连浇炉数的确定应该考虑的因素包括（　　）。ABC

    A. 中间包耐火材料侵蚀情况   B. 整体塞棒侵蚀情况

    C. 中间包水口侵蚀情况   D. 切割车切割能力

37. （多选）连浇炉数越多，（　　）。AC

    A. 铸机利用率越高   B. 金属收得率越低

    C. 金属收得率越高   D. 辅助材料消耗越高

38. （多选）提高连浇炉数的措施有（　　）。ABCD

    A. 减少漏钢等事故   B. 提高钢包的自动开浇率

    C. 改进中间包耐火材料的质量，减小水口堵塞

    D. 实现中间包的快速更换

39. 下面与提高连浇炉数无关的是（　　）。D

    A. 更换中间包   B. 采用钢包回转台

    C. 结晶器在线调宽   D. 结晶器的形状

40. 以下时间不算连铸机作业时间的是（　　）。A

    A. 设备停工   B. 浇钢

    C. 烤包   D. 钢包回转台等待时间

41. 以下时间是连铸机作业时间的是（　　）。B

    A. 设备停工   B. 浇钢和准备时间

    C. 封机   D. 检修

42. 溢漏率的计算公式是（　　）。D

    A. （溢漏钢流数的总和/连铸机流数）×100%

    B. （溢漏钢流数的总和/浇注总炉数）×100%

    C. 溢漏钢流数的总和/（浇注总炉数×连铸机流数）

    D. （溢漏钢流数的总和/（浇注总炉数×连铸机流数））×100%

43. 断面小的收得率比铸坯断面大的收得率（　　）。B

    A. 高   B. 低   C. 一样   D. 不确定

44. 吨钢成本与钢种和原材料的关系是（　　）。D

    A. 吨钢成本与钢种无关，与原材料有关

    B. 吨钢成本与钢种无关，与原材料无关

    C. 吨钢成本与钢种有关，与原材料无关

    D. 吨钢成本与钢种有关，与原材料有关

45. 浇成率的计算公式为（　　）。D

    A. 连铸机完成浇注流数/连铸机流数

    B. （连铸机完成浇注流数/连铸机流数）×100%

  C.（连铸机完成浇注流数/（连铸机浇注炉数×连铸机流数））×100%

  D. 连铸机完成浇注流数/（连铸机浇注炉数×连铸机流数）

46. 浇成率用浇注炉数表示的计算公式为（　　）。B

  A. 浇注成功的炉数/浇注总炉数

  B.（浇注成功的炉数/浇注总炉数）×100%

  C.（浇注总炉数－浇注成功的炉数）/浇注总炉数

  D.（（浇注总炉数－浇注成功的炉数）/浇注总炉数）×100%

47. 连浇炉数是指（　　）所浇注钢水的炉数。A

  A. 上一次引锭杆   B. 一个中间包   C. 一个浸入式水口

48. 连铸机达产率的计算公式为（　　）。D

  A. 连铸机设计产量/连铸机实际产量

  B.（连铸机设计产量/连铸机实际产量）×100%

  C. 连铸机实际产量/连铸机设计产量

  D.（连铸机实际产量/连铸机设计产量）×100%

49. 连铸机断流率的计算公式为（　　）。B

  A. 断流流数的总和/（浇注总炉数×连铸机流数）

  B.（断流流数的总和/（浇注总炉数×连铸机流数））×100%

  C. 断流流数的总和/连铸机流数

  D.（断流流数的总和/连铸机流数）×100%

50. 连铸坯成材率的计算公式为（　　）。B

  A.（合格钢材产量/总钢材产量）×100%

  B.（合格钢材产量/连铸坯消耗总量）×100%

  C.（合格连铸坯产量/（合格连铸坯产量＋浇注废品连铸坯））×100%

  D. 合格连铸坯产量/（合格连铸坯产量＋浇注废品连铸坯）

51. 连铸坯收得率的计算公式为（　　）。C

  A.（合格连铸坯产量/（合格连铸坯产量＋浇注废品连铸坯））×100%

  B.（合格连铸坯产量/连铸坯总检验量）×100%

  C.（合格连铸坯产量/浇注连铸坯钢水总量）×100%

  D.（合格连铸坯产量/总钢材量）×100%

52. 4流小方坯连铸机，浇注5炉，第2炉2流溢钢停浇，第3炉1流漏钢停浇，第4炉3流漏钢停浇，则连铸机断流率为（　　）。B

  A. 15%   B. 45%   C. 20%   D. 25%

  （（（4＋3＋2）/（4×5））×100%）

53. 4流小方坯连铸机，浇注5炉，第2炉2流溢钢停浇，第3炉1流漏钢停浇，第4炉3流漏钢停浇，则溢漏率为（　　）。C

  A. 5%   B. 10%   C. 15%   D. 20%

  （（3/（4×5））×100%）

54. 提高连浇炉数的措施不包括（　　）。C

  A. 减少漏钢等事故   B. 提高钢包的自动开浇率

C. 采用 ERP 计算机管理系统   D. 实现中间包的快速更换

14.4 其他指标的计算

除了以上技术经济指标外,还有对连铸正常浇注的一些重要的生产、工艺及设备备件寿命等参数作单独统计:

(1) 钢水镇静时间。钢包自离开精炼位置至开浇之间的等待时间为钢水镇静时间。应根据钢包运行路线,钢包散热情况等因素确定合适的镇静时间。

(2) 连铸平台钢水温度。钢包到达浇注平台后,在开浇前 5min 所测温度为连铸平台钢水温度。根据所浇钢种、钢包与中间包容量、浇注断面、拉坯速度等因素考虑确定控制的温度范围。

(3) 钢水供应间隔时间。钢水供应间隔时间是指供应连铸用两包钢水的间隔时间。可以用上包钢水浇毕,关闭水口,至下一包钢水水口开浇之间的间隔时间;或者按相邻两钢包到达连铸平台的间隔时间的统计数据计算。钢水供应间隔时间与冶炼、精炼周期、铸机拉速等因素有关。间隔时间最好在 5min 以内,有利于稳定生产。

(4) 中间包平均包龄。中间包平均包龄也是中间包使用寿命。根据中间包内衬耐火材料的性质、质量、修砌方式、中间包容量、所浇钢种等因素确定安全使用最长寿命,即中间包允许浇注的最长时间。中间包平均包龄可以按月、季、年为时间单位统计计算,一般正常生产中不能随意超出规定的使用次数。计算公式为:

$$中间包平均包龄(炉/个) = \frac{浇注的总炉数}{使用中间包的总个数} \tag{14-16}$$

中间包包龄多少也从另一方面反映了连铸机的作业水平和管理水平。

(5) 结晶器使用寿命。结晶器使用寿命实际上是指结晶器保持原设计参数的时间。一般而言,结晶器在浇钢过程中均有磨损变形,因而改变了原设计参数,影响铸坯质量,需要更换。结晶器从开始使用到更换时的工作时间为结晶器使用寿命,可用在这段时间内浇注的炉数或钢水总量来表示;按月、季、年统计计算,还可以以月、季、年为单位统计计算结晶器的平均使用寿命,即通过结晶器铜管或铜板的钢水量与使用结晶器个数之比来表示。

学习重点与难点

学习重点:中高级工掌握技术经济指标的定义,高级工提出改进技术经济指标的措施。
学习难点:提高技术经济指标的措施。

思考与分析

结合本厂实际,如何降低铸机生产成本,提高经济效益?

附　　录

连续铸钢初级工学习要求

序号	名称	内 容	建议学习方法和要求	了解	理解	掌握	重点	难点	自学时数
1	导学	1.1 学习目的	掌握连铸优点、台数机数流数、连铸机型	√					2.5
		1.2 冶金史		√					
		1.3 连铸发展		√			√		
		1.4 连铸机机型			√		√		
		1.5 铸机参数			√		√		
2	钢铁生产流程	2.1 钢铁地位	某些内容是开阔眼界知识，可结合生产实际，重点掌握前后道工序生产流程，以及对本工序的影响与要求。特别强调连铸对钢水的要求，轧钢对铸坯质量的要求等内容	√					6
		2.2 钢与铁			√	√			
		2.3 我国钢铁业的发展		√					
		2.4 钢铁生产流程		√			√		
		2.5 炼钢基本任务		√					
		2.6 炉外精炼		√				√	
		2.7 钢的浇注					√		
		2.8 轧钢生产		√				√	
3	连铸设备准备	3.1 结晶器准备	掌握各种设备结构及主要参数，铸机分类；振频振幅负滑脱率计算；二冷喷嘴型号、水质、压力、水温、流量；切割方式，切割三阶段，火焰切割原理，切割喷嘴分类，切割不良原因；耐材规格、成分指标、寿命要求，根据钢种选择滑动水口结构；中间包及水口要求，中间包作用；电磁搅拌分类用途、作用		√		√	√	15
		3.2 结晶器振动			√		√	√	
		3.3 中间包准备			√		√		
		3.4 中间包小车			√				
		3.5 二冷设备检查			√		√		
		3.6 上引锭拉矫机		√					
		3.7 引锭杆		√					
		3.8 钢包		√					
		3.9 钢包回转台		√					
		3.10 切割机		√					
		3.11 辊道冷床		√					
4	自动控制	4.1 基础知识	计算机软硬件液面及其他参数检测原理	√					1.5
		4.2 基础自动化级检测原理		√			√	√	
5	凝固理论	5.1 钢水凝固过程	偏析概念及分类结晶器二冷区冷却凝固原理		√		√		1.5
		5.2 连铸坯凝固结构				√		√	
6	钢水要求	6.1 严格的时间管理	浇注温度、液相线温度计算	√			√		3.5
		6.2 严格的成分控制		√					
		6.3 严格的纯净度控制		√			√	√	
		6.4 严格的温度控制		√			√		

序号	名称	内　容	建议学习方法和要求	了解	理解	掌握	重点	难点	自学时数
7	连铸操作过程	7.1 准备模式	堵引锭目的要求		√		√		3
		7.2 插入模式			√		√		
		7.3 保持模式			√		√		
		7.4 浇注模式			√		√		
		7.5 尾坯输出模式			√		√		
		7.6 连铸操作过程			√		√		
8	连铸工艺制度	8.1 温度制度	工艺制度制定依据		√		√		3.5
		8.2 拉速控制				√	√		
		8.3 冷却制度			√		√		
9	事故处理	9.1 中间包故障	溢钢、漏钢、水口结瘤原因,漏钢类型、原因与处理措施		√		√		1.5
		9.2 溢钢、漏钢			√		√		
10	保护浇注	10.1 保护浇注的作用	二次氧化类型,严细操作减少二次氧化,保护渣的作用、成分与应用,熔化特性对渣条影响,对钢质量影响,按钢种选择保护渣		√				2.5
		10.2 保护浇注措施				√	√		
		10.3 结晶器保护渣		√			√	√	
11	铸坯质量控制	11.1 纯净度缺陷	夹杂危害来源与操作关系,各缺陷产生原因;缺陷判识;纵裂、横裂、角裂、星裂概念;拉速波动水口状况对铸坯质量的影响;结晶器拉矫机二冷扇形段开口度对铸坯质量影响;鼓肚概念	√			√		5
		11.2 表面缺陷			√		√		
		11.3 内部缺陷		√			√	√	
		11.4 形状缺陷			√		√		
		11.5 铸坯缺陷识别		√			√	√	
12	品种质量	12.1 质量管理基础	强化品种质量意识,掌握常见元素对钢种质量的影响	√					4.5
		12.2 钢材性能		√				√	
		12.3 质量检验		√			√	√	
		12.4 钢的分类			√				
		12.5 常见元素对钢质量影响		√			√	√	
		12.6 钢号表示			√				

连续铸钢中级工学习要求

序号	名称	内　容	建议学习方法和要求	了解	理解	掌握	重点	难点	自学时数
1	导学	1.1 学习目的	掌握连铸优点、台数机数流数、连铸机型	√					2.5
		1.2 冶金史		√					
		1.3 连铸发展		√			√		
		1.4 连铸机机型				√	√		
		1.5 铸机参数				√	√		
2	钢铁生产流程	2.1 钢铁地位	某些内容是开阔眼界知识，可结合生产实际，重点掌握前后道工序生产流程，以及对本工序的影响与要求。特别强调连铸对钢水的要求，轧钢对铸坯质量的要求等内容	√					6
		2.2 钢与铁				√	√		
		2.3 我国钢铁业的发展		√					
		2.4 钢铁生产流程			√		√		
		2.5 炼钢基本任务			√		√		
		2.6 炉外精炼			√			√	
		2.7 钢的浇注				√			
		2.8 轧钢生产			√			√	
3	连铸设备准备	3.1 结晶器准备	掌握各种设备结构及主要参数，铸机分类；振频振幅负滑脱率计算；二冷喷嘴型号、水质、压力、水温、流量；切割方式，切割三阶段，火焰切割原理，切割喷嘴分类，切割不良原因；耐材规格、成分指标、寿命要求，根据钢种选择滑动水口结构；中间包及水口要求，中间包作用；电磁搅拌分类用途、作用			√	√	√	15
		3.2 结晶器振动				√	√		
		3.3 中间包准备				√	√		
		3.4 中间包小车				√	√		
		3.5 二冷设备检查				√	√		
		3.6 上引锭拉矫机				√			
		3.7 引锭杆				√			
		3.8 钢包				√			
		3.9 钢包回转台				√			
		3.10 切割机				√			
		3.11 辊道冷床				√			
4	自动控制	4.1 基础知识	计算机软硬件液面及其他参数检测原理	√					1.5
		4.2 基础自动化级检测原理		√			√	√	
		4.3 二次冷却控制方式			√		√		
		4.4 连铸自控发展方向		√					
5	凝固理论	5.1 冷却相变	偏析概念及分类结晶器二冷区冷却凝固原理		√		√		4
		5.2 钢水凝固过程			√		√	√	
		5.3 连铸坯凝固结构				√	√		
		5.4 连铸坯凝固特征			√		√		
		5.5 凝固过程现象			√		√		
6	钢水要求	6.1 严格的时间管理	浇注温度、液相线温度计算		√		√		3.5
		6.2 严格的成分控制			√		√	√	
		6.3 严格的纯净度控制			√		√	√	
		6.4 严格的温度控制			√		√		
		6.5 各钢种精炼路线			√				

续表

序号	名称	内 容	建议学习方法和要求	了解	理解	掌握	重点	难点	自学时数
7	连铸操作过程	7.1 准备模式	堵引锭目的要求			√	√		3
		7.2 插入模式				√	√		
		7.3 保持模式				√	√		
		7.4 浇注模式				√	√		
		7.5 尾坯输出模式				√	√		
		7.6 连铸操作过程				√	√		
8	连铸工艺制度	8.1 温度制度	工艺制度制定依据			√	√		3.5
		8.2 拉速控制				√	√		
		8.3 冷却制度				√	√		
9	事故处理	9.1 钢包故障	溢钢、漏钢、水口结瘤原因,漏钢类型、原因与处理措施	√			√		2
		9.2 中间包故障		√			√		
		9.3 溢钢、漏钢		√			√		
10	保护浇柱	10.1 保护浇注的作用	二次氧化类型,严细操作减少二次氧化,保护渣的作用、成分与应用,熔化特性对渣条影响,对钢质量影响,按钢种选择保护渣	√					2.5
		10.2 保护浇注措施				√	√		
		10.3 结晶器保护渣		√			√	√	
11	铸坯质量控制	11.1 纯净度缺陷	夹杂危害来源与操作关系,各缺陷产生原因;缺陷判识;纵裂、横裂、角裂、星裂概念;拉速波动水口状况对铸坯质量的影响;结晶器拉矫机二冷扇形段开口度对铸坯质量影响;鼓肚概念	√			√		6
		11.2 表面缺陷		√			√		
		11.3 内部缺陷		√			√	√	
		11.4 形状缺陷		√			√		
		11.5 铸坯缺陷识别		√			√	√	
12	连铸新技术	12.1 高效铸机	热装热送要求,近终形连铸概念	√					0.5
13	品种质量	13.1 质量管理基础	强化品种质量意识,掌握常见元素对钢种质量的影响	√					4.5
		13.2 钢材性能		√				√	
		13.3 质量检验		√			√	√	
		13.4 钢的分类			√				
		13.5 常见元素对钢质量影响			√		√	√	
		13.6 钢号表示			√				
14	技术经济指标	14.1 产量指标	收集指标参数并分析,组织连铸工序操作,达到先进的技术经济指标			√			2
		14.2 质量指标				√	√		
		14.3 品种指标				√			
		14.4 效益指标				√	√		

连续铸钢高级工学习要求

序号	名称	内　容	建议学习方法和要求	了解	理解	掌握	重点	难点	自学时数
1	导学	1.1 学习目的	掌握连铸优点、台数机数流数、连铸机型	√					2.5
		1.2 冶金史		√					
		1.3 连铸发展				√	√		
		1.4 连铸机机型				√	√		
		1.5 铸机参数				√	√		
2	钢铁生产流程	2.1 钢铁地位	某些内容是开阔眼界知识，可结合生产实际，重点掌握前后道工序生产流程，以及对本工序的影响与要求。特别强调连铸对钢水的要求，轧钢对铸坯质量的要求等内容	√					7.5
		2.2 钢与铁				√	√		
		2.3 我国钢铁业的发展		√					
		2.4 钢铁生产流程			√		√		
		2.5 炼铁生产			√			√	
		2.6 炼钢基本任务				√	√		
		2.7 工业化炼钢方法			√		√		
		2.8 铁水预处理			√				
		2.9 转炉炼钢工艺			√		√		
		2.10 炉外精炼				√		√	
		2.11 钢的浇注			√				
		2.12 轧钢生产			√			√	
3	连铸设备准备	3.1 结晶器准备	掌握各种设备结构及主要参数，铸机分类；振频振幅负滑脱率计算；二冷喷嘴型号、水质、压力、水温、流量；切割方式，切割三阶段，火焰切割原理，切割喷嘴分类，切割不良原因；耐材规格、成分指标、寿命要求，根据钢种选择滑动水口结构；中间包及水口要求，中间包作用；电磁搅拌分类用途、作用			√	√	√	17
		3.2 结晶器振动				√	√	√	
		3.3 中间包准备				√	√		
		3.4 中间包小车				√			
		3.5 二冷设备检查				√	√		
		3.6 上引锭拉矫机				√			
		3.7 引锭杆				√			
		3.8 钢包			√				
		3.9 钢包回转台			√				
		3.10 切割机			√				
		3.11 电磁搅拌				√	√	√	
		3.12 辊道冷床			√				
4	自动控制	4.1 基础知识	计算机软硬件液面及其他参数检测原理		√				1.5
		4.2 基础自动化级检测原理			√		√	√	
		4.3 二次冷却控制方式				√	√	√	
		4.4 连铸自控发展方向			√				
5	连铸车间布置	5.1 车间布置考虑因素	根据车间布置合理组织生产		√			√	0.5
		5.2 车间布置方式			√				
		5.3 连铸机参数				√	√		
		5.4 环境保护		√					

序号	名称	内　容	建议学习方法和要求	了解	理解	掌握	重点	难点	自学时数
6	凝固理论	6.1 冷却相变	偏析概念及分类结晶器二冷区冷却凝固原理		√		√		4
		6.2 钢水凝固过程			√		√	√	
		6.3 连铸坯凝固结构				√	√		
		6.4 连铸坯凝固特征				√	√	√	
		6.5 凝固过程现象				√	√	√	
7	钢水要求	7.1 严格的时间管理	浇注温度、液相线温度计算			√	√		3.5
		7.2 严格的成分控制				√	√		
		7.3 严格的纯净度控制				√	√	√	
		7.4 严格的温度控制				√	√	√	
		7.5 各钢种精炼路线		√					
8	连铸操作过程	8.1 准备模式	堵引锭目的要求			√	√		3.5
		8.2 插入模式				√	√		
		8.3 保持模式				√	√		
		8.4 浇注模式				√	√		
		8.5 尾坯输出模式				√	√		
		8.6 连铸操作过程				√	√		
9	连铸工艺制度	9.1 温度制度	工艺制度制定依据			√	√		4.5
		9.2 拉速控制				√	√		
		9.3 冷却制度				√	√		
10	事故处理	10.1 钢包故障	溢钢、漏钢、水口结瘤原因，漏钢类型、原因与处理措施			√	√		2.5
		10.2 中间包故障				√	√		
		10.3 溢钢、漏钢				√	√		
		10.4 事故预防与处理		√				√	
11	保护浇注	11.1 保护浇注的作用	二次氧化类型，严细操作减少二次氧化，保护渣的作用、成分与应用，熔化特性对渣条影响，对钢质量影响，按钢种选择保护渣		√				2.5
		11.2 保护浇注措施			√	√			
		11.3 结晶器保护渣		√			√	√	
12	中间包冶金	12.1 中间包冶金的作用	熟悉中间包冶金的手段与措施	√					0.5
		12.2 中间包冶金的手段		√					
13	铸坯质量控制	13.1 纯净度缺陷	夹杂危害来源与操作关系，各缺陷产生原因；缺陷判识；纵裂、横裂、角裂、星裂概念；拉速波动水口状况对铸坯质量的影响；结晶器拉矫机二冷扇形段开口度对铸坯质量影响；鼓肚概念			√	√		6
		13.2 表面缺陷				√	√		
		13.3 内部缺陷				√	√	√	
		13.4 形状缺陷				√	√		
		13.5 铸坯缺陷识别				√	√	√	
14	连铸新技术	14.1 热装热送（CC - DHCR）	热装热送要求，近终形连铸概念	√				√	0.5
		14.2 高效铸机		√					
		14.3 近终形连铸		√				√	

续表

序号	名称	内　容	建议学习方法和要求	了解	理解	掌握	重点	难点	自学时数
15	特殊钢连铸	15.1 合金钢连铸难度	具有选择钢种生产流程、组织特殊钢连铸生产的能力		√		√		3.5
		15.2 凝固特征			√			√	
		15.3 设备特点			√				
		15.4 工艺特点				√	√	√	
		15.5 钢种生产流程				√	√	√	
16	品种质量	16.1 质量管理基础	强化品种质量意识，掌握常见元素对钢种质量的影响		√				4.5
		16.2 钢材性能			√			√	
		16.3 质量检验			√		√	√	
		16.4 钢的分类				√			
		16.5 全面质量管理与统计基础			√			√	
		16.6 常见元素对钢质量影响				√	√	√	
		16.7 钢号表示			√				
17	技术经济指标	17.1 产量指标	收集指标参数并分析，组织连铸工序操作，达到先进的技术经济指标		√				2
		17.2 质量指标			√	√			
		17.3 品种指标			√				
		17.4 效益指标			√	√			

参 考 文 献

[1] 王雅贞,等. 新编连续铸钢工艺及设备(第2版)[M]. 北京:冶金工业出版社,2007.

[2] 蔡开科,等. 连续铸钢原理与工艺[M]. 北京:冶金工业出版社,1992.

[3] 蔡开科. 连续铸钢500问[M]. 北京:科学出版社,1994.

[4] 干勇,等. 现代连续铸钢实用手册[M]. 北京:冶金工业出版社,2010.

[5] 卢盛意. 连铸坯质量[M]. 北京:冶金工业出版社,2000.

[6] 王建军. 中间包冶金[M]. 北京:冶金工业出版社,2001.

[7] 余志祥. 连铸坯热送热装技术[M]. 北京:冶金工业出版社,2002.

[8] 田乃媛. 薄板坯连铸连轧(第2版)[M]. 北京:冶金工业出版社,2004.

[9] 张小平,等. 近终形连铸技术[M]. 北京:冶金工业出版社,2001.

[10] 沈才芳,等. 电弧炉炼钢工艺与设备(第2版)[M]. 北京:冶金工业出版社,2005.

[11] 王雅贞,等. 转炉炼钢问答[M]. 北京:冶金工业出版社,2003.

[12] 王雅贞,等. 氧气顶吹转炉炼钢工艺与设备[M]. 北京:冶金工业出版社,2009.